生物产业高等教育系列教材（丛书主编：韦革宏）

酶　工　程

（第三版）

主　　编　陈守文（湖北大学）
副 主 编　陈　鹏（西北农林科技大
林善枝（北京林业大学）
张吉斌（华中农业大学）
参　　编（按姓氏汉语拼音排序）
韩毅强（黑龙江八一农垦大学）
贺妮莎（湖北大学）
李明顺（华中农业大学）
罗鑫娟（西北农林科技大学）
潘秋红（中国农业大学）
舒正玉（福建师范大学）
王　勤（湖北大学）
谢　苗（福建农林大学）
修　宇（北京林业大学）
杨　松（青岛农业大学）
郑龙玉（华中农业大学）

科学出版社
北　京

内 容 简 介

本书根据酶工程学科的最新研究进展，结合编者的教学实践和科研成果，全面系统地介绍酶的生产和应用的基本理论、基本技术及其最新进展和发展趋势。全书共分 9 章，内容包括：酶工程基础、酶的发酵工程、酶的分离工程、固定化酶与固定化细胞、化学酶工程、生物酶工程、非水相酶催化、酶反应器与酶传感器、酶及酶抑制剂的应用。

本书可作为高等农林院校高年级本科生、研究生和其他院校相关专业学生的酶工程教材，也可供高校有关专业教师、中学生物教师、科技工作者及工程技术人员参考。

图书在版编目（CIP）数据

酶工程 / 陈守文主编. -- 3 版. -- 北京 ：科学出版社，2024. 9. -- ISBN 978-7-03-079352-2

Ⅰ. Q814

中国国家版本馆 CIP 数据核字第 2024ZF8477 号

责任编辑：王玉时 / 责任校对：周思梦
责任印制：赵　博 / 封面设计：马晓敏

科学出版社出版
北京东黄城根北街 16 号
邮政编码：100717
http:// www.sciencep.com
三河市骏杰印刷有限公司印刷
科学出版社发行　各地新华书店经销
*
2008 年 2 月第　一　版　开本：787×1092　1/16
2024 年 9 月第　三　版　印张：17 1/2
2025 年 1 月第十八次印刷　字数：471 000

定价：69. 80 元

（如有印装质量问题，我社负责调换）

丛 书 序

人类社会的发展历程始终伴随着对各类自然资源的开发和利用。生物资源因其具有的易用性、可再生性和功能多样性等特征，在社会生产中扮演着重要角色。随着科技进步，人们基于生物学原理，通过生物技术和生物工程手段，开发出一系列服务于食品、医药、能源、环境等领域的产品与技术，推动了现代生物产业的蓬勃发展。生物产业涵盖农业、畜牧业、渔业、林业、食品、生物医药、生物能源和环境保护等多个领域，已成为21世纪最具创新活力、影响最为深远的新兴产业之一。以生命科学前沿领域的不断创新为主要动力，通过保护性开发与利用生物资源，大力发展生物产业，有助于解决目前人口增长、粮食安全、气候变化和环境污染等全球性挑战，既是我国经济高质量发展的强大助力，也是新质生产力发展的重要增长点。

生物产业的发展关键在于科技创新，这既包括生命科学领域基础理论的突破，也涉及生物技术和生物工程的工艺与设备的革新和升级，是一个横跨多学科的系统性工程。在这一发展过程中，迫切需要大量具备坚实理论基础、创新理念素养和综合实践能力的优秀人才，在生物产业发展的各环节发挥关键性支撑作用。国家和社会发展的这种强烈需求对我国高校的生物相关专业教育教学提出了更高的要求，不仅要夯实基础教学，还要加强知识更新、学科交叉、实践能力培养，以及学科体系的综合性和系统性建设。为此，西北农林科技大学牵头组织福建农林大学、内蒙古农业大学、东北农业大学、湖北大学等多所国内院校的百余位教师，联合科学出版社，合作编写了本套“生物产业高等教育系列教材”，期望以新形态教材建设带动课程建设，通过构建系统化、现代化的教材体系，完善生物产业课程教学体系，满足新兴生物产业发展对创新人才培养的需求。

“生物产业高等教育系列教材”的编写人员均为长期从事生命科学领域教学的一线教师，并且具有丰富的生物产业技术研发与生产实践经验。他们基于自己对生物产业发展历程和趋势的深刻理解，按照本领域课程教学的要求与学生学习的习惯和规律，围绕着生物产业发展这一主线，编写了13本教材，涵盖了从基础研究到技术工艺和工程实践的完整产业体系。其中，《生物化学》《微生物学》《免疫学基础》是对生命学科基础知识的介绍；《细胞工程》《基因工程》《酶工程》《发酵工程》《蛋白质工程》《生物分离工程》是对生物产业发展几个核心工程技术的分别论述；《生物工艺学》和《生物技术制药》介绍了当前生物产业中的核心行业及其关键技术；而《生物工程设备》和《生物发酵工厂设计》则聚焦生物资源产业化过程中至关重要的设备与工厂建设。

“生物产业高等教育系列教材”具备两个突出特点，一是农业特色鲜明，二是形式和内容新颖。农业作为生物产业的重要组成部分，凭借新兴工程技术推动农业现代化，是我国生物产业发展的重要任务之一。本系列教材的编写人员，多数来自农林院校，或者有从事农林相关领域教学和研究的经历。因此，本系列教材在涵盖生命科学基础理论知识和通用工程技术的同时，特别注重现代生物技术在农林牧渔业中的应用，为推动现代农业发展和培养相关领域的人才提供了有力支持。此外，为了丰富教学形式，提升知识更新速度，以及加强实践教学效果，本系列中的多本教材采用了数字教材或纸数融合教材的形式。这种创新形式不仅拓展了教材的内容，也有助于将生命科学领域的最新研究成果与生物产业发展的最新动态实时融入教学过程，从而有效地实现培养创新型生物产业人才的目标。

2024 年 1 月 1 日

第三版前言

酶工程是生物工程的核心内容，伴随着现代生物工程技术、合成生物学、人工智能等学科突飞猛进，生物工程产业在我国蓬勃发展，酶工程学科日新月异。鉴于酶工程学科的重要性、综合性，以及知识更新快等特点，我们在第一版和第二版《酶工程》教材基础上，参考了国内外相关酶工程教材，以及大量有关酶工程领域的科研和产业进展，特别是合成生物学、人工智能在酶工程领域中的应用，补充相关新知识。此外，完善了教材习题及教学 PPT，在每个章节增加思维导图，让学生更好地理解教材内容。在每章后补充我们最近教学过程中供学生课外阅读的最新文章目录，增加章节最新案例，上线视频课程，可供学有余力的学生自学，扩大专业视野和提高专业能力。

本书内容具体分为 5 个部分。第一部分介绍酶工程基础，即第 1 章。第二部分介绍酶的发酵工程和分离工程，包括第 2 章和第 3 章。第三部分介绍酶的修饰改造与酶催化反应体系，包括第 4 章至第 7 章，分别介绍固定化酶与固定化细胞、化学酶工程、生物酶工程和非水相酶催化。第四部分介绍酶反应器与酶传感器，即第 8 章。第五部分即第 9 章，介绍酶及酶抑制剂的应用。

本书在第一版和第二版《酶工程》教材基础上进行修订，在此感谢前两版教材全体编写人员的辛勤付出。在部分原班人马的基础上，为培养酶工程领域的青年教学与科研人才，本书邀请了多位青年教师参与编写。本书的第 1 章和第 2 章由陈守文和王勤编写；第 3 章由张吉斌、郑龙玉和李明顺编写；第 4 章由陈鹏和罗鑫娟编写；第 5 章由陈守文和贺妮莎编写；第 6 章由修宇和王勤编写；第 7 章由陈鹏和罗鑫娟编写；第 8 章由舒正玉编写；第 9 章由林善枝、潘秋红和谢苗编写。杨松编写教材习题及答案，韩毅强完善教材 PPT 制作，王勤、贺妮莎和陈守文负责教学视频录制。本书的出版得到湖北大学教材经费资助项目的支持，在此表示衷心感谢。

由于时间仓促，加上编者水平有限和涉及的内容广泛，书中难免会出现不足之处，诚请广大读者批评指正。

陈守文

2024 年 8 月于武汉

《酶工程》（第三版）教学课件索取单

凡使用本书作为授课教材的高校主讲教师，可获赠教学课件一份。欢迎通过以下两种方式之一与我们联系。

1. 关注微信公众号“科学 EDU”索取教学课件

扫码关注 →“教学服务”→“课件申请”

2. 填写以下表格，扫描或拍照后发送至联系人邮箱

姓名：	职称：	职务：
手机：	邮箱：	学校及院系：
本门课程名称：	本门课程每年选课人数：	
您对本书的评价及修改建议：		

联系人：王玉时 编辑 电话：010-64034871 邮箱：wangyushi@mail.sciencep.com

目　　录

丛书序

第三版前言

第 1 章　酶工程基础 …… 1

1.1　酶工程概况 …… 2

1.1.1　酶工程研究的意义及内容 …… 2

1.1.2　酶和酶工程的研究简史 …… 2

1.2　酶的催化特点及影响因素 …… 7

1.2.1　酶的催化特点 …… 7

1.2.2　影响酶催化作用的因素 …… 8

1.3　酶的分类与命名 …… 10

1.3.1　蛋白类酶的分类与命名 …… 11

1.3.2　核酸类酶的分类 …… 12

1.4　酶的活力测定 …… 12

1.4.1　酶活力单位 …… 12

1.4.2　酶的比活力 …… 13

1.4.3　酶的转换数和催化周期 …… 13

1.4.4　酶活力的测定方法 …… 13

1.5　酶反应动力学 …… 14

1.5.1　米氏方程 …… 15

1.5.2　米氏方程的意义 …… 15

1.5.3　动力学常数 K_m 和 V_m 的求取 …… 16

补充读物 …… 17

思考题 …… 18

主要参考文献 …… 18

第 2 章　酶的发酵工程 …… 19

2.1　酶生物合成的调节机制 …… 20

2.1.1　原核生物酶合成的调节 …… 20

2.1.2　真核生物酶合成的调节 …… 24

2.1.3　酶生物合成调节作用机理的实际应用 …… 26

2.2　产酶微生物 …… 27

2.2.1　酶的生产菌种 …… 27

2.2.2 菌种扩大培养与退化问题 30
2.3 酶的微生物发酵技术 32
2.3.1 培养基和培养条件对产酶的影响与调节 32
2.3.2 发酵方法 35
2.3.3 提高产酶的措施 37
2.4 酶发酵动力学 38
2.4.1 细胞生长动力学 38
2.4.2 产酶动力学 40
补充读物 40
思考题 41
主要参考文献 41

第 3 章 酶的分离工程 43

3.1 预处理和液固分离 44
3.1.1 发酵液的预处理 44
3.1.2 细胞破碎 45
3.1.3 液固分离 46
3.2 酶的提取 48
3.2.1 酶的提取方法 49
3.2.2 影响酶提取的主要因素 49
3.3 酶的分离纯化 50
3.3.1 固相析出分离 51
3.3.2 过滤与膜分离 53
3.3.3 萃取法分离 54
3.3.4 层析分离 56
3.3.5 电泳分离 64
3.4 酶的浓缩、干燥与结晶 66
3.4.1 酶的浓缩 66
3.4.2 酶的干燥 67
3.4.3 酶的结晶 68
补充读物 70
思考题 71
主要参考文献 71

第 4 章 固定化酶与固定化细胞 72

4.1 固定化酶与固定化细胞的发展概况 73
4.2 酶的固定化 74
4.2.1 酶的固定化方法 74
4.2.2 固定化酶的评价 88
4.2.3 固定化对酶性质的影响 90

4.3　细胞的固定化……95
4.3.1　吸附法……96
4.3.2　共价交联法……97
4.3.3　包埋法……97
4.3.4　无载体固定化……97
4.4　辅因子的固定化……97
4.4.1　辅基的固定化……98
4.4.2　辅酶的固定化……98
4.4.3　辅酶的再生……100
4.5　酶的定向固定化……102
4.5.1　位点专一性的共价定向固定化……102
4.5.2　抗体偶联的定向固定化……103
4.5.3　生物酶介导的定向固定化技术……103
4.5.4　利用基因工程方法实现定向固定化……104
补充读物……105
思考题……105
主要参考文献……106

第 5 章　化学酶工程……107

5.1　酶分子的化学修饰……108
5.1.1　概述……108
5.1.2　酶化学修饰的原理、方法及修饰剂……109
5.1.3　修饰酶的性质……119
5.2　模拟酶……122
5.2.1　概述……122
5.2.2　模拟酶的理论基础……124
5.2.3　模拟酶的分类……125
5.2.4　环糊精模拟酶……125
5.2.5　大环聚醚及其模拟酶……129
5.2.6　杯芳烃及其模拟酶……131
5.2.7　金属卟啉及其模拟酶……133
5.2.8　肽酶……133
5.2.9　模拟酶的应用……134
5.3　抗体酶……135
5.3.1　抗体酶的催化特性……136
5.3.2　抗体酶的催化作用机制……137
5.3.3　抗体酶的催化反应类型……138
5.3.4　抗体酶的制备……141
5.3.5　抗体酶的应用……144
5.4　分子印迹酶……145
5.4.1　分子印迹的原理……145

5.4.2 分子印迹技术的分类 146
5.4.3 分子印迹聚合物的制备 148
5.4.4 印迹分子 149
5.4.5 分子印迹酶的实践应用 150
补充读物 152
思考题 152
主要参考文献 153

第 6 章 生物酶工程 154
6.1 酶基因的克隆和表达 155
6.1.1 酶基因的克隆 155
6.1.2 酶的异源表达 158
6.2 非理性设计 160
6.2.1 酶定向进化的特点 160
6.2.2 酶基因的随机突变 161
6.2.3 酶突变基因的定向选择 165
6.2.4 酶定向进化的应用 167
6.3 理性设计 169
6.3.1 基因的定点突变技术 169
6.3.2 酶蛋白结构的预测 172
6.3.3 酶蛋白理性设计策略 175
6.3.4 酶蛋白理性设计的应用 177
6.4 融合酶 178
6.4.1 融合酶简介 178
6.4.2 融合酶的应用 178
补充读物 181
思考题 182
主要参考文献 183

第 7 章 非水相酶催化 184
7.1 非水相酶催化反应介质及反应特点 185
7.1.1 非水相酶催化反应介质 185
7.1.2 非水介质酶催化反应的特点 186
7.2 有机介质中的酶促反应 186
7.2.1 酶促反应的有机介质体系 186
7.2.2 有机介质中酶促反应的影响因素 188
7.3 有机介质中酶的性质 196
7.3.1 有机介质体系中酶活性的变化 196
7.3.2 酶的稳定性的变化 197
7.3.3 底物专一性的改变 198
7.3.4 pH 记忆和分子记忆 199

7.3.5 反应平衡方向的移动……200
7.4 气相和超临界介质的酶促反应及应用……202
7.4.1 气相介质中酶促反应的特点和应用……202
7.4.2 超临界介质中酶促反应的特点和应用……203
补充读物……205
思考题……205
主要参考文献……206

第 8 章 酶反应器与酶传感器……207

8.1 酶反应器……208
8.1.1 概述……208
8.1.2 主要酶反应器的结构及特点……209
8.1.3 酶反应器的选型……213
8.1.4 酶反应器的设计……215
8.1.5 酶反应器的操作……217
8.2 酶传感器……219
8.2.1 概述……219
8.2.2 酶传感器类型……221
补充读物……228
思考题……228
主要参考文献……229

第 9 章 酶及酶抑制剂的应用……230

9.1 酶在医药领域中的应用……231
9.1.1 在分析检测及疾病诊断方面的应用……231
9.1.2 在疾病治疗方面的应用……233
9.1.3 在药物生产方面的应用……234
9.1.4 在 mRNA 药物研发生产方面的应用……235
9.2 酶在农业领域中的应用……235
9.2.1 在农产品保鲜与加工方面的应用……235
9.2.2 在农产品质量检测方面的应用……236
9.2.3 在饲料生产方面的应用……237
9.2.4 在抗性作物新品种培育中的应用……239
9.3 酶在食品领域中的应用……240
9.3.1 在食品保鲜方面的应用……241
9.3.2 在食品加工与生产方面的应用……242
9.3.3 在食品添加剂生产方面的应用……246
9.3.4 在食品质量检测方面的应用……247
9.4 酶在轻化工领域中的应用……247
9.4.1 在轻化工原料处理方面的应用……247
9.4.2 在轻化工产品生产方面的应用……249

9.4.3 在加酶日用工业产品方面的应用 …… 251
9.5 酶在环保及能源开发领域中的应用 …… 252
9.5.1 在环境监测与治理方面的应用 …… 252
9.5.2 在生物质能源开发领域中的应用 …… 253
9.5.3 在可生物降解高分子材料开发方面的应用 …… 254
9.6 酶在分子生物技术研究领域中的应用 …… 254
9.6.1 在去除细胞壁方面的应用 …… 254
9.6.2 在大分子切割方面的应用 …… 255
9.6.3 在分子拼接方面的应用 …… 256
9.6.4 在基因编辑和逆转录方面的应用 …… 256
9.7 核酶的应用 …… 257
9.7.1 抗 HIV 感染 …… 257
9.7.2 抗肝炎病毒感染 …… 258
9.7.3 肿瘤治疗 …… 259
9.7.4 其他 …… 260
9.8 酶抑制剂的应用 …… 261
9.8.1 在医学领域中的应用 …… 261
9.8.2 在农业及畜牧业领域中的应用 …… 263
9.8.3 在其他领域中的应用 …… 265
补充读物 …… 265
思考题 …… 266
主要参考文献 …… 267

第 1 章　酶工程基础

本章资源

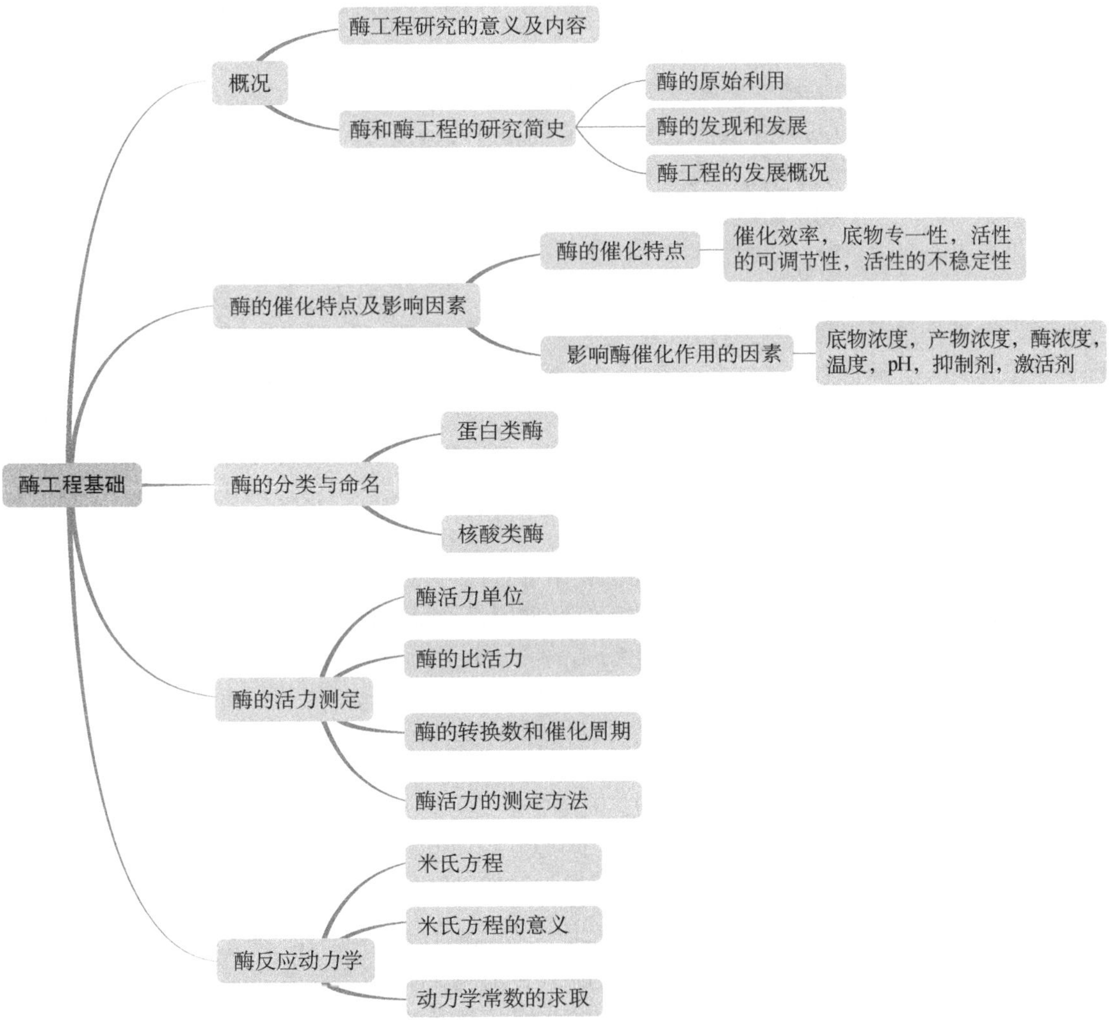

生命依赖于一系列有条不紊的化学反应。然而化学反应的速度太慢以至于无法维持生命活动，因此生命系统进化出加快化学反应的物质——酶。酶工程是生物技术研究的核心内容。本章主要介绍酶和酶工程研究的概况、酶的催化特点及影响因素、酶的分类与命名、酶的活力测定，以及酶反应动力学的基本内容。

1.1 酶工程概况

1.1.1 酶工程研究的意义及内容

酶是具有特殊作用的蛋白质，能够在生命体内（包括动物、植物和微生物）催化一切化学反应，维持生命特征。从 1833 年法国的帕扬（Payen）和佩索兹（Persoz）发现第一个酶（淀粉酶）起，已发现的酶逾 6000 种，这些酶都是由生物体自然产生的具有催化功能的蛋白质。有关酶的研究内容主要包括研究酶的结构和功能，生产和改造，以及应用等领域。近四十年来，随着核酶、抗体酶、模拟酶及印迹酶的出现，扩展了人们对酶的认识。20 世纪 70 年代，随着 DNA 重组技术的出现，对酶的研究深入到分子水平，包括研究酶的编码基因，酶的表达和调节，进一步通过蛋白质工程对酶分子进行改造。酶不仅是研究的重要对象，也是重要的研究工具。DNA 重组技术的实现和发展得益于技术上的三大发明，其中两大发明就直接与限制性核酸内切酶、DNA 连接酶和逆转录酶的发现有关。1985 年美国 PE-Cetus 公司人类遗传研究室的穆利斯（Mullis）等发明了具有划时代意义的聚合酶链反应（PCR），此后几年时间该研究小组致力于 DNA 聚合酶的研究，直到 1988 年 *Taq* DNA 聚合酶的发现才使得 PCR 反应广泛运用于各个领域。分子生物学的这一重要发现——*Taq* DNA 聚合酶改变了整个生命科学研究的方式。可以毫不夸张说，没有酶就没有基因工程。

现代生物技术、航天技术、信息技术、激光技术、自动化技术、新能源技术和新材料技术是世界七大高新技术，其中生物技术排在首位。生物技术之所以令世界各国如此重视，不仅是因为它在解决人类所面临的诸如食物短缺、人类健康、环境污染和资源匮乏等重大问题上有着不可比拟的重要性，还因为它与理、工、农、医等科技的发展，与伦理道德、法律等社会问题都有着密切的关系。生物技术主要包括基因工程、细胞工程、酶工程及发酵工程，酶是基因工程、细胞工程和发酵工程的重要研究对象和工具。酶工程的研究可以促进基因工程、细胞工程和发酵工程的发展。因此，酶工程是生物技术研究的核心内容。酶工程研究的主要内容包括酶的发酵工程，酶的分离工程，酶的固定化，化学酶工程，生物酶工程，酶反应器及传感器，酶的非水相催化，酶及酶抑制剂的应用。酶工程研究的最终目的就是获得大量所需要的酶，并能高效利用所得的酶。酶工程的研究包括生物化学，分子生物学，基因工程，细胞工程，发酵工程，医学，免疫学，有机化学，分析化学及仿生学等多学科交叉。酶工程的应用遍及人类社会的各个领域，日益受到重视。

1.1.2 酶和酶工程的研究简史

1.1.2.1 酶的原始利用

中国古代对酶的利用可以追溯到 4000 年前的夏禹时代，当时的酿酒技术就是利用存在于酒曲中微生物的淀粉酶系和酒化酶系。公元前 10 世纪左右，利用豆类制造豆酱是我国民间盛行的技术，其原理就是利用霉菌产生的蛋白酶水解豆类蛋白。2700 年前的周代，人们利用麦芽中含有的 β-淀粉酶制造麦芽糖，至今这种传统的制糖技术依然盛行。由于酒曲中含有丰富的维生素和淀粉酶，早在 2500 年前，人们就知道利用酒曲治疗消化疾病。春秋战国时期，漆已经被广为利用，那时所用的漆是漆树的树脂被漆酶作用的氧化产物。

西方最早有关酶利用的记载是约 6000 年前，古巴比伦人利用麦芽酿酒。在古埃及时代的绘画中就详细描述了使用酵母发酵面包的过程，公元前 2575 年建造的 Giza 金字塔群附近就挖掘出面包房遗址，大英博物馆陈列着公元前 2100 年的面包样品。以上这些事例都是人们对酶的原始利用。

1.1.2.2　酶的发现和发展

资源 1.1

科学研究中的很多发现表面上看似乎都是一些偶然的事件，仔细分析就会认识到这些发现实质上都是偶然中的必然。正如法国微生物学家、化学家巴斯德（Pasteur）所说："在观察的领域中，幸运只偏袒有准备的头脑。"酶的现代史可以追溯到 1833 年。在 *Annales de Chimie et de Physique* 期刊上帕扬和佩索兹描述了从大麦的麦芽中分离淀粉酶多聚体的过程，并将之命名为淀粉酶。该酶将糊化淀粉转变成糖，主要是麦芽糖。1835 年，瑞典的贝采里乌斯（Berzelius）首次证明了麦芽提取物能够比硫酸更有效地降解淀粉，并将这一过程称为催化。这是首次在植物中发现酶的存在并且初步验证了它的功能。1836 年德国生理学家施旺（Schwann）在研究消化过程时，分离出一种在胃内消化蛋白的物质，将它命名为胃蛋白酶。这是第一个从动物组织中提取到的酶。酵母在发酵过程中的作用是什么？这一问题被激烈地争论了 60 年。1839 年，杰出的德国化学家利比希（Liebig）建立了一个模型，来阐述酵母在发酵过程中的作用。他把在发酵混合液中的酵母看作一个能产生振荡的分解物质：蔗糖原子经过重排，变为酒精和二氧化碳。酒精发酵曾经一直被认为是自发的过程。到 1858 年，巴斯德用一系列文章表明发酵仅在活体细胞状态下才会发生，即与生命相关的现象——巴斯德视其为一种生理活动。这种对酵母在发酵过程中作用机理的分歧，引发了利比希和巴斯德之间的激烈争论。利比希和巴斯德先后于 1873 年和 1895 年去世，但争论并没有结束。后来德国化学家爱德华·布希纳（Eduard Buchner）和汉斯·布希纳（Hans Buchner）于 1897 年发现酵母细胞提取物可以使酒精发酵，即酵母细胞产生一种酶，这种酶引起发酵。利比希和巴斯德之间的争论就这样最终得到解决。布希纳兄弟由此奠定了现代生物化学的基石，他们证明酵母细胞提取物可以像活体酵母细胞一样将葡萄糖转变为酒精和二氧化碳。换句话说，这一转变并不依赖于酵母细胞，而是依赖于无生命的酶。布希纳兄弟由此获得 1907 年的诺贝尔化学奖，这是酶学研究史上的第一次诺贝尔奖。酶的命名是 1876 年库尼（Kühne）提议的，用酶来表示未统一名称的已知的各种酵素：如从活体组织中提取的酵素等。这个词（enzyme）本身的意思是"在酵母中"，起源于希腊语，其中 en 表示"在之内"，zyme 表示酵母或酵素。真正意义上的酶学研究应该始于布希纳兄弟的发现。

1883 年，丹麦化学家基耶达（Kjeldahl）建立了一套检测有机物中-3 价氮的方法，即测定氮的含量的方法。自蛋白质被确定是由含氮的氨基酸组成的高分子物质后，这一方法是定量酶学和普通生物技术发展的基础。这种测定蛋白质含量的方法即凯氏定氮法至今还在沿用。

1894 年，德国化学家费歇尔（Fischer）根据糖化酶的特点建立了"锁钥"学说，提出酶的功能由底物分子的立体结构决定（如原子间的位置关系）。科什兰（Koshland）认为"锁钥"学说在真实的生命体系中会导致灾难性的副反应，1953 年提出了"诱导契合"假说，解释了酶的其他许多现象，如荷尔蒙作用、反馈抑制和受体功能等。1963 年莫诺（Monod）及其同事提出了"变构模型"，用以定量解释有些酶的活性可以通过结合小分子进行调节，从而提供了认识细胞中许多酶调控作用的理论基础。

酶动力学研究可以追溯到 1902 年，亨利（Henri）认为酶与底物结合成酶-底物中间复合物是酶催化作用的基本步骤。在此基础上，德国的米迦勒斯（Michaelis）和加拿大的门顿

（Menton）在 1913 年数学化描述了酶作用的普通理论，既米氏方程。他们假定酶（E）首先和底物（S）结合，成为酶-底物中间复合体（ES），这是一个较快的可逆过程；然后复合物（ES）在下一个较慢的反应中分解成为产物（P）和游离的酶。1925 年，布里格斯（Briggs）和霍尔丹（Haldane）修正了米氏方程，提出了稳态学说。经过近百年的验证，米氏方程已经被证明能够精确描述数千种不同酶类的整体动力学行为。在 2006 年 2 月出版的《自然-化学生物学》上，研究人员描述米氏方程实际上在单分子水平上同样是有效的，这也强调了酶分子的个性特征。

在蛋白质酶结构研究领域，萨姆纳（Sumner）做出了开创性的工作。1926 年，他从刀豆分离并结晶了脲酶，证明了酶的本质是蛋白质。并由此获得了 1946 年诺贝尔化学奖，这是酶学研究史上的第二次诺贝尔奖。同年，丹麦科学家 Lindestroem-Lang 在哥本哈根的嘉士伯（Carlsberg）实验室研究了多种蛋白质的重要化学性质。他于 1924 年出版的《酶的分离》一书奠定了酶生产的理论基础。Lang 的理论仍是第一近似法，在解决一些分子结构未知的问题上得到应用。继萨姆纳在 1926 年证实酶是蛋白质之后，桑格（Sanger）利用纸电泳及层析技术于 1953 年首次阐明胰岛素的一级结构，开创了蛋白质序列分析的先河。1965 年，菲利普斯（Phillips）等研究了溶菌酶的三维空间结构，从而阐明了酶的活性中心并推断它对基质的反应机理。而肯德鲁（Kendrew）和佩鲁茨（Perutz）利用 X 射线衍射技术解析了肌红蛋白及血红蛋白的三维结构，论证了这些蛋白质在输送分子氧过程中的特殊作用，成为研究生物大分子空间立体构型的先驱。美国芬恩（Fenn）和日本田中耕一（Koichi Tanaka）发明了“对生物大分子进行确认和结构分析的方法”和“对生物大分子的质谱分析法”，瑞士库尔特·维特里希（Kurt Wüthrich）开创了“利用核磁共振测定溶液中生物大分子三维结构的方法”，以上三人因有关蛋白质酶结构的研究成果荣获 2002 年诺贝尔化学奖。

1982 年，切赫（Cech）等在四膜虫 RNA 中发现核酶，26SrRNA 前体能够进行内含子的自我剪切，形成成熟的 26SrRNA。1983 年，奥尔特曼（Altman）等发现，核糖核酸酶 P 中的 RNA 催化前体 tRNA 从 tRNA 5′端切除某些核苷酸片段，使其成为成熟的 tRNA。核酶的发现，从根本上改变了以往只有蛋白质才具有催化功能的概念，拓展了对酶的定义。切赫和奥尔特曼也因此获得了 1989 年的诺贝尔化学奖。1995 年 Cuenoud 发现某些 DNA 分子也具有催化功能，这就彻底改变了酶是蛋白质的传统观念，也为先有核酸，后有蛋白质提供了进化的证据。2007 年，美国加州大学圣克鲁兹分校化学和生物化学副教授威廉·斯科特确定了核糖核酸酶晶体结构，为生命起源提供新的视角。

1.1.2.3 酶工程的发展概况

资源 1.2

酶的开发和利用是当代新技术革命中的一个重要课题。酶工程就是将酶、细胞或细胞器等置于特定的生物反应装置中，利用酶所具有的生物催化功能，借助工程手段将相应的原料转化成有用物质并应用于社会生活的一门科学技术。酶工程的核心问题是如何廉价且有效生产出所需规格的酶，以及如何有效通过化学或生物手段改造酶，并使之有效发挥催化特性，最大限度服务于人类。其内容包括：酶的生产（发酵工程和分离工程），酶的改造（化学酶工程和生物酶工程，其中酶和细胞的固定化技术属于化学修饰范畴），酶的应用（包括非水相酶学，酶反应器，酶传感器，酶及酶抑制剂的应用）。

早在 19 世纪初，就开展酶的提取和应用工作。1833 年，佩恩从麦芽获得了棉布退浆酶；1874 年，汉森利用牛胃凝乳酶生产奶酪；1908 年，罗姆（Rohm）利用动物胰腺提取物软化皮革；1911 年，华勒斯坦利用木瓜蛋白酶澄清啤酒。以上酶制剂早期应用简史告诉我们，酶制剂的生产一直停留在动植物组织或细胞提取酶的生产工艺。这种生产方式不仅工艺比较落后，而且原料有限，所以很难进行大规模的工业化生产。

酶在工业上的大规模应用可以追溯到 19 世纪。霉菌以蒸煮的大米为原料进行固体发酵，得到的酒曲用于酿酒工业。这类形成酒曲的过程成为工业化生产真菌淀粉酶的基础。1891 年，高峰让吉（Takamine Jokichi）在美国、英国、法国、比利时、加拿大和德国申请了 Taka 酒曲即高峰淀粉酶及其制造方法的专利，这是微生物酶产品的首项专利。由高峰让吉建立的表面培养或称半固体培养的发酵方法，现在还用于某些酶的生产。1917 年 Boidin 和 Effront 开创了利用枯草芽孢杆菌生产 α-淀粉酶的制造先河，取代麦芽浸出液用作淀粉浆退浆剂。

20 世纪 40 年代液体深层通风发酵技术的成功开发，揭开了好氧微生物工业化规模生产的新局面。1949 年，科学家成功应用液体深层发酵法生产出了细菌 α-淀粉酶，从此揭开了近代酶工业的序幕。1960 年，雅各布（Jacob）和莫诺（Monod）提出乳糖操纵子学说，阐明了酶生物合成的转录水平调节机制，为指导工艺优化酶的发酵生产奠定理论基础。当今，通过人工改造酶蛋白基因的启动子，可定向控制酶蛋白的表达调节；通过向酶蛋白细胞表达体系引入特定营养物的分解酶系，可人工控制微生物的营养选择性，从而人为预先设计培养基主体营养成分等。总而言之，可人工设计和改造细胞表达体系，以模式生物为细胞工厂，程序化控制生产任何酶蛋白，这一指导思路，将是未来酶蛋白发酵技术的发展方向。

酶普遍存在于生物体内和微生物发酵液中，传统酶的提取工艺主要采用破碎动植物器官和组织，浸提及沉淀干燥获得粗酶。酶的规模化大生产之后，化学工程技术和生化分离技术进入酶制剂行业，发酵液预处理技术、膜分离浓缩、细分级分离技术及制剂化成为酶制剂工业的常规技术手段。目前，分子生物技术、免疫学及材料学科的发展，新分离手段层出不穷，对提高酶蛋白分离效率、收得率及简化分离步骤来说是十分重要的实用技术和研究课题。

尽管自然界中存在酶种类多，大规模生产和应用的商品酶只有数十种，小批量生产的商品酶约数百种。自然酶在工业应用上受以下几个因素的限制：①大多数酶脱离其生理环境后极不稳定，而酶在生产和应用过程中的条件往往与其生理环境相去甚远；②酶的分离纯化工艺复杂；③酶制剂成本较高。为解决上述问题，有必要通过化学酶工程和生物酶工程修饰改造酶。

化学酶工程主要有化学修饰酶、固定化酶和化学人工酶。通过化学方法改造酶蛋白一级结构，提高酶的稳定性、活力及降低抗原性等。酶的固定化作为化学修饰的重要内容，其系统化研究则是从 20 世纪 50 年代开始的。1953 年，德国科学家首先将聚氨基苯乙烯树脂重氮化，然后将淀粉酶、胃蛋白酶等与这种载体共价结合，制成了固定化酶。1969 年，日本科学家千畑一郎，首先在工业上应用固定化氨基酰化酶拆分 D,L-酰化氨基酸，生产 L-氨基酸。同年，各国科学家开始使用“酶工程”这一名称来代表生产和使用酶制剂这一新兴的科学技术领域。1971 年，第一次国际酶工程学术会议在美国召开，会议的主题为固定化酶的研制和应用。1967 年，厄普代克（Updike）对葡萄糖酶电极的成功开发标志着固定化酶产业进一步向分析化学领域的拓展，70 年代后期，酶工程领域又出现了固定化细胞（固定化活细胞或固定化增殖细胞）技术，并推动微生物传感器的发展。当前，运用新技术设计合成新型酶载体是固定化酶领域引人注目的研究动向。静电纺丝纳米纤维作为固定化酶的载体，在增加酶的固定量的同时，进一步改善酶的催化性能。基于功能性纳米纤维构建高效酶膜反应器，以实现生物催化和膜分离过程的有效耦合。磁性载体固定化酶由于 Fe_3O_4 的磁响应性，从而能借助外部磁场简便地回收，已引起人们的极大研究兴趣。新型载体还有磁性高分子微球、纳米级的磁性微球及导电聚合物等。酶蛋白固定化的同时，载体造成了对酶空间构象的改变和活性的损失。近年来，酶的定向固定化技术可使酶蛋白能够以有序方式附着在载体的表面，酶活性的损失降低到最低程度。这种有序的、定向固定化技术已经用于生物芯片、生物传感器、生物反应器、临床诊断、药物设计、亲和层析，以及蛋白质结构和功能的研究中。

天然酶作为化学反应催化剂，由于它的蛋白质特性使得其易受多种物理、化学因素的影响而失活。根据酶作用原理， 用人工方法合成的具有活性中心和催化作用的非蛋白质结构的化合物即模拟酶，它们一般都具有高效和高适应性的特点，在结构上比天然酶简单，同时由于不含氨基酸，其热稳定性与pH稳定性都大大优于天然酶。模拟酶是20世纪60年代发展起来的一个新的研究领域，是仿生高分子的一个重要的内容。按照模拟酶的属性可将其分为：①主-客体酶模型，包括环糊精、冠醚、穴醚、杂环大环化合物和卟啉类等；②分子印迹酶；③抗体酶；④胶束酶模型；⑤肽酶；⑥半合成酶。其中，1986年勒纳（Lerner）和舒尔茨（Schultz）首次制备出催化酯水解反应的单克隆抗体——抗体酶，它具有较高程度上的底物专一性、立体专一性和催化效率高等特点。迄今为止，抗体酶催化的反应类型多达100多种，其中包括酯水解、酰胺水解、酯交换、阳离子环化反应、Diels-Alder反应、Oxy-Cope重排、β-消除反应、脱羧反应、顺反异构化反应、氧化还原反应、环氧化反应等。抗体酶的应用前景非常诱人，抗体酶已经用于酶作用机理的研究，并在手性药物合成和拆分、癌症治疗、解毒、戒毒等领域具有潜在应用前景。

1973年，美国科恩发明了DNA重组技术，从此拉开了基因工程时代的序幕。科恩本人也以DNA重组技术发明人的身份向美国专利局申报了世界上第一个基因工程的技术专利。DNA重组技术的逐步成熟和发展对生命科学的许多领域产生了革命性的影响，使生命科学成为20世纪以来发展最快的学科之一。DNA重组技术的发展，使人们能通过克隆获得许多种天然的酶基因，并在异源微生物受体中高效表达。自1984年诺维信公司成功开发了第一个用于淀粉工业的由基因修饰微生物产生的酶——麦芽糖淀粉酶（商品名Maltogenase）以来，该公司现在生产的酶制剂主要为基因工程产品，而且酶蛋白异源高效表达技术已普及成为国际酶制剂工业常规技术手段。随着DNA重组技术的发展，改造天然酶蛋白是商业化开发的重要措施，包括酶分子的理性设计和酶分子的非理性设计。自1995年诺维信科学家利用计算机模拟将酶分子三维结构和DNA序列结合起来，利用定点突变技术成功获得抗漂白剂的碱性蛋白酶（商品名Everlase），酶蛋白的体外进化技术，如DNA改组（DNA shuffling）、族改组（family shuffling）等，已能够在短时间内完成酶蛋白几百万年的进化历程。近年来，人工智能辅助的蛋白质工程逐渐发展成为一种高效的蛋白质分子设计新策略，在蛋白质的结构预测、功能预测、溶解度预测和指导智能文库设计等多个方面显现出独特的优势，成为理性设计和定向进化之后的又一次技术发展的浪潮。宏基因组技术的出现，以及第二代、第三代高通量测序技术的飞速发展，使得克隆源自不可培养微生物的酶成为现实，极大丰富了来自自然的馈赠。同时融合蛋白技术创造了自然界不存在的新酶品种，近年来国际上又提出蛋白质全新设计（protein de novo design）的概念，这一新技术可被用于组建自然界原先并不存在的、结构和功能全新的酶蛋白。

长期以来人们一直认为酶作为生物催化剂，在体外只能在水溶液环境才保持活性，而有机溶剂中酶则往往发生变性或失活。直到1966年，普赖斯（Price）等发现凝乳胰蛋白酶与黄嘌呤氧化酶可在有机溶剂中保持催化活性。克利巴诺夫（Klibanov）等（1977）、马蒂内克（Martinek）等（1978）、库尔（Kuhl）等（1980）分别在有机溶剂体系开展酶的催化工作。1984年，克利巴诺夫在*Science*上发表了关于非水介质脂肪酶催化行为和热稳定性的研究报告，引起了酶学研究领域的广泛重视，酶学领域迅速形成了一个全新的分支——非水酶学，并在多肽合成、聚合物合成、药物合成及立体异构体拆分等领域显示出蓬勃的生命力。目前，离子液体代替传统有机溶剂作为生物催化反应的非水相介质表现出一系列优点，不易燃、非挥发，热稳定性及溶解性更高使得非水酶学的发展进入了一个新的纪元。

在酶工程领域中，存在着与酶分子本身没有直接关系的两个重要研究方向：酶抑制剂和酶生物反应器。20 世纪 60 年代初，梅泽宾夫（Umezawa）提出了酶抑制剂的概念，从而将抗生素的研究扩大到酶抑制剂的新领域，开创了从微生物代谢产物中寻找其他生理活性物质的新时代。自此，酶抑制剂在医药、农业、工业领域获得广泛的应用开发。其中，酶抑制剂在临床疾病治疗、新药的筛选与开发、新型农药的设计、抗病虫植物新品种培育、肥料及饲料的添加剂等方面的应用，是当前研究的热点。组合化学技术和高通量筛选技术的引入，使极大限度获得符合人们需要的酶抑制剂成为可能。

生物酶在体外进行催化反应时都必须在合适的反应器中完成，以便控制酶催化反应所需的各种条件和催化反应的速度。酶生物反应器的正确设计、选型和操作，往往可以提高酶催化效率，简化工艺流程，从而产生良好的经济效益，也是酶应用开发过程中必须重视的重要课题。

酶工程的终极目标是充分发挥酶在人类生活中的催化潜能。当前酶的应用已渗透到人类生活的各个领域，包括医药领域、轻化工业、农业、能源环保业等。20 世纪 60 年代初，用双酶水解法工业化生产葡萄糖，标志着酶制剂已扛起了挑战化学催化剂的大旗。60 年代中期，细菌碱性蛋白酶规模化投放市场，宣告了酶制剂应用产业化的重大突破。2012 年，诺维信推出适用于纤维素乙醇商业化生产的酶制剂产品——诺纤力赛力三代（CTec3），其性能指标是上一代产品的 1.5 倍。2018 年诺贝尔化学奖得主 Frances H. Arnold 早期利用定向进化对枯草杆菌蛋白酶 E 进行改造，获得在非水相中具有高活性的突变株；之后她的团队利用定向进化技术将细胞色素 P450 酶的活性氧转运功能扩展为活性碳与活性氮的转运，构建出具有碳烯转移酶活性的细胞色素酶，它能够进行烯烃环丙烷化，是一种自然界中不存在的新功能，能够用于构建抗血栓药物替格瑞洛环丙烷的前体和左旋米那普仑的对映体选择性合成。此后，随着 2017 年和 2020 年获得诺贝尔化学奖的冷冻电镜和新一代基因编辑技术 CRISPR，以及人工智能预测蛋白质结构技术的出现，酶制剂应用产业蓬勃发展。可以相信，将来化学家可以用化学的方法设计出各种性能优异的人工模拟酶，生物学家和生物工程专家采用生物学方法从头设计具有所需性状并可以廉价发酵生产的生物酶，各行各业的酶产业应用工程师则挥舞着神奇的“魔杖”，点石成金，创造美好的生活。

1.2　酶的催化特点及影响因素

1.2.1　酶的催化特点

酶作为生物催化剂，其作用与一般的无机催化剂或有机催化剂相比，具有显著的特点。

1. 极高的催化效率　酶可催化正向及逆向反应，在 37℃或更低的温度下，酶的催化速率是没有催化剂催化的化学反应速率的 10^{12}～10^{20} 倍，比一般催化剂催化反应的速率高 10^{7}～10^{13} 倍，如脲酶水解尿素的反应速率比酸水解尿素高 7×10^{12} 倍左右。任何化学反应都有一个过渡态状态，底物的过渡态化学结构是不稳定和瞬间存在的。酶的作用就是能降低过渡态的自由能，在温和的温度条件下就可以使得底物到达过渡态，酶通过降低活化能（E_A）来加速化学反应，酶并不会改变自由能 ΔG（图 1.1）。

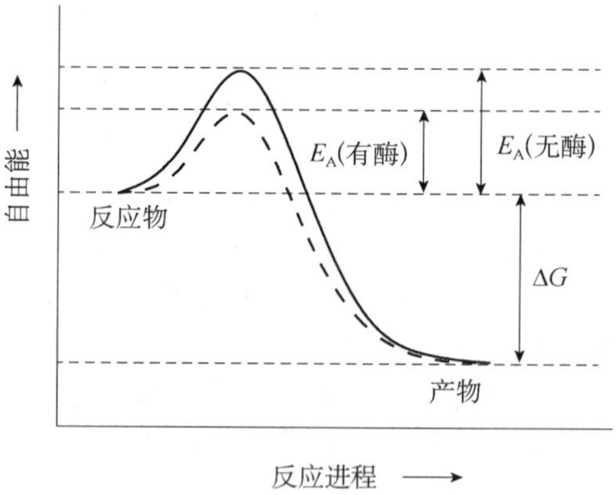

图 1.1　酶与非酶催化反应所需的活化能

2. *高度的底物专一性*　酶对它所作用的底物有严格的选择性，一种酶只作用于一类化合物或特定的化学键，这种现象称为酶的特异性或专一性。

酶的专一性分为结构专一性和立体异构专一性。其中，结构专一性包括：①绝对专一性，酶只作用于一种底物，称为绝对专一性，如脲酶（urease），只能催化尿素水解成 NH_3 和 CO_2。②相对专一性，一种酶可作用于一类化合物或一种化学键，这种不太严格的专一性称为相对专一性，包括键专一性和基团专一性。键专一性的酶能够作用于具有相同化学键的一类底物，如脂肪酶（lipase）水解脂肪及酯类的酯键。基团专一性的酶则要求底物含有某种相同的基团，如胰蛋白酶选择性水解含有赖氨酰或精氨酰的羰基肽键。

立体异构专一性包括旋光异构专一性和几何异构专一性。如 L-乳酸脱氢酶（L-lactate dehydrogenase）具有旋光异构专一性特点，其底物只能是 L 型乳酸，而不是 D 型乳酸；延胡索酸水化酶只能催化反丁烯二酸合成苹果酸，对其几何异构体——顺丁烯二酸无催化作用。

3. *活性的可调节性*　酶是生物体的组成成分，和体内其他物质一样，不断在体内新陈代谢，酶的催化活性也受多方面的调控。例如，酶生物合成的诱导和阻遏、酶的化学修饰、抑制剂和激活剂的调节作用、代谢物对酶的反馈调节和别构调节，以及神经体液因素的调节等，这些调控保证酶在体内新陈代谢中发挥其恰如其分的催化作用，使生命活动中的种种化学反应都能够有条不紊、协调一致地进行。同时，依据酶生物合成及催化反应的调节机制，可人为地调控细胞或酶，提高酶的表达或酶的催化效率。

4. *活性的不稳定性*　酶是蛋白质，酶促反应要求一定的 pH、温度等温和的条件，强酸、强碱、有机溶剂、重金属盐、高温、紫外线、剧烈振荡等任何使蛋白质变性的理化因素都可能使酶变性而失去其催化活性。

1.2.2　影响酶催化作用的因素

资源 1.3

酶的催化作用受到底物浓度、产物浓度、酶浓度、温度、pH、激活剂浓度、抑制剂浓度等多种因素的影响。在酶的应用过程中，影响酶催化反应的因素是重要的控制参数，在优化的环境条件下，才能发挥酶的催化效率。

1. *底物浓度的影响*　1902 年，Henri 在研究蔗糖酶催化蔗糖水解反应时发现底物浓度是决定酶催化反应速率的主要因素，即在酶浓度不变的情况下，底物浓度对反应速率的影响呈现矩形双曲线（图 1.2）。双曲线大致分为三段：第一段，在底物浓度很低时，反应速率随底物浓度的增加而急骤加快，两者成正比关系，表现为一级反应。随着底物浓度的升高，反应速率不再成正比例加快，反应速率增加的幅度不断下降，表现为一级反应和零级反应之间的混合反应。如果继续加大底物浓度，反应速率不再增加，达到最大反应速度，表现为零级反应。但有些酶在高底物浓度下，速率反而下降，这种现象称为底物抑制。这可能是底物浓度很高时，两个或者多个底物分子分别占据了部分活性位点，这样它们都无法按照正常的方式接受酶的催化，从而表现出高底物浓度抑制的现象，如过量的丁酰乙酯可抑制羊肝的羧基酯酶。

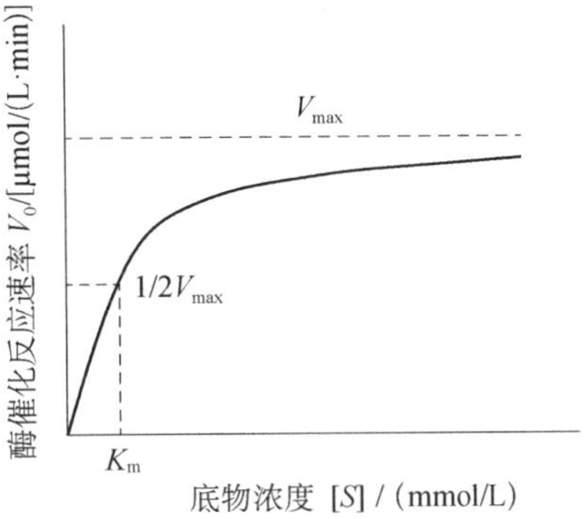

图 1.2　底物浓度与酶催化反应速率的关系

2. *产物浓度的影响*　在生物代谢过程中，许多代谢途径的中间产物或终产物是酶的变构剂，使酶变构从而影响其反应速度，称为反馈调节作用。反馈调节可分为正作用和负作用两种。①正反馈作用：反应的中间产物或终产物能够起激活变构剂作用，使酶促反应速率加快，称为正反馈调节作用。在代谢反应中有很多正反馈作用的例子。例如，在糖原合成中，6-磷酸葡萄糖是糖原合成酶的变构激活剂，可以促进糖原的合成。②负反馈作用：反应的中间产物或终产物对酶起变构抑制作用，使酶促反应速率降低。这种作用称为负反馈调节作用。负反馈作用在代谢过程中更为普遍。例如，在葡萄糖的磷酸化反应中，产物 6-磷酸葡萄糖浓度增高时，6-磷酸葡萄糖对己糖激酶的变构抑制作用导致反应速率显著降低。

3. *酶浓度的影响*　在底物浓度足够高的条件下，酶催化反应速率与酶浓度成正比，它们之间的关系可以用下式表示：

$$v = k \cdot [E]$$

式中，v 为反应速率；k 为速率常数；$[E]$为酶浓度。

4. *温度的影响*　温度从两个方面影响酶促反应的速率。首先，在一定温率范围内，反应速率随温度升高而加快，一般地说，温度每升高 10℃，反应速率大约增加 1 倍。超过一定范围，较高的温度会导致酶三维结构的变化，甚至变性，导致催化活性下降，反应速率反而随温度上升而减缓。升高温度以提高反应速率的总效应是这两个相反效应之间的平衡。因此，温度对反应速率关系的图形将为一条倒 U 形曲线（图 1.3）。从动物组织提取的酶，其最适温度多为 35～40℃，但也有些生物机体的酶适宜在相当高或者相当低的温度下工作。例如，用于聚合酶链反应（PCR）的 *Taq* 聚合酶是在生活在高温下的细菌中发现的，适于在高温下发挥催化功能。

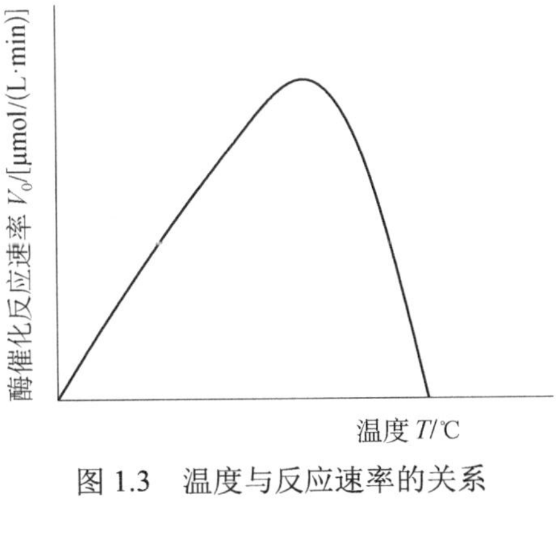

图 1.3　温度与反应速率的关系

5. *pH 的影响*　当酶分子处于最适 pH 反应介质中时，酶、底物和辅酶的解离情况，最适宜于它们互相结合，并发生催化作用，使酶促反应速率达到最大值。当反应介质的 pH 偏离酶的最适 pH，可影响酶分子，特别是活性中心上必需基团的解离程度和催化基团中质子供体或质子受体所需的离子化状态，也可影响底物和辅酶的解离程度，从而影响酶与底物的结合。当 pH 发生较大偏离时甚至会引起酶的变性。每一种酶都有其适宜 pH 范围和最适 pH，在酶催化反应过程中，必须控制好 pH。

6. 抑制剂的影响　抑制剂（inhibitor）是指能降低酶的活性，使酶促反应速率减慢的物质。酶的催化活性可被某些专一性小分子或离子抑制，这具有重要的生理意义。如许多药物和毒物可抑制酶的活性，通过与酶分子上的某些必需基团（主要是活性中心的必需基团）结合，使这些基团的结构和性质发生改变，从而引起酶活力下降或丧失。这种作用称为抑制作用。抑制作用与酶的变性作用是不同的，抑制作用并未导致酶的变性。酶蛋白变性而引起酶活力丧失的作用称为失活作用。另外，抑制剂对酶的作用具有一定的选择性。一种抑制剂只能引起某一种酶或某一类酶的活性丧失或降低。蛋白变性剂均可使酶蛋白变性而使酶丧失活性，变性剂对酶的作用没有选择性。

根据抑制剂与酶作用方式的不同，将抑制作用分为不可逆抑制和可逆抑制两种。

（1）不可逆抑制　抑制剂与酶分子上的某些基团以共价键方式结合，导致酶的活性下降或丧失，且不能用透析、超滤等物理方式除去抑制剂而使酶复活的作用称为不可逆抑制。

（2）可逆抑制　抑制剂与酶以非共价键方式结合而引起酶的活性降低或丧失，用透析、超滤等方式除去抑制剂可使酶恢复活性，此种抑制作用称为可逆抑制（reversible inhibition）。这类抑制剂与酶分子的结合部位可以是酶的活性中心，也可以是非活性中心部位。根据抑制剂与酶分子的结合关系，将可逆抑制分为竞争性抑制、非竞争性抑制、反竞争性抑制等。

7. 激活剂的影响　凡能提高酶活性的物质统称为酶的激活剂（activator）。其中大部分为离子或简单的有机化合物，另外还有对酶原起激活作用的具有蛋白质性质的大分子物质。激活剂按其相对分子质量大小可分为以下三种。

（1）无机离子激活剂　无机离子（如 Cl^-、Br^-、I^-）和某些金属离子（如 Na^+、K^+、Mg^{2+}、Ca^{2+}、Zn^{2+}、Mn^{2+}等）都可作为激活剂。如 Cl^-是唾液淀粉酶的激活剂，Zn^{2+}是羧肽酶的激活剂，而 Mg^{2+}则是多种激酶及合成酶激活剂等。一般认为金属离子的激活作用，主要是由于金属离子在酶和底物之间起了桥梁的作用，形成酶-金属离子-底物三元复合物，从而更有利于底物和酶的活性中心部位的结合。

（2）小分子的有机化合物　如抗坏血酸、半胱氨酸、谷胱甘肽等对某些含巯基的酶有激活作用，它们主要是保护巯基酶分子中的巯基不被氧化，从而提高酶的活性。如 3-磷酸甘油醛脱氢酶就属于巯基酶，在其分离纯化过程中，往往要加上还原剂，以保护其巯基不被氧化。另外，乙二胺四乙酸（EDTA）是金属离子的螯合剂，能解除重金属离子对酶抑制作用，也可作为酶的激活剂。

（3）生物大分子激活剂　某些蛋白可以激活某些酶的活性，在生物体代谢活动中起重要的作用。如磷酸化酶 b 激酶可激活磷酸化酶 b，而磷酸化酶 b 激酶又受 cAMP（cyclic adenylic acid，3′,5′-环腺苷酸）依赖性蛋白激酶的激活。胰脏分泌的胰蛋白酶原进入小肠后，可被肠液中的肠激酶激活或自身激活，自 N 端切下一个 6 肽后，肽链重新折叠而形成有活性的胰蛋白酶。

1.3　酶的分类与命名

为了准确地识别某一种酶，避免发生混乱或误解，在酶学和酶工程领域，要求每一种酶都有准确的名称和明确的分类，为此必须掌握酶的分类（enzyme classification）和酶的命名

（enzyme nomenclature）的原则和方法。按照分子中起催化作用的主要组分的不同，酶可以分为蛋白类酶（proteozyme，P 酶）和核酸类酶（ribozyme, R 酶）两大类别。它们的分类和命名的总原则是相同的，都是根据酶作用的底物和催化反应的类型进行分类和命名。

1.3.1 蛋白类酶的分类与命名

根据国际酶学委员会的建议，每一种具体的酶都有其推荐名和系统命名。推荐名是在惯用名的基础上，加以选择和修改而成。第一部分为底物名称，第二部分为催化反应的类型，后面加一个“酶”字。酶的系统命名则更详细、更准确地反映出该酶所催化的反应。系统命名包括酶的作用底物、酶作用的基团及催化反应的类型。

1961 年，国际生物化学与分子生物学联合会确定了酶的分类原则，将所有酶按照催化的反应类型统一分成六大类，即氧化还原酶（EC1）、转移酶（EC2）、水解酶（EC3）、裂合酶（EC4）、异构酶（EC5）和连接酶（EC6）。这已经被大家公认，并写入所有的生物化学教科书中。2018 年 8 月，国际生物化学与分子生物学联合会（IUBMB）更改了酶的分类规则，在原有六大酶类之外又增加了新的酶类——转位酶，也称为易位酶，系统编号为 EC 7。这七类酶的简介如下。

1. 氧化还原酶（oxidoreductase） 催化底物进行氧化还原反应的酶类。包括电子或氢的转移及分子氧参加的反应。常见的有脱氢酶、氧化酶、还原酶和过氧化物酶等，其反应通式为

$$AH_2+B=\!=\!=A+BH_2$$

2. 转移酶（transferase） 催化底物进行某些基团转移或交换的酶类，如甲基转移酶、氨基转移酶、转硫酶等，其反应通式为

$$AB+C=\!=\!=A+BC$$

3. 水解酶（hydrolase） 催化底物进行水解反应的酶类，如淀粉酶、糖苷酶、蛋白酶等，其反应通式为

$$AB+H_2O=\!=\!=AOH+BH$$

4. 裂解酶（lyase）或裂合酶 催化底物通过非水解途径移去一个基团形成双键或其逆反应的酶类，如脱水酶、脱羧酶、醛缩酶等。如果催化底物进行逆反应，使其中一底物失去双键，两底物间形成新的化学键，此时为裂合酶，其反应通式为

$$AB=\!=\!=A+B$$

5. 异构酶（isomerase） 催化各种同分异构体、几何异构体或光学异构体间相互转换的酶类，如差向异构酶、消旋酶等，其反应通式为

$$A=\!=\!=B$$

6. 连接酶（ligase）或合成酶类（synthetase） 催化 2 分子底物连接成 1 个分子化合物的酶类，其反应通式为

$$A+B+ATP=\!=\!=AB+ADP+Pi \text{ 或 } AB+AMP+PPi$$

7. 转位酶（translocase） 催化离子或分子跨膜转运或在细胞膜内易位反应的酶，如泛醇氧化酶催化氢离子的转运，抗坏血酸铁还原酶催化铁离子的跨膜转运等。

$$\underset{\text{（膜一侧）}}{AX+B||}=\!=\!=\underset{\text{（膜另一侧）}}{A+X+||B}$$

根据系统命名法，每一种具体的酶，除了有一个系统名称以外，还有一个系统编号。系统编号采用四码编号法。第一个号码表示该酶属于七大类酶中的某一大类，第二个号码表示该酶属于该大类中的某一亚类，第三个号码表示属于亚类中的某一小类，第四个号码表示这一具体的酶在该小类中的序号，每个号码之间用圆点分开。例如，葡萄糖氧化酶的系统编号为[EC1.1.3.4]。其中，EC 表示国际酶学委员会（Enzyme Commission）；第一个号码“1”表示该酶属于第一大类（氧化还原酶）；第二个号码“1”表示属氧化还原酶的第一亚类，该亚类所催化的反应系在供体的 CH—OH 基团上进行；第三个号码“3”表示该酶属于第一亚类的第三小类，该小类的酶所催化的反应是以氧为氢受体；第四个号码“4”表示该酶在小类中的特定序号。

1.3.2 核酸类酶的分类

自 1982 年以来，被发现的核酸类酶越来越多，但是对于分类和命名还没有统一的原则和规定。根据 R 酶催化的底物是其本身 RNA 分子还是其他 RNA 分子，可以将 R 酶分子分为分子内催化（也称自我催化）和分子间催化两大类。每个大类根据催化反应类型可分为剪切酶、剪接酶和多功能酶等。

1.4 酶的活力测定

资源 1.4

酶催化反应速率通常是指酶反应的初速率，即在酶促反应过程中，底物浓度消耗不超过5%时的速率。因为，在过量底物存在下，酶反应速率与酶浓度成正比，而且不会受其他因素的影响，如产物造成的反馈抑制及逆反应，反应体系中 pH 的变化，酶活力下降等。

1.4.1 酶活力单位

酶活力（enzyme activity）又称酶活性，是指酶催化某一化学反应的能力。酶活力的大小可用在一定的条件下，酶催化某一化学反应的反应速率来表示。所以，酶的活力测定，实际上就是测定酶所催化的化学反应的速率。反应速率愈大，表示酶活力愈高。

酶活力的大小（即酶量的多少）用酶活力单位来表示，因此酶活力单位是表示酶量多少的单位。在实际应用中，酶活力单位往往与所用的测定方法、反应条件等因素有关。同一种酶采用不同的测定方法，活力单位也不尽相同。

1961 年国际生物化学学会酶学委员会提出采用统一的“国际单位”（U）来表示酶的活力，规定为：在特定条件（25℃，具有最适底物浓度、最适温度、最适 pH 和离子强度系统）下，每分钟内能转化 1μmol 底物或催化 1μmol 产物形成所需要的酶量为 1 个酶活力单位。1972 年，国际酶学委员会为了使酶的活力单位与国际单位制中的反应速率表达方式相一致，推荐使用一种新的酶活单位——开特（kat）。1 单位开特定义为：在最适条件下，每秒钟能使 1mol 底物转化为产物所需的酶量定为 1 个 kat 单位。开特和国际单位之间的关系是

$$1\text{kat}=1\text{mol/s}=60\text{mol/min}=6\times10^{7}\ \text{U}$$

1.4.2　酶的比活力

为比较酶制剂的纯度和活力的高低，常用比活力（specific activity）的概念，是指在特定条件下，单位质量蛋白质或 RNA 所拥有的酶活力单位数：

酶的比活力=酶活力（单位）/mg（蛋白质或 RNA）

酶的比活力是酶纯度的一个指标。对于同一种酶来说，不考虑酶失活等因素，酶的比活力越高，酶的纯度越高。对于不纯的酶，特别是含大量盐或其他非蛋白物质的商品酶制剂，单位质量酶制剂的酶活力只能表示单位制剂的酶含量，不能称作比活力。

1.4.3　酶的转换数和催化周期

转换数（k_{cat}）又称催化常数 k_{cat}，或摩尔催化活性，是酶催化效率的一个指标。表示在单位时间内，酶分子中每个活性中心或每个分子酶所能转化的底物分子数，单位为 1/min。如果每一个酶分子只有一个催化中心，那么催化中心活性等于摩尔催化活力，如单体酶；如果每一个酶分子有 n 个催化中心，那么催化中心活性等于摩尔催化活力除以 n，如寡聚酶。

转换数的倒数称为酶的催化周期。催化周期是指酶进行一次催化所需的时间，单位为毫秒（ms）或微秒（μs），即 T=1/ k_{cat}。

1.4.4　酶活力的测定方法

酶活力与底物浓度、酶浓度、pH、温度、激活剂和抑制剂的浓度，以及缓冲液的种类和浓度都密切相关。酶活力测定是通过“可视化”酶催化其特定底物为产物，可用终止法或连续反应法进行测定。

1.4.4.1　终止法

终止法是在恒温系统中进行酶促反应，间隔一段时间之后，终止酶反应，然后测定反应物的消耗量或产物的生成量，从而计算出酶活性。可用加热变性、强酸、强碱、三氯乙酸、SDS、乙醇等方法使酶失活或终止酶反应。催化反应的底物或产物可用化学法、放射性化学法、酶偶联法等方法进行测定。

1. *化学法*　　化学法是利用化学反应使底物或产物变成一个可用某种物理方法测定的化合物。如脲酶催化尿素水解，得到产物 NH_3 和 CO_2，便可用比色、滴定、气体量度法等方法测出酶活性。

2. *放射性化学法*　　用同位素标记底物元素，终止反应后将底物与产物分离，然后测定底物或产物的放射性，从而确定酶的活性。

常用于标记的同位素有 ^{35}P 和 ^{14}C 等。同位素衰变时放出 β 射线，产生的 β 射线用相应的计数器直接计数。如高能 β 射线可用 Geiger muiller 计数器计数，低能 β 射线用液休闪烁计数器计数。

3. *酶偶联法*　　有些酶促反应的产物不易直接测定，需加入指示酶转变成可测定产物。一般脱氢酶需要以 NAD^+（或 $NADP^+$）为辅酶，它们在 340nm 处消光系数很小，而 NADH（或 NADPH）在 340nm 处有较大的消光系数。因此通过测定 NAD^+（或 $NADP^+$）与 NADH（或 NADPH）互变时吸光度变化来计算酶活。

1.4.4.2 连续反应法

连续法测酶活力，不需要取样终止反应，而是基于反应过程光谱吸收、气体体积、酸碱度、温度等的变化，用仪器跟踪监测反应，记录结果，算出酶活。

1. 光谱吸收法　该法主要包括分光光度法和荧光法。前者是利用反应物和产物在紫外或可见光部分光吸收的不同，选择一定的浓度，连续测定读出反应过程中光吸收的变化。适用于一些反应较快的酶。后者则需要酶反应的底物或产物之一具有荧光，通过测定荧光的变化就可计算出酶反应速率。

2. 量气法　若酶反应的底物或产物之一为气体，可通过测定反应系统中气相体积或压力的变化，计算出气体释放或吸收的量。再根据气体变化与时间的关系，即可求得酶反应速率。

3. 量热法　由于生化反应过程有反应热的变化，可用灵敏度较高的量热计测定酶反应速率。该法灵敏，无干扰，且很通用，近年来渐渐引起人们重视。

4. 黏度变化法　测定底物溶液黏度降低的方法，包括旋转黏度计法和工研法等。旋转黏度计法采用旋转黏度计，测定底物溶液反应一定时间的黏度，利用公式推算出酶活力。工研法采用奥氏黏度计，测定底物黏度减至 1/2 时所需的时间，以 10min 使底物黏度降低 1/2 的酶活作为 1 个活力单位。

5. 结构鉴定法　以流动-注射式 NMR（核磁共振）作为分析工具的检测法：NMR 是一种完善的分析技术，能够获得溶质分子的结构和定量的信息。酶促反应中的底物和产物能产生不同的 NMR 波谱，可以通过测定底物或产物的量来检测反应。

6. 偶联的连续法　偶联的连续法就是将指示酶直接加到待测酶反应系统中，将待测酶的反应产物直接或间接转变成一个可用光谱吸收仪检验的化合物。指示酶催化的反应必须在待测酶反应相同的条件（pH 和温度等）下进行，且加入的指示酶及其他各种物质不能干扰待测酶的活力。

1.4.4.3 酶活力测定中应注意的问题

酶反应是一个复杂的过程，除了要在一定的条件下进行外，还必须考虑以下因素。

1）测定的酶反应速率必须是初速率，只有初速率才与底物浓度成正比。初速率的确定一般是指：底物消耗量在 5%以内，或产物形成量占总产物量的 15%以下时的速率。

2）底物浓度、辅因子的浓度必须远远大于酶浓度（即过饱和）；反应必须在酶的最适条件（如最适温度、pH 和离子强度等）下进行；测酶活所用试剂中不应含有酶的激活剂、抑制剂，同时底物不能裂解。

1.5 酶反应动力学

资源 1.5

酶反应动力学是研究酶反应速率变化规律及各种因素对酶反应速率影响的科学。研究酶反应动力学对阐明酶作用机制和建立最优化的反应体系（包括酶反应器的设计选型和酶催化工艺）有重要的意义。

影响酶反应速率的因素较多，有浓度因素（酶浓度、底物浓度、效应物浓度），外部因素（温度、pH、离子强度、溶液的介电常数、压力等），内部因素（酶的结构、底物和效应物的结构、载体等）等因素。此外，对于固定化酶反应、非水体系酶反应等非均相反应体系，还涉及物质扩散等因素。酶反应动力学是非常复杂的课题，本节主要介绍均相体系的单底物反应动力学。

单底物反应是由一种底物参与的不可逆反应，水解酶、异构酶及多数裂解酶的催化反应均属此类型。虽然水解酶的催化反应中除底物外，还有水的参与，但一般条件下水总是过量存在于反应系统中，其浓度几乎是恒定的，常视为单底物反应。单底物反应方程式可用米氏方程描述。

1.5.1　米氏方程

对于单底物酶促反应，最简单的反应方程式为

$$E + S \underset{k_{-1}}{\overset{k_1}{\rightleftharpoons}} ES \xrightarrow{k_2} E + P$$

底物浓度对酶促反应的影响，服从前述的双曲线模型。反应速率和底物浓度之间的关系服从双曲线方程，即著名的米氏方程，这是酶反应动力学的基础方程。

$$v = \frac{V_m[S]}{K_m + [S]}$$

式中，$[S]$ 代表底物浓度；v 代表酶促反应的初速率；V_m 代表反应的最大速率，是在高底物浓度时，随 $[S]$ 增加，v 向 $[S]$ 轴某一平行线逼近的极限值；K_m 称为米氏常数，是酶反应速率达到最大反应速率一半时的底物浓度，单位为 mol/L 或 mmol/L。

米氏方程最初由 Michaelis 和 Menton（1913 年）应用“快速平衡法”解析出来，以后 Briggs 和 Haldane（1925 年）发展了“稳态法”解析扩展。其中，酶（E）和底物（S）形成不稳定的中间产物（ES），中间产物分解，形成产物（P），释放出游离酶（E）。它们的正反应与逆反应的速率常数分别为 k_1、k_2 和 k_{-1}。

1.5.2　米氏方程的意义

1）米氏方程中提到了几个重要的酶反应动力学常数，即 K_m、k_1、k_2 和 k_{-1}。通过它们可以反映反应性质、反应条件、反应速度之间的关系。

常数 K_m 和 V_m 可以测定，V_m 随酶浓度发生变化，但 K_m 为所观察反应的特征常数，不随酶浓度改变，它由酶反应的内在性质所决定，也因外界条件（如温度、pH 及离子强度等诸多因素）的影响而不同。因此，K_m 可以用来鉴别特定的酶，不同酶的 K_m 值不同，同一种相对专一性酶对不同底物的 K_m 也不同。K_m 可近似用于表示底物与酶的亲和力，K_m 值越小，则亲和力越高，反之亦然。另外，虽然 V_m 不是酶的特征常数，但是当酶浓度一定时，并且在 $[S]$ 远大于 $[E_0]$ 的假定条件下，对于酶的特定底物，V_m 一定。因此，可以由 $V_m=k_2[E_0]$ 求出参加反应的总酶的浓度。k_2 表示单位时间每个酶分子或每一活性部位所催化的反应次数，称为转换数，用 T.N.表示。在单底物反应中，且在假设反应过程中只有一个活性中间物时，k_2 即催化常数，用 k_{cat} 表示。其值越人，则说明该酶的催化效率越高。

k_{cat} 与 K_m 比值是衡量一个酶催化效率的最重要参数。k_{cat} 越大，K_m 越小，二者的比值越大。k_{cat} 越大说明酶转化底物的速率越快，K_m 越小说明酶与底物之间亲和力越大。当酶有多个可利用的底物时，其对不同底物的催化效率可能差别很大。k_{cat}/K_m 就可以用来确定酶的最适底物，同一个酶对不同底物的 k_{cat}/K_m 最大可相差 100 万倍。当利用蛋白质工程对酶进行改造时，不同突变型的 k_{cat}/K_m 也是需要测定的参数，用来表征酶催化效率的变化情况。

2）$v=\frac{V_m[S]}{K_m+[S]}$ 明显反映了反应速率与底物浓度之间的关系。当[S]远大于 K_m 时，$v=V_m$，反应速率接近最大速度，并与底物浓度无关。当[S]远小于 K_m 时，$v=\frac{V_m[S]}{K_m}$，反应速率与底物浓度为线性关系。

3）另外，米氏方程还反映了酶反应速率与酶浓度的关系，$v=\frac{k_2[S]}{K_m+[S]}[E_0]$。当 [S] 远大于 K_m 时，$v=k_2[E_0]$ 为线性关系。在测酶活时，可以选取该条件，此时酶活正比于酶的浓度而与底物浓度变化无关。

1.5.3 动力学常数 K_m 和 V_m 的求取

米氏方程可以转换为各种其他形式，并用相应的作图法反映，可以求得相关动力学常数，如 K_m 和 V_m。常用的作图方法有以下几种。

1. Lineweaver-Burk 作图法　由米氏方程 v-[S]双曲线外推 V_m 和 K_m 值是很不准确的。1924 年，Lineweaver 和 Burk 将米氏方程转化为双倒数形式：

$$\frac{1}{v}=\frac{K_m}{V_m}\bullet\frac{1}{[S]}+\frac{1}{V_m}$$

以 $1/v$ 对 $1/[S]$ 作图可得直线。纵轴截距为 $1/V_m$，斜率为 K_m/V_m，横轴截距为 $-1/K_m$，换算即可求得 V_m 和 K_m。

这种作图法（又称双倒数作图法，图 1.4）应用最为广泛，但其缺点是在[S]较低的一侧，常常测定较为困难，v 值的误差较大；另外在[S]等差值实验时，作图点较集中于纵轴。

2. Hanes-Woolf 作图法　米氏方程可改写为

$$\frac{[S]}{v}=\frac{1}{V_m}\bullet[S]+\frac{K_m}{V_m}$$

以 $\frac{[S]}{v}$ 对[S]作图得直线，纵轴截距为 $\frac{K_m}{V_m}$，横轴截距为 $-K_m$，斜率为 $\frac{1}{V_m}$，换算即可求得 K_m 和 V_m。

这种方法（图 1.5）的优点是作图点在坐标图中分布较为平均，另外它也是求 V_m 的好方法。

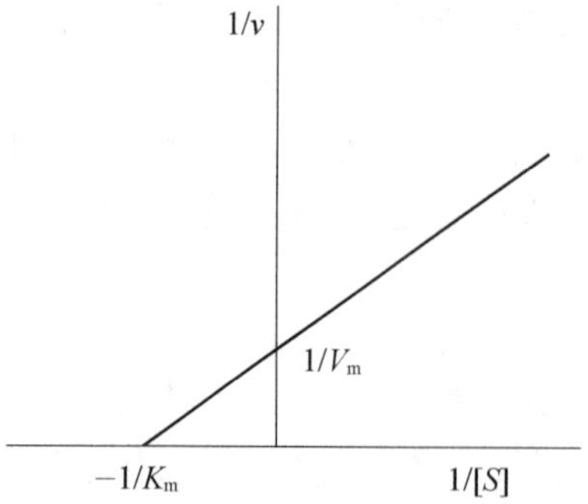

图 1.4　Lineweaver-Burk 作图法示例

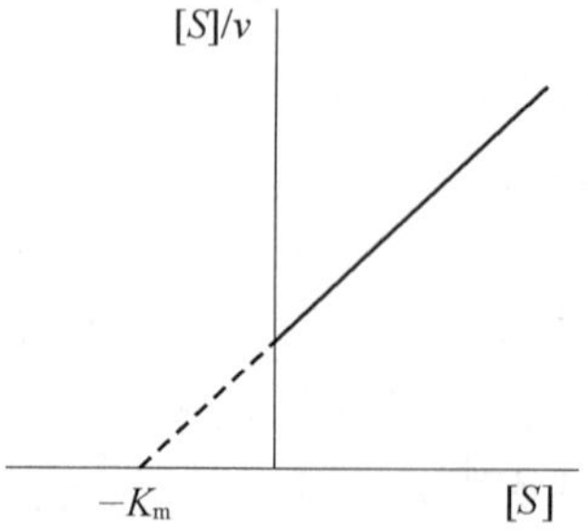

图 1.5　Hanes-Woolf 作图法示例

3. Eadie Hofstee 作图法　将米氏方程改写为

$$v = V_m - \frac{v}{[S]} \cdot K_m$$

以 v 对 $\frac{v}{[S]}$ 作图得直线，纵轴截距为 V_m，横轴截距为 $\frac{V_m}{K_m}$，斜率为 $-K_m$，换算即可求得 K_m 和 V_m。

这种方法（图 1.6）适用于 v 值实验误差较大情况。

4. Eisenthal 和 Cornish-Bowden 直接线性作图法　把[S]标在横轴的负半轴上，测得的 v 数值标在纵轴上，相应的[S]和 v 连成直线，这一簇直线交于一点，其坐标为 $-K_m$ 和 V_m。

这种方法（图 1.7）不需要计算，可直接读出 K_m 和 V_m 值；易于识别不正确的观测结果。

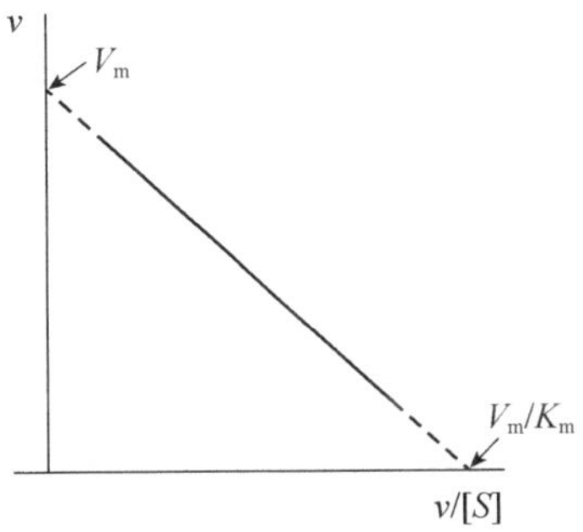

图 1.6　Eadie Hofstee 作图法示例

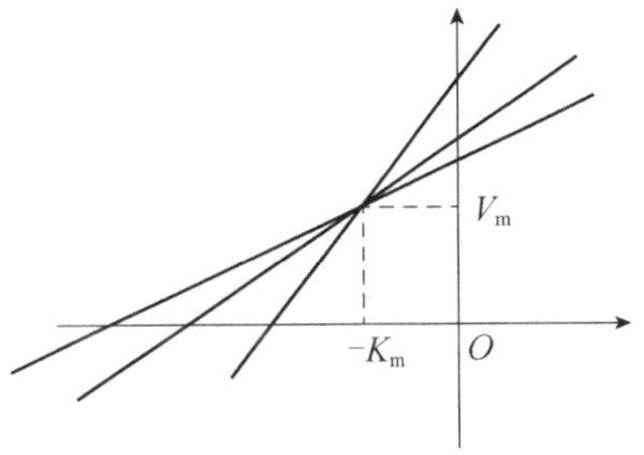

图 1.7　直接线性作图法示例

补充读物

人工智能预测出“蛋白质宇宙”

蛋白质是细胞中的主要功能分子，在细胞中发挥多种多样功能。例如，作为酶发挥催化作用，参与生物体内新陈代谢的调节作用，运输代谢物质，用于细胞骨架的形成，以及参与免疫、细胞分化、细胞凋亡等过程。作为构成生命的基本元件，破解蛋白质功能是解密各种生命现象的金钥匙。

在生命科学领域，观测和解析蛋白质结构一直是个令人着迷的话题，吸引着众多科学家攻坚，但也面临着难度大、成本高、进展有限的局面。常用分析蛋白质结构的方法主要有三种：核磁共振、X 射线、冷冻电镜。这些方法依赖大量试错及昂贵的设备，每种蛋白结构研究时长至少长达数年。此外，现有的实验手段还需要借助生物信息技术、计算生物学手段。其中，使用普通计算机软件来计算蛋白质结构，运算量相当惊人。为此，蛋白质结构预测成为结构生物学的重要分支，研究人员通过开发相关人工智能神经网络算法，根据氨基酸序列来预测蛋白质的空间结构。

2022 年，DeepMind 公司与欧洲生物信息研究所的合作团队公布了生物学领域的一项重大突破。他们利用人工智能（AI）系统 AlphaFold 预测出超过 100 万个物种的 2.14 亿个蛋白质结构，几乎涵盖了地球上所有已知蛋白质。这一突破将加速新药开发，并为基础科学带来全新革命。

目前，单个蛋白质折叠预测只是一个起点，蛋白质通常以复合物的形式成对或成组发挥功能，以承担生命所需的种种功能，而许多蛋白质复合物的结构至今仍然成谜。未来还要进一步提高人工智能算法的普适性和准确度，在揭示多个蛋白质之间的相互作用方面作出贡献，帮助人类寻找到精准的疾病治疗新方法。

人工智能技术在大量数据驱动下可以学习有关蛋白质构成和进化的特征信息。通过直接学习自然界中存在的蛋白质序列、共进化信息和结构，深度神经网络已经可以解决许多类型的酶工程问题，如预测具有有益影响的突变、优化蛋白质的稳定性、提高催化活性等。目前人工智能辅助酶工程领域正处于飞速发展的阶段。各种神经网络模型正在向更准确、更高效的方向快速更新迭代。酶工程的数字化计算设计已经成为未来的趋势。

思 考 题

1. 名词解释：酶工程；转换数；比活力；酶活力；酶活国际单位；转位酶；酶反应动力学。
2. 简述酶的研究简史。
3. 简述酶工程的发展概况。
4. 简要回答酶的催化特点。
5. 简要回答影响酶催化作用的因素。
6. 简要回答米氏方程的意义。

主要参考文献

康里奇，谈攀，洪亮. 2023. 人工智能时代下的酶工程[J]. 合成生物学, 4(3): 524-534.

Arnold F H. 2018.Directed evolution: bringing new chemistry to life[J]. Angewandte Chemie International Edition, 57(16): 4143-4148.

Benore M A. 2019.What is in a name? (or a number?): The updated enzyme classifications[J]. Biochemistry and Molecular Biology Education, 47 (4):481-483.

Jumper J, Evans R, Pritzel A, et al. 2021.Highly accurate protein structure prediction with AlphaFold[J]. Nature, 596(7873): 583-589.

Ledford H, Callaway E. 2020.Pioneers of CRISPR gene editing win chemistry Nobel[J]. Nature, 586(7829): 346-347.

Tipton K, McDonald A. 2018.A brief guide to enzyme nomenclature and classification[J]. International Union of Biochemistry and Molecular Biology, 4(8).

第 2 章　酶的发酵工程

本章资源

- 酶的发酵工程
  - 酶生物合成的调节机制
    - 原核生物
      - 酶合成的调节机制
      - 乳糖操纵子学说
      - 色氨酸操纵子学说
    - 真核生物
      - 细胞分化改变酶的生物合成
      - 基因扩增加速酶的生物合成
      - 增强子促进酶的生物合成
      - RNA干扰沉默基因的表达
    - 应用
      - 代谢产物发酵生产中的应用
      - 诱导酶生产中的应用
      - 微生物选育中的应用
  - 产酶微生物
    - 酶的生产菌种
      - 产酶微生物的种类
      - 产酶微生物的要求
      - 产酶微生物的筛选
    - 菌种扩大培养与退化问题
      - 菌种扩大培养
      - 种子制备的过程
      - 种子质量的控制
      - 菌种的退化与复壮
  - 酶的微生物发酵技术
    - 培养基和培养条件对产酶的影响和调节
      - 培养基成分
      - 培养条件
    - 发酵方法
      - 液体深层发酵
      - 固体发酵
      - 分批发酵
      - 连续发酵
      - 补料分批发酵
    - 提高产酶的措施
      - 诱导物，阻遏物，表面活性剂，产酶促进剂
  - 酶发酵动力学
    - 细胞生长动力学
    - 产酶动力学

所有生物为维持其正常生命活动，在一定条件下都能够合成自身需要的各种各样的酶，酶的种类及其表达量受到细胞自身的严格调控。为了经济有效利用细胞生产特定的酶品种，通过人工操作控制，利用细胞（包括微生物细胞、植物细胞和动物细胞）的生命活动，大规模发酵生产人们所需要酶的技术过程，称为酶的发酵生产。

自从 1949 年细菌 α-淀粉酶大规模发酵获得成功以来，发酵法就成为酶的主要生产方法。根据培养方式的不同，发酵法可以分为液体深层发酵、固体发酵、固定化细胞培养等。目前运用最普遍的是液体深层发酵技术。和传统的从动植物组织提取酶的工艺相比，发酵法产酶具有生产周期短，酶产率高，不受自然条件影响等优点，但是它对生产设备和工艺条件要求较高。20 世纪 70 年代以来，动、植物细胞培养技术的兴起和发展，拓展了酶的生产方法。但由于动、植物细胞具有不耐剪切、生长周期长、对培养条件要求高等特点，目前较少用于工业规模产酶，本节重点介绍微生物的发酵产酶技术。

2.1 酶生物合成的调节机制

正常生物体细胞中物质的代谢是处于平衡状态的，为了适应环境的变化，细胞需要对自身的代谢有秩序、有条不紊地进行调节。对生物体细胞内某种物质的合成而言，合成的数量应该是适当的，既能满足自身需要，又不至于过量合成造成浪费，这样使细胞能经济合理地使用发酵底物、中间产物以及胞内内源物，使细胞代谢能高效进行。但为了获得酶的高产，必须人为打破细胞中物质代谢的这种平衡，使细胞既能大量产生某种酶，同时又能维持细胞的生长。为了达到这个目的，必须深入了解酶生物合成的调节机制。细胞内酶的生物合成受转录、翻译、酶的降解、膜透性等不同层次的调节。

2.1.1 原核生物酶合成的调节

资源 2.1

生物细胞可以合成各种各样的酶。有的酶在细胞中的量相对恒定，环境因素对这类酶的合成速率影响不大，这类酶称为组成酶（constitutive enzyme），其产物往往是细胞或生物体整个生命过程中都持续需要而必不可少的，这类基因也可称为管家基因（housekeeping gene），如 DNA 聚合酶、RNA 聚合酶、糖酵解途径的部分酶等。值得注意的是，组成性基因表达也不是一成不变的，其表达强弱也是受一定机制调控的。而有些酶在细胞中的含量却变化很大，其合成速率明显受到环境因素的影响，这类酶称为适应酶（adaptive enzyme）。生物体为了适应环境的变化，使代谢过程有条不紊地进行，需要根据各种条件的变化，对各种适应酶的生物合成进行调节控制。酶生物合成的过程要经过一系列的步骤，需要诸多因素的参与。所以，在转录和翻译过程中，许多因素都对适应酶的生物合成产生影响。原核生物酶的生物合成受到转录、翻译、细胞膜透性、细胞物质自身合成等几方面的调节。其中，转录水平的调节是原核生物酶的生物合成中重要的调节机制，在此水平上的酶生物合成的调节机制，目前已发现 2 种，即酶合成的诱导和酶合成的阻遏。原核生物中酶生物合成的诱导和阻遏都可以用雅各布（Jacob）和莫诺德（Monod）于 1961 年提出的操纵子（operon）理论来解释。这里以典型的乳糖操纵子和色氨酸操纵子来阐明。

2.1.1.1　酶合成的调节机制

操纵子是原核生物基因表达的调控单位（图 2.1），包括结构基因、调节基因及由调节基因产物所识别的控制序列（启动子、操纵序列）。结构基因是编码酶蛋白氨基酸序列的，通过转录和翻译表达产生酶蛋白；调节基因通过产生调节蛋白对整个转录过程发挥调控作用；启动子是 RNA 聚合酶识别、结合并起始 mRNA 转录的一段 DNA 序列；操纵序列是位于启动子和结构基因之间的碱基序列，能与调节蛋白相结合，如操纵序列上结合有阻遏蛋白（一种能够阻遏结构基因表达的调节蛋白），转录就受阻，如操纵序列上没有结合阻遏蛋白，转录便顺利进行，所以操纵序列就像一个“开关”似的操纵着 mRNA 的转录。

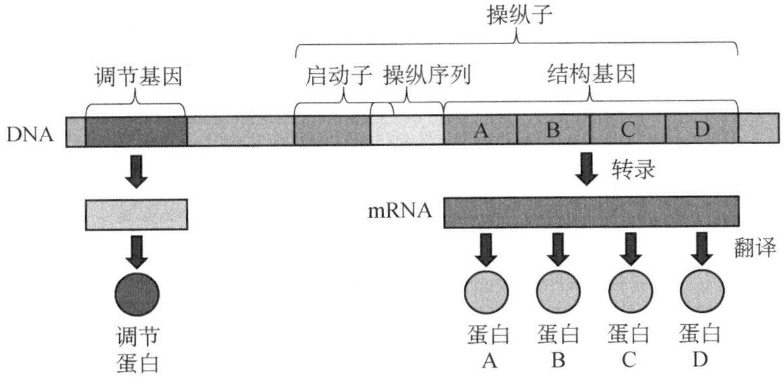

图 2.1　操纵子调节模式示意图

诱导物是诱导酶起始合成的小分子物质（通常是酶的底物），可以引起阻遏蛋白的构象变化，使之不易与操纵序列结合；辅阻遏物能引起调节蛋白的构象变化，使其易于与操纵序列结合。诱导物和辅阻遏物常被总称为效应物。调节蛋白又称为转录因子，是具有结合 DNA 活性且影响 RNA 聚合酶启动转录的一类蛋白质的总称。调节蛋白是由调节基因编码产生的一种变构蛋白，对整个转录过程起着调控作用。调节蛋白有两个结合位点，一个与操纵序列结合，另一个与效应物结合。转录水平的调节主要有四种模式：效应物抑制阻遏蛋白作用、效应物刺激阻遏蛋白作用、效应物刺激激活蛋白作用、效应物抑制激活蛋白作用。前两种模式属于阻遏作用。①效应物抑制阻遏蛋白作用：受该方式调控的基因在没有效应物存在的情况下，受到阻遏蛋白的抑制而不表达；效应物存在时，效应物与阻遏蛋白结合使其发生形变后不与 DNA 结合，从而消除其抑制作用，使得被调控的基因得以转录表达。②效应物刺激阻遏蛋白作用：受该方式调控的基因，其阻遏蛋白在没有效应物的情况下不与操纵序列结合，因此没有抑制作用，基因可以正常转录；当效应物出现后，与阻遏蛋白结合后活化阻遏蛋白，使其与特定的操纵序列结合从而抑制被调控基因的转录。后两种方式属于激活作用。③效应物刺激激活蛋白作用：受该方式调控的基因，在效应物不存在的条件下，激活蛋白不与操纵序列结合，因此对基因没有激活作用，基因的转录水平低；当有效应物存在时，效应物与激活蛋白结合使其活化后结合特定的操纵序列，从而提高受调控基因的转录水平。④效应物抑制激活蛋白作用：激活蛋白在没有效应物存在的条件下与特定的操纵序列结合，从而激活目标基因的转录，基因表达水平高；当效应物出现与激活蛋白结合后，激活蛋白不再结合特定的操纵序列，因此受调控基因的转录量降低。

诱导有协同诱导与顺序诱导两种。诱导物同时或几乎同时诱导几种酶的合成称为协同诱导，如乳糖诱导大肠杆菌（*Escherichia coli*）同时合成 β-半乳糖苷酶、β-半乳糖苷透性酶和 β-半乳糖苷乙酰转移酶等与分解乳糖有关的酶。协同诱导使细胞迅速分解底物，主要存在于短的代谢途径中。顺序诱导是先后诱导合成分解底物的酶和分解其后各中间代谢产物的酶。例如，在由色氨酸降解成为儿茶酚的途径中，犬尿氨酸先协同诱导出色氨酸加氧酶、甲酰胺酶和犬尿氨酸酶，将色氨酸分解成邻氨基苯甲酸，后者再诱导出邻氨基苯甲酸双氧酶，催化邻氨基苯甲酸生成儿茶酚。顺序诱导对底物的转化速度较慢。诱导酶是微生物需要它们时才产生的酶类，所以诱导的意义在于：它为微生物提供了一种只是在需要时才合成酶以避免浪费能量与原料的调控手段；当环境中存在可利用的物质时，微生物通过诱导合成相应的酶，并从环境中取得所需营养物质，这样也就增强了微生物对环境的适应能力。

酶合成的阻遏主要有终产物阻遏和分解代谢产物阻遏两种，以下分别介绍。

1. 终产物阻遏　终产物阻遏是催化某一特异产物合成的酶，在培养基中有该产物存在的情况下常常是不合成的，即受阻遏。这种由于终产物过量积累而导致生物合成途径中酶合成的阻遏称为终产物阻遏，它常常发生在氨基酸、嘌呤和嘧啶等这些重要结构元件生物合成的时候。在正常情况下，当微生物细胞中的氨基酸、嘌呤和嘧啶过量时，与这些物质合成有关的许多酶就停止合成。*E.coli* 从天门冬氨酸出发合成赖氨酸的一系列反应中，天门冬氨酸激酶催化天门冬氨酸生成天门冬氨酰磷酸，若细胞中积累了过量赖氨酸，便会阻遏天门冬氨酸激酶的合成。

终产物阻遏的作用部位主要在一系列反应的第一个酶上，也可以在相关的几个酶上。例如，在 *E.coli* 合成色氨酸的途径中，从中间物分支酸转变为色氨酸包括了五步反应，由三种酶催化完成，即邻氨基苯甲酸合成酶、吲哚甘油磷酸酯合成酶、色氨酸合成酶。当将 *E.coli* 培养在含色氨酸的培养基中时，这组酶的合成全部受到阻遏，这种阻遏连续生物合成反应的一组酶系的作用，被称为协同阻遏。

终产物阻遏在代谢调节中的意义是显而易见的。它有效地保证了微生物细胞内氨基酸等重要物质维持在适当浓度，不会把有限的能量和养料用于合成那些暂时不需要的酶。微生物通过终产物阻遏与调节酶活力的反馈抑制的完美配合有效地调节着氨基酸等重要物质的生物合成。

2. 分解代谢物的阻遏作用　*E.coli* 在含有能分解的两种底物（如葡萄糖和乳糖）的培养基中生长时，首先分解利用其中的一种底物（葡萄糖），而不分解利用另一种底物（乳糖），这是因为葡萄糖的分解代谢产物阻遏了分解利用乳糖的有关酶的合成。受分解代谢物阻遏的酶类包括代谢乳糖、半乳糖、阿拉伯糖及麦芽糖等的操纵子编码的酶。分解利用葡萄糖的是组成酶，在有葡萄糖存在时，*E.coli* 不需要分解其他糖类。生长在含葡萄糖和山梨醇或葡萄糖和乙酸的培养基中的 *E.coli* 也有类似的情况。由于葡萄糖常对分解利用其他底物的有关酶的合成有阻遏作用，所以分解代谢产物阻遏又称葡萄糖效应（glucose effect）。分解代谢产物阻遏导致所谓“二次生长”，即先利用葡萄糖生长，待葡萄糖耗尽后，再利用另一种底物生长，两次生长中间隔着一个短暂的停滞期。这是因为葡萄糖耗尽后，它的分解代谢产物阻遏作用解除，经过一个短暂的适应期，β-半乳糖苷酶等分解利用乳糖的酶被诱导合成，这时细菌便利用乳糖进行第二次生长。葡萄糖对氨基酸的分解利用也有类似的阻遏作用。

此外，在原核生物中还存在自身调节和细胞膜透性的调节。原核生物中自身调节特性是操纵子内的基因产物发挥调节蛋白的功能，其原理是这种调节蛋白能控制操纵子的表达。沙门菌属的组氨酸降解为谷氨酸、氨和甲酰胺的过程由 4 种酶催化，它们的结构基因（*hut* 基因）在染色体上排列在一起，其表达受到阻遏蛋白的控制。编码阻遏蛋白的基因位于两个结构基因之间，因而成为操纵子的一部分。hut 操纵子受降解途径的第一个产物尿苷酸的诱导，不仅形成组氨酸降解系统，也积累阻遏蛋白。这样反过来又减少了包括调节基因在内的操纵子的转录，从而使酶的合成得到十分有效、和谐的调控。

2.1.1.2 乳糖操纵子学说

1. 乳糖操纵子的结构　*E.coli* 的乳糖操纵子含 *lacZ*、*lacY* 及 *lacA* 三个结构基因，分别编码 β-半乳糖苷酶、β-半乳糖苷透性酶、β-半乳糖苷乙酰转移酶，此外还有操纵序列 O、启动子 P 及调节基因 *I*。*I* 基因编码一种阻遏蛋白，后者与操纵序列结合，使操纵子受阻遏而处于转录失活状态。启动子 P 可以分成两个部分，上游部分是分解代谢物激活蛋白 CRP-cAMP 的结合位点（CRP 是指环腺苷酸受体蛋白，cAMP 是指环腺苷酸），下游部分是 RNA 聚合酶进入位点。由 P 序列和操纵序列共同构成乳糖操纵子的调控区，三个酶的编码基因即由同一调控区调节，实现基因产物的协调表达。

2. 阻遏蛋白的负性调节　在没有乳糖存在时，乳糖操纵子处于阻遏状态。此时，*I* 基因产生的乳糖阻遏蛋白与操纵序列结合，由于空间排挤作用，RNA 聚合酶就无法结合到 P 序列的 RNA 聚合酶结合位点，故阻断转录启动。阻遏蛋白的阻遏作用并非绝对，偶有阻遏蛋白与操纵序列解聚。因此，每个细胞中可能会有微量 β-半乳糖苷酶、β-半乳糖苷透性酶和 β-半乳糖苷乙酰转移酶生成。

当有乳糖存在时，乳糖操纵子即可被诱导。但真正的诱导剂并非乳糖本身。乳糖经透性酶转运进入细胞，再经原先存在于细胞中的微量 β-半乳糖苷酶催化，转变为别乳糖。后者作为一种诱导剂分子结合阻遏蛋白，使阻遏蛋白构型变化，导致阻遏蛋白与操纵序列解离，RNA 聚合酶就可以结合到 P 序列的 RNA 聚合酶结合位点上，启动转录，使 β-半乳糖苷酶浓度增加约 1000 倍。

3. CRP 的正性调节　环腺苷酸受体蛋白 CRP 是同二聚体，在其分子内有 DNA 结合区及 cAMP 结合位点。当细胞内缺乏葡萄糖及 cAMP 浓度较高时，cAMP 与 CRP 结合，cAMP-CRP 复合物浓度提高，cAMP-CRP 复合物结合在乳糖操纵子启动子 P 序列的 CRP-cAMP 结合位点，提高了 RNA 聚合酶的结合能力，使 RNA 转录活性提高 50 倍；当葡萄糖存在时，cAMP 浓度降低，cAMP-CRP 复合物浓度降低，结果启动子 P 序列的 CRP-cAMP 结合位点没有足够的 CRP-cAMP 复合物结合，降低了 RNA 聚合酶的结合能力，乳糖操纵子表达下降。

由此可见，对乳糖操纵子来说 CRP 是正性调节因素，乳糖阻遏蛋白是负性调节因素。两种调节机制根据存在的碳源种类及水平协调调节乳糖操纵子的表达。

2.1.1.3 色氨酸操纵子学说

色氨酸操纵子有两种机制：操纵子的调节作用和弱化子的调节作用。

1. 色氨酸操纵子的调节作用　色氨酸操纵子的阻遏是对合成代谢酶类进行正调节的典型例子。在合成代谢中，催化氨基酸等小分子末端产物合成的相关酶应存在于细胞内，因此，在细胞内这些酶的合成应经常处于消阻遏状态；相反，在分解代谢中的 β-半乳糖苷酶等合成则经常处于阻遏状态。

E.coli 的色氨酸操纵子也是由调节基因、启动子、操纵序列和结构基因 4 部分组成的。启动子位于色氨酸操纵子的前端；结构基因上有 5 个基因，分别编码“分支酸→邻氨基苯甲酸→磷酸核糖邻氨基苯甲酸→羧苯氨基脱氧核糖磷酸→吲哚甘油磷酸→色氨酸”途径中的 5 种酶。其调节基因（*trpR*）远离操纵序列，编码一种称为阻遏蛋白原的调节蛋白。

色氨酸操纵子负责调控色氨酸的生物合成，它的激活与否完全根据培养基中有无色氨酸而定。当培养基中有足够的色氨酸时，该操纵子自动关闭；缺乏色氨酸时，该操纵子被打开。色氨酸在这里不是起诱导作用而是阻遏作用，因而被称作辅阻遏分子，意指能帮助阻遏蛋白发生作用。色氨酸在色氨酸操纵子中的作用机制恰和乳糖在乳糖操纵子中的作用机制相反。

在没有末端产物色氨酸的情况下，阻遏蛋白原处于无活性状态，因此，操纵序列的“开关”是打开的，这时结构基因的转录和翻译可正常进行，参与色氨酸合成的酶大量合成；反之，当有色氨酸存在时，阻遏蛋白原可与辅阻遏物（色氨酸）结合成一个有活性的完全阻遏蛋白，它与操纵序列相结合，使转录的“开关”关闭，从而无法进行结构基因的转录和翻译。

2. 弱化子的调节作用　弱化子（attenuator）是位于启动子与结构基因之间的基因调节序列，它利用原核生物转录与翻译相偶联的特性，依赖自身巧妙的特征序列和相应的 mRNA 二级结构，精细调节结构基因的转录。弱化子最早发现于大肠杆菌色氨酸操纵子中，在第一个结构基因与启动子 P 的序列之间有一段 162bp 的前导序列构成弱化子区域。在结构基因 *trp E* 上游 mRNA 的前导序列中有一个编码 14 个氨基酸残基的开放阅读框，其中有 2 个色氨酸相连；在该开放阅读框的上游是核糖体结合位点（SD）序列。前导序列转录出的前导 mRNA 含有 4 个区（1、2、3、4 区），它们两两能够形成 3 个发夹结构（hairpin structure）（1-2、2-3、3-4），当细胞内的色氨酸浓度较高时，核糖体很快通过 1 区，并封闭 2 区，3 区和 4 区的碱基配对产生终止子的发夹式结构，使得前方的 RNA 聚合酶脱落，转录终止。当色氨酸饥饿时，没有色氨酰-tRNA 提供，核糖体的翻译停滞在 1 区的色氨酸密码子前，导致 2 区和 3 区形成发夹式结构，4 区失去配对伙伴而保持单链状态，即终止子不能形成，因而使得转录继续进行下去。

由此可见，弱化子起到随色氨酸浓度升高降低转录的作用。对于色氨酸操纵子结构基因的转录，阻遏蛋白负调控发挥着粗调作用，而弱化子起到精细调节作用。细菌其他氨基酸合成系统的许多操纵子（如组氨酸、苏氨酸、亮氨酸、异亮氨酸、苯丙氨酸等操纵子）中也有类似的弱化子存在。

2.1.2　真核生物酶合成的调节

真核生物基因不组成操纵子，不形成多顺反子 mRNA。真核生物的基因表达受到多级调控系统的调节。转录前水平的调节，主要是指染色体 DNA 的断裂、删除、扩增、重排、修饰和异染色质化等改变基因结构和活性的过程。转录水平的调节，包括染色质的活化和基因的活化。通过染色质改型，组蛋白乙酰化，染色质变得疏松化，可被酶和调节蛋白作用。基因转录受顺式作用元件，包括启动子、增强子、沉默子、上游启动子元件和反应元件等的控制；也受反式作用因子，包括基本转录因子、上游转录因子和转录调节因子等的调节。转录后水平的调节，包括转录产物的加工和转运的调节；通过不同方式的拼接可产生不同的 mRNA。翻译水平的调节，主要是控制 mRNA 的稳定性和有选择性翻译。翻译后水平的调节，主要是控制多肽链的加工和折叠；通过不同方式的加工可产生不同的活性多肽。

2.1.2.1　细胞分化改变酶的生物合成

与真核生物细胞分化相伴而生的是细胞的衰老与癌变，而端粒酶在其中起着重要的作用。端粒（telomere）是真核细胞染色体末端具有的特殊结构，由许多成串的短的重复序列组成，该序列上一条链富含 G，互补链上富含 C。端粒的功能在于稳定染色体的末端结构，防止其末端互相连接成串等。其存在不仅可以避免外界因素对 DNA 的破坏，而且还能够通过牺牲自我以避免染色体 DNA 受损，维护染色体结构和功能的完整性。细胞每复制一次，末端 DNA 就缩短若干个端粒重复序列，当端粒缩短到一定程度时即引起细胞衰老，故端粒又被视为“生命时钟”。端粒酶（telomerase）是一种延长端粒末端的核糖蛋白酶，是基本的核蛋白逆转录酶，含有引物特异识别位点，能以自身 RNA 为模板，合成端粒 DNA 并加到染色体末端，使端粒延长，从而增强细胞的增殖能力，延长细胞的寿命。

端粒酶的活性大小或其酶量的多少，对于调控机体内细胞的寿命有着重要的作用：如四膜虫，其端粒很短，细胞内的端粒酶活性很高，酶活性的抑制将导致细胞的寿命大幅缩短；再如，人体细胞中端粒的合成和延长在胚胎发育期就完成了，随着细胞分化的进行，人体正常细胞（除生殖细胞和干细胞等）中端粒酶的合成就受到了抑制，检测不到端粒酶的活性，而在分化程度低的癌细胞中却能明显检测到端粒酶的活性。

2.1.2.2　基因扩增加速酶的生物合成

基因扩增是通过增加基因拷贝数而调节基因表达的一种方式，为特定蛋白质编码的基因拷贝数选择性地增加，而其他基因并未按比例增加的过程。它可以发生在个体发育的某一阶段或细胞分化的某一过程。在实验室已建立了不等交换、从裂解细胞提取 DNA 或经过滚环复制（rolling circle replication）生成染色体外序列进行人工基因扩增。如在爪蟾卵子发生时，编码 rRNA 的基因数增加约 4000 倍。

基因扩增的生理意义在于，在特殊条件下，作为应急手段，可以调节酶的合成，而使某种酶的合成大量增加。例如，中国田鼠细胞在含有氨甲基蝶呤的培养基中生长时，由于氨甲基蝶呤是二氢叶酸还原酶的抑制剂，为了对抗氨甲基蝶呤对酶的抑制作用，细胞中编码二氢叶酸还原酶的基因急剧扩增，以合成大量的二氢叶酸还原酶。

2.1.2.3　增强子促进酶的生物合成

增强子是一种能够提高基因转录效率的顺式调控元件，一般位于基因启动子附近，通过与转录因子结合，形成染色质环，接近靶基因并提升其转录水平。第一个增强子是 Benerji 等于 1981 年在研究猴空泡病毒 SV40 基因组的过程中发现的，在 HeLa 细胞中它可以将下游基因的转录水平提高数百倍。后续研究发现增强子是由增强子核心、转录因子结合位点和辅助蛋白结合位点等元件构成的复杂 DNA 序列，这些结合位点可以吸引特定的转录因子和其他辅助蛋白质结合来调节基因的表达。

增强子的作用有以下特点。

1）提高同一条 DNA 链上基因转录效率，可以远距离发挥作用，通常可距离 1～4kb，个别情况下离开所调控的基因 30kb 仍能发挥作用，而且在基因的上游或下游都能起作用。

2）其作用与其序列的正反方向无关，它能在两个方向产生作用。

3）增强子要有启动子才能发挥作用，没有启动子存在，增强子不能表现活性，增强子能大幅度增强启动子的活性，但增强子对启动子没有严格的专一性，同一增强子可以影响不同类型启动子的转录效果。例如，当含有增强子的病毒基因组整合入宿主细胞基因组时，可增强整合区附近宿主某些基因的转录；当增强子随某些染色体段落移位时，也能提高所移入位置周围的基因转录。可使某些癌基因转录表达增强，可能是肿瘤发生的原因之一。

4）增强子必须与转录因子结合后才能发挥增强转录的作用。增强子一般具有组织或细胞特异性，许多增强子只在某些细胞或组织中表现活性，是由这些细胞或组织中具有特异性蛋白质因子所决定的，如免疫球蛋白基因的增强子只有在 B 淋巴细胞内，活性才最高。增强子可以诱导特定基因的表达，如热激蛋白的温度诱导表达中，低温时不表达，温度升高一定幅度时基因才表达，就是由于其热休克基因的温度诱导表达作用受到上游-47至-66之间增强子序列的调节控制。

2.1.2.4 RNA干扰沉默基因的表达

RNA干扰是一种利用具有序列特异性调控功能的小RNA（small RNA，sRNA）在mRNA水平下调特定基因表达的生物学机制，其依赖于一组基于sRNA和靶mRNA之间序列互补的蛋白质来协调基因沉默，从而影响相关酶的合成。RNA干扰具有特异性，只降解与sRNA同源的内源基因mRNA。微RNA（microRNA，miRNA）和小干扰RNA（small interfering RNA，siRNA）是大多数真核生物编码的2种调节性RNA，其中miRNA是由单链RNA分子形成的20～22个核苷酸序列，自身经折叠形成一个环状发夹RNA的双链区域，siRNA则是双链dsRNA前体衍生的20～24个核苷酸序列。

miRNA诱导的RNAi通常为转录后调控，其通过与mRNA的3′端非翻译区（3′UTR）形成不完全碱基配对从而阻碍蛋白质翻译；而siRNA通过与靶基因mRNA形成完全匹配并引导RNA诱导沉默复合体降解mRNA，进而阻碍其翻译。

RNA干扰技术应用广泛，可对细胞基因表达进行有效调控。例如，使用发夹结构的RNA干扰技术，将里氏木霉高表达基因*cbh1*的表达水平降低30%～55%，提高源于黑曲霉的脂肪酶基因*Lip*表达水平。

2.1.3 酶生物合成调节作用机理的实际应用

酶生物合成调节作用机理在发酵过程研究和实际生产过程中得到了普遍应用。

2.1.3.1 代谢产物发酵生产中的应用

枯草芽孢杆菌的鸟苷发酵是典型的代谢控制发酵，采用腺嘌呤营养缺陷型突变株。发酵过程中人为限制腺嘌呤浓度，使细胞代谢途径中的腺嘌呤类核苷酸浓度保持在不致引起关键酶的反馈抑制和阻遏的水平，有利于鸟苷的积累。

2.1.3.2 诱导酶生产中的应用

在培养基中加入诱导物诱导酶合成的例子非常多，食品和饲料工业中应用的酶（如α-淀粉酶、蛋白酶、纤维素酶、半纤维素酶、植酸酶、葡萄糖异构酶、β-半乳糖苷酶），均属于诱导酶，在酶的合成时必须在培养基中加入底物或底物类似物等诱导物时才会产酶。如β-半乳糖苷酶的作用底物是乳糖，当采用其他糖类作为碳源培养细菌时，产生分解乳糖的酶系很少；在培养基中加入乳糖作为唯一碳源时，细菌便很快大量合成β-半乳糖苷酶，若加入乳糖结构类似物，如异丙基-β-D-硫代半乳糖苷和甲基-β-半乳糖苷等非代谢物质作为诱导物时，同样可诱导细菌合成β-半乳糖苷酶。此外，纤维素酶和半纤维素酶生产过程中，必须加入秸秆和玉米芯等富含纤维素和半纤维素的物质，酶才会大量产生。

2.1.3.3 微生物选育中的应用

若通过基因工程手段和传统诱变的技术获得在抗代谢物（代谢物的结构类似物）存在时也能正常生长的突变株，则说明该突变株的相关酶系对这种抗代谢物不敏感，这也就解除了某些代谢物对有关酶系的反馈阻遏。例如，异亮氨酸合成途径中的关键酶——高丝氨酸脱氢酶受甲硫氨酸的反馈阻遏，通过选育甲硫氨酸结构类似物（Eth）抗性突变株或者甲硫氨酸缺陷型菌株，可提高该酶量，从而提高异亮氨酸产量。此外，在育种工作中，还可以筛选组成型菌株以提高酶的产量。以 β-半乳糖苷酶的生产为例，将诱导型（野生型）菌株培养在含有抑制物质邻硝基-β-D-岩藻糖苷和乳糖的培养基中时，由于诱导酶的合成被抑制，野生型菌株因不能利用乳糖而不能生长，但组成型酶突变株对于乳糖的利用则不受限制，因而此环境中生长的突变株为组成型酶产生菌。利用组成型菌株生产 β-半乳糖苷酶，不添加诱导物，就能得到很高的酶合成量。

利用转录因子或启动子等对胞内相关代谢物的响应可以实现合成途径的连续动态调控。Farmer 等利用大肠杆菌的 Ntr 调节因子来感应胞内的乙酰磷酸水平动态调控番茄红素的合成。细胞中碳的溢流会导致胞内乙酰磷酸积累，NRI 被乙酰磷酸磷酸化后便会激活启动子 $P_{glanAP2}$ 控制下番茄红素的合成途径相关基因的表达，从而将碳流引入番茄红素的合成途径，使得最终产量较静态调控提高了 50%，且生产强度提高了 3 倍。

2.2　产酶微生物

利用微生物的发酵作用，运用一些技术手段控制发酵过程，大规模生产酶产品的技术，称为酶的发酵技术。其所涉及的内容主要包括产酶菌种的选育和种子的培养，培养基配方和培养条件控制，以及发酵方法等。

2.2.1　酶的生产菌种

资源 2.2

2.2.1.1　产酶微生物的种类

用于工业产酶的微生物种类很多，可以分为细菌、放线菌、酵母菌和霉菌 4 大类。

1. 细菌　　细菌是单细胞原核微生物。酶制剂工业生产中以 *E.coli*、芽孢杆菌应用最为广泛，如 *E.coli* 产青霉素酰化酶和 L-天门冬酰胺酶等，枯草杆菌（*Bacillus subtilis*）产中性蛋白酶和中温 α-淀粉酶等，地衣芽孢杆菌（*Bacillus licheniformis*）产耐高温 α-淀粉酶等。此外，目前已普遍利用基因工程技术改造产酶细菌菌株，主要用于生产的细菌表达体系为 *E.coli*、枯草杆菌和地衣芽孢杆菌等。

2. 放线菌　　放线菌也是原核生物，细胞结构与细菌类似，但放线菌能形成菌丝，并以产生孢子形式繁殖。放线菌能够产生多种商品酶，如葡萄糖异构酶和谷氨酰胺转氨酶等。

3. 酵母菌　　酵母菌是单细胞真核微生物。在现代工业生产中，酵母菌的应用很广泛，除了生产酶制剂，还用于酿酒等。酿酒酵母（*Saccharomyces cerevisiae*）是发酵工业中最常用的菌种之一，可以用于生产凝血激酶、尿激酶等药用酶。毕赤酵母（*Pichia pastoris*）是真核高效表达蛋白的菌株，通过基因工程改造，工程菌株可用于生产植酸酶、木聚糖酶和甘露聚糖酶等。

4. 霉菌　　霉菌是一类形成菌丝体的真菌。霉菌在自然界分布极为广泛，具有较强、较完整的酶系，可用于发酵生产多种酶类。黑曲霉（*Aspergillus niger*）、米曲霉（*Aspergillus oryzae*）能够生产 α-淀粉酶、糖化酶、乳糖酶和脂肪酶等；里氏木霉（*Trichoderma reesei*）用于生产木聚糖酶和纤维素酶等；青霉菌属（*Penicillium*）可以生产葡萄糖氧化酶和5′-磷酸二酯酶等。目前，黑曲霉、米曲霉、里氏木霉等已广泛应用于异源蛋白表达。

2.2.1.2 产酶微生物的要求

任何生物都能在一定的条件下合成酶，但不是所有的菌种都能够用于酶的发酵生产，酶的生产菌种通常需要符合以下条件。

1）酶的产量高。

2）容易培养和管理，产酶细胞容易生长繁殖，适应性较强，便于管理。

3）菌株遗传性要稳定，不易变异退化，不易感染噬菌体，保证生产的稳定性。

4）菌株能利用廉价原料，发酵周期短，生产成本低。

5）发酵产物利于酶产品的分离纯化，最好是分泌型的胞外酶。

6）菌株安全可靠，不是病原菌，不产毒素及其他有害物质，不影响生产人员的身体健康。

7）基因工程菌株必须符合安全性要求。

酶蛋白作为天然提取物通常认为是安全的，但由于酶的分离纯化过程中有可能带入一些致病毒素，因此，酶制剂在生产时要通过安全检查。表2.1为我国食品酶制剂的安全国家标准检测指标。对于医药和食品用酶，产酶微生物的安全性就更加重要。食品酶制剂必须通过口服、致癌试验、生产菌病原试验、皮肤刺激性试验等毒性试验才能用于生产。用于食品工业用酶的细菌和真菌，如枯草芽孢杆菌、酿酒酵母、黑曲霉等，不产生已知的毒素，有充分的安全记录。如果一种生物体不在法规机构的“GRAS（公认为安全的）”生产或加工清单中，未经安全试验是不允许生产的。

表2.1 我国食品酶制剂安全国家标准检测指标

项目	限量
铅/（mg/kg）	≤5
无机砷/（mg/kg）	≤3
细菌总数/（个/g）	≤50 000
大肠杆菌群/（个/g）	≤30
大肠杆菌/（个/g）	不得检出
沙门菌/（个/g）	不得检出

2.2.1.3 产酶微生物的筛选

筛选到性能优良的产酶菌种是酶发酵生产的先决条件。菌种的筛选方法主要包括以下几个步骤：含菌样品的采集、菌种分离纯化、产酶性能测定及菌种的选育等。

1. 含菌样品的采集　根据所要分离的微生物生态特点，可以从自然界中采样，分离产酶微生物菌种。产酶菌的分布大致有如下规律。

1）相近菌种产生的酶性质一般相近或相似。例如，从地衣芽孢杆菌得到的蛋白酶就和从解淀粉芽孢杆菌（*Bacillus amyloliquefaciens*）得到的蛋白酶很相似，因为两者是近缘菌。

2）胞外酶的稳定性和最适条件通常和菌的最适生长条件接近。例如，嗜碱的枯草杆菌来源的蛋白酶，其最适pH比中性的地衣芽孢杆菌来源的蛋白酶高几个pH单位；同样，从耐热的凝结芽孢杆菌（*Bacillus coagulans*）得到的α-淀粉酶，其作用的最适温度，可比常温的淀粉液化芽孢杆菌来源的高 10℃左右。但是胞内酶的热稳定性常比该菌的最适生长温度要稍低一些，这可能与细胞内环境对酶的保护作用有关。

3）为获得能够降解某种物质的产酶菌株，一般可从该物质分布比较丰富的地方寻找。例如，包含木质素酶、纤维素酶的产酶菌株在森林和木材堆积的地方较丰富；降解某些合成物质的产酶菌则往往能在合成工厂污水处理车间污泥、附件土样中筛选获得。

含菌样品采集后，通常还要进行一些“富集”预处理。例如，在较高温度条件培养一定时间，或使用高选择性培养基培养一段时间，以提高所需菌种的数量。然后再进行菌种的分离纯化。还可以在筛选培养基中添加专一性的抑制剂，以达到抑制无关微生物生长的目的，如筛选霉菌时，可以添加青霉素、链霉素等抗生素，以抑制细菌生长，同时不干扰霉菌生长繁殖。

2. 菌种的分离纯化　和其他发酵物质产生菌株的分离纯化方法一样，产酶菌种也可采用平板划线法和稀释分离法进行分离纯化。对于胞外酶的生产菌种，经常采用分离与定性和初步定量测定酶活相结合的方法，使在分离时就能大致了解菌种的产酶性能。

3. 产酶性能测定　性能测定包括初筛和复筛。初筛是从已分离出来的菌种中挑出包含目的酶的菌株，复筛是在初筛的基础上筛选产酶量高、性能更符合要求的菌株。初筛要求检出方法快速、简便；而复筛则要求测定方法相对精确。

初筛多采用平板培养透明圈法。例如，筛选蛋白酶产生菌，可以用该酶的底物——干酪素作为平板培养基的主要氮源。经过培养，产蛋白酶菌株的菌落周围形成透明的水解圈，从透明圈的大小可大致判断出菌株的产酶能力。对于脂肪酶产生菌株的筛选，若用橄榄油作碳源底物，有时透明圈不明显，可在培养基中添加罗丹明 B，则在紫外线照射下，产脂肪酶菌株的菌落周围出现橘黄色荧光圈。另一种方法是以色素的“色原底物”（chromogenic substrate）作为平板培养基的主要碳源或氮源。例如，以对硝基苯-α-D-葡萄糖苷为底物筛选α-葡糖苷酶产生菌，如果是 α-葡糖苷酶产生菌，那么在它生长繁殖时就会水解其周围的色原底物——对硝基苯-α-D-葡萄糖苷，释放出黄色色素物质——对硝基苯酚，形成澄明透亮的颜色环。

复筛是将初筛出来的产酶能力较强的菌株移入三角瓶内振荡培养，然后用生产上常规测定方法对培养产物进行分析检测，从中找出产酶量高、性能上更符合要求的菌株。由于摇瓶条件和发酵罐条件大致接近，所以测得的结果一般能初步反映产酶菌种的实际生产能力。

4. 菌种的选育　通常从自然界中筛选得到的野生型菌株产量都比较低，不能满足生产的需要，因此需要进一步选育高产菌株提高产量。人们已知的微生物种类大约只占其总数的 10%，而真正被利用的不到 1%。同时，来源于自然界的微生物菌种，在长期的进化过程中，形成了一整套精密的代谢控制机制，不会产生超过其自身生长、代谢需要的酶或代谢产物。它们细胞内具有反馈抑制、阻遏等代谢调控系统。所有这些因素限制了相应酶制剂的产量，从而成为工业生产严重的制约因素。所以人们通过不同的手段来得到高产酶的菌种。

资源 2.3

（1）诱变育种　传统的物理和化学诱变育种方法是目前最常用的菌株遗传改造方法。常用物理诱变因子有紫外线、^{60}Co-γ 射线、微波诱变等；化学诱变剂有亚硝基胍（NTG）和硫酸二乙酯（DES）等。除了传统诱变方法外，空间诱变、离子注入法、常压室温等离子体诱变也成为一种重要的育种手段。

（2）代谢控制育种　微生物代谢控制育种是指以生物化学和遗传学为基础，研究代谢产物的生物合成途径和代谢调节的机制，选择巧妙的技术路线，通过遗传育种技术获得解除或绕过了微生物正常代谢途径的突变株，从而人为地使有用产物选择性地大量合成积累的菌株选育方案。例如，高产目标酶的营养缺陷型突变株、抗反馈调节突变株、耐毒性突变株等。

（3）原生质体融合育种　原生质体融合技术是起源于20世纪60年代的一项重要的菌种改良技术，是将亲株细胞分别去除细胞壁后进行融合，经基因组间的交换重组，获得融合子的过程。与其他育种技术相比，原生质体融合技术具有重组频率高、受结合型或致育型限制小以及遗传物质传递完整且不需要完全了解作用机制等优点。

（4）基因工程育种　基因工程是在分子水平上对基因进行操作的复杂技术，将外源基因通过体外重组后导入受体细胞内，使这个基因能在受体细胞内复制、转录、翻译表达的操作。在很多酶合成过程中，酶合成速度都会受合成途径中关键酶的控制，如能利用基因工程的方法，克隆此关键酶基因，再通过重组DNA技术引入宿主菌，使关键酶基因拷贝数增加并高效表达，从而增强合成目标酶的能力。

（5）基因组改组（genome shuffling）　该技术是分子定向进化中DNA改组（DNA shuffling）技术在全基因组水平的延伸。它将重组的对象从单个基因扩展到整个基因组，可以在更广泛的范围内对菌种的多种优良性状进行优化组合。目前基因组改组技术已广泛应用于微生物菌种选育。对微生物进行基因组改组，首先要通过诱变育种的方法来获得目的性状得到改进的正向突变菌株的基因组库，然后对筛选出的多株正突变菌株进行递推式融合（recursive fusion）。

（6）合成生物学育种　合成生物学是生命科学的工程化过程，合成自然界不存在的生物体系，并对现有的生物体系进行重新设计。合成生物学工具包括生物部件、器件、模块、系统四部分，通过对这些元件逐级设计构建组合具有特定功能的生物系统。利用这些工具，人们可以构建非天然的基因调控模块来设计构建细胞生命活动的分子网络，类似于工程学中的线路设计，因此也称为基因回路（genetic circuit）。合成生物学在微生物育种方面的研究包括微生物遗传物质的合成、基因组的设计和精简、遗传元件的标准化和遗传线路的模块化等。

在生产实践过程中，结合具体情况，灵活选用以上方法，相信能得到高酶产量的菌株。不过，无论使用何种途径，最终都必须从一批突变菌株中快速筛选高产目标菌株，筛选工作量大而繁杂，在选择性培养基中添加适当的筛选因子建立高通量筛选系统，可以大大提高筛选效率。同时，合理结合酶标仪、HPLC和UPLC等测定分析技术可以进一步提高筛选效率和通量。

2.2.2　菌种扩大培养与退化问题

2.2.2.1　菌种扩大培养

菌种的扩大培养就是把保藏的菌种，即砂土管、甘油管或冷冻干燥管中处于休眠状态的生产菌种接入试管斜面活化，再经过茄子瓶和种子罐，逐级扩大培养后达到一定的数量和质量的纯种培养过程。这些纯种的培养物称为种子。菌种扩大培养的目的是获得活力旺盛的、接种数量足够的培养物。对于不同发酵产品的菌种扩大培养，必须根据菌种生长繁殖速度快慢决定菌种扩大培养的级数。酶制剂发酵生产通常采用三级发酵。

2.2.2.2　种子制备的过程

在种子制备时应注意：尽量减少转接次数以防止污染，如直接由固体斜面菌种接种种子瓶。避免对种子培养基进行长时间高温灭菌，以防止对种子产生不良影响。

菌种扩大培养所使用的培养基和培养条件，应当适合细胞生长、繁殖。种子培养基一般含有较丰富的氮源，碳源可以相对少一点。菌种扩大培养时，温度、pH、溶解氧等培养条件，应当尽量满足细胞繁殖的需要。菌种扩大培养的时间一般以培养到细胞对数生长期为宜。

2.2.2.3 种子质量的控制

1. 影响种子质量的因素及其控制

（1）培养基　培养基的营养成分应适合种子培养的需要，一般选择有利于孢子发芽和菌丝生长的培养基，在营养上易于被菌体直接吸收和利用，营养成分要适当丰富和完全，氮源和维生素含量较高。培养基的营养成分要尽可能和发酵培养基接近，以便种子移入发酵罐后能比较容易适应发酵罐的培养环境。

（2）培养条件　种子培养应选择最适温度，提高培养温度，可使菌体代谢活动加快，缩短培养时间。培养液的 pH 要比较稳定，适合菌体的生长和发育。液体深层发酵过程中通气搅拌的控制极其重要，固体发酵在考虑翻曲和通气的同时，需要重视培养物料的湿度控制，其中真菌对湿度要求较高，放线菌对湿度要求较低。

（3）种龄　工业发酵生产中，一般都选在生命力极为旺盛的对数生长期，培养液的菌体量尚未达到高峰时移种。最适种龄因菌种不同而有很大差异，其中，细菌的种龄一般为 7～24h，霉菌种龄一般为 16～50h，放线菌种龄一般为 21～64h。

（4）接种量　移入的种子液体积和接种后培养液体积的比例称为接种量。发酵罐的接种量的大小与菌种特性、种子质量和发酵条件等有关。

（5）种子质量的判断　细菌、酵母菌是单细胞菌体，其种子的质量要求是菌体健壮、菌形一致、均匀整齐，有的还要求有一定的排列和形态。霉菌、放线菌产生菌丝，其种子的质量要求是菌丝粗壮，对某些染料着色力强，生长旺盛，菌丝分枝情况和内含物情况良好。生化指标包括种子液的糖、氮、磷含量的变化和 pH 的变化。种子质量的判断还包括产物生成量和酶活力等。

（6）种子的异常状况　菌种生长缓慢或过快通常与种子质量和种子罐的培养条件有关。菌丝结团与搅拌效果差、接种量小有关。在种子培养过程中，由于搅拌效果不好，泡沫过多以及种子罐装料系数过小等原因，使菌丝逐步粘在罐壁上，结果使培养液中菌丝浓度减少，最后就可能形成菌丝团。

2. 种子质量的控制措施

（1）菌种稳定性检查　少许保藏菌种用无菌生理盐水逐级稀释，稀释度以长成的菌落不至过密为宜，然后涂布稀释培养。挑出形态整齐、丰满的菌落进行摇瓶试验，测定其生产能力，以不低于其原有的生产活力为原则，并取生产能力高的菌种备用。

（2）无（杂）菌检查　种子制备过程中每移种一步均需进行杂菌检查。方法包括，种子液显微镜观察，肉汤或琼脂斜面接入种子液进行无菌试验，种子液的生化分析（营养消耗速度、pH 变化、溶解氧利用情况、色泽、气味等）。

2.2.2.4 菌种的退化与复壮

1. 菌种的退化现象　随着菌种保藏时间的延长或菌种的多次转接传代，菌种本身所具有的优良遗传性状可能得到延续，也可能发生变异。变异有正突变和负突变两种，其中负突变即菌株生产性状的劣化或有些遗传标记的丢失均称为菌种的退化。常见的菌种退化现象中，最易觉察到的是菌落形态、细胞形态和生理等多方面的改变，如菌落颜色发生改变，畸形细胞的出现，菌株生长变得缓慢，以及菌株产酶能力下降等。所有这些都对发酵生产不利。因此，为了使菌种的优良性状持久延续下去，必须做好菌种的复壮工作，即在菌种的优良性状没有退化之前，定期进行纯种分离和性能测定。

2. 防止退化的措施　创造合适的培养条件和有效的菌种保藏方法可以达到防止菌种退化的目的。由于微生物容易在繁殖过程中发生突变，控制传代次数能减少突变的发生频率。所以应尽量避免不必要的移种和传代，把必要的传代降低到最低水平，以降低自发突变的概率。这要求不论在实验室还是在生产上，必须严格控制菌种的移种传代次数，并根据菌种保藏方法的不同，确立恰当的移种传代的时间间隔。如同时采用斜面保藏和其他的保藏方式如真空冻干保藏、砂土管保藏、甘油管保藏、液氮保藏等，以延长菌种保藏时间。

3. 退化菌种的复壮　退化菌种的复壮可通过纯种分离和性能测定等方法来实现，其中一种方案是从退化菌种的群体中找出少数尚未退化的个体，以达到恢复菌种的原有典型性状。另一种方案是在菌种的生产性能尚未退化前就经常有意识地进行菌种分离和生产性能的测定工作，以使菌种的生产性能逐步有所提高。

4. 基因工程菌的不稳定性及对策　基因工程菌携带的外源基因具有存在于染色体上和质粒上两种形式。外源基因整合在染色体上，其遗传性状较为稳定；如果存在于质粒上，由于质粒的不稳定性，在繁殖传代过程中质粒会部分甚至完全丢失，外源基因丢失的可能性大大增加。含有重组质粒基因工程菌的比生长速率往往比受体菌要小。通常而言，低温有利于重组质粒稳定地遗传。

为了保持携带外源基因质粒的基因工程菌产酶稳定性，常采取以下措施。

（1）组建合适载体和受体菌　选择能稳定传代的载体和受体菌组合。

（2）施加选择压力　利用某些生长条件，只让那些具有一定遗传特性的细胞才能够生长，如添加抗生素或其他措施。

（3）诱导表达，控制基因过量表达　由于外源基因表达水平越高，重组菌往往越不稳定。因此一般采用两阶段培养法，即在发酵前期控制外源基因不过量表达，使重组质粒稳定地遗传；在发酵产酶期，通过提高质粒的拷贝数或转录翻译效率，使外源基因高效表达。例如，采用温度敏感型质粒表达 β-内酰胺酶，生长前期在 30℃ 时质粒的拷贝数较少；而后期温度升高到 35℃时，质粒拷贝数增加，β-内酰胺酶活力大为提高。

资源 2.4

2.3　酶的微生物发酵技术

2.3.1　培养基和培养条件对产酶的影响与调节

2.3.1.1　培养基成分对产酶的影响

由于酶是蛋白质，酶的形成也是蛋白质的合成过程，因此微生物产酶的培养基要有利于蛋白质的合成。大多数工业用酶的合成受底物的诱导和分解代谢物的阻遏的双重调节作用，为提高酶产量，应向培养基中添加适量的诱导物，并尽量减少阻遏物的浓度。此外，各种营养物质的比例要适当，应注意到有些微生物生长繁殖的培养基不一定有利于酶的合成，也就是说生长繁殖与产酶可能需要两种不同组分的培养基。同时，还应创造一个适于微生物生长和产酶的营养条件。

1. 碳源　碳源是微生物细胞生命活动的基础，是合成酶的主要原料之一。工业生产上应考虑原料的价格及来源，通常使用各种淀粉及它们的水解物，如糊精、葡萄糖等作为碳源。此外，各种微生物利用碳源的能力不相同，有的可以利用多种碳源进行生长和产酶；有的却只有利用某种特定的碳源才能进行酶的合成。例如，链霉菌生产葡萄糖异构酶需要 D-木糖或木聚糖。通常，生产与分解代谢有关的酶类，不宜使用葡萄糖等易被利用的碳源为培养基，也不宜提供太丰富的碳源营养，否则可能导致分解代谢产物阻遏。某些碳源是酶的诱导物，选择适宜的碳源有利于定向地促进某些酶的合成，如在毕赤酵母表达系统中，采用醇氧化酶 AOX 启动子的诱导型表达载体表达外源酶蛋白，外源酶蛋白基因在甲醇以外的碳源中处于非表达状态，而在培养液中加入甲醇后，外源基因即被诱导高效表达。

2. *氮源*　氮是组成细胞蛋白质和核酸的重要元素之一，也是酶分子的主要组成元素。氮源可分为有机氮和无机氮，有机氮源主要是各种蛋白质及其水解产物；无机氮源是含氮的无机化合物。选用何种氮源因微生物或酶种类的不同而异，如用于生产蛋白酶、淀粉酶的发酵培养基，多数以豆饼粉、花生饼粉等有机氮源为主。各种微生物对氮源的利用情况相当复杂，如用橘青霉（*Penicillium citrinum*）生产 5′-磷酸二酯酶，菌体的生长和产酶都以有机氮效果为好。有的菌株却倾向利用无机氮，如以黑曲霉生产葡萄糖淀粉酶，用硝酸盐可使其产酶效率显著提高。还有一类情况，菌体生长和产酶对氮源要求不同，如有机氮可促进绿色木霉（*Trichoderm virida*）生长，而铵盐或硝酸盐却有利于其纤维素酶的合成。此外，氮源的具体性质，使用浓度都会对菌体生长和酶的形成带来不同程度的影响。

碳氮比（C/N）在某些情况下对菌的生长和产酶也有影响。例如，较低的 C/N 常有利于蛋白酶产量的提高，但是这种条件下，发酵后期的 pH 往往会升高；反过来又会抑制蛋白酶的积累，因此选择合适的 C/N 也是提高酶产量的一个重要因素。

3. *无机盐类*　无机盐的主要作用是提供细胞生命活动所不可缺少的无机元素，并对培养基的 pH、氧化还原电位、渗透压起着调节作用。金属离子及其对应的阴离子或者直接参与细胞物质的组成，或者作为酶的活性组成部分与活化剂发挥作用。在酶的形成过程中，它们可能起促进作用，也可能起抑制作用。例如，链霉菌生产葡萄糖异构酶时，当 Co^{2+}浓度小于 5×10^{-3}mol/L 时能显著提高葡萄糖异构酶的产量，但当大于 5×10^{-3}mol/L 时，它的效果却是负效应。根据细胞需要量的大小，无机元素可分为主要元素（大量元素）和微量元素两大类。主要元素有磷、硫、钾、钠、镁、钙等。微量元素有铜、锰、锌、钼、钴、碘等。

4. *生长因子*　生长因子是指细胞生长必需的微量有机化合物，主要包括各种氨基酸、嘌呤、嘧啶、维生素以及生长激素等。各种氨基酸是蛋白质和酶的组分，嘌呤和嘧啶是核酸和某些辅酶的组分，维生素主要扮演辅酶的作用，生长激素调节着细胞的生长和代谢。在产酶菌的培养过程中，如果添加含有某种生长因子的物质，常可使酶产量大大提高。例如，在培养基中添加大豆酒精提取物，可以使米曲霉的蛋白酶产量提高近 2 倍，使泡盛曲霉（*Aspergillus awamori*）的脂肪酶提高约 1.5 倍。在酶的发酵生产中，通常在培养基中加入玉米浆、酵母抽提物和麦芽浸膏等，以提供各种必需的生长因子。

5. *产酶促进剂*　某些表面活性剂能增加酶的产量，如添加 0.1%吐温-80，可提高多种酶的产量。表面活性剂提高酶产量的作用机制目前还未完全了解。生产上使用表面活性剂必须考虑对微生物是否有毒性；一般非离子表面活性剂对微生物几乎无毒性，生产上提高胞外酶的活性剂一般都采用非离子表面活性剂。产酶的促进剂很多，常见的有吐温-80、植酸钙镁（菲汀）、洗净剂 LS（脂肪酰胺磺酸钠）、聚乙烯醇、乙二胺四乙酸（EDTA）等。

2.3.1.2　培养条件对产酶的影响与调节

1. *温度对产酶的影响与调节*　温度是影响细胞生长繁殖和发酵产酶的重要因素之一。不同的微生物有各自不同的最适生长温度。很多微生物发酵产酶的最适温度与生长最适温度有所不同，而且往往低于生长最适温度。这是由于较低的温度条件可以提高酶所对应的mRNA的稳定性，增加酶生物合成的延续时间，从而提高酶的产量。

酶的发酵生产在不同阶段可以采用不同的温度条件，进行变温发酵。在细胞生长繁殖阶段控制温度处于生长最适温度范围内，以利于提高细胞浓度；在产酶阶段，则需要将温度控制在最佳产酶温度，以利于提高酶产量。例如，以枯草芽孢杆菌进行中性蛋白酶生产时，培养温度从31℃逐渐升温至40℃，然后再降温至31℃进行培养，蛋白酶产量比不升温时提高66%。

2. pH对产酶的影响与调节　发酵过程中培养液的pH是微生物在一定条件下代谢活动的综合指标，它对菌体生长和产物积累有很大的影响。因此，在配制培养基和发酵过程中应根据微生物的需要调节pH，及时监测并加以控制，使它处于最佳的状态。

在一般情况下，多数细菌、放线菌生长的最适pH为中性至微碱性，而霉菌、酵母菌则偏好微酸性。培养基的pH不仅影响微生物的生长和产酶，而且对酶的分泌也有作用。很多微生物能同时产生几种相关的酶，改变培养基的pH，可能影响各种酶的比例。例如，用黑曲霉生产葡萄糖淀粉酶，当pH近中性时α-淀粉酶活力高；葡萄糖淀粉酶合成量较少；当pH偏酸时糖化酶产量上升，而α-淀粉酶、葡萄糖苷转移酶的产量下降。

pH的调节可以通过改变培养基组分或比例来实现，使发酵过程的pH变化在合适的范围内。在培养基配制过程中加入pH缓冲物质，一定程度上可以起稳定发酵过程中pH的作用。例如，添加的$CaCO_3$能与有机酸等反应，起到缓冲作用。还可以在发酵过程中流加酸、碱溶液或是补料来调节发酵液中的pH。现在常用的是补加酸性物质$(NH_4)_2SO_4$或碱性物质氨水，可以起到补充氮源和调节pH双重目的。此外，也可以采用提高空气流量加速有机酸的代谢，达到调节pH的作用。

3. 溶解氧对产酶的影响与调节　细胞的生长繁殖以及酶的合成过程需要消耗大量能量，这些能量一般是由ATP等高能化合物提供，而培养基中的能源主要经过细胞有氧分解才能获得ATP。因此发酵过程中必须供应大量的氧气。在培养基中生长的产酶细胞，一般只能利用溶解在培养基中的氧气——溶解氧，各种微生物对发酵液中溶解氧浓度有一个不影响其正常代谢的最低要求，这一浓度叫作“临界氧浓度”。当溶解氧浓度低于临界氧浓度时，细胞得不到所需的供氧量，必然影响其生长和产酶；然而溶解氧浓度过高，有时对发酵也不利，一方面造成能源浪费，另一方面可能会影响菌丝生长以及酶的合成。例如，过度通气对青霉素酰化酶的生产会有明显的抑制作用，而且在剧烈搅拌和通气下容易引起酶蛋白发生变性失活。利用细菌进行酶生产时，一般培养后期的通气搅拌程度应比前期加强，但也有例外的情况。例如，利用枯草杆菌生产α-淀粉酶，在对数生长期末期降低通气量可促进α-淀粉酶生产。

为了提高发酵液中溶解氧浓度，通常采取以下办法：①提高氧分压。增加进气压力，或者提高空气中氧含量，如输入富氧空气或纯氧，或者添加氧载体。氧载体（oxygen-vector）是一种与水不互溶，对微生物无毒，具有较高溶氧能力的有机物。例如，在*E.coli*发酵生产L-天冬酰胺酶过程中，加入5%的正十二烷作为氧载体，明显改善了供氧条件，增加菌体浓度，使产物酶活提高了21%左右。②增加通气量。通气量是指单位时间内流经培养液的气体量，通气量增大时，可提高溶氧速率。③延长气液接触时间、增加气液接触面积。氧气溶解到培养基中是通过气液两相的界面进行。增加反应器高度，增设挡板等方法可以延长气液接触时间；搅拌装置、气体分配管和挡板可以使发酵液中的气泡打碎、分散，增加气液接触面积，从而提高溶解氧浓度。④改变培养液的性质。通过改变培养液的组分或浓度等方法，降低发酵液黏度，或添加消泡剂等措施减少和消除泡沫的影响，以提高溶氧速率。

4. 泡沫对产酶的影响与控制　在发酵过程中，由于培养基中有蛋白质类表面活性剂的存在，在通气条件下，会形成泡沫，而且形成的泡沫往往持久性很强。泡沫的存在带来很多不利因素，如阻碍二氧化碳的排出，直接影响氧的溶解，进而影响微生物的生长繁殖和代谢产物的生成；泡沫层过高，往往造成发酵液随泡沫溢出罐外，不但浪费原料，还会引起染杂菌，造成更大损失；又因泡沫上升，发酵罐的装料量也将受到限制，从而降低发酵罐的利用率。因此必须采取控制泡沫的措施。控制泡沫方法主要有以下 3 种。

1）选育不易产生泡沫的菌种。

2）调节培养基中营养成分，减少或缓加易起泡的原料。

3）机械消泡或消泡剂消泡，这是使用最广泛的方法。机械消泡又分为罐内、罐外消泡两种，但效果不如化学消泡那么显著；化学消泡即采用消泡剂进行消泡。消泡剂的作用机理有两个方面：一是加入消泡剂后，可降低气泡表面张力，使气泡破裂；二是改变其电荷性质，降低气泡的机械强度。我国酶发酵生产中常用的消泡剂为天然油类、甘油聚醚（聚氧丙烯甘油醚）、泡敌（聚环氧丙烷环氧乙烷甘油）和有机硅消泡剂（聚有机硅氧烷）。

微生物发酵产酶过程中，泡沫的消长在正常情况下有一定规律，一般是随着菌体的旺盛生长繁殖和代谢产物——酶的大量积累而泡沫上升。消泡剂的添加应根据泡沫上升程度而定。消泡剂的添加以勤加、少加效果较好，不宜一次大量添加；如果添加过量，不仅抑制菌体生长和产酶，而且影响酶蛋白的提取。

5. 湿度对产酶的影响与控制　湿度是固体发酵过程控制的重要参数，它直接影响微生物产酶量，也与产酶达到高峰的时间有关。培养物料的湿度高低，视菌株和所产酶的不同而异。对于特定菌株，培养过程的不同时期，对湿度要求也不一样。在微生物固体产酶过程中，一般来说，培养前期降低湿度，培养后期增加湿度，这样有利于产酶。

2.3.2　发酵方法

2.3.2.1　液体深层发酵

液体深层发酵，又称浸没式培养（submerged culture），菌体在液体培养基中处于悬浮状态，导入培养基中的空气通过气液界面传质进入液相，再扩散进入细胞内部的发酵方式。液体深层培养是在发酵罐中进行的，是目前酶制剂和其他发酵产品的主要培养方式。液体发酵的优点：①产酶纯度高，质量稳定；②较易控制发酵条件，有利于自动化控制；③机械化程度高，劳动强度小；④设备利用率高。但液体发酵相对于固体发酵有设备投资较大的缺点。图 2.2 为液体深层发酵机械搅拌罐。

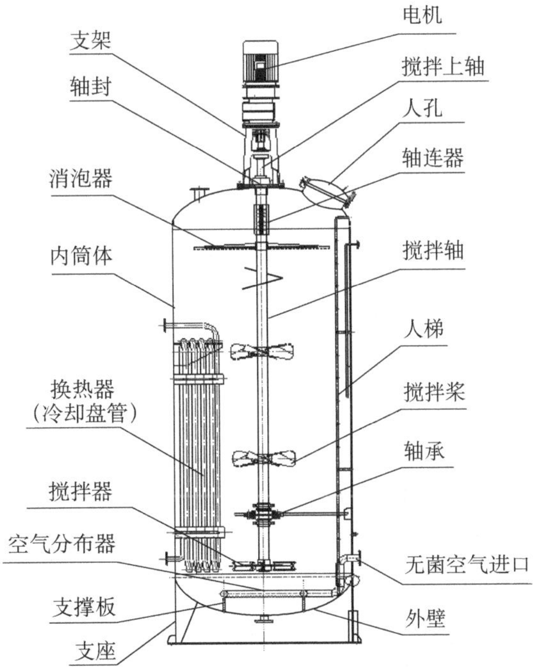

图 2.2　液体深层发酵机械搅拌罐

2.3.2.2　固体发酵

固体发酵由曲式培养发展而来。曲式培

养利用麸皮、豆粕等为主要原料，添加谷壳等辅料，加水拌成半固体状态，供微生物生长和产酶用。固体发酵中，最简单的是浅盘培养（shallow tray culture），培养基的厚度一般不超过5cm。略复杂的是转鼓培养（rotating drum culture），培养基量大，培养过程中借助转鼓不停地转动，来翻动培养基，以利于通气。我国多采用通风式厚层培养（high heap culture or deep culture）系统，培养基的厚度可达20～30cm，通过送风输氧，图2.3为通风厚层制曲池发酵设备。固体培养设备简单，便于推广，环境污染少，特别适于霉菌类的培养。因为菌丝在这种培养基中能较好地伸展生长，产酶率也比较高。例如，曲霉和毛霉用于生产葡萄糖淀粉酶和蛋白酶，青霉和曲霉用于生产果胶酶，木霉用于生产纤维素酶等。但是固体发酵也有一些缺点，如：劳动强度大；原料利用率低；传质传热效率低，发酵条件不易控制均匀，产酶不稳定；易染菌；菌体分离难度大，不宜胞内酶生产；提取精制较难，产品酶纯度较低。

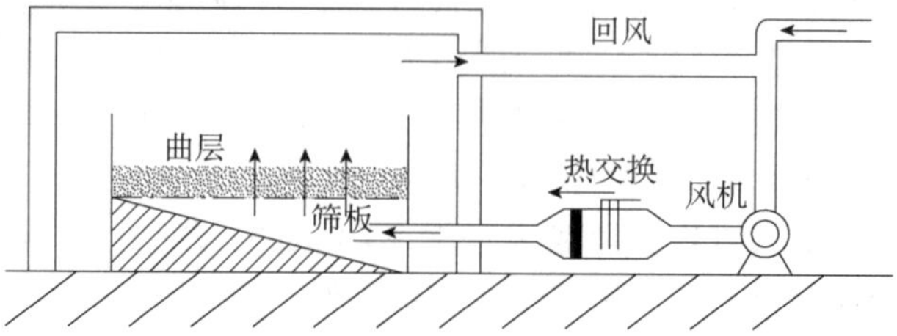

图2.3　通风厚层制曲池

2.3.2.3　分批发酵

分批发酵是指营养物和菌种一次加入进行培养，直到结束放出，中间除了空气进入和尾气排出，以及酸碱调节、消泡等措施外，与外部没有物料交换的发酵方式。传统的生物产品发酵多采用此模式，它除了控制温度、pH及通气搅拌以外，不进行任何其他控制，操作简单。但从细胞所处的环境来看，则发生了明显变动；发酵初期营养物过多可能抑制微生物的生长，而发酵的中后期可能又因为营养物减少以及有害代谢产物的积累而降低培养效率。

2.3.2.4　连续发酵

连续发酵是指以一定速度向发酵罐内添加新鲜培养基，同时以相同的速度流出培养液，从而使发酵罐内的液量维持恒定，微生物在稳定环境状态下培养。稳定状态可以有效地延长分批培养中的对数期。在稳定的状态下，微生物所处的环境条件，如营养物浓度、产物浓度、pH等都保持恒定，微生物细胞的浓度及其生长速率也维持不变，甚至还可以根据需要来调节比生长速率。

连续发酵的优点是可以有效地实现自动化，降低劳动强度，提高劳动生产率，同时打破酶合成的反馈阻遏，使产酶率提高。但是连续发酵由于微生物生长繁殖次数多，菌种容易变异退化，而且发酵周期长，容易造成杂菌污染。连续发酵的培养基利用率较低，造成生产成本的增加。连续发酵中细胞处于对数生长状态，这使得这种发酵方法适用于与菌体生长相偶联产物的发酵，而不适用于在生长后期合成次级代谢产物的生产。

2.3.2.5　补料分批发酵

补料分批发酵又称半连续发酵，是介于分批发酵和连续发酵之间的一种发酵技术，是指在微生物发酵过程中，以某种方式向培养系统补加一定物料的发酵方式（图2.4）。通过向培养系统中补充物料，可以使培养液中的营养物浓度较长时间地保持在一定范围内，既保证微生物的生长需要，又不造成不利影响，从而达到提高产率的目的。

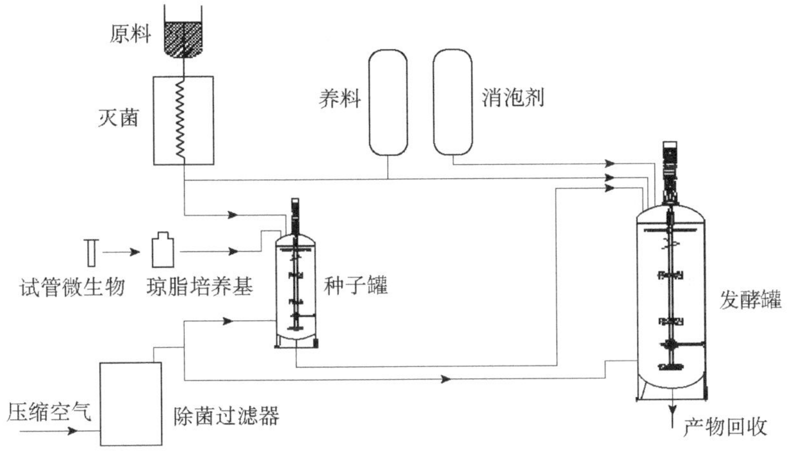

图 2.4 补料分批发酵示意图

补料分批发酵作为分批发酵向连续发酵的过渡，兼有两者之优点，而且克服了两者的缺点。同传统的分批发酵相比，它的优越性是明显的，首先可以解除营养物基质的抑制和分解代谢物阻遏效应。对于好氧发酵，它可以避免在分批发酵中因一次性投入糖过多造成细胞大量生长，耗氧过多，以致通风搅拌设备不能匹配的状况。在真菌培养中，菌丝的减少还可以降低发酵液的黏度，便于发酵培养物输送及后处理。与连续发酵相比，可以减少菌体生长量，提高有用产物的转化率，它不易产生菌种退化和变异问题，杂菌污染问题易于控制，其适用范围也比连续发酵广。目前，补料分批发酵技术是大规模化工业发酵生产酶制剂的主要方法。

2.3.3 提高产酶的措施

在酶的发酵生产过程中，为了提高酶的产量，除了考虑选育优良的产酶菌种、发酵培养基和培养条件优化、发酵设备的选型之外，酶高产还有特别措施，如添加诱导物、控制阻遏物浓度等。

2.3.3.1 添加诱导物

对于诱导酶的发酵生产，在发酵培养基中添加诱导物能使酶的产量显著增加。诱导物一般可分为 3 类：①酶的作用底物，如青霉素是青霉素酰化酶的诱导物。②酶的反应产物，如纤维素二糖可诱导纤维素酶的产生。③酶的底物类似物，如异丙基 β-D-硫代半乳糖苷对 β-半乳糖苷酶的诱导效果比乳糖高几百倍。其中使用最广泛的诱导物是不参与代谢的底物类似物。

2.3.3.2 降低阻遏物浓度

微生物酶的生产受到代谢末端产物的阻遏和分解代谢物阻遏的调节。为避免分解代谢物的阻遏作用，可采用难以利用的碳源，或采用分次添加碳源的方法使培养液中的碳源保持在不至于引起分解代谢物阻遏的浓度。例如，葡萄糖淀粉酶的生产，培养基可选用液化淀粉作碳源，或在发酵过程中连续补加葡萄糖，控制发酵液中的葡萄糖浓度。对于受到末端产物阻遏的酶，可通过控制末端产物的浓度使阻遏解除。

2.3.3.3 添加表面活性剂

在发酵生产中，非离子型表面活性剂常被用作产酶促进剂，但它的作用机制尚未完全研究清楚；推测可能是由于它的作用改变了细胞的通透性，使更多的酶从细胞内透过细胞膜泄漏出来，从而打破了胞内酶合成的反馈平衡，提高酶的产量。此外，有些表面活性剂对酶分子有一定的稳定作用，可以提高酶的活力。例如，利用霉菌发酵生产纤维素酶，添加 1%的吐温-80 可使纤维素酶的产量提高几倍到几十倍。

2.3.3.4 添加产酶促进剂

产酶促进剂是指那些非微生物生长所必需，能提高酶产量但作用机制尚未阐明的物质，它可能是酶的激活剂或稳定剂，也可能是产酶微生物的生长因子，或有害金属的螯合剂，也可以诱导酶的合成或者增强酶的稳定性。例如，添加植酸钙可使多种霉菌的蛋白酶和橘青霉的 5′-磷酸二酯酶的产量提高 2～20 倍。

2.4 酶发酵动力学

酶发酵动力学主要研究在产酶发酵过程中细胞生长速度、底物消耗速度、酶生成速度以及环境因素对这些速度的影响等相关内容。鉴于酶合成的底物代谢以及分析的复杂性，目前，在酶的发酵生产方面，主要涉及细胞生长动力学和产酶动力学。研究细胞生长和发酵产酶动力学，对于高效产酶细胞的选育，发酵产酶工艺条件的设计及优化控制，提高发酵产酶总量，具有相当重要的指导意义。

2.4.1 细胞生长动力学

产酶细胞在一定条件下于培养基中生长，其生长速度受到细胞内外各种因素的影响，变化较复杂。然而细胞生长有其规律性，只要掌握其生长规律，在培养条件上加以控制，就可以根据需要使细胞生长速度维持在一定范围内，以达到较理想的效果。

细胞生长动力学主要研究细胞生长速度及其受外界环境因素影响的规律。几十年来，不少学者在这方面进行研究。1949 年法国的莫诺（Monod）首次提出了在单一限制性基质条件下细胞生长的动力学方程。

在培养过程中，细胞生长速率与细胞浓度成正比：

$$r_X = \frac{\mathrm{d}X}{\mathrm{d}t} = \mu X$$

式中，r_X 为细胞生长速度［g/（L·h)］；X 为细胞浓度（g/L）；μ 为比生长速率（h^{-1}），是单位菌体在单位时间内增殖量。

当培养系统中细胞生长只受一种限制性基质的影响，而不存在其他限制生长的因素时，μ 为限制性基质浓度的函数。下式就是表征此关系的 Monod 生长动力学模型：

$$\mu = \frac{\mathrm{d}X}{\mathrm{d}t \cdot X} = \frac{\mu_m S}{K_s + S}$$

式中，S 为限制性基质的浓度（g/L）；μ_m 为最大比生长速率（h^{-1}），是指限制性基质浓度足够大时的比生长速率，当 $S \gg K_s$ 时，$\mu = \mu_m$。K_s 为细胞对基质的半饱和常数（g/L），相当于比生长速率达到最大比生长速率一半时的限制性基质浓度。

Monod 方程是基本的细胞生长动力学方程，在发酵过程优化及过程控制等方面具有重要的应用价值。此外，许多学者从不同的情况出发或运用不同的方法，对 Monod 方程进行了修正，得出了各种不同的动力学方程。

细胞在连续全混流反应器的生长过程中，不断流加新鲜培养基，并不断地排出等体积发酵液。游离细胞连续发酵的生长动力学方程可表达为

$$\frac{dX}{dt} = \frac{\mu_m \cdot S \cdot X}{K_s + S} - DX = (\mu - D)X$$

式中，D 为稀释率，是指单位时间内，流加的培养液与发酵容器中发酵液体积之比。一般以 h^{-1} 为单位。例如，$D = 0.4h^{-1}$，表明每小时流加的培养基体积为发酵容器中培养液体积的 40%。

1）当 $D < \mu$ 时，dX/dt 为正值，表明发酵液中细胞浓度不断增加。

2）当 $D = \mu$ 时，$dX/dt = 0$，细胞浓度保持恒定，发酵体系进入稳态。

3）当 $D > \mu$ 时，dX/dt 为负值，发酵液中细胞浓度不断降低，S 相对升高，μ 增大至与 D 相等时，发酵体系进入新的平衡，重新达到稳态。

4）但当 D 进一步增大至等于 μ_m 时，X 趋向于零。所以在游离细胞连续发酵过程中，要使细胞浓度恒定，必须控制好与之相应的稀释率 D，使之与细胞比生长速率 μ 相等。

Monod 方程与酶反应动力学的米氏方程在形式上相似。Monod 方程参数 μ_m 和 K_s 也可由双倒数作图法求出。

将 Monod 方程改写为

$$\frac{1}{\mu} = \frac{K_s}{\mu_m \cdot S} + \frac{1}{\mu_m}$$

在连续培养体系中，通过调整新鲜培养基的流加稀释率，分别测定分析不同稀释率所对应的稳态培养条件下的限制性基质浓度。然后以 $1/\mu$ 为纵坐标，$1/S$ 为横坐标作图，即可得到 μ_m 和 K_s（图 2.5）。

在分批培养体系中，细胞生长过程一般经历延迟期、对数生长期、稳定期和衰亡期 4 个阶段（图 2.6）。

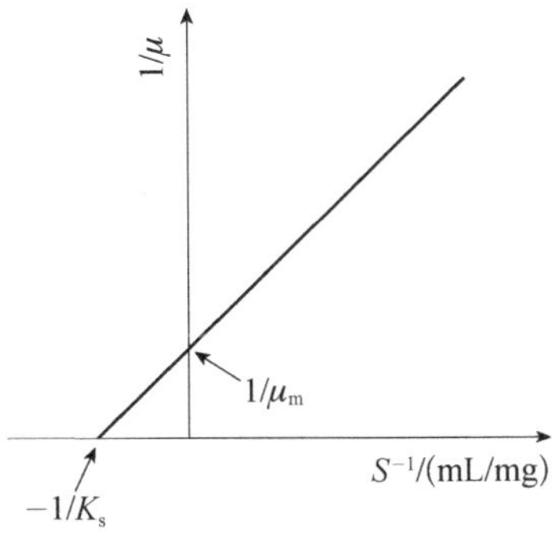

图 2.5　双倒数作图法示意图

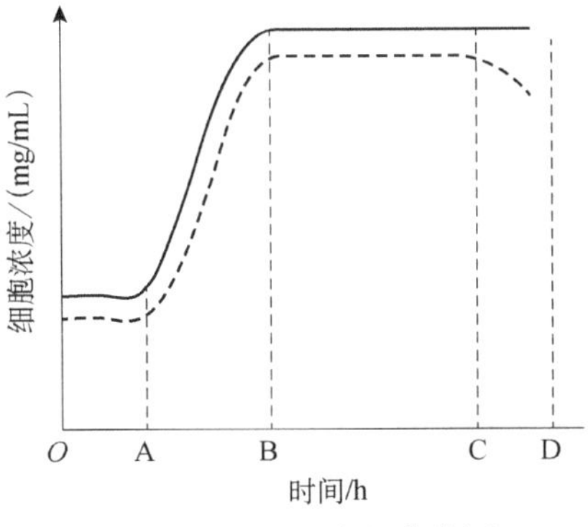

图 2.6　细胞生长曲线图

O→A 延迟期；A→B 对数生长期；B→C 稳定期；C→D 衰亡期

—— 总细胞浓度；-------- 活细胞浓度

由于细胞对新环境适应以及培养液成分随着培养进程发生改变导致细胞衰老以致死亡，分批培养的细胞生长动力学常用 Logistic 方程描述：

$$N_t=\frac{N_0\times K}{N_0+(K-N_0)\exp(-\mu_{\mathrm{m}}\times t)}$$

式中，K 为容量因子，即细胞量上限；N_0 为初始细胞量；N_t 为第 t 时间单位的细胞量；t 为时间。

2.4.2 产酶动力学

产酶动力学主要研究细胞产酶速度以及各种因素对产酶速度的影响规律。产酶动力学的研究可以从整个发酵系统出发，研究群体细胞的产酶速度，这称为宏观产酶动力学，或称为非结构动力学。也可以从细胞内部组成成分着手，研究细胞中酶合成速度及其影响因素，这称为微观产酶动力学或结构动力学。

在酶的发酵生产中，酶产量的高低，是发酵体系中群体细胞产酶的集中体现，在此主要介绍宏观产酶动力学。

宏观产酶动力学的研究表明，产酶速度与细胞比生长速度、细胞浓度以及细胞产酶模式有关。产酶动力学方程表达通式为

$$\frac{\mathrm{d}E}{\mathrm{d}t}=\alpha\times\frac{\mathrm{d}X}{\mathrm{d}t}+\beta\times X$$

式中，X 为细胞浓度（g/L）；α 为生长偶联的比产酶系数（U/g）；β 为非生长偶联的比产酶速率［U/（h • g）］；E 为酶浓度（U/L）；t 为时间（h）。

补充读物

地衣芽孢杆菌酶高效合成细胞工厂

地衣芽孢杆菌属于革兰氏阳性菌，具有非致病性、强大的胞外蛋白分泌能力、无明显的密码子偏爱性以及抗噬菌体等优点，且是一种 GRAS（generally recognized as safe）级食品安全宿主菌，因此被用于碱性蛋白酶、α-淀粉酶等工业酶的生产。地衣芽孢杆菌是非模式微生物，如何利用地衣芽孢杆菌异源高效表达酶蛋白，需要解决基因编辑效率低、表达元件缺乏、宿主遗传生理信息不清晰等难题。

目前，通过表达核酸酶 Cas9n 或 Cas9，并优化其表达强度，在地衣芽孢杆菌中分别建立高效 CRISPR/Cas9n 和 CRISPR/Cas9 基因编辑体系，可实现对基因组高效敲除、插入、缺失、替换等，单位点基因编辑效率达 90%以上；挖掘鉴定噬菌体来源的高效位点特异性重组酶 recT，结合内源重组酶基因删除，基因重组效率由 10^{-7} 提升至 10^{-2}。通过以上多种措施，建立地衣芽孢杆菌基因高效编辑体系。

通过镶嵌组合和正交化设计启动子上游序列、诱导区、核心区、5′-非翻译区（UTR）序列，获得了动态性宽阈值启动子文库；优化重构 5′-UTR 茎环序列，构建了系列翻译效率高、适用范围广的人工核糖体绑定位点（RBS）；通过不同类型（Sec、Tat 型）信号肽筛选、信号肽（N 端、H 端、C 端）序列优化设计等，建立高效分泌异源蛋白的信号肽文库；通过终止子

简短化设计，以及终止子与终止密码子的间距、茎环和 U-tract 序列优化，构建高效简短型终止子文库。基于上述表达元件设计优化，创建宽阈值、动态性、可预测、标准化的系列表达元件工具箱（启动子、5′-UTR、信号肽和终止子），可实现基因表达的时序性、梯度性、精准性调节。

通过删除黄嘌呤磷酸核糖转移酶基因 *xpt* 阻断细胞核苷代谢无效循环，通过删除细胞自溶素合成基因 *lytD*、*xpf* 等减缓细胞自溶，提高发酵过程生物量；通过强化胞内抗氧化蛋白或抗氧化小分子（杆菌硫醇）合成，减弱细胞衰亡；通过删除基因 *sigE*、*sigF*，阻断芽孢形成，可省去产品灭活芽孢工艺步骤；通过优化辅酶代谢和 ATP 合成途径，提高细胞 NADPH 供应和 ATP 合成水平；通过删除地衣素合成酶基因簇 *lchABC* 等减弱了细胞表面活性素合成，减弱发酵过程泡沫生成，可减少消泡剂用量，并提高发酵罐装填系数；通过弱化支链酮酸脱羧酶亚基 BkdB 表达，减弱异丁酸、异戊酸合成，通过删除氨基酸脱羧酶 YveA、AspD 等，阻断生物胺（尸胺、腐胺等）生成，可减弱发酵过程异味物质环境排放。基于以上分子育种措施，可构建综合发酵性能提升底盘细胞。

利用上述地衣芽孢杆菌分子育种共性技术平台，针对特定异源表达酶蛋白，分析所需表达酶蛋白特征，优化其表达元件，改造宿主细胞膜壁结构、碳水化合物分解代谢、氨基酸合成、二硫键合成以及分泌途径等模块，从育种水平提高异源酶蛋白的合成水平。相信随着合成生物学、系统生物学、AI 等学科发展，创建地衣芽孢杆菌酶高效合成细胞工厂成为可能。

思　考　题

1. 名词解释：诱导物；诱导作用；终产物阻遏；分解代谢产物阻遏；葡萄糖效应；弱化子；增强子；RNA 干扰。
2. 举例说明酶生物合成调节作用机制在酶发酵过程优化中的指导意义。
3. 举例说明酶生物合成调节作用机制在原核生物产酶菌种改造中的指导意义。
4. 查阅资料并回答从转录水平提高毕赤酵母产酶的分子育种措施。
5. 在酶的发酵生产过程中，提高酶产量的措施有哪些？
6. 简要回答对微生物产酶菌种的要求。
7. 如果要筛选酸性蛋白酶高产菌株，请制订筛选计划。
8. 举例说明对产酶具有诱导调节作用的碳源。

主要参考文献

Cai D, Rao Y, Zhan Y, et al. 2019.Engineering Bacillus for efficient production of heterologous protein: current progress, challenge and prospect[J]. Journal of Applied Microbiology, 126(6): 1632-1642.

Cai D, Wang H, He P, et al. 2017.A novel strategy to improve protein secretion via overexpression of the SppA signal peptide peptidase in *Bacillus licheniformis*[J]. Microbial Cell Factories, 16(1): 1-10.

Cai D, Wei X, Qiu Y, et al. 2016.High - level expression of nattokinase in *Bacillus licheniformis* by manipulating signal peptide and signal peptidase[J]. Journal of Applied Microbiology, 121(3): 704-712.

Ji Y, Li J, Liang Y, et al. 2024.Engineering the Tat-secretion pathway of *Bacillus licheniformis* for the secretion of cytoplasmic enzyme arginase[J]. Applied Microbiology and Biotechnology, 108(1): 1-12.

Mo F, Cai D, He P, et al. 2019.Enhanced production of heterologous proteins via engineering the cell surface of *Bacillus licheniformis*[J]. Journal of Industrial Microbiology and Biotechnology, 46(12): 1745-1755.

Rao X, Li D, Su Z, et al. 2024.A smart RBS library and its prediction model for robust and accurate fine-tuning of gene expression in *Bacillus* species[J]. Metabolic Engineering, 81: 1-9.

Rao Y, Cai D, Wang H, et al. 2020.Construction and application of a dual promoter system for efficient protein production and metabolic pathway enhancement in *Bacillus licheniformis*[J]. Journal of Biotechnology, 312: 1-10.

Rao Y, Li P, Xie X, et al. 2021.Construction and characterization of a gradient strength promoter library for fine-tuned gene expression in *Bacillus licheniformis*[J]. ACS Synthetic Biology, 10(9): 2331-2339.

Rao Y, Wang J, Yang X, et al. 2023.A novel toolbox for precise regulation of gene expression and metabolic engineering in *Bacillus licheniformis*[J]. Metabolic Engineering, 78:159-170.

Rao Y, Yang J, Wang J, et al. 2022.Minimization and optimization of α-amylase terminator for heterologous protein production in *Bacillus licheniformis*[J]. Bioresources and Bioprocessing, 9(1): 1-10.

Wei X, Zhou Y, Chen J, et al. 2015.Efficient expression of nattokinase in *Bacillus licheniformis*: host strain construction and signal peptide optimization[J]. Journal of Industrial Microbiology and Biotechnology, 42(2): 287-295.

Xiao J, Peng B, Su Z, et al. 2020.Facilitating protein expression with portable 5′-UTR secondary structures in *Bacillus licheniformis*[J]. ACS Synthetic Biology, 9(5): 1051-1058.

Zhang M, Song J, Xiao J, et al. 2022.Engineered multiple translation initiation sites: a novel tool to enhance protein production in *Bacillus licheniformis* and other industrially relevant bacteria[J]. Nucleic Acids Research, 50(20): 11979-11990.

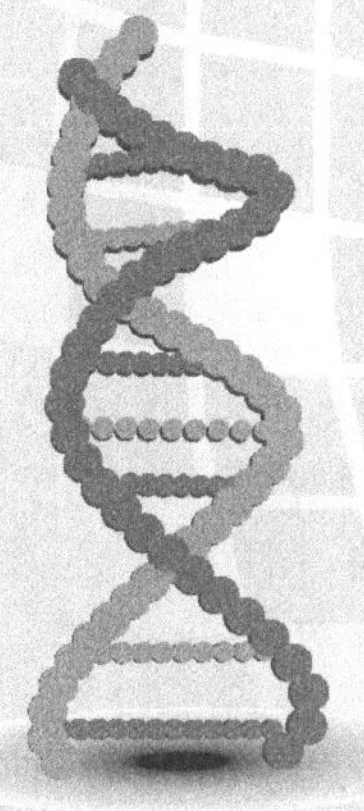

第3章　酶的分离工程

本章资源

- 酶的发酵工程
  - 预处理和液固分离
    - 发酵液的预处理——加热，凝聚，絮凝，助滤剂
    - 细胞破碎
      - 机械破碎法
      - 物理破碎法
      - 化学破碎法
      - 酶促破碎法
    - 液固分离
      - 影响因素
      - 常用分离方法：过滤，微滤，离心
  - 酶的提取
    - 提取方法
    - 影响因素
      - 温度和pH
      - 污染和内源酶
      - 搅拌
      - 其他因素
  - 酶的分离纯化
    - 固相析出分离——盐析沉淀，等电点沉淀，有机溶剂沉淀，选择性变性沉淀，其他沉淀方法
    - 过滤与膜分离
      - 超滤
      - 透析
    - 萃取法分离——双水相萃取，反胶束萃取
    - 层析分离
      - 吸附层析
      - 离子交换层析
      - 凝胶过滤层析
      - 疏水层析
      - 亲和层析
      - 灌注层析
      - 扩张床吸附层析
    - 电泳分离——凝胶电泳、等电聚焦电泳、双向电泳
  - 酶的浓缩、干燥与结晶
    - 浓缩——蒸发，超滤，胶过滤，反复冻融，聚乙二醇浓缩，氮吹仪浓缩
    - 干燥——真空干燥，喷雾干燥，冷冻干燥，常温快速干燥
    - 结晶——盐析结晶，有机溶剂结晶，等电点结晶，平衡透析结晶，微量蒸发扩散，温差结晶，复合结晶，气相扩散

酶的分离工程即酶的提取和分离纯化，是酶工程的主要内容之一，无论是动植物细胞内的酶，还是微生物发酵产生的酶，都必须经过提取和分离纯化，才能进行后续研究或使用。酶的分离工程是酶生产和酶学研究中不可缺的环节。

酶的分离工程是指将酶从生物细胞或培养物等含酶原料中提取出来，再与杂质分开，从而获得能够满足使用需求的一定纯度酶的过程。酶的分离纯化操作流程一般可分为 4 个阶段：预处理（发酵液预处理、细胞破碎和液固分离）、粗分级分离（提取）、细分级分离（分离纯化）、成品加工（浓缩、干燥和结晶）。

3.1 预处理和液固分离

资源 3.1

根据酶在生物体内的分布，可将其分为胞内酶和胞外酶两大类。胞外酶在细胞内合成后，透过细胞膜分泌到细胞外介质中，这类酶不必破碎细胞即可从体液或发酵液中提取。而胞内酶存在于细胞内的一定部位或区域，必须经过细胞破碎后，才能释放出来。从细胞中提取酶，首先需要经过预处理阶段，预处理主要包括微生物发酵液等介质的预处理和组织细胞破碎。

3.1.1 发酵液的预处理

发酵液预处理的目的主要有三个：①改变发酵液的物理性质，以提高固液分离的效率；②尽可能使目标酶蛋白集中到便于后处理的某一相中（多数是液相）；③去除发酵液中的部分杂质。

由于发酵液和其他生物大分子溶液较难过滤，且发酵液黏度高，所以常采用加热、凝聚和絮凝及加助滤剂等方法进行预处理。

3.1.1.1 加热

加热可以降低发酵液的黏性，使某些杂质如蛋白质变性，从而使发酵液容易过滤，其前提是目标酶蛋白必须具有良好的热稳定性；当目标酶蛋白易受热处理失活时，不宜采用该法处理。

3.1.1.2 凝聚

凝聚（agglomeration）指在稀溶液中加入电解质（即凝聚剂，一般是含多价离子的电解质），使非目标产物凝聚成较大的粒子或胶团。电解质可以降低胶粒之间双电层的排斥电位，使胶体体系变得不稳定，从而使胶体粒子间因相互碰撞而凝集成团。

3.1.1.3 絮凝

絮凝（flocculation）指在某些高分子絮凝剂（通常是含有极性官能团的聚合物）的桥联作用下，将胶体粒子联结成网状，形成 10mm 大小絮凝团的过程。采用絮凝剂可形成粗大的絮凝体，使发酵液易于分离。目前常用的高分子絮凝剂主要是有机合成的聚丙烯酰胺类衍生物。它们具有絮凝速度快、用量少、效果好等特点。不同特性的电解质之间或电解质与絮凝剂的联合使用可以提高发酵液的预处理效果。

3.1.1.4 助滤剂

过滤前在发酵液中添加助滤剂，发酵液中的胶体吸附在助滤剂颗粒上，随助滤剂一起被滤膜截留下来，目标蛋白则透过滤膜，从而得到目的产物的粗产品。目前用于预处理最有效的助滤剂有硅藻土和珍珠岩。另外在有些特殊领域不能使用硅类材料时，可以使用木浆、淀粉等作为助滤剂。

利用上述方法进行发酵液的预处理主要是为了降低发酵液的黏性，提高其过滤速率，此外还要采用一定的方法去除发酵液中的无机金属离子和色素等物质，以减少这些物质对后续操作的影响。

3.1.2 细胞破碎

不同物种的细胞外层结构差异显著，采用的细胞破碎方法和条件也有所不同。实际操作中应根据对象的细胞特性和处理量等，选用合适的方法进行细胞破碎。细胞破碎按照处理方法一般可分为机械破碎法、物理破碎法、化学破碎法和酶促破碎法等。

3.1.2.1 机械破碎法

机械破碎法指通过机械运动产生压缩力和剪切力，将组织细胞打碎的方法，具有处理量大、破碎效率高、速度快等优点。细胞的机械破碎主要有捣碎法、研磨法和匀浆法等。

捣碎法是利用捣碎机叶片高速旋转产生的剪切力使细胞破碎。常用于动物内脏、植物叶芽等组织细胞的破碎。破碎前，需要将动植物组织悬浮于水或其他介质中，将悬浮液倾入捣碎机进行细胞破碎。

研磨法是利用研钵、细菌磨、球磨等产生的压缩/撞击力和剪切力将细胞破碎。必要时可加入石英砂、玻璃珠、氧化铝等作为助磨剂，以提高研磨效率。该法常用于微生物和植物组织细胞的破碎，也可用于动物内脏细胞的破碎。其特点是方法简单，不需要特殊设备，缺点是费力，效率很低。

匀浆法是利用匀浆器产生的剪切力将细胞破碎。匀浆器一般由硬质磨砂玻璃制成，另外也可由硬质塑料或不锈钢制成。该法常用于颗粒较小、比较柔软、易分散的组织细胞的破碎。一些较大的、致密的组织或细胞团需先经捣碎机或研磨器处理，使细胞分散后才能进行匀浆。针对不同的材料选择不同材质的匀浆器。

工业上使用的细胞破碎器械主要有撞击破碎机、大容量球磨机和高压匀浆器等，这些器械的作用机理不尽相同，有各自的适用范围和处理规模。可根据目标物质的性质差异（如来源、组织形态、稳定性等）选择合适的细胞破碎器械，并确定适宜的操作条件。

3.1.2.2 物理破碎法

物理破碎法指利用温度、压力、声波等物理因素，使细胞破碎的方法，多用于微生物细胞的破碎。常用的破碎方法有温度差法、压差法和超声波法等。

温度差法是利用物理上的热胀冷缩原理，通过温度的突然变化，使细胞破碎的方法。如实验室常用的是反复冻融法，即将待破碎的细胞冷至−15～−20℃，然后室温（或 40℃）迅速融化，如此反复冻融多次，细胞内形成冰粒，剩余胞液的盐浓度增高而引起细胞溶胀破碎。温度差法多用于较脆弱的微生物细胞的破碎，但要注意防止操作温度过高而引起酶失活。

压差法是利用压力的突然变化，使细胞内外的压差迅速变化，从而引起细胞破裂的破碎方法。常用的有高压冲击法、突然降压法和渗透压变化法等。高压冲击法指在结实的圆柱体容器内装入菌体和助磨剂，在适宜温度下，用活塞或冲击锤施加高压冲力，从而使细胞破碎。突然降压法指将细胞悬液装入高压容器内，施压至 30 MPa 以上，打开出口阀，使细胞悬液流出，出口处由高压突然降至常压，致使细胞迅速膨胀破裂。渗透压变化法指将处于对数生长期的菌体细胞悬浮在高渗透压溶液中平衡一段时间，然后离心收集菌体，迅速悬浮于低渗透压溶液（如蒸馏水）中，利用细胞内外的渗透压差使细胞破裂。

超声波法是指利用超声波发生器产生的超声波在细胞膜周围产生空穴作用，空穴的震动和猛烈聚爆产生机械剪切力，从而使细胞破碎。影响超声波细胞破碎的主要因素有超声波的输出功率和作用时间、菌悬液的浓度、黏度、pH、温度和离子强度等。要根据细胞的种类和酶的特点选择合适的输出功率和作用时间。超声波破碎法简便、快捷、破碎效率高，对某些革兰氏阴性细菌的破碎效果较好，而对酵母、放线菌及球菌类细胞的破碎效果较差。

3.1.2.3 化学破碎法

化学破碎法是指利用各种化学试剂作用于细胞膜，而使细胞破碎的方法。常用的化学试剂有甲苯、丙酮、丁醇、氯仿等有机溶剂和曲拉通（Triton）、吐温（Tween）等表面活性剂。

有机溶剂能够破坏细胞膜的磷脂双分子层，改变细胞膜的通透性，从而使酶等胞内物释放到胞外。该操作一般在低温条件下进行，以防止酶变性失活。表面活性剂在适当的温度、pH 和离子强度条件下，能与细胞膜的脂蛋白形成微泡，使膜的通透性增加或使之溶解释放胞内酶。

化学破碎法对产物释放具有一定选择性，保持细胞外形完整，碎片少，浆液黏度低，易于固液分离和进一步提取等优点，但是所使用的化学试剂具有一定毒性，且作用时间长、效率低，所以该法的通用性较差。

3.1.2.4 酶促破碎法

根据细胞壁结构特点，选用适当的酶，破坏细胞壁，并在低渗透压的溶液中使细胞破裂的方法称为酶促破碎法。其中，在一定条件下，利用细胞自身酶系的催化作用使细胞破碎的方法称为自溶（autolysis）法，自溶法的作用效果受温度、pH、离子强度等因素的制约。必要时需加入适量的甲苯、氯仿等防腐剂，以防止其他微生物在自溶体系中的生长。

常用的外加酶有溶菌酶（lysozyme）、果胶酶、纤维素酶等，针对不同的细胞选择不同的酶。如溶菌酶多用于革兰氏阳性菌（如枯草杆菌）的破碎，它能特异性地作用于细胞壁肽聚糖上的 β-1,4-糖苷键，从而破坏细胞壁，再通过渗透压差法等使细胞破裂；在用于革兰氏阴性菌（如大肠杆菌）时，需辅以 EDTA 以使其更有效地作用于细胞壁。纤维素酶、半纤维素酶和果胶酶等主要用于植物细胞的破碎。

3.1.3 液固分离

液固分离是指将离散的难溶固体颗粒从液体中分离出来的机械方法，其中酶发酵液液固分离的主要方法包括过滤和离心。

3.1.3.1 影响因素

1. 发酵液中固体颗粒大小和形状 固体颗粒的大小和形状都能够影响固液分离（图 3.1）。

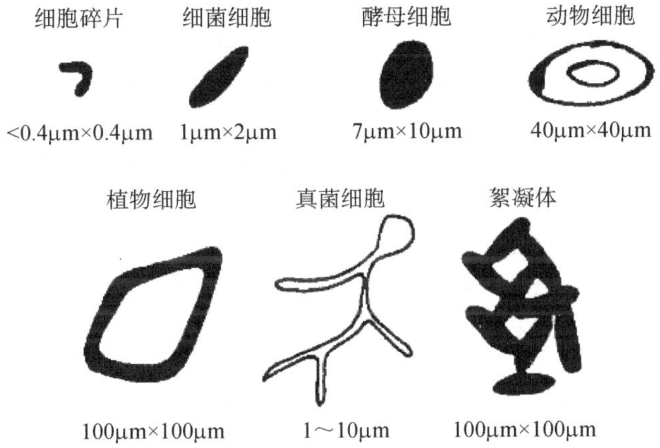

图 3.1 发酵液中固体颗粒大小和形状

2. 发酵液的黏度 液固分离速度通常与黏度成反比，黏度越大，液固分离越困难。随着液体浓度的升高，使得黏度增加，从而增加了液固分离过程中的阻力，造成过滤速率下降。

3. 筛板孔径 在相同浓度条件下，随着筛板孔径增加，过滤速率增加，主要是因为筛板孔径增加，过滤阻力降低。

4. 物料特性 液体存放时间越长，过滤速率越慢，因为存放时间越久，原料中易降解的物质发生水解，主要是颗粒状物质发生水解，导致水溶性物质形成使料液黏度增加，从而影响过滤速率。

3.1.3.2 常用分离方法

1. 过滤分离 借助于过滤介质截留悬浮液中直径大于 2μm 的大颗粒，而使液固分离的技术称为粗滤。通常所说的过滤即指粗滤。粗滤主要用于分离酵母、霉菌、动植物细胞、培养液残渣及其他大颗粒物质。粗滤所使用的过滤介质主要有滤纸、滤布、纤维和陶瓷滤板等。实际使用时，要选择那些孔径大小适宜，孔的数量较多且分布均匀，具有一定机械强度，化学稳定性好的过滤介质。为了加快过滤速率，提高分离效果，往往需要添加助滤剂，常用的助滤剂有硅藻土、活性炭等。

2. 微滤分离 微滤属于加压膜分离，即在薄膜两边的流体静压差的推动作用下，小于滤膜孔径的颗粒穿过膜孔，而大于滤膜孔径的颗粒被截留，从而实现物质选择性分离。微滤膜具有明显的孔道结构，主要用于截留高分子溶质或菌体。微滤一般用于悬浮液（颗粒粒径为 0.05～2μm）的过滤，广泛应用于菌体细胞的分离和浓缩。微滤过程中，膜两侧的渗透压可以忽略不计，由于膜孔径较大，操作压力就不用很高，一般为 0.05～0.5MPa。微滤的过滤介质有微滤有机膜和微孔陶瓷膜等。

3. 离心分离 离心分离技术的基本原理是利用旋转离心机产生的离心力，将混合物中的微颗粒分离出来。在离心分离过程中，微颗粒被黏附在离心机转子的表面上，当转子以高速旋转时，微颗粒受到的离心力增大，超过了微颗粒与离心机转子表面之间的黏附力，从而使微颗粒从表面分离出来。常用离心分离设备有三足式离心机、管式高速离心机、碟片式离心机、螺旋卸料离心机和冷冻高速、超速离心机等。

（1）三足式离心机　三足式离心机通过三根摆杆或弹性元件将转鼓和机壳垂直支撑，使其能够间歇操作。在操作时，转鼓在机壳中进行旋转，料液加入后，滤液通过转鼓壁上的滤布排出，而固体颗粒则被滤布截留。当操作结束时，形成的滤渣可以通过转鼓上部手动卸出。由于料液分布不均匀而产生的振动由支柱上的弹簧承受，同时整个机壳也可以随着拉杆摆动。这种离心机具有较低的高度，有利于上部卸料；而且其支撑采用弹性支撑，因此在离心机振动时，产生的内应力较小。

（2）管式高速离心机　管式离心机是一种高速旋转的沉降式离心机。它的特点是转鼓直径相对较小，但长度较长，呈管状形状，因此得名。这种离心机适用于固相含量小于1%、固相颗粒粒径小于 5μm 的悬浮液，以及液液两相密度差很小的乳浊液的分离。管式离心机的转速通常在 10 000r/min 以上，其结构采用柔性轴系，转鼓悬挂支撑在上部，由上部传动，同时转鼓下部设有振幅限制装置，以确保转鼓的振幅保持在安全范围内，从而实现稳定和安全运转。

（3）碟片式离心机　碟片式离心机是一种沉降式离心机，由转轴、转鼓以及数十到数百个倒锥形碟片等主要部件组成。在启动时，空转至运转平稳后，待分离的料浆通过顶端进料口送入到锥形底部。料浆在贯穿各碟片的垂直通孔上升的过程中，分布在各碟片之间的窄缝中，并随着碟片的高速旋转而受到离心力的作用而分离。这种离心机的转速通常为4000～7000r/min，分离因数可达 4000～10 000。它特别适用于一般离心机难以处理的两相高度分散的乳浊液的分离，具有高效的分离效率，并且可以进行连续操作。如果用于含固体颗粒的混悬液分离，由于碟片间缝隙较小，因此只适用于含微细颗粒且固相浓度较低的混悬液的分离。

（4）螺旋卸料离心机　螺旋卸料离心机由高转速的转鼓、与转鼓转向相同但转速略高或略低的螺旋以及差速器等组件构成。当待分离的悬浮液进入离心机转鼓后，高速旋转的转鼓产生强大的离心力，将密度较大的固相颗粒沉积到转鼓内壁。由于螺旋和转鼓的转速不同，它们之间存在相对运动，即转速差。通过螺旋与转鼓的相对运动，将沉积在转鼓内壁的固相颗粒推向转鼓小端出口处，从而排出。分离后的清液则从离心机的另一端排出。差速器（齿轮箱）的作用是确保转鼓和螺旋之间形成一定的转速差，以促进有效的液固分离过程。

（5）冷冻高速、超速离心机　高速离心机的构造相对复杂，除了驱动马达和速度控制装置外，还包括制冷系统和温度自控装置。它还配备有多种转子和不同类型的离心管，用于分离细胞器如溶酶体、高尔基体、线粒体和微粒体，生物大分子的盐析沉淀物，以及细胞等物质。超速离心机是指相对离心力在 100 000g 以上的离心设备，其转速通常在 60 000r/min 以上，最高转速已达到 160 000r/min，相对离心力可达到 1 000 000g 以上。这种离心机通常分为制备离心机、分析离心机和制备兼分析离心机。它们处理的样品量一般在 10mL 到数十毫升之间，主要用于蛋白质、酶、核酸、多糖、细胞器等的分离纯化，分析沉降系数、分子量、扩散系数，以及观察构象变化等方面。

3.2 酶 的 提 取

酶的提取又称酶的抽提，指在一定的条件下，用适当的溶剂处理含酶原料，使酶充分溶入溶剂的过程。由于目标酶在生物体内存在的部位及状态不同，采用的提取方法也有所不同，培养物的胞外酶可以直接利用溶剂进行提取，而胞内酶的提取则首先需要进行组织和细胞的破碎，而后进行提取操作。利用各种提取方法，将尽可能多的酶，尽量少的杂质，从原料引入溶剂是进行酶分离纯化之前的必需步骤。

进行酶提取时，首先应根据酶的结构和溶解性质，选择合适的溶剂。一般说来，酶蛋白遵循“相似相溶”的原则，即极性物质易溶于极性溶剂中，非极性物质易溶于非极性的有机溶剂中，酸性物质溶于碱性溶剂中，碱性物质易溶于酸性溶剂中。进行酶提取前，要了解酶在各种溶剂中的溶解性及酶的极性等，以选择合适的提取方法和条件。

3.2.1 酶的提取方法

根据酶提取时所采用的溶剂或溶液的不同，酶的提取方法主要有盐溶液提取、酸溶液提取、碱溶液提取和有机溶剂提取等。

3.2.1.1 盐溶液提取法

蛋白质在低浓度盐溶液中，其溶解度会随着盐浓度的升高（不超过某一界限）而增加，这种现象称为盐溶。这是因为蛋白质分子吸附某种盐类离子后，带电表层使蛋白质分子彼此排斥，而蛋白质分子与水分子间的相互作用却加强，因而溶解度提高。利用蛋白质的这种特性，可以用稀盐溶液从原料中提取蛋白类酶，盐浓度一般控制在 0.02～0.5mol/L。例如，酵母醇脱氢酶用 0.5mol/L 的磷酸氢二钠溶液提取；枯草杆菌碱性磷酸酶用 0.1mol/L 氯化镁溶液提取。具体操作中，针对不同种类的目标酶，选择合适的盐溶液及浓度，以实现较好的提取效果。

3.2.1.2 酸碱溶液提取法

有些酶在酸性溶液中的溶解度比较大，且比较稳定，这类酶宜采用酸溶液提取。pH 一般控制在 2～6，针对酶的性质选择合适的 pH，避免 pH 过低引起酶失活。如可用 0.12mol/L 硫酸溶液从胰脏中提取胰蛋白酶和胰凝乳蛋白酶。

有些酶在碱性溶液中的溶解度比较大，且比较稳定，这类酶适合用碱溶液提取。pH 一般控制在 8～12，同样根据酶的性质选择合适的 pH，避免 pH 过高引起酶失活。同时，向酶溶液中加碱液的过程要缓慢进行并均匀搅拌，防止溶液局部碱性过高引起酶的变性失活。

3.2.1.3 有机溶剂提取法

一些和脂类结合比较牢固或分子中非极性侧链较多的酶蛋白难溶于水、稀盐、稀酸或稀碱中，则常用能够与水混溶的有机溶剂提取，如乙醇、丙酮、丁醇等，这些溶剂可以与水互溶或部分互溶，同时具有亲水性和亲脂性。其中正丁醇对脂蛋白的解离能力较强，提取效果较好。

3.2.2 影响酶提取的主要因素

酶主要是蛋白质，影响蛋白质提纯的因素同样会影响酶的提纯，而在酶提取过程中最重要的就是要防止酶的变性失活。影响酶提取的最主要因素是酶在所用的溶剂中的溶解度及酶向溶剂中扩散的难度。此外，在提取过程中还要注意以下因素的影响。

3.2.2.1 温度和 pH

为防止酶的变性失活，提取时温度不宜过高。特别是采用有机溶剂提取时，整个提取操作应尽可能在低温下（0～10℃）进行。在不影响酶活性的前提下，适当提高提取温度，可以加快酶的扩散速率，增加酶的溶解度，有利于酶的提取。

酶提取液的 pH 首先应保证蛋白质的稳定，为了增加酶的溶解度，提取时溶液的 pH 应远离酶的等电点。如碱性蛋白质提取体系的 pH 选在偏酸一侧，酸性蛋白质则选择偏碱一侧，以增大蛋白质的溶解度，提高提取效果。但不宜过酸和过碱，以防止酶变性失活，还要避免在调整 pH 时产生的局部酸、碱过浓现象。

3.2.2.2 污染和内源酶

酶液是微生物生长的良好培养基，在提取过程中应尽可能防止微生物对酶的破坏。由于各种细胞中普遍存在着蛋白水解酶，提取时要防止由其引起的酶水解。多数蛋白水解酶的最适 pH 在 3～5 或更高，低 pH 可使许多蛋白酶的酶原在提取过程中不致激活而保留在酶原状态，不表现水解活力。因此，在较低 pH 条件下低温操作，可降低蛋白水解酶对酶的破坏程度。此外，重金属能引起酶失活，所以酶的提取过程中要防止这些物质的侵入。

内源酶：在酶的提取过程中，含酶原料的颗粒越小，则扩散面积越大，越有利于提高酶在溶液中扩散的速度。适当的搅拌有利于提高扩散速度。适当延长提取时间，以使更多的酶溶解出来，从而提高酶的提取效果。

3.2.2.3 搅拌

搅拌能促进酶在提取液中的溶解，一般采用温和搅拌为宜，速度太快易产生大量泡沫，增大了与空气的接触面，会引起酶蛋白的变性失活。

3.2.2.4 其他因素

可以把提取液的体积当作其他因素。提取液的用量增加可提高提取率。但过量的提取液，使酶浓度降低，对进一步分离纯化不利。故提取液的用量一般为含酶原料体积的 3～5 倍，少量多次，以达到较好的提取效果。

此外，对于巯基基团是活性维持所必需的酶，在提取这类蛋白时要避免引入金属离子和氧化剂。如不慎引入，可往提取液中加金属螯合剂（如 EDTA）去除金属离子，加入还原剂（如抗坏血酸）去除氧化剂。由于某些酶蛋白含有一些非共价键结合的配基，提取时应防止配基的丢失。

3.3 酶的分离纯化

酶的分离纯化通常包括两方面的工作：①除杂，即将酶提取液中的杂蛋白以及其他大分子物质除去；②浓缩，即提高目标酶的浓度。由于酶种类繁多，且不同的使用目的对酶的纯度要求也不相同，要根据实际需求选择合适的纯化方法。酶的分离纯化方法一般是依据酶分子的大小、形状、电荷性质、溶解度、亲和专一性等性质而建立起来的，表 3.1 列举了常用的酶提纯方法。如果对酶的纯度要求较高，则需要将多种方法联合使用。

表 3.1　常用的酶提纯方法

依据性质	方法
溶解度	盐析、等电点沉淀、有机溶剂沉淀、溶剂萃取
电荷性质	电泳、离子交换层析、等电聚焦、色谱聚焦
分子大小	离心、透析、凝胶过滤、超滤
亲和专一性	共价亲和层析、免疫亲和层析、金属离子亲和层析，染料亲和层析、凝集素亲和层析等

一般来说，评价一种分离纯化方法优劣的指标主要有 3 个：总活力（total activity）的回收率、比活力（special activity）提高的倍数和重现性。总活力的回收率指纯化后样品的总酶活占纯化前样品总酶活的百分比，回收率越高，说明纯化过程对酶活的影响越小，导致的酶活损失就越少。比活力是指在特定条件下，1mg 酶蛋白所具有的酶活力单位数，是反映酶催化性能的一个重要参数；比活力提高的倍数即纯化后样品与纯化前样品的比活力的比值，较大的提高倍数说明纯化后酶的比活力有了显著提高，即表明了纯化方法的有效性。而较好的重现性则是衡量纯化方法是否可行的必要条件，它要求操作材料有较高的稳定性，且操作条件要易于控制。

此外，在确定初始分离纯化方法后，为了确定每个纯化步骤的效率，需要建立快捷、有效的检测方法，如酶活力的测定、蛋白质纯度的检测和杂质分析等方法。其中酶活力的测定显得尤为重要，可以及时监控纯化过程中酶的提取效率和评价提取工艺的可行性。

3.3.1　固相析出分离

在生化物质的提取和纯化的整个过程中，目的物经常作为溶质而存在于溶液中，改变溶液条件，使它以固体形式从溶液中分出的操作技术称为固相析出分离法。这是最古老的分离和纯化生化物质的方法，目前仍在工业和实验室中广泛应用，其适用于酶、其他蛋白多肽类、抗生素、有机酸等物质的分离。应用固相析出分离法可通过控制析出条件，使大部分杂质不析出或少析出，其具有设备简单、经济和浓缩倍数高等优点。

3.3.1.1　盐析沉淀法

向酶蛋白溶液中加入中性盐，当盐浓度达到一定界限时，酶蛋白的溶解度会随着盐浓度的继续升高而下降并析出沉淀，这种现象称为盐析（salting out）。采用中性盐使酶蛋白析出沉淀的方法即称为盐析沉淀法。其原理是中性盐的亲水性大于酶蛋白分子的亲水性，加入大量中性盐后，夺走酶蛋白分子表面的水分子，破坏了水化层，暴露出疏水区域，同时又中和了酶蛋白分子电荷，破坏了亲水胶体，酶蛋白分子即聚集在一起形成沉淀。

在浓盐溶液中，酶蛋白在溶液中的溶解度的对数与溶液中的离子强度成反比，盐析方程可用下式表示：

$$\lg S = \lg S_0 - K_s I$$

式中，S 为酶蛋白在离子强度为 I 时的溶解度（g/L）；S_0 为酶蛋白在不含盐的纯溶剂中（I=0 时）的溶解度（g/L）；I 为离子强度；K_s 为盐析系数，与溶质的结构和盐的价数有关，但与温度、pH 无关。

当温度一定时，S_0 对于某一溶质是常数，此时可以用 β 表示 $\lg S_0$，盐析方程可写为

$$\lg S = \beta - K_s I$$

式中，盐析常数 K_s 代表盐析效率，它是与蛋白质和盐种类有关的特性常数。K_s 越大，说明盐析效果越好。β 值是溶质（酶蛋白）的特征常数，其大小决定于酶蛋白的性质，还与温度和 pH 有关，但与盐的种类无关。

对于特定的蛋白质，影响其盐析沉淀的主要因素有无机盐的种类、浓度、温度和 pH 等。在选择盐析方法进行酶的沉淀分离时，要结合酶的自身特点和无机盐的性质选择合适的盐析剂，并控制好其他操作条件，以获得较好的分离效果。

3.3.1.2 等电点沉淀法

蛋白质分子的带电荷状况与溶液的 pH 有关，改变 pH 可使其处于正负电荷数相等（净电荷为零）的兼性离子状态，此时的 pH 即蛋白质的等电点（pI）。蛋白质分子在其等电点时溶解度最低，且不同的蛋白质具有不同的等电点，利用这一性质对蛋白质进行分离纯化的方法称为等电点沉淀（isoelectric precipitation）法。

等电点沉淀的优点是操作简便，无须后续的除盐操作。但要注意在添加无机酸过程中，要边缓慢加入边搅拌，避免局部过酸引起变性失活。该法较适用于疏水性较强的酶蛋白质。另外，酶蛋白在其等电点时，其分子表面仍然存在水化层，所以仍具有一定的溶解度，为了提高沉淀效果，等电点沉淀法往往和盐析沉淀法或有机溶剂沉淀法联合使用。

3.3.1.3 有机溶剂沉淀法

某些与水混溶的有机溶剂（如乙醇、丙酮等）可使蛋白质在水中的溶解度大大降低，利用蛋白质的这一特点，使用有机溶剂进行蛋白质分离纯化的方法称为有机溶剂沉淀法。与等电点沉淀相同，有机溶剂沉淀法也是利用分子间的相互作用。一般来说，蛋白质的相对分子量越大，有机溶剂沉淀越容易，使用的有机溶剂量也越少。

有机溶剂引起蛋白质沉淀作用是多种效应的结果，其中主要效应是降低水溶液的介电常数（dielectric constant）。水是高介电常数物质（20℃时，80），有机溶剂是低介电常数物质（20℃时，乙醇 24、丙酮 21.4），因此，有机溶剂的加入会降低水的介电常数。由库仑定律（Coulomb's law）可知，带电离子基团之间的作用力随介电常数的减小而增大，因此带电溶质互相吸引聚集而沉淀。不同浓度的有机溶剂可以使不同的溶质沉淀，利用这一点可以进行蛋白质的分步沉淀，从而达到分离纯化目的。

有机溶剂沉淀的优点有：有机溶剂密度较低，与沉淀物密度差较大，易于分离；沉淀产品不需脱盐处理；溶剂易蒸发除去等。但有机溶剂易引起蛋白质变性，且易燃、易爆，故操作一般应在低温条件下进行。酶蛋白沉淀后，要立即用水或缓冲液溶解，以降低有机溶剂的浓度，避免酶蛋白变性失活。

有机溶剂沉淀会受到蛋白质浓度、离子强度、温度和 pH 等的影响，要想获得好的沉淀分离效果，除了选择合适的有机溶剂外，还要注意调节酶蛋白的浓度、沉淀温度、pH 和离子强度等条件。例如，由盐析法获得的酶蛋白，再使用有机溶剂沉淀法进行深一步的分离纯化时，要先进行去离子操作（如透析）。

3.3.1.4 选择性变性沉淀法

选择一定的条件使溶液中存在的杂蛋白变性沉淀而目标蛋白质不受影响的方法称为选择性变性沉淀法。若目标酶比较稳定，能忍受极端环境条件，可将不纯的混合物暴露于极端环境条件，使杂蛋白变性，并通过离心等方法除去，从而使目标酶得以纯化。

选择性变性有三种方式：热变性、pH 变性和有机溶剂变性。加热几乎可使所有的蛋白质变性并凝固，少量盐类可促进蛋白质加热凝固。当蛋白质处于等电点时，加热凝固最迅速和彻底。加热变性之所以能引起蛋白质凝固沉淀，可能是由于热变性破坏了蛋白质的天然结构，使疏水基团暴露于外，因而破坏了水化层，同时由于蛋白质处于等电点也破坏了带电状态。三种方式关系密切，热变性对 pH 的依赖性很强，反之亦然；而有机溶剂变性蛋白质时则要注意控制温度、pH 和离子强度。应用选择性变性沉淀法，应预先对欲提取的目的酶和杂蛋白的理化性质有较为全面的了解。如提取胰蛋白酶时，因其稳定性高，可用 2.5%三氯乙酸处理，使杂蛋白变性沉淀。

3.3.1.5　其他沉淀方法

某些非离子有机聚合物和聚电解质在一定条件下能与蛋白质直接或间接地形成络合物或复合物，使蛋白质沉淀析出，然后再用适当的方法将需要的酶溶解出来，去除杂蛋白和沉淀剂，从而使酶得以分离纯化。

非离子聚合物以聚乙二醇为例，其作用原理尚不清楚，可能与有机溶剂相似。PEG 的分子量应大于 4000，常用的是 PEG 6000 和 PEG 20 000。一般情况下，若沉淀低分子质量的蛋白质，需使用大量 PEG；而对于高分子质量的蛋白质，PEG 的加入量较小。PEG 的一般使用浓度是 20%，浓度再增高，会增大黏度，增加沉淀后的回收难度。PEG 对后续的纯化步骤影响很小，所以可不必去除。

聚电解质对蛋白质的沉淀作用机理与絮凝作用类似，是在蛋白质分子间起架桥作用。同时，电解质还具有盐析和降低水化程度的作用。利用聚电解质的沉淀方法主要用于酶和食品工业用蛋白质的回收。常用的聚电解质有离子型的多糖化合物、阳离子聚合物和阴离子聚合物等。

3.3.2　过滤与膜分离

根据过滤介质截留的物质颗粒大小的不同及透过膜的原理和推动力的不同，用于酶蛋白分离的过滤方法主要有超滤（ultrafiltration，UF）、透析（dialysis，DS）。表 3.2 列举了它们各自的特性及应用范围。

资源 3.2

表 3.2　过滤的分类及特性

类别	截留颗粒大小	截留的主要物质	过滤介质	传质推动力	应用举例
超滤	0.002～0.05μm	病毒、生物大分子	超滤膜	压差（0.1～0.6 MPa）	蛋白质、多肽、多糖的回收和浓缩
透析	＞1kDa	大于 1kDa 的溶质	半透膜	浓度差	脱盐，除变性剂

膜分离是利用具有一定选择透过特性的薄层物质（即分离膜），使溶液中一种或几种物质透过，而其他物质不能透过，从而达到物质的分离纯化目的的技术。其作用原理是利用溶液中溶质分子的性质、大小、形状等的差异，对于各种薄膜表现出不同的透过性，从而达到分离纯化的目的。选择合适的薄膜对膜分离至关重要。

膜分离常用的薄膜主要是由丙烯腈、醋酸纤维素、硝酸纤维素、玻璃纸及尼龙等高分子聚合物制成的高分子膜，此外，常用的还有陶瓷膜、金属膜等材料。

3.3.2.1 超滤

超滤的孔径较小，截留颗粒的粒径范围是 2nm～0.05μm，主要用于分离或浓缩直径 1～50nm 的生物大分子（如蛋白质、病毒等）。超滤过程中，膜两侧的渗透压差比较小，所以操作压差比反渗透操作低，一般为 0.1～0.6MPa。超滤膜常用的膜材料有丙烯腈、醋酸纤维素、硝酸纤维素、聚砜（或聚醚砜）和聚偏氟乙烯等。

目前，工业上常用的超滤膜器械主要有以下 5 类：板框式、圆管式、螺旋卷式、中空纤维式、毛细管式。其中，螺旋卷式膜比表面积大，常用于工业酶制剂的纯化、浓缩过程；而在黏度较高的溶液分离、浓缩过程中，则板框式或圆管式更为适用。

超滤具有以下优点：超滤过程中无相变化，可在常温和低压下操作，条件温和，对酶蛋白活性影响较小；设备简单，成本低，能耗少；工艺流程简单，易于操作和管理，适于大量样品的处理。但是超滤只能达到粗分的要求，分辨率较低，只能将分子质量相差 10 倍以上的蛋白质分离开来。

3.3.2.2 透析

利用选择透过性膜将待分离液与纯水或缓冲液隔开，待分离液中的高分子溶质由于不能透过该膜而被截留于膜内，可透析的小分子物质经扩散作用不断透过膜而相互渗透，这种现象即称为透析。

透析膜一般是孔径 5～10nm 的亲水膜，如纤维素膜、聚丙烯腈膜和聚酰胺膜等。在生物分离方面，透析主要用于除盐。由于透析是以浓度差为传质推动力，膜的透过通量很小，所以其使用主要局限于实验室，难以应用于大规模生物分离工程。

3.3.3 萃取法分离

萃取（extraction）分离是一种利用样品中各组分在两相中溶解度或分配比的不同来达到分离和纯化的目的的技术。相关视频参见 3.3.2 小节的二维码。

根据两相的状态，萃取可分为液液萃取、液固萃取、液气萃取和超临界流体萃取等。其中，液液萃取是最常见的萃取技术之一，包括有机溶剂萃取、双水相萃取、反胶束萃取、预分散萃取等，分离过程中涉及的两相一般为互不相溶或部分相溶的两种液相。

3.3.3.1 双水相萃取

绝大多数天然或合成的亲水性聚合物水溶液与第二种亲水性聚合物或特定的低分子物质混合并达到一定浓度时，由于空间障碍作用，无法相互渗透，不能形成均一相，就会产生互不相溶的两相，这种现象称为聚合物的不相容性。双水相即指两种水溶性聚合物的水溶液混合，或一种水溶性聚合物水溶液与盐溶液混合，形成的具有清晰界面且平衡共存的两种液相。双水相萃取（aqueous two - phase extraction, ATPE）就是利用样品中各组分在这两种互不相溶的双水相液层中分配系数的不同实现分离组分的一种技术。

双水相萃取具有操作条件温和，不易引起生物活性物质失活或变性；能直接提取细胞内酶或直接从含有菌体的发酵液中提取所需的蛋白质；不存在有机溶剂残留问题；双水相组分分相时间短，但成本较高，选择性不高，分离后产物的浓度低或含高分子聚合物或盐类，需浓缩或纯化等特点。

制备双水相体系时，首先根据待分离组分的性质选择合适的溶质，再配制一定浓度的溶液，按特定比例将两种溶液充分混合，静置一段时间即可形成双水两相。常用的双水相体系见表 3.3。

表 3.3　常见的双水相体系

高聚物 A	高聚物 B 或低分子物质
聚丙烯乙二醇	甲氧基聚乙二醇、葡萄糖、磷酸钾、硫酸葡聚糖钠盐
聚乙二醇	聚乙烯醇、聚蔗糖、葡聚糖、磷酸钾、硫酸镁、硫酸铵、硫酸钠、甲酸钠、酒石酸甲钠
聚丙二醇	甲基聚丙二醇、聚乙二醇、聚乙烯醇、聚乙烯吡咯烷酮、羟丙基葡聚糖、葡聚糖
甲基纤维素	葡聚糖、羧甲基葡聚糖、羧甲基葡聚糖钠盐
甲氧基聚乙二醇	磷酸钾
乙基羟乙基纤维素	葡聚糖
羟丙基葡聚糖	葡聚糖
聚蔗糖	葡聚糖
聚吡咯烷酮	甲基纤维素

1. *萃取原理*　双水相萃取与有机溶剂萃取的原理相似，都是依据样品中目的组分在两相间的分配系数不同来进行选择性分离。当样品加入双水相体系后，由于表面性质、电荷作用和各种作用力（如疏水键、氢键和离子键等）的存在和环境条件的影响，各组分在两相中的浓度不同。由于分配系数 K 等于系统平衡时两相中目的组分的浓度比，因此，在双水相萃取体系中可以利用各组分 K 值的不同对物质进行分离。

2. *影响因素*　影响被分离组分在双水相体系中分配的主要因素有以下几方面。

（1）双水相体系的组成成分和两相溶液的比例　不同物质在同一双水相体系中，或同一物质在不同双水相体系中的分配系数差别很大。如用 PEG/$(NH_4)_2SO_4$ 体系分离脂肪酶时，PEG 质量分数为 0.1，$(NH_4)_2SO_4$ 质量分数为 0.21 组成的体系，K 为 1.7，而当 PEG 质量分数为 0.12，$(NH_4)_2SO_4$ 质量分数为 0.129 时，K 为 0.85。

（2）高分子聚合物的相对分子量、浓度和极性　同一聚合物的疏水性随分子量的加大而增大，在两相中的分配系数也随之变化。如用 PEG/$(NH_4)_2SO_4$ 体系分离蛋白质，当 PEG 的相对分子量较小时，蛋白质富集在上层；较大时，富集在下层。

（3）电解质、温度和 pH　电解质加入双水相体系中，由于阴阳离子在两相中的分配差异，形成穿过相界面的电位，从而影响带电大分子物质在两相中的分配。温度主要对分配系数产生影响。pH 则通过改变物质的电荷，从而影响物质在两相间的分配。

（4）酶的分子量、电荷极性以及外加电场等　双水相萃取已经用于多种生物酶的分离，如利用聚乙二醇（PEG）/磷酸盐双水相体系提取天然发酵物中的碱性木聚糖酶，利用聚乙二醇/羟丙基淀粉体系从黄豆中分离磷酸甘油酸激酶和磷酸甘油醛脱氢酶，利用 PEG/K_3PO_4 双水相体系萃取纯化葡糖淀粉酶，利用 PEG/Dextran 双水相体系分离过氧化氢酶等。此外，α-淀粉酶、胆固醇氧化酶、脂肪酶、纤维素酶、L-大冬酰胺酶等在双水相体系中也得到较好的分离。

3.3.3.2　反胶束萃取

反胶束（reverse micelle，也称反胶团）是表面活性剂在非极性的有机溶剂中形成的极性头向内，非极性尾朝外的含有水分子内核的纳米级透明的、热力学稳定的聚集体。此聚集体内部接近细胞内环境，不仅能溶解亲水性分子，如氨基酸、多肽和蛋白质等，而且能保持它们的活性。反胶束萃取（reverse micelle extraction）就是利用反胶束将酶或其他蛋白质从混合样品中萃取出来的一种分离技术。它具有成本低、萃取效率高、条件温和、不会引起生物活性物质变性、适用范围广等特点。

该方法的萃取原理：当蛋白质样品与反胶束混合时，由于反胶束溶液表面和蛋白质表面的相互作用，在两相界面形成了包含蛋白质的反胶束团，此时蛋白质以最大限度扩散进入反胶束中，从而实现蛋白质的正萃取（图 3.2）。然后，含有蛋白质的反胶束与另一水相接触，通过改变水相条件，如 pH、离子强度等，可以调节蛋白质反萃回水相，从而实现正萃取或反萃取过程，回收目的蛋白质。

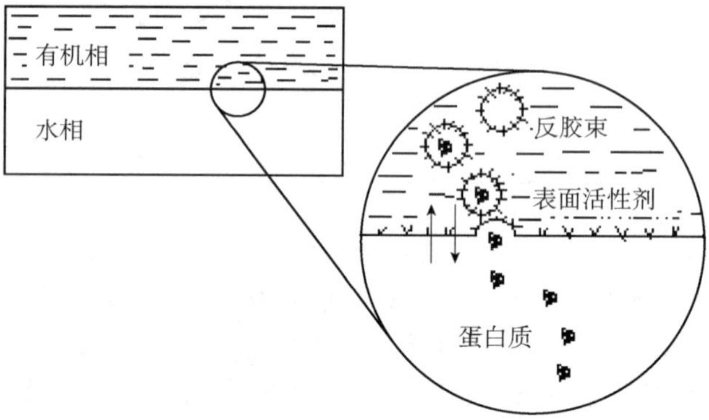

图 3.2 反胶束萃取蛋白质原理示意图

反胶束萃取已经用于多种生物酶的分离，如利用十六烷基三甲基溴化铵（CTAB）、异辛烷/正辛醇反胶束溶液萃取纤维素酶，利用二烷基磷酸盐/异辛烷反胶束溶液萃取溶菌酶，利用 AOT/异辛烷反胶束溶液萃取发酵液中的碱性蛋白酶和 α-淀粉酶等。此外，胰蛋白酶、碱性蛋白酶、异柠檬酸脱氢酶、β-羟丁酸脱氢酶、脂肪酶等也可利用反胶束萃取进行分离。

3.3.4 层析分离

资源 3.3

层析又称色谱（chromatography），由俄国植物学家 Tsweet 最早创立，因其使用石油醚萃取植物叶片色素时在管中形成不同颜色谱带而得名。

层析分离是基于混合样品中各组分的物理化学性质差异，使各组分与两相（固定相和流动相）的作用力或溶解度不同，先后被洗脱出来，从而得到分离的一种技术。按照不同的分类依据，一般可将层析分为以下几类（表 3.4）。

表 3.4 层析分离方法

层析方法	分离依据
凝胶层析	相对分子质量与形状
吸附层析	吸附力
分配层析	分配系数
离子交换层析	离子交换
亲和层析	亲和力
聚焦层析	等电点
疏水层析	疏水作用

3.3.4.1 吸附层析

吸附层析（adsorption chromatography）主要依据待分离样品中各组分与吸附剂之间的吸附力差异而实现分离各组分的一种应用最早的层析技术。它具有吸附剂种类丰富，可再生，设备简单，成本低等优点，应用广泛。

吸附剂主要有无机吸附剂和有机吸附剂两种，常用的有硅胶、硅藻土、活性炭、羟基磷灰石、氧化铝、磷酸钙、碳酸盐、陶土、葡聚糖、琼脂糖、聚丙烯酰胺、纤维素，以及键合了亲和基团的吸附剂等。选择洗脱剂时，一般根据极性相似原则。常用的洗脱剂按极性逐渐增大有：石油醚、环己烷、四氯化碳、三氯甲烷、甲苯、苯、二氯甲烷、乙醚、氯仿、丙酮、正丙醇、乙醇、甲醇、水、吡啶、乙酸等。

3.3.4.2 离子交换层析

1\. *层析原理* 离子交换层析（ion exchange chromatography，IEC）是利用吸附在离子交换剂上的可解离基团（活性基团）与流动相中各种离子化物质发生不同程度的可逆性的离子交换反应，使不同离子型化合物得到分离的一种技术。离子交换剂是一种不溶于酸、碱和有机溶剂的固态高分子化合物（惰性载体），它由两部分组成，一部分是固定的高分子聚合物，构成离子交换剂的惰性骨架；另一部分是与惰性骨架结合，可发生离子交换的活性基团。高分子惰性骨架和带有相反电荷的活性离子共处于离子交换树脂中。

作为离子交换剂骨架的介质有琼脂糖、葡聚糖、纤维素、苯乙烯树脂、酚醛树脂、聚甲基丙烯酸酯等。离子交换剂按活性基团的性质可分为阳离子交换剂和阴离子交换剂两种。

阳离子交换剂活性基团一般为酸性基团，如强酸性的硫酸基（$—OSO_3H$）和磺酸基［$—(CH_2)_nSO_3H$］，中等酸性的磷酸基（$—OPO_3H_2$），弱酸性的羧酸基［$—(CH_2)_nCOOH$］和酚羟基（$—C_6H_5OH$）。它们在一定条件下，能解离出氢离子（H^+），与流动相中含阳离子（X^+）的组分发生离子交换。

$$R—A^-H^+ + X^+ \text{══} R—A^-X^+ + H^+$$

阴离子交换剂活性基团一般为碱性基团，如弱碱性的伯胺基（$—NH_2$）、仲胺基（$—NHCH_3$）、叔胺基［$—N(CH_3)_2$］、季胺基［$—N^+(CH_3)_3$］等。它们在一定条件下，与氢氧根（$—OH^-$）结合后，可与流动相中含阴离子（Y^-）的组分发生离子交换。

$$R—B^+OH^- + Y^- \text{══} R—B^+Y^- + OH^-$$

在阴阳离子交换达到平衡时，组分离子在离子交换剂上的浓度（mol/g）与在溶液中的浓度（mol/mL）的比值称为平衡常数 K。它与组分离子和活性基团的离子价数和原子序数成正比，与离子表面水化膜半径成反比。K 值大小是衡量活性基团与组分离子间作用力大小的参数，决定组分离子在离子交换柱内的保留时间。样品中各组分离子由于 K 值差异而得到分离。

2\. *离子交换剂的选择和处理* 通常分离带正电荷组分时，选用阳离子交换剂；反之，选用阴离子交换剂。同时，要考虑组分和离子交换剂的物理化学性质和相互作用力大小，组分的浓度和分子质量，以及环境 pH 对离子交换过程的影响等。一般静电荷高、质量大、浓度高的组分的离子交换能力要强。在选择离子交换剂时，组分分子质量大的，通常可采用高度交联的离子交换树脂（孔径小）进行分离；组分分子质量小的，可采用低交联度的离子交换树脂（孔径大）、离子交换纤维素、离子交换凝胶进行分离。商品化的离子交换剂在使用前还需经过溶胀、酸洗、碱洗、中和以及转型处理。转型就是阳离子交换剂和阴离子交换剂在装柱后，用酸（如 HCl）和碱（如 NaOH）处理，使之分别转变为可进行离子交换的阳离子型（如 H^+型和 Na^+型）和阴离子型（如 OH^-型和 Cl^-型）。

酶等蛋白质具有两性性质，当溶液的 pH 大于酶的 pI 时，酶分子带负电荷，可用阴离子交换剂进行离子交换层析分离纯化，当溶液的 pH 小于酶的 pI 时，酶分子带正电荷，可用阳离子交换剂进行离子交换层析分离纯化。

3. 操作过程

（1）装柱　主要有干法装柱和湿法装柱两种方法。前者是先向层析柱中加入干燥的离子交换剂，再加入适当的溶液进行处理，后者是将预先处理好的离子交换剂与溶液混合悬浮后，一起加入层析柱中。装柱过程要缓慢、连续，防止柱子中出现气泡和裂缝。

（2）上样　先将离子交换剂进行转型处理，再加入待分离样品，选择合适的平衡缓冲液进行平衡，使待分离样品与离子交换剂有较稳定的结合。一般上样量为柱床体积的 1%～5%。

（3）洗脱和收集　上样后，选择适当的洗脱液和洗脱速度将离子交换剂上的组分按结合力大小逐步洗脱，分步收集下来，在线检测或离线检测，进行定性或定量分析。对于组分复杂的样品可采用梯度洗脱的方法，即程序性改变洗脱液的离子强度或 pH，以改变各组分与离子交换剂的结合力大小，提高分辨率。对于分离酶等生物大分子，改变 pH 会影响其活性，所以，通常采用改变离子强度的梯度洗脱方法进行洗脱。

（4）再生　再生是指对使用过的离子交换剂再次进行转型处理，使其恢复原来性状，以便重复使用的过程。

3.3.4.3 凝胶过滤层析

凝胶层析（gel chromatography），又称凝胶过滤层析、凝胶渗透层析、分子筛层析、分子排阻层析等。它以多孔凝胶为固定相，含有样品的流动相在流经其中时，各组分因相对分子质量和形状的不同而受到不同程度的滞留，从而先后被洗脱出来得到分离。

凝胶层析固定相的种类很多，常用的有葡聚糖、琼脂糖和聚丙烯酰胺等，它们内部都有微细的多孔网状结构，其孔径大小决定能分离组分的相对分子量范围。葡聚糖凝胶具有良好的化学稳定性，在碱性条件下很稳定，能耐 120℃左右的高温，应用范围广；琼脂糖凝胶内部微孔孔径较大，工作范围大于葡聚糖凝胶和聚丙烯酰胺凝胶，适用于分离分子量较大的蛋白质和分离纯化多糖；聚丙烯酰胺凝胶惰性较好，适用于 pH 2～11，适合各种蛋白质、酶和核酸等的分离纯化。

凝胶层析具有操作简单、样品回收率高、不需要再生即可反复使用，特别是不影响样品的生物活性等优点，广泛用于分离不同相对分子质量的生物大分子物质、测定蛋白质分子量、样品浓缩等。

1. 层析原理　凝胶层析的固定相一般是多孔的惰性珠状凝胶颗粒，内部具有立体网状结构。当含不同组分的样品随流动相进入凝胶层析柱后，各个组分就会在凝胶颗粒内的微孔和颗粒间隙进行不同程度扩散，扩散的程度与组分分子的大小和形状相关。比微孔孔径大的分子不能扩散到微孔内部，完全被排阻在孔外，随流动相在从凝胶间隙直接向下流动，它所经的流程短，阻力小，所以流动速度快，首先流出凝胶柱；而较小的分子则可以完全扩散进入凝胶颗粒微孔内部，所经的流程长，阻力大，流动速度慢，所以最后流出；大小介于二者之间的组分分子则在微孔内和微孔间隙间部分扩散，它的流出顺序介于上述二者之间，并按分子大小先后流出凝胶层析柱。至此，样品中各组分分子按分子大小被先后分离出来（图 3.3）。

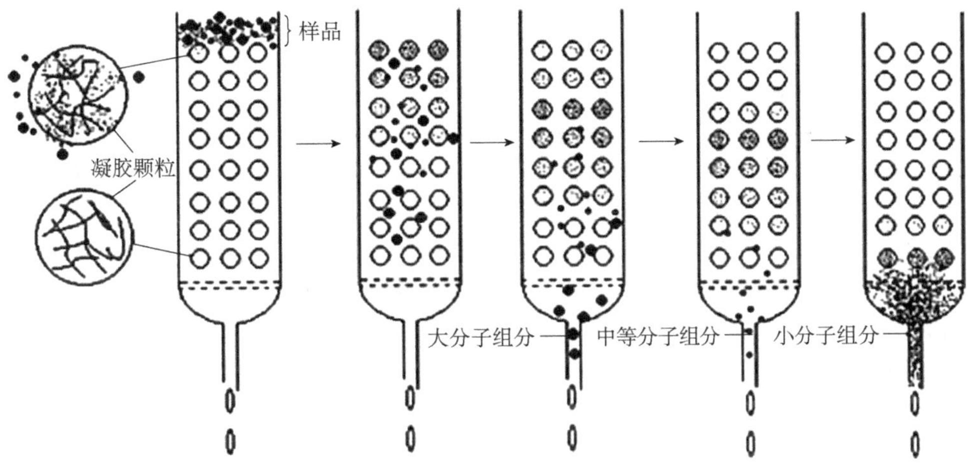

图 3.3　凝胶层析原理示意图

为定量地衡量混合液中各组分的流出顺序，常常采用分配系数 K_a 来度量：

$$K_a = \frac{V_e - V_o}{V_i}$$

式中，V_e 为洗脱体积，即从上样到样品某组分流出层析柱，且色谱峰达到最高值时所用流动相的体积；V_o 为外体积，即层析柱内凝胶颗粒间隙的体积；V_i 为内体积，即层析柱内凝胶颗粒微孔所占的体积。当分子的 $K_a=0$ 时，$V_e=V_o$，即该分子被完全排阻于凝胶颗粒之外，全部分布于流动相中；当分子的 $K_a=1$ 时，$V_e=V_o+V_i$，即该分子完全不被排阻，均匀分布在流动相和固定相中，两相比值为 1；当 $0<K_a<1$ 时，$V_e=V_o+K_a \times V_i$，即该分子受到部分排阻。洗脱时，按 K_a 值由小到大的顺序先后洗脱出来。

对于同一类型化合物，组分的洗脱体积（V_e）顺序与其相对分子质量（M）呈函数关系，可用下式表示：

$$V_e = K_1 - K_2 \lg M$$

式中，K_1，K_2 为常数。在应用中，以标准组分的相对洗脱体积 K_{av}（$K_{av}=V_e/V_t$，V_t 为凝胶床总体积）对 lgM 做出选择曲线，再通过测定某一组分的相对洗脱体积，从曲线上查出该组分相对洗脱体积所对应的相对分子质量。

2. 操作过程　凝胶层析操作过程一般分为 3 个步骤：装柱、上柱和洗脱。

（1）装柱　选择合适内径和长度的层析柱，在其底部放置一层玻璃纤维或棉花，垂直固定在稳定的支架上。首先向柱内加满洗脱剂，检查是否漏水；再一边搅拌一边缓慢连续地加入浓稠的凝胶悬浮液，待其自然沉降，直至所需高度，并用洗脱液浸没凝胶颗粒。凝胶要分布均匀，且无气泡和裂纹。

（2）上柱　上柱时，加样要快速、均匀、适量。加样量根据具体的实验要求而定，过多，会造成层析柱过载，使洗脱峰重叠，影响分离效果；过少，洗脱液中组分浓度较低，实验效率低。一般加样量为凝胶床体积的 10%左右，最大不超过 30%。样品中的不溶物必须在上样前去掉，以免污染凝胶柱。

（3）洗脱　洗脱液应与凝胶溶胀和装柱平衡时所用的液体一致。洗脱速度要恒定而且合适，常有恒流泵驱动的恒流洗脱和恒压重力洗脱两种。洗脱液体积一般为凝胶床体积的 120%。洗脱流出液要分步收集，离线检测或在线监测。

3.3.4.4 疏水层析

疏水层析（hydrophobic interaction chromatography，HIC），又称疏水相互作用层析，是疏水的配体通过疏水作用与样品中疏水基团可逆结合来实现分离的一种技术。从分离纯化生物分子的机制来看，疏水层析也属于吸附层析，即利用固定相载体上偶联的疏水性配体与流动相中的一些疏水基团发生可逆性结合而进行分离。

疏水层析的介质：琼脂糖凝胶是应用最广的疏水介质，它通过共价键与苯基结合，苯基作为疏水性配体可以与疏水性物质发生疏水作用，从而达到分离的目的。此外较为常用的还有丁基琼脂糖疏水介质，该介质机械强度高、通透性好、配基密度可控、分离效果良好，制备工艺简单，易于放大。丁基琼脂糖有优良的动力学特性，流速快；选择性强，分离性能优良，对疏水性不同的蛋白，能达到较好的分离效果。因此，丁基琼脂糖疏水介质具有广阔的应用前景。各种介质的选择与配比应该根据要分离的目的蛋白的性质、大小、结构、疏水性等因素进行考察和对比综合考虑，进而选择出分离性能好、适宜工业放大、能循环使用的介质。

疏水层析的应用：疏水层析一般在高浓度盐溶液中进行层析，低盐浓度条件下完成洗脱。蛋白质中含有多种疏水性氨基酸，且疏水层析采用水盐系统，避免了使用有机溶剂，有利于维持蛋白质的活性。因此，该技术在应用于蛋白质的分离纯化时具有优势。同时，疏水层析因操作简单、蛋白质回收率高、不易变性、选择性强等优点而得到了广泛应用。目前，疏水层析技术已经用于分离多种酶蛋白，如猪胰激肽释放酶、乳酸脱氢酶、腈水合酶、重组 α-半乳糖苷酶、纤溶酶、人尿激肽原酶、内切聚半乳糖醛酸酶等。疏水层析的应用与离子交换层析的应用刚好互补，可以用于分离离子交换层析无法分离的物质。

3.3.4.5 亲和层析

亲和层析（affinity chromatography，AC）是利用生物大分子与配体之间所具有的特异的、可逆的亲和力，进行分离纯化的一种技术。它具有容量大、效率高、选择性高、对目标产物的生物活性有一定保护作用等优点，广泛应用于酶等生物大分子的分离纯化。亲和层析中作为固定相的是配体（ligand），又称配基，它必须与不溶于水的载体（matrix）相偶联，共同填充于层析柱中。配体一般为小分子物质，如金属离子等无机辅助离子或有机辅助离子。载体多为高分子物质，如葡聚糖凝胶、琼脂糖凝胶、聚丙烯酰胺和纤维素等。载体须通过环氧化法、溴化氰法、重氮法、叠氮法、甲苯磺酰氯法、硅化法和双功能试剂法等反应活化，引入活性基团后，才可以与配体共价偶联。

由于生物大分子之间存在广泛的相互作用，如酶与底物、酶与竞争性抑制剂、抗原与抗体、生物素与亲和素、激素与受体，多糖与蛋白复合体，互补的 DNA 片段与 RNA 片段等。而且，这些相互作用也是特异和可逆的。所以，亲和层析在酶等生物大分子以及某些含量少又不稳定的生物活性物质的分离纯化中有重要的应用。

1. *层析原理*　当含有不同蛋白质的混合样品随流动相通过已经共价偶联在载体表面上的配体（固定相）时，各组分蛋白质在固定相间发生扩散，其中，只有与配体的空间构象互补，或可以发生可逆共价结合，疏水结合反应或螯合作用等的特定蛋白质组分，才能与配体发生可逆的特异性结合而被截留在固定相上，其他非特异性蛋白质则随流动相流出层析柱。然后通过加入过量游离的可溶性配体或加入能改变配体与蛋白质特异结合力的物质，将特异性蛋白质从固定相上洗脱下来。分步收集洗脱液，在线检测或离线检测，进行定性和定量分析（图 3.4）。

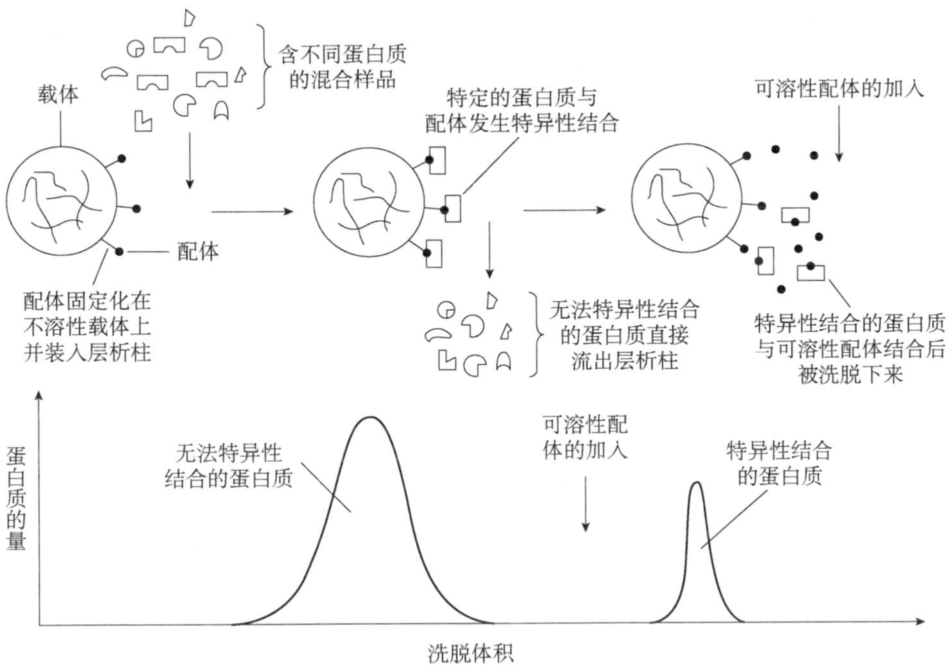

图 3.4　亲和层析原理示意图

亲和层析中，待分离组分与配体间的相互作用有静电作用、疏水作用、金属配位作用、氢键作用、弱共价键作用或结构互补效应等作用。

2. *亲和层析方法*　根据配体与待分离组分相互作用性质的不同，亲和层析可以分为共价亲和层析、金属离子亲和层析、染料亲和层析、凝集素亲和层析、免疫亲和层析、核酸亲和层析、串联亲和层析等。

（1）共价亲和层析　是利用生物大分子中特定的功能基团与层析剂上的配体能可逆共价结合的性质进行分离纯化的一种技术。如利用巯基（—SH）和二硫键（—S—S—）间的可逆共价转换来分离酶分子，洗脱液有 L-半胱氨酸、巯基乙醇、谷胱甘肽、二硫苏糖醇等。共价亲和层析可以用于纯化青霉素酰化酶、牛乳巯基氧化酶等。

（2）金属离子亲和层析　又称固定化金属离子亲和层析和金属螯合亲和层析。它是基于蛋白质分子表面组氨酸的咪唑基、半胱氨酸的巯基和色氨酸的吲哚基能与 Cu^{2+}、Ni^{2+}、Zn^{2+}、Co^{2+}和 Ca^{2+}形成稳定的螯合物而进行分离的。具有螯合介质制备简单方便，成本低，容量大，选择性及通用性较好，载体易于再生等优点。

自 1975 年 Porath 和他的合作者首次用金属离子亲和层析成功分离纯化人血清蛋白以来，金属离子亲和层析得到了迅速的发展。金属离子亲和层析特别适合于分离纯化蛋白，特别是带组氨酸标签（His-tag）的融合蛋白。His-tag 因标记肽片段小，对目标蛋白质的生物活性影响较小，分离后无须去除等特点得到广泛应用。例如，在金属离子亲和层析中，超氧化物歧化酶（SOD）中组氨酸上的咪唑基可与螯合柱上金属离子特异结合，通过特殊洗脱而得到分离纯化。

（3）染料亲和层析　染料亲和层析是利用某些结构类似于蛋白质辅酶（如 NAD^+、$NADP^+$、ATP）的有机染料（如蒽醌化合物、偶氮化合物）来实现多种酶分离纯化的一种技术。近年来，计算机技术尤其是分子模拟和生物信息学的发展，使得可以依据目的蛋白的氨基酸序列和三维结构对已有染料进行修饰和改造，设计具有高亲和力和选择性的生物模拟染料。目前已经成功开发出了专用于胰蛋白酶、尿激酶、激肽释放酶等蛋白质的生物模拟染料。

染料偶联到交联琼脂糖上之后可用于纯化 NAD^+或 $NADP^+$依赖性脱氢酶，激酶、磷酸酶、DNA 聚合酶、限制性核酸内切酶等，以及白蛋白、干扰素、脂蛋白、凝血因子等。染料亲和层析的特点：①纯化率高，对蛋白质的结合容量大；②适用范围广，可分离酶、蛋白质、色素、干扰素等，通用性好，一种配基可分离多种酶；③染料价格便宜，易再生，适用于大规模制备；④染料容易与基质偶联，一般无须连接间臂分子，而且不会引入有毒的化学物质；⑤结构稳定，便于后处理。

（4）凝集素亲和层析　凝集素是一类能与蛋白的寡糖部分特异结合的糖蛋白。凝集素亲和层析就是一种利用不同凝集素能够特异地结合某种寡糖或者糖肽而实现分离的技术。目前使用的凝集素常称为植物凝集素，几乎全部从植物中分离获得，用得最多的是伴刀豆球蛋白 A（又称伴刀豆凝集素 A，ConA）。它们能可逆地、选择性地同特定的糖基结合，因此可用于分离提纯含糖基的生物大分子。

凝集素亲和层析主要用于分离纯化含特定糖基的大分子化合物，也用于纯化糖蛋白（如糖肽、糖脂）、酶（如葡萄糖氧化酶、辣根过氧化物酶和神经氨酸酶）、多糖（如葡聚糖、酵母甘露聚糖和糖原）、细胞等。

（5）免疫亲和层析　是以抗原或抗体中的一方为配体，依据免疫反应，亲和吸附分离另一方的一种技术。它专一性高，可用于抗原和抗体的分离。

（6）核酸亲和层析　核酸亲和层析是一种利用互补核酸链间以及核酸和蛋白质间相互作用来实现多聚核苷酸及其结合蛋白分离的技术。

（7）串联亲和层析　串联亲和层析是一种利用蛋白质融合表达标签和蛋白质相互作用，经两步连续的亲和层析纯化获得接近天然状态的特定蛋白质复合物的一种技术。它还是一种研究蛋白质相互作用的技术，与质谱技术相结合，在蛋白质组学研究中有重要应用。

（8）内含肽介导的亲和纯化　内含肽（曾称蛋白质内含子，intein）是位于宿主蛋白质中的一段插入序列，其可自发性地催化自身从蛋白质前体中切除，并形成天然肽键将两侧的蛋白质多肽链连接起来。基于内含肽的这种自剪接特性，开发出了酶或蛋白质的亲和纯化操作技术。早期的内含肽多作为目标物纯化辅助手段，通过氨基酸突变只保留一端断裂活性的内含肽，与纯化标签和目标蛋白共同组合成前体蛋白，先借助纯化标签将前体蛋白从杂蛋白中纯化出来，再利用内含肽一端的断裂反应将目标蛋白从前体中切除并洗脱纯化出来。在 1998 年发现断裂内含肽后，大概从 2011 年开始将其应用于蛋白纯化，通过亲和标签将内含肽的一端片段（IN 或 IC）与层析介质亲和结合，再利用 IN 与 IC 之间的亲和识别结合能力固定前体蛋白，然后通过诱导断裂将目标蛋白纯化出来。

从纯化体系的类型来划分，可以将内含肽介导的纯化体系分为层析型和非层析型两类。层析型亲和纯化系统在应用研究中占主要地位，而非层析型的研究相对较少。两者的主要区别在于含有内含肽的蛋白片段是否连接到层析介质上并形成一种固相的层析体系。内含肽介导的酶的亲和纯化，高效简单，可得到无载体氨基酸的蛋白质，纯化得到的目的蛋白无亲和标签，无须使用昂贵的蛋白酶切除标签，减少了处理步骤，允许严苛的洗脱条件，减少非特异性吸附，优于常规的亲和层析蛋白纯化方法。

（9）连续层析　连续层析是将系列层析柱串联进行层析的方法，是未来发展趋势。连续层析又称连续色谱技术，在圆柱管中先填充不溶性基质，形成一个固定相。将样品加到柱子上，用溶剂洗脱，溶剂组成流动相。在样品从柱子上洗脱下来的过程中，根据样品混合物中各组分在固定相和流动相中分配系数不同，经多次反复分配将组分分离。连续装载层析柱的功能消除了仪器的闲置时间，可提高树脂产能利用率，将树脂用量减少 80%，生产率提高多达 3～5 倍，允许同时在 1～8 根层析柱上操作，灵活性更高。

3.3.4.6 灌注层析

灌注层析（perfusion chromatography）的建立是层析技术发展的一个重大突破，它打破了传统的流速与分辨率、容量间的三角关系，即在流速增加的情况下，柱容量和分辨率不会降低，柱压力也不会升高，使得生物大分子的快速分离纯化成为可能。灌注层析技术的核心是灌注层析介质，下面以美国 PerSeptive Biosystems Inc. 的产品为例，介绍灌注层析法的基本特征。

POROS 系列的灌注层析介质是由苯乙烯（ST）和二乙烯基苯（DVB）通过悬浮聚合、乳液聚合等方法制备的多孔型高分子微球，其颗粒内部分布着两种结构的孔隙，一种是贯穿整个颗粒的特大孔，孔径为 600～800nm，被称为穿透孔（through pore）或对流孔；另一种是连接这些特大孔的较小一些的大孔，孔径为 50～150nm，孔深一般不超过 1μm，被称为连接孔或扩散孔（diffusive pore）（图 3.5）。随着连接的官能团不同，可分为反相（R 型）、强阴离子交换（Q 型）和强阳离子交换（S 型）等多种模式的介质类型。介质本身的孔隙率约 50%，一般可耐压 20MPa。它允许待分离组分对流到分离介质的内表面，从而大大地加快了分离速度。

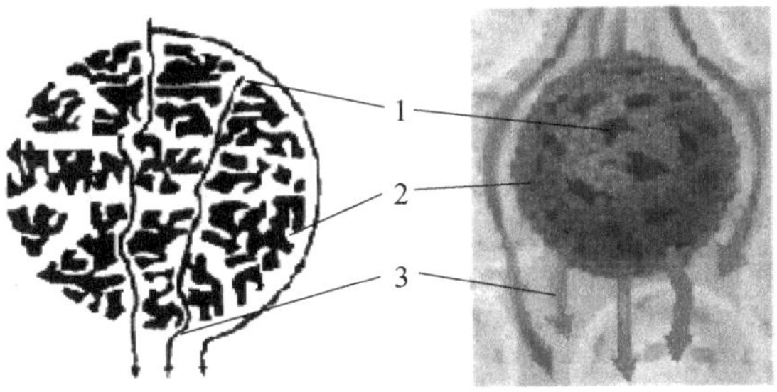

图 3.5 灌注层析填料颗粒结构的示意图

1. 穿透孔；2. 扩散孔；3. 流动相流路

灌注层析法利用流动相和溶质的对流作用，降低了溶质在介质内滞留的限制，明显地缩短了蛋白质的分离时间。因此，它能以比 HPLC 快 10～100 倍的速度在较短的循环时间内进行生物大分子的分离。同时，该方法得到的蛋白质质量、产量和产率都有所提高，具有高流速下谱带不会因传质而展宽的特点，分离度也基本不受影响，室温下操作，生物活性物质活性损失少，回收率高，可同时进行分析和制备等特征。

灌注层析技术已用于酶等蛋白质、多肽、核酸、激素等生物分子的分析和制备，如超氧化物歧化酶、核糖核酸酶、溶菌酶、牛血清清蛋白（BSA）、鸡卵清蛋白、糖蛋白、免疫球蛋白、乳球蛋白、膜蛋白、核糖体蛋白、合成肽、核酸、寡核苷酸、低聚糖、凝血因子、集落刺激因子、细胞色素、红细胞生成素、生长因子、干扰素、单克隆抗体等。

3.3.4.7 扩张床吸附层析

扩张床是利用吸附剂的粒径和密度分布，当料液从扩张床底部泵入时，吸附剂能在扩张床中膨胀，相互间的空隙增大，并且形成了一梯度分布，限制了颗粒的运动。液相流动为平推流，从而得到稳定的扩张床，目标产物被吸附在扩张床内的吸附剂上，从而实现了料液的初步分离。扩张床吸附不仅克服了固定床吸附的缺点，而且缩短处理时间，简化步骤，提高了产品的产量和质量。

Owen 等报道使用连续逆流、扩张床吸附系统分离溶菌酶，该技术克服了一般填充床柱层析存在的一些问题，诸如填充材料的压实、沟槽的形成和由于上样溶液微粒引起的柱阻塞等。

3.3.5 电泳分离

电泳（electrophoresis）分离是一种利用不同物质带电性质、带电量、颗粒大小和形状的不同，在电场中以不同的速度向与其自身所带电荷相反的电极移动以实现分离过程的技术。它在生物学领域，主要用于蛋白质的纯度鉴定、分离纯化、分子量测定、等电点测定，核酸分析以及蛋白质组学研究等。

待分离组分的移动方向由它所带的电荷性质决定，移动速度主要取决于它所带的净电荷量，同时受到缓冲液 pH 和离子强度、电场强度、分子大小和形状、电渗和支持介质的孔径等因素影响。

电泳分离技术按照支持介质种类可分为纸电泳、薄层电泳、薄膜电泳、凝胶电泳、等电聚焦电泳、双向电泳等。

3.3.5.1 凝胶电泳

凝胶电泳是以聚丙烯酰胺凝胶、琼脂糖凝胶、淀粉凝胶等具有网状结构的多孔凝胶作为电泳介质的一种电泳技术。由于凝胶具有三维网状结构，能起分子筛效应，所以，凝胶电泳兼有电泳和分子筛的双重功能，用它作为电泳支持介质时能达到很好的分离效果，分辨率很高，是目前分离蛋白质的常用方法。凝胶电泳按照支持介质又可分为聚丙烯酰胺凝胶电泳、琼脂糖凝胶电泳和淀粉凝胶电泳等。

3.3.5.2 等电聚焦电泳

等电聚焦电泳是一种利用蛋白质或其他两性电解质物质具有不同的等电点，在一个稳定、连续、线性的 pH 梯度聚焦于与其 pI 相当的 pH 位置上以实现分离的技术。它具有分辨率高，能区分 pI 差 0.01～0.02 的生物大分子，浓缩效果好，重复性好，检测限低，但在等电点时溶解度较低或可能变性的蛋白质组分不适用等特点。它在酶的等电点测定和分离中有广泛应用。

3.3.5.3 双向电泳

双向电泳（two-dimensional electrophoresis，2-DE），又称二维电泳，是将等电聚焦和聚丙烯酰胺凝胶电泳技术联合使用的一种分离鉴定技术。它与质谱技术相结合是蛋白质组学研究中的核心技术之一，分辨率和灵敏度都很高，是目前常用的唯一一种能连续在一块胶上分离数千种蛋白质的方法。双向电泳的第一向是等电聚焦（IEF），各蛋白质组分在具有连续 pH 梯度的电泳介质中分离，最后聚焦在与其 pI 相当的 pH 位置；第二向是 SDS 聚丙烯酰胺凝胶电泳（SDS-polyacrylamide gel electrophoresis，SDS-PAGE），即将等电聚焦的产物再沿垂直方向进行 SDS-PAGE 电泳，各蛋白质组分（或亚基）再按分子量的大小进行分离（图 3.6）。双向电泳后的凝胶经染色后，蛋白图谱呈现二维分布图，水平方向反映出蛋白在 pI 上的差异，垂直方向反映出它们在分子量上的差别。

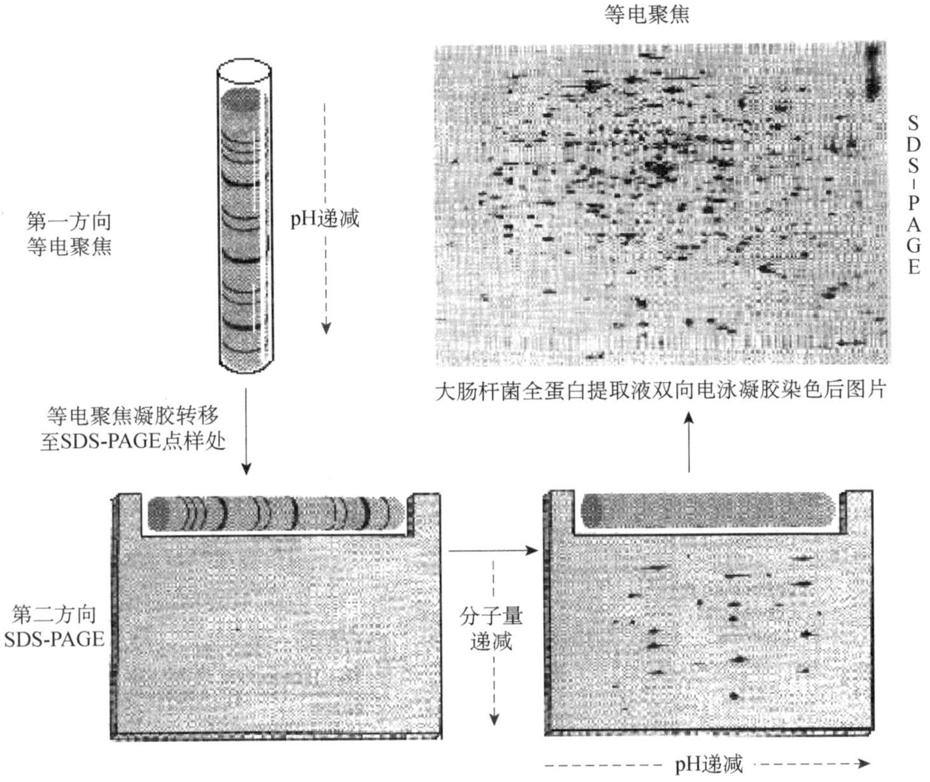

图 3.6 双向电泳原理示意图

双向电泳过程一般包括样品制备、等电聚焦、胶条平衡、SDS-PAGE、显色和保存。

1. **样品制备** 样品的预处理是双向电泳的关键。必须去除样品中盐离子、色素、酚类和核酸物质，以防对等电聚焦电泳产生干扰和影响分离效果。可以通过在样品中添加鱼精蛋白将核酸析出或用 DNA 酶/ RNA 酶降解，添加 PMSF、ASBSF、EDTA/ EGTA、TLCK/ TPCK 等蛋白酶抑制剂以防蛋白质水解。

2. **等电聚焦** 使用固相 pH 梯度胶条或者预制的线性 pH 或非线性 pH 胶条完成蛋白质的第一向电泳，以提高重复性，有利于蛋白质组分析。

3. **胶条平衡** 进行第二向 SDS-PAGE 前，先将等电聚焦后的胶条在 SDS 平衡液（含一定浓度尿素、SDS、甘油、DTT 等）中处理半小时，以充分打开蛋白质结构中二硫键，并使分离的蛋白亚基与 SDS 结合。

4. SDS-PAGE SDS-PAGE 有水平和垂直两种方式。垂直电泳可以同时走两块以上较厚的胶，工作效率高，上样量大，可以进行差异分析和有足够的蛋白质进行分析。而水平电泳则具有分辨率高、灵敏度高、电泳速度快，可使用半干技术等优点。

5. **显色和保存** 可以使用放射性标记、考马斯亮蓝或高灵敏度的银染等传统方法进行显色，也可使用各大公司开发的新技术（如不同颜色的荧光染色）。对于具蛋白酶活性的蛋白检测，可用明胶酶谱法直接在电泳胶上准确鉴定出具有蛋白酶活性的蛋白带。垂直平板电泳的凝胶需使用凝胶干燥仪干燥保存，水平电泳的凝胶只用甘油浸泡后自然干燥即可。

3.4 酶的浓缩、干燥与结晶

资源 3.4

酶的浓缩是指通过除去部分水或其他溶剂，使酶液中的酶浓度提高的过程。干燥是指将酶液中的水或其他溶剂去除一部分，以获得含水量较少的粉末状或颗粒状等固态酶的过程。结晶是指酶以晶体的形态从酶溶液中析出的过程。酶的浓缩和干燥是酶的分离纯化过程中一个主要的环节，而结晶也是酶分离纯化的一种重要手段。

3.4.1 酶的浓缩

一般酶提取液中的酶浓度很低，需要进一步浓缩才能进行提纯，浓缩有两方面的作用：一是可以提高酶液中的酶浓度，减少盐析剂、酸、碱溶液和有机溶剂等提取剂的用量；二是可以减少提取后产生的废液量，从而减轻对环境的污染。常用的浓缩方法有蒸发浓缩、超滤浓缩、胶过滤浓缩、反复冻融浓缩和聚乙二醇浓缩、氮吹仪浓缩等。

3.4.1.1 蒸发浓缩

蒸发浓缩是使用最广泛的浓缩方法，在一定条件下，通过加速酶液中水的蒸发速度，从而使酶液浓缩。蒸发浓缩一般在减压状态下进行，因而又称真空蒸发浓缩，可以降低酶液蒸发浓缩的温度。由于酶蛋白易受热变性，目前一般较少采用蒸发浓缩技术浓缩酶蛋白。

3.4.1.2 超滤浓缩

超滤浓缩指以压力差为动力，将待浓缩的酶溶液通过超滤膜，由于酶分子较大而被滞留，水分子和其他小分子物质则选择性透过超滤膜，从而实现酶液的浓缩。超滤浓缩具有很多优点，如设备简单，操作方便，能耗少；对酶没有热破坏和相变化；还可防止杂菌污染，并进行除盐和分级纯化。

超滤浓缩不仅用于少量样品的处理，也可应用于工业上大批量样品的浓缩，因而该技术应用较为广泛，且超滤膜的种类和规格也越来越丰富。

3.4.1.3 胶过滤浓缩

胶过滤浓缩指向待浓缩的酶液中加入干燥的葡聚糖凝胶等具有较强吸水特性的胶体物质，随后凝胶吸水膨胀，小分子物质进入凝胶内部空隙，酶分子因较大而被排阻在胶粒外面，然后经过离心或过滤将胶体去除，从而使酶液得以浓缩。

这种方法较为温和，没有 pH 与离子强度的变化，对酶的活性影响较小，且操作简单，所以使用比较广泛。

3.4.1.4 反复冻融浓缩

反复冻融浓缩是利用酶溶液相对于纯水熔点较高、冰点较低的原理使酶分子与小分子物质分离从而得到浓缩。该法有两种实现方式：一是将酶液冻成冰块，缓慢升温使其融化，这样不含酶的冰块就会浮在液面，而酶则集中在下层溶液中，去除上层冰块，即可得到酶的浓缩液；

二是使酶溶液缓慢冷凝，在该过程中将形成的冰块都除去，从而得到酶的浓缩液。反复冻融法的缺点是冻融会引起离子强度和 pH 的变化，可能会导致酶的变性，且需要大功率的制冷设备来满足低温需求。

3.4.1.5　聚乙二醇浓缩

聚乙二醇（PEG）具有吸水作用，将干的 PEG 粉末涂抹在装有酶溶液的透析袋外表面，在 4℃条件下，PEG 吸收水和盐类，从而使酶液得以浓缩。该方法主要用于处理少量样品，一般多使用分子量较大的 PEG，如 PEG 6000、PEG 10000 等。

3.4.1.6　氮吹仪浓缩

氮吹仪也叫氮气吹干仪，能够将氮气快速、连续、可控地吹到加热样品表面，实现大量样品的快速浓缩。氮吹仪代替传统的旋转蒸发仪对样品进行浓缩已经被越来越多的人认可并接受。它通过加强样品周围的空气流动和提高温度来加快蒸发。同时，氮气是一种不活泼气体，能起到隔绝氧气的作用，防止氧化。

3.4.2　酶的干燥

干燥是酶的提纯过程的最后一步，当获得纯度较高的酶浓缩液后，为了利于酶的保存、运输和使用，可以通过干燥获得酶的粉剂等固态制剂。

干燥过程中，物料表面的溶剂首先蒸发，随后物料内部的溶剂分子扩散到表面继续蒸发。因此，干燥速率与蒸发面积成正比，增大蒸发面积，有利于干燥。另外在不影响物料稳定性的前提下，可通过适当提高干燥温度、加快空气流通等方式来提高干燥速率。但干燥速率不宜过快，以避免因物料表面水分迅速蒸发而黏结成壳，妨碍内部溶剂分子向表面扩散，致使干燥效果受到影响。

常用的干燥方法有真空干燥、喷雾干燥、冷冻干燥、气流干燥和吸附干燥等，实际应用中注意选择合适的干燥方式，以防止酶的变性失活。

3.4.2.1　真空干燥

真空干燥是在连有真空泵的密闭干燥容器中，通过边抽真空边加热，使酶液在较低的温度条件下蒸发干燥的过程。对酶液进行真空干燥时，温度一般要控制在 60℃以下。

3.4.2.2　喷雾干燥

喷雾干燥是通过喷雾装置将酶液喷成直径仅为几十微米的雾滴，使其分散到通有热气流的特定干燥腔体中，水分被热空气带走而快速干燥的酶颗粒则会降落至容器底部。喷雾干燥不仅快速，而且对酶活性的影响较小，不过要控制好气流进出干燥腔体口的温度，以免高温引起酶变性失活。

3.4.2.3　冷冻干燥

冷冻干燥指在连有真空泵的密闭容器中，通过降温先使酶液冻结成固态，然后在低温条件下抽真空，使冰直接升华，从而使酶得以干燥。冷冻干燥得到的酶活力损失较少，不过成本很高。因而该法主要适用于对热敏感而价值较高的酶类的干燥。

3.4.2.4 常温快速干燥

常温快速干燥的原理基于电场干燥，通过结合静电技术和喷雾干燥技术，实现了常温下的快速干燥。在整个过程中，首先通过静电场技术在喷雾干燥器中创建一个静电场。这个静电场可以在喷雾干燥器的喷雾室中形成，也可以通过在干燥室中引入静电场来实现。在静电场的作用下，喷雾器将含有水的溶液或悬浮液喷雾成微小的颗粒，通常是以雾状或雾滴的形式。这些微小颗粒被喷洒到待干燥物体的表面或干燥室中。在静电场的作用下，水分子会受到电场力的影响，从而被迫从表面蒸发，从而实现了常温下的快速干燥。该技术利用电场干燥的原理，创造性地将静电场技术跟喷雾干燥技术结合，将传统喷雾干燥的温度降低了将近一半，让温敏产品常温下的快速干燥成为可能。

3.4.3 酶的结晶

结晶（crystallization）是指溶质分子通过氢键、离子键或其他分子间的作用力周期性地排列成一种有规则的固体颗粒的过程，形成的晶体可呈片状、针形、棒状。由于不同分子间形成结晶的条件各不相同，而且酶变性后不能形成结晶，因而，结晶既是酶是否纯净的标志，又是一种酶和杂蛋白分离的方法。它不仅为进一步的研究提供了合适的样品，且为较高纯度酶的获得和应用创造了条件。

结晶过程主要是通过缓慢地改变母液中酶蛋白溶解度，使酶接近过饱和状态，再配合适当结晶条件，从而得到酶的晶体。在结晶之前酶液需达到一定纯度，因为酶液纯度太低，晶核会很快被杂质包围掩盖，无法形成晶体。酶的纯度越高，就越容易结晶，通常酶的纯度在50%以上，才会进行结晶。另外，酶在结晶前必须达到一定的浓度，一般以1%～5%为宜，最低不能小于0.2%。一般来说，酶浓度越高，越容易结晶，但如果浓度过饱和，会形成大量微晶，难以形成较大的晶体。通常结晶时将酶液中的酶浓度控制在稍微接近过饱和状态。

酶结晶常用的方法主要有以下几种。

3.4.3.1 盐析结晶法

盐析结晶（salting-out crystallization）法是指在适宜的pH和温度等条件下，将硫酸盐等中性盐缓慢加入到接近饱和的酶液中，使溶液达到稍微过饱和状态，并逐渐析出晶体的一种方法。使用盐析结晶时，一般是向酶液中缓缓加入饱和盐溶液，使酶液呈现浑浊状态，并在低温（0～10℃）条件下放置一段时间，待其慢慢析出结晶。盐析时要使酶液pH接近酶的等电点。

常用的中性盐有硫酸铵、硫酸钠、柠檬酸钠、氯化钠、氯化钾、氯化铵、乙酸钠、乙酸铵和硫酸镁等，其中最常用的就是硫酸铵和硫酸钠。具体操作时，根据酶蛋白的特性选择合适的中性盐和操作条件。

3.4.3.2 有机溶剂结晶法

有机溶剂结晶（organic solvent-assisted crystallization）法是指在冰浴条件下，向接近饱和的酶液中缓慢滴加某种有机溶剂，降低酶液的介电常数，破坏酶分子的水化层，进而降低酶的溶解度析出晶体的一种结晶方法。

操作时，需使酶溶液接近饱和状态，冰浴冷却至0℃左右，并边搅拌边缓慢加入有机溶剂。当酶液微呈现浑浊时，在冰箱中放置 1～2h，离心除去沉淀，再将上清液放入冰箱，待其慢慢析出结晶。常用的有机溶剂主要有乙醇、丙酮、丁醇、甲醇、乙腈、异丙醇和二甲基亚砜等。

有机溶剂结晶具有含盐少、结晶时间短等优点，不过要注意低温操作，避免酶蛋白因温度过高而变性失活。

3.4.3.3 等电点结晶法

等电点结晶（isoelectric point crystallization）法是指利用酶蛋白在其等电点时溶解度最小的特点，通过改变酶溶液的 pH，使酶液接近或达到其等电点而析出晶体的一种结晶方法。

调节 pH 时，搅动一定要均匀缓慢，若不均匀，会出现局部过酸或过碱现象，致使酶变性而无法得到结晶；若搅速过快，酶液会沉淀而非结晶。可采用透析平衡等电点结晶法和气相扩散等电点结晶法使酶液的 pH 接近或达到等电点，从而析出结晶。

3.4.3.4 平衡透析结晶法

平衡透析结晶（equilibrium dialysis crystallization）法是指将初步纯化的浓缩酶液装在透析袋中，对一定的盐溶液或有机溶剂进行平衡透析，使酶液渐渐达到饱和状态而析出结晶的一种方法。

平衡透析结晶法操作简单、无特殊设备要求，可以用于处理大量样品，也可用于微量样品结晶，如过氧化氢酶、己糖激酶、羊胰蛋白酶等都已用此法得到晶体。

3.4.3.5 微量蒸发扩散法

微量蒸发扩散法（micro-evaporation diffusion method）是指将一定纯度的酶溶液装入透析袋，用聚乙二醇吸水浓缩至酶蛋白含量为 1mg/mL 左右，然后加入饱和硫酸铵溶液至 10%饱和度左右，再分装到比色瓷板的小孔内，连同饱和硫酸铵溶液放入密闭的干燥器内，在 4℃条件下结晶的一种方法。

3.4.3.6 温差结晶法

温差结晶（temperature-induced crystallization）法指利用某些酶蛋白分子在低浓度下的溶解度对温度特别敏感，不同的温度条件下溶解度不同的特点，在合适的条件下，降低过饱和溶液的温度，溶解度随温度变化较大的溶质就会析出晶体的一种结晶方法。

温差结晶法操作简单，无特殊设备要求，无须引入其他物质和离子，利于保持酶蛋白的稳定性，适合溶解度随温度变化较大的酶的结晶。

3.4.3.7 复合结晶法

复合结晶（complex crystallization）法是利用某些酶与有机分子或金属离子形成复合物或盐的特点而结晶的方法。

复合结晶法需引入新的有机分子或离子，不利于后续的分离纯化，只适合实验室条件下，酶分子的结构与功能的研究。

3.4.3.8 气相扩散法

气相扩散法（vapor diffusion method）是指将装有酶溶液的容器和装有挥发性酸或碱的容

器一起放入一个较大的密闭容器中，挥发性酸或碱挥发，然后慢慢溶入酶溶液中，酶溶液 pH 缓慢变化，最后达到酶蛋白的等电点而使酶析出晶体的一种结晶方法。

影响酶蛋白结晶的因素众多，具体可分为物理因素、化学因素和生物化学因素。物理因素包括：达到平衡的方法、温度、重力、压力、介质的电解质性质和黏度、均相或非均相成核等；化学因素包括：pH、沉淀剂类型和浓度、离子种类和强度、过饱和度、氧化/还原环境、酶浓度、交联体、去垢剂和杂质的存在等；生物化学因素包括：酶纯度、抑制剂、酶蛋白的聚集状态、酶水解、化学和遗传修饰、蛋白质自身的对称性、稳定性和等电点等。

伴随酶结晶的形成，其纯度经常有一定程度的提高，所以酶结晶既是酶提纯的结果，为酶学研究提供了合适样品，也是酶提纯的手段。此外，为酶蛋白空间结构提供 X 线衍射的样品，也是酶结晶的重要目的之一。

补 充 读 物

膜色谱技术在酶分离纯化中的应用

随着生命科学、生物技术以及制药工业的迅速发展，对于多肽、蛋白质、酶等活性生物大分子的高效分离与纯化要求越来越高，已成为制约产物品质和生产成本的关键因素。膜色谱技术是一种将液相色谱和膜分离技术相结合的新型分离纯化技术，利用具有特定孔径的膜作为介质，配合配基的连接，通过膜配基与目标蛋白质之间的相互作用来实现分离和纯化。依据配基的不同，膜色谱技术主要分为以下 4 种类型。

1. 离子交换膜色谱　　离子交换膜色谱主要是利用膜介质表面的基团与目标蛋白质之间进行离子交换作用进行分离，其操作条件比较温和，可以有效地保持酶的活性，并可延长膜的使用寿命。

2. 亲和膜色谱　　亲和膜色谱兼具膜分离与亲和分离的特点，与传统的膜分离、亲和色谱相比，不仅具有纯化倍数高，压降小，分离时间短，生物大分子在分离过程中变性概率小，允许较快的加料速度等特点，而且比柱亲和色谱更易实现规模化生产。将固定金属离子亲和色谱与膜分离结合制备具有分离性能的固定金属离子亲和膜用于分离纯化酶蛋白，亲和膜色谱纯化新工艺有希望取代目前生化酶蛋白工业生产工艺。

3. 疏水膜色谱　　在疏水膜色谱分离中，关键考虑点是将疏水配体连接到膜基上，以便与目标蛋白质的非极性区域发生疏水相互作用，从而实现分离。这种方法简单、通用且成本较低，因此已成为蛋白质分离纯化的主流技术之一。此外，环境响应膜被广泛应用于疏水相互作用色谱，以克服传统疏水膜色谱的一些缺陷。例如，将聚（*N*-异丙基丙烯酰胺）聚合物接枝到滤纸木纤维表面，制备出具有温度响应功能的疏水膜，可通过调节流动水相的温度来控制目标蛋白的结合和释放。

4. 多级膜色谱　　为了获得更高的纯化效果，将不同类型的膜介质组合在一起形成新的色谱柱进行分离，可大幅度缩短操作时间，提高纯化精度。在这种技术中，关键是根据目标产物选择适当的膜介质排列顺序和缓冲条件，以确保上一层洗脱下来的目标蛋白能够被下一层吸附。例如，从人血浆中提取 α-1-抗胰蛋白酶时，先通过阴离子交换膜层析捕获血浆蛋白质，然后在流动模式下通过疏水相互作用膜层析进一步提高纯化效果。

思考题

1. 名词解释：絮凝；盐析；膜分离；双水相萃取；离子交换层析；亲和层析。

2. 细胞破碎的方法有哪些？原理是什么？

3. 简述酶的提取方法及影响酶提取的主要因素。

4. 简述差速离心和密度梯度离心分离酶的原理及各自特点。

5. 简述双水相萃取和反胶束萃取的原理，举例说明它们在酶分离纯化中的应用。

6. 如何理解灌注层析是生物大分子分离纯化技术的一个重大突破？并以酶为例加以说明。

7. 简述酶结晶的基本原理及影响结晶的主要因素。

8. 试论述如何利用本章所学的各种分析技术对特定的蛋白酶进行酶学性质（如分子量、pI、带电状态、亚基组成、溶解性等）研究。

9. 脂肪酶（EC 3.1.1.3，甘油三酰酯水解酶）是一类能催化长链脂肪酸甘油酯水解为甘油和长链脂肪酸反应的生物催化剂，现在分离得到一株脂肪酶高产菌株，经鉴定为黑曲霉。利用所学的知识，试设计一套从黑曲霉发酵液中分离纯化脂肪酶的实验方案。

10. 以亲和层析技术为例，设计一套分离纯化纳豆激酶的实验方案。

主要参考文献

陈灏，陈欢林. 2001. 膜色谱技术在生物大分子分离与纯化中的应用[J].膜科学与技术, 5:66-72.

冯少波，赵兵涛，陈振宇. 2023.NGH 原位钻采液固旋流分离性能及表征与评价[J]. 化学工程, 51(6):62-67, 78.

李益民，高教琪，袁文杰，等. 2015.菊粉酶基因的异源表达、分离纯化及酶学性质[J]. 生物工程学报, 31(5): 670-681. DOI: 10.13345/j.cjb.140468.

刘丽莉，马美湖，余秀芳，等. 2010. 胶原蛋白酶产生菌的筛选及酶的分离纯化[J]. 生物工程学报, 26(2): 194-200.DOI: 10.13345/j.cjb.2010.02.016.

王姝婧，陈丙友，王玉君，等. 2016. 内含肽在构建亲和纯化系统中的应用[J]. 生物工程学报, 32(9):1175-1184.DOI:10.13345/j.cjb.150543.

王增，代茹，张江巍，等. 2009.拟南芥 WUSCHEL 蛋白的原核表达、亲和纯化和多克隆抗体制备[J]. 生物工程学报, 25(9):1409-1416.

周冬梅，邹汉法，倪坚毅，等. 1998. 高效亲和膜色谱快速分析及小量制备蛋白质[J]. 生物工程学报, 4: 39-44.

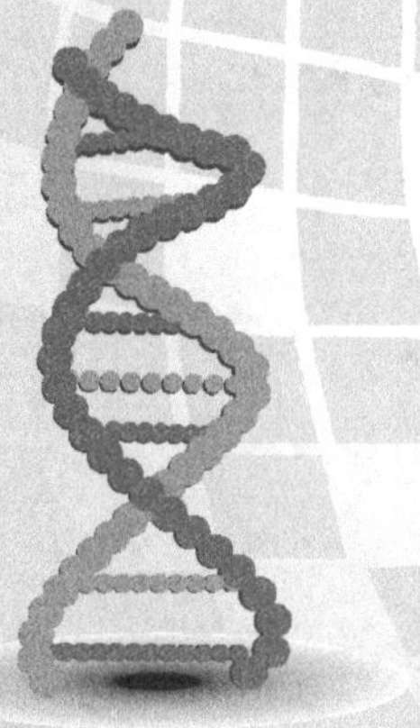

第 4 章　固定化酶与固定化细胞

本章资源

- 固定化酶与固定化细胞
  - 固定化酶与固定化细胞的发展概况
  - 酶的固定化
    - 酶的固定化方法
      - 吸附法
      - 包埋法
      - 共价结合法
      - 交联法
      - 基于新型载体的固定化方法
      - 不同固定化方法的联用
    - 固定化酶的评价
      - 测定方法，比活力，相对酶活力，固定化效率，活力回收率，操作半衰期
    - 固定化对酶性质的影响
      - 影响机制
      - 酶活，稳定性，最适温度，最适pH，底物特异性，动力学参数
  - 细胞的固定化
    - 优缺点，固定化方法
    - 吸附法
    - 共价交联法
    - 包埋法
    - 无载体固定化
  - 辅因子的固定化
    - 辅基的固定化
    - 辅酶的固定化
    - 辅酶的再生
  - 酶的定向固定化
    - 位点专一性的共价定向固定化
    - 抗体偶联的定向固定化
    - 生物酶介导的定向固定化技术
    - 利用基因工程方法实现定向固定化

固定化酶（immobilized enzyme）指用物理或化学手段定位在限定的空间区域，并使其保持催化活性，可重复利用的酶。固定化细胞指固定在水不溶性载体上，在一定的空间范围进行生命活动（生长、发育、繁殖、遗传和新陈代谢等）的细胞。本章分节介绍了酶的固定化、细胞的固定化、辅因子的固定化、酶的定向固定化等内容。

4.1　固定化酶与固定化细胞的发展概况

酶是一种具有催化功能的蛋白质，具有专一性强，催化效率高和作用条件温和等显著优点。伴随酶在工农业、医药以及轻化工等领域的广泛使用，游离酶作为生物催化剂的缺点也表现得日益突出，成为限制酶在现代工业中广泛使用的瓶颈，也成为人们研究的焦点。游离酶主要的缺点有以下几个方面：首先，大多数游离酶的稳定性较差，在高温、强酸、强碱和重金属离子等外界因素影响下，都容易发生变性失活；其次，游离酶在反应过程中是一次性随底物加入，反应结束后，即使酶依然存在相当的活力，也很难回收再利用，这使得酶在实际生产中的使用量大，极大增加酶的使用成本，而且游离酶的使用使得生产工艺一般采用分批式，很难实现大规模连续化生产；再者，对于很多存在自水解作用的蛋白酶（如胰蛋白酶、木瓜蛋白酶）来说，在游离体系中由于自水解作用的存在，使酶本身的稳定性显著降低；最后，酶与产物处于同一体系中，催化结束后酶与产物混合在一起，给下游产物的分离纯化带来了一定的困难。

为了充分利用酶的催化活性，克服上述游离酶的各种缺点，人们开始探索酶利用的新形式。1916 年，纳尔逊（Nelson）和格里芬（Griffin）发现从酵母中提取出来的蔗糖酶吸附在活性炭粉上，仍然表现出和天然酶相同的催化活性。但这一发现沉睡了近 40 年，直至 1953 年，德国科学家格鲁布霍费（Grubhofer）和施莱思（Schleith）利用重氮化法，分别把羧肽酶、淀粉酶、胃蛋白酶、核糖核酸酶共价结合到聚氨基苯乙烯树脂上，制成与水不溶性载体结合的酶，并对这种形式酶的性质进行了大量的研究。这种与水不溶性载体联结起来所制成不溶于水的酶能保持或大部分保持原酶固有的活性，这种形式的酶当时被称为水不溶酶（water-insoluble enzyme）、固相酶（solid phase enzyme）、“Bound Enzyme”或“Fixed Enzyme”等，制备这种形式酶的过程称为酶的固定化。20 世纪 60 年代后期，酶的固定化技术迅速发展。1969 年，日本的千畑一郎首次以工业生产规模应用固定化氨基酰化酶，利用 DL-酰化氨基酸连续生产 L-氨基酸，实现了酶应用史上的一次重大变革，开创了固定化酶应用的新纪元。后来发现，一些包埋在凝胶内或置于超滤装置中的酶，依然可以保持大部分的催化活性，只是被限定在有限空间不能自由流动而已。针对以上酶利用形式的改进，1971 年，在美国召开的第一届国际酶工程会议上人们正式提出了“固定化酶”的概念，意指“用物理或化学手段定位在限定的空间区域，并使其保持催化活性，可重复利用的酶”。该技术体系即称为固定化酶技术。

随后用于大规模工业化生产的固定化酶的种类也不断增加，如固定化青霉素酰化酶生产 6-氨基青霉烷酸、固定化葡萄糖异构酶生产高果糖浆等。这些成功应用进一步促进了对固定化酶技术的深入研究，随后有关固定化酶技术的研究报道呈爆炸式增加。现今固定化酶技术已在工业生产、化学分析、生物医学和生化研究等领域得到了广泛的应用。酶的固定化是酶工程现代化的重要标志，是酶应用技术发展的重要里程碑。

固定化细胞是在固定化酶的基础上发展起来的。为了减少从微生物或其他生物体中提取酶的烦琐步骤，人们尝试用完整的细胞作为生物催化剂，以充分有效地利用生物细胞内的特定酶或多酶系统，开辟了固定化生物催化剂的另一种形式，即固定化细胞。

固定化细胞技术，就是将具有一定生理功能的生物细胞，如微生物细胞、植物细胞或动物细胞等，用一定的方法将其固定，作为固体生物催化剂而加以利用的一门技术。它可省去对酶的提取过程，使酶的损失和生产的成本降到最低程度，同时可以利用细胞的多酶系统直接生产有价值的产物。早在 19 世纪初，人们就利用在固体表面有吸附倾向的微生物细胞生产醋酸，后来，有人将类似方法用于进行污水处理。直至 1973 年，日本首次利用固定化有天冬氨酸酶活性的大肠杆菌菌体，催化反丁烯二酸连续生产 L-天冬氨酸，开辟了固定化细胞在工业领域应用的先河。此后固定化细胞技术受到广泛重视，并很快从固定化静息细胞发展到固定化增殖细胞。

随着细胞固定化技术的发展，作为固定化的对象已从微生物扩展到动植物细胞以及各种细胞器。目前固定化细胞的应用范围极广，已遍及工业、医学、制药、化学分析、环境保护、能源开发等多个领域。在工业方面，如利用产葡萄糖异构酶的固定化细胞生产果葡糖浆；利用海藻酸钙或卡拉胶包埋酵母菌，通过批式或连续发酵方式生产啤酒、酒精或葡萄酒；此外，还可利用固定化动物细胞生产生化药物和甾体激素等。在医学方面，如将固定化的胰岛细胞制成微囊，用于糖尿病的治疗；用固定化细胞制成的生物传感器可用于医疗诊断。在化学分析方面，可制成各种固定化细胞传感器，用于化学物质的快速检测。

20 世纪 80 年代，人们又提出了联合固定化技术，它是酶和细胞固定化技术发展的综合产物。将不同来源的酶和整个细胞的生物催化剂结合到一起，充分利用细胞和酶各自的特点，进一步提高生物催化的效率。

对酶和细胞固定化技术的研究与应用是酶工程的中心任务之一，是酶工程现代化的重要标志。酶的应用领域的不断扩展和新酶的开发以及固定化技术的不断发展，将会使该技术在工业和基础研究领域发挥更大的作用。

4.2 酶的固定化

资源 4.1

采用适当的方法使酶处于一个闭锁状态，能连续进行催化反应，反应后的酶可以回收重复使用，这样的过程称为酶的固定化，处于闭锁状态并能发挥催化作用的酶称为固定化酶。

酶的种类繁多，不同的酶性质、应用目的和催化环境等可能有很大的差异，因此决定了酶固定化方法的多样性，但是无论选择何种方法，都应符合以下几点基本要求：①酶的固定化应尽可能地保持酶的催化活性和专一性。这就要求酶的固定化不能破坏酶活性中心的构象，因此在酶的固定化过程中，尽量防止活性部位的氨基酸残基受到影响。②固定化的载体应该与酶结合较为牢固，使固定化酶可回收及多次反复使用。其次，载体不能与底物、产物等发生化学反应。另外，载体必须有一定的机械强度，否则固定化酶会在连续的自动化生产中因机械搅拌而破碎。③酶固定化后产生的位阻应该较小，尽可能不妨碍酶与底物的接近，以提高产品的产量。④酶固定化的成本要尽可能低，以利于工业化生产使用。

4.2.1 酶的固定化方法

酶的固定化方法种类很多，一般可以分为吸附法、包埋法、共价结合法、交联法及多种固定化途径的联用等（图 4.1）。根据固定化过程是否有载体的参与又可把固定化方法分为有载体固定化和无载体固定化两大类。没有任何一种固定化方法适合于所有酶的固定化，因此寻找合适的固定化方法和载体仍是现今固定化酶研究的重要组成部分。

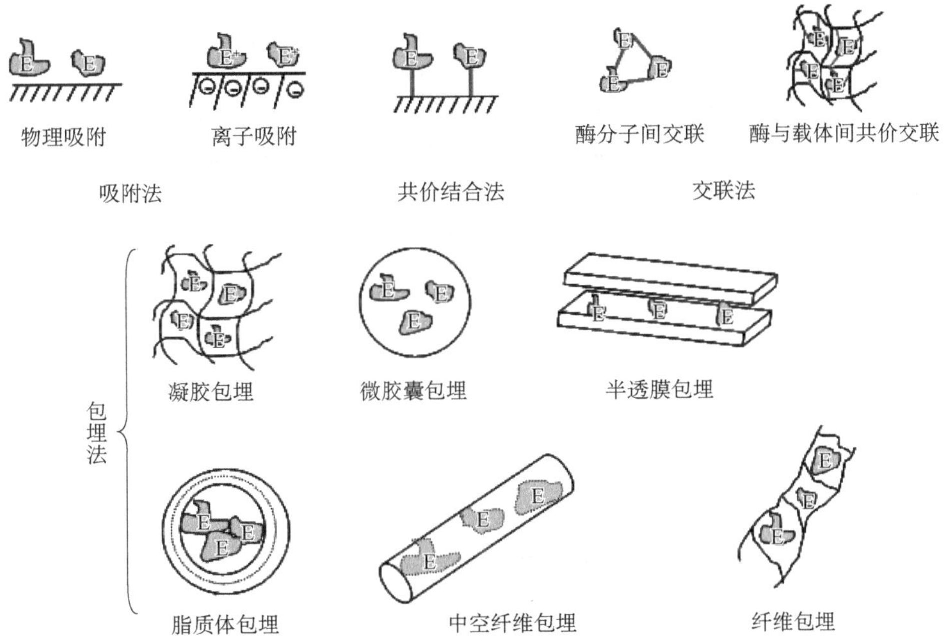

图 4.1　酶的固定化方法

4.2.1.1　吸附法

吸附法是通过大量的氢键、疏水作用、离子键等非共价相互作用，将酶固定于水不溶性载体表面的固定化方法。其是酶固定化最简单的一种方法。根据吸附作用力的差异可以分为物理吸附法和离子交换吸附法。

1. *物理吸附法*　　物理吸附法中酶与载体之间的亲和力主要是范德瓦耳斯力、氢键、疏水作用。常用的载体可以分为有机载体和无机载体两大类。

（1）有机载体　　纤维素、骨胶原、火棉胶及面筋、淀粉等。例如，用纤维素、膨润的玻璃纸或胶棉膜吸附固定化木瓜蛋白酶、碱性磷酸酶、6-磷酸葡萄糖脱氢酶。

（2）无机载体　　如氧化铅、硅皂土、高岭土、微孔玻璃、二氧化钛等。例如，用微孔玻璃为载体吸附固定化米曲霉和枯草杆菌的α-淀粉酶以及黑曲霉的糖化酶，用高浓度的底物进行连续反应，半衰期分别为 14d、35d、60d。无机载体的吸附容量较低，而且酶容易在使用中出现脱落。

由于纳米技术的快速发展，近些年逐渐出现以纳米材料作为酶吸附的载体。有机类的纳米材料有聚乙烯醇、聚砜纳米纤维、聚苯乙烯等，无机类的纳米材料有金纳米颗粒、碳纳米管、石墨烯等。纳米材料通常具有比表面积大、生物相容性好等特点，但作为酶固定化载体通常也具有难于分离，易产生团聚等缺点。

物理吸附法制备固定化酶操作简单，可充分利用不同形状的载体，吸附过程可以同时纯化酶，固定化酶在使用过程中失活后，载体可以回收再利用。物理吸附法中载体对酶的吸附量与给酶量、吸附时间、pH、表面积以及酶的特性密切相关。一般情况下，在一定范围内随着给酶量的增加吸附量增加，当增加到一定程度时会出现饱和。

2. 离子交换吸附法 通过离子效应，将酶分子固定到含有离子交换基团的固相载体上的固定化方法称为离子交换吸附法。常用的载体有阴离子交换介质，如二乙基氨基乙基（DEAE）-纤维素、四乙基氨基乙基（TEAE）-纤维素、DEAE-葡聚糖凝胶等。阳离子交换介质，如羧甲基（CM）-纤维素、纤维素柠檬酸盐、Amberlite CG-50、IRC-50、IR-200、Dowex-50 等。

通过离子结合法固定化酶与离子交换层析过程中样品与离子交换介质结合的基本原理有很多相似之处，即在特定的离子强度和 pH 条件下，使酶带的净电荷可以与载体上的带电基团之间相互作用而实现结合。L-氨基酸生产中利用的米曲霉氨基酰化酶是第一个工业化的固定化酶，其等电点约为 4.1，采用阴离子交换介质 DEAE-Sephadex A-25 进行固定化。具体的固定化过程如下：由于氨基酰化酶在 pH 7.0 的条件下带负电荷，将预先用 pH 7.0、0.1mol/L 磷酸缓冲液平衡 DEAE- Sephadex A-25 凝胶，在 35℃条件下与一定量的氨基酰化酶水溶液一起搅拌 10h，过滤后，得到 DEAE- Sephadex A-25-酶复合物，再用缓冲液洗去未结合的氨基酰化酶，得到固定化酶，可用于乙酰-DL-氨基酸的拆分，实现 L-氨基酸生产。

pH 对离子交换吸附固定酶的效率有很大的影响。不同载体在不同 pH 条件下的固定化效果也会有很大的差异，如利用阴离子交换介质 DEAE Sephadex A-25 和阳离子交换介质 CM Sephadex C-25 固定化蔗糖酶时，不同介质及 pH 条件下结合效率有非常大的差异（表 4.1）。因此不同等电点的酶、不同类型的离子交换介质需要提供的固定化条件会不尽相同。

表 4.1　不同离子载体及 pH 对离子交换吸附蔗糖酶结合效率的影响

pH	离子吸附载体类型	
	DEAE Sephadex A-25	CM Sephadex C-25
2.5	0	100%
4.7	100%	75%
7.0	100%	34%

离子交换吸附法制备固定化酶具有操作简单，离子交换载体对酶结合较为牢固等特点，因此在工业上有较为广泛应用。但是在固定化酶使用过程中由于 pH、盐离子浓度等条件的变化可能会引起酶的脱落，因此在酶的固定化条件选择时应切实考虑固定化酶的操作条件。在固定化酶的使用过程中应特别注意 pH 以及离子强度的控制。

3. 生物特异性吸附法 这种固定化方法是依据互补生物分子间的亲和作用而将酶间接固定在载体上。利用酶与它的抗体的特异性结合可以实现酶的固定化。首先将抗体连接在载体上，然后抗体和酶进行亲和连接；或者先将一个与抗体结合能力很强的蛋白如蛋白 A 或蛋白 G 固定在载体上，然后将抗体和此蛋白连接，再将酶与抗体进行亲和连接，实现酶的固定化。例如，羧肽酶 A 和它的抗体形成复合物的亲和常数可以达到 10^9L/mol 级，可以利用抗体使羧肽酶 A（CPA）定向固定在载体上。

还可以利用糖蛋白糖基实现特异性吸附固定化，凝集素是一类糖结合专一性的蛋白质，可以利用该特性以及一些酶分子上的特定糖结构来进行固定化。例如，菠萝蛋白酶是一种糖蛋白，利用此糖蛋白对凝集素刀豆球蛋白结合的专一性，可以将菠萝蛋白酶定向固定在 CNBr 活化的 Sepharose 4B 载体上。

4.2.1.2　包埋法

包埋法是将酶分子截留在具有特定网状结构载体中的一种固定化方法。其不需要酶蛋白的氨基酸残基参与载体的结合，反应条件温和，很少改变酶结构，酶活力回收率较高。

常用的包埋法载体材料有天然高分子多糖（如海藻酸钠、卡拉胶、明胶、琼脂糖），以及聚乙烯醇（PVA）、聚丙烯酰胺凝胶、光交联树脂等。其中，天然高分子凝胶无毒易操作，被广泛使用。

包埋法又可分为凝胶包埋法、纤维包埋法、半透膜包埋法等。

1. *凝胶包埋法*　凝胶包埋法是将酶分子包埋在交联的水不溶性凝胶格子中的包埋方法。常用的凝胶有琼脂凝胶、海藻酸钙凝胶、角菜胶、明胶等天然高分子凝胶以及聚丙烯酰胺凝胶、聚乙烯醇和光交联树脂。

（1）聚丙烯酰胺凝胶包埋法　将一定比例的丙烯酰胺单体和 *N, N'*-亚甲基双丙烯酰胺溶于水，将一定量的酶液加入上述混合液中，搅拌均匀，加入四甲基乙二胺（TEMED）和过硫酸铵或过硫酸钾，混匀后室温下静置 30min，使凝胶聚合完全，将凝胶切成小块，用生理盐水洗去游离酶即可得到固定化酶。也可以在聚合反应开始时，立即转入到疏水性有机溶液中，分散成含酶的珠状凝胶。聚丙烯酰胺包埋法的优点是制备相对比较简单，酶的活力回收率较高；缺点是酶容易漏失，低分子量蛋白质表现更为严重，但可以通过增加凝胶的浓度，缩小凝胶内部的孔径得到克服。另外聚丙烯酰胺包埋法中游离的丙烯酰胺单体具有神经毒性，制备成凝胶之后，须清洗干净。

（2）海藻酸钙包埋法　海藻酸钠是从海藻中提取获得的藻酸盐，为 D-甘露糖醛酸和古洛糖醛酸的线性共聚物，多价阳离子如 Ca^{2+}、Al^{3+}可诱导其形成凝胶（图 4.2）。海藻酸钙包埋法是一种使用最广、研究最多的包埋固定化方法，它具有固化、成型方便等优点。在海藻酸钠溶液中加入酶液，混合均匀，再加入一定浓度的钙盐溶液后即形成凝胶，但当存在高浓度的 Mg^{2+}、磷酸盐以及其他单价金属离子时，形成的海藻酸钙凝胶的结构会受到破坏。此外，由于海藻酸钙凝胶网络的孔隙尺寸太大，酶可能会从网络中泄漏出来，因而，不适合于大多数酶的固定化。

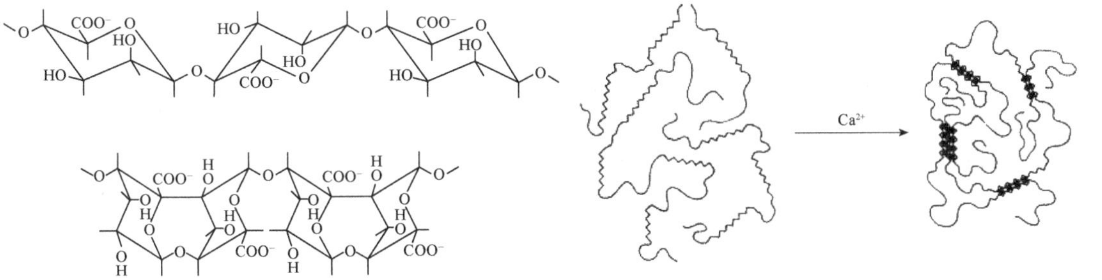

图 4.2　海藻酸的结构及海藻酸钙凝胶结构的形成

（3）琼脂凝胶包埋法　利用熔化的琼脂在温度低于 50℃凝固的特性来包埋酶。具体操作是将琼脂在高温下溶于缓冲液，冷却至 50℃后与一定量的酶混合，然后冷却凝固或滴入非水相溶液中，从而制成固定化酶。其特点是包埋活性较高，制作较容易。缺点是氧和底物及产物的扩散受到限制，琼脂凝胶的机械强度较差，且成球受温度影响较大。

（4）辐射包埋法　辐射包埋法是利用电离辐射引发产生自由基的能力，在室温或低温下诱发有机单体合成生物高分子材料来包埋酶的方法。一般采用辐射聚合的水凝胶包埋酶。水凝胶是一种亲水性交联聚合物，在水中可以达到一定的溶胀状态但不能溶解，水凝胶具有三维立体的网状结构。其具体操作过程如下：将酶溶于单体水溶液、单体加聚合物水溶液或纯聚合物水溶液中，在常温或低温下，用 X 射线、Y 射线或电子束辐照，可得到包埋酶的亲水凝胶。

2. *纤维包埋法*　纤维包埋法适用于大规模生产。制备时，先把酶溶液在高聚物（如醋酸纤维素、聚乙烯等）的有机溶剂（二氯甲烷）溶液中进行乳化，然后通过多孔喷丝头将上述乳化液挤压进入凝结液中，即形成丝状的纤维包埋体，酶即被包埋在纤维束内（图 4.3）。该方法对酶有较高的包埋容量，并且对酶包埋牢固。底物通过纤维的孔隙与酶接触，生成的产物扩散出纤维丝。

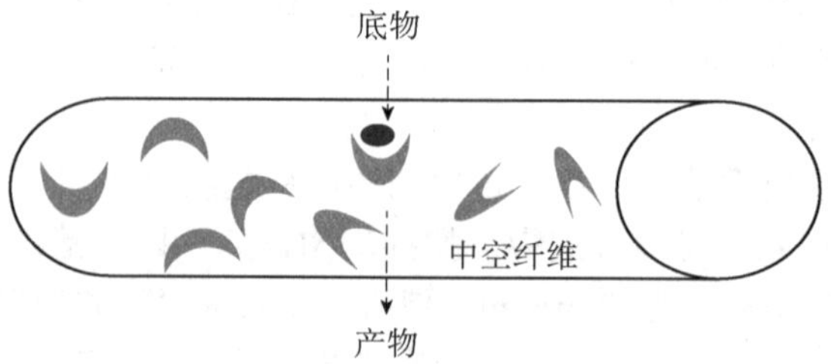

图 4.3　纤维包埋法

3. *半透膜包埋法*　半透膜包埋法是将酶包埋于具有半透性聚合物膜内的固定化方法。半透膜的孔径小于酶分子的直径，可以防止酶与膜外环境直接接触，增加酶的稳定性。同时，小分子底物能通过膜与酶作用，产物经扩散而输出。由于膜孔径的限制，半透膜包埋法只适用于底物和产物都是小分子物质的酶固定化。

半透膜包埋法制成的固定化酶小球，称为微胶囊，其直径一般只有 1～100μm，表面积与体积之比极大，底物和产物可很快达到扩散平衡。因此，微胶囊包埋法在医学上很有应用价值，如微胶囊法制备的固定化天冬酰胺酶可用于白血病的治疗。微胶囊的制备方法通常有以下几种。

（1）界面沉淀法　界面沉淀法是利用某些高聚物在水相和有机相的界面上溶解度极低而形成膜，从而将酶包埋的方法。如将酶液在与水不互溶的有机相中乳化，在脂溶性的表面活性剂存在下，乳化形成油包水的微滴，再将溶于有机溶剂的高聚物在搅拌下加入乳化液中，然后加入另一种不能溶解高聚物的有机溶剂。使高聚物在油-水界面上沉淀形成膜，最后移于水相，从而制成固定化酶。可作为高聚物的有硝酸纤维素、聚苯乙烯和聚甲基丙烯酸甲酯等。

（2）界面聚合法　界面聚合法是利用疏水性和亲水性单体在界面上进行聚合，形成半透膜，使酶包埋于半透膜微囊中。制备步骤如下：将酶液与亲水单体（如乙二醇）混合并配制成水溶液，将疏水性单体溶于与水不能混溶的有机溶剂中，将上述两种液体在搅拌条件下混合，加入乳化液进行乳化以形成小液滴，乳化液中的水相和有机相之间的界面上疏水单体与亲水单体之间聚合形成半透膜，再加入非离子型表面活性剂吐温-20 进行破乳，除去有机溶剂和未聚合的单体，即可实现酶的微胶囊包埋。

（3）液体干燥法　此法曾用聚苯乙烯包埋过氧化氢酶、脂肪酶等。它是将一种聚合物如乙基纤维素溶于与水不混溶的有机溶剂（如苯、环己烷或氯仿等）中，加入酶液，加入乳化剂使之乳化。再把它分散于含有保护性胶质如明胶、聚丙烯醇和表面活性剂的水溶液中进行第二次乳化。在不断搅拌下，低温真空除去有机溶剂，即可实现酶的包埋。

（4）脂质体包埋法　脂质体是由人工制备的定向排列的磷脂双分子层构成的封闭囊状结构，广泛用作药物的缓释包裹载体。近年来采用双层脂质体包埋酶。经典的制备方法如下：将磷脂和胆固醇等类脂溶于有机溶剂，然后置于烧瓶中，30℃恒温水浴真空旋转蒸发除去有机溶剂，旋转使其在器壁形成一层均匀的薄膜。将酶溶于磷酸盐缓冲溶液中，加入上述的烧瓶中，再加入玻璃球以帮助分散，旋转蒸发直到器壁上的膜完全溶脱而形成均匀的乳白色分散液为止。

包埋法操作简单，由于酶分子只被包埋，未受到化学反应，可以制得较高活力的固定化酶。对大多数酶、粗酶制剂甚至完整的微生物细胞都是适用的。但是，由于只有小分子底物和产物可以通过凝胶网格，因此包埋法不适合于作用大分子底物或生成大分子产物的酶的固定化。同时，凝胶网格对物质扩散的阻力导致固定化酶动力学行为的变化、活力降低。

4.2.1.3　共价结合法

酶分子与载体之间以共价键作用而实现结合的固定化方法称为共价结合法。其是通过酶分子表面的功能基团与载体表面的功能基团发生化学反应形成共价键的一种固定化方法，是利用最多的固定化方法之一。

共价结合法中酶与载体的结合牢固，一般不会因为底物浓度过高或离子强度过高而发生脱落。但反应条件苛刻，操作复杂，且由于反应比较剧烈，酶易发生高级结构的变化使酶失活，酶活力回收率较低，有时会使酶的底物专一性发生改变。同时，制备步骤也比较烦琐。

共价结合法需要酶分子和载体分子提供活性基团参与共价键的形成，因此酶分子的反应基团和载体的选择对于固定化方法的选择有决定性作用。

性能优良载体的设计与制备是固定化酶技术的重要研究内容之一。随着载体材料研究的深入，固定化酶应用的领域也在不断拓展。如纳米材料，其具有良好的生物相容性、较大的比表面积、较小的颗粒直径、较小的扩散限制、高的载酶量等优点，近些年已成为酶固定化的新型载体形式，使固定化酶在生物医学、生物工程等领域的应用得到了扩展。共价结合法中固定化载体直接影响固定化酶的性质及偶联方法的选择。载体选择除了要考虑固定化酶的特点外，还需要考虑载体的颗粒大小、表面积、亲水性和化学组成等因素。对载体一般有以下基本要求。

1）一般情况下尽量选择亲水性强的载体，如纤维素、几丁质、壳聚糖、葡聚糖、琼脂糖和聚丙烯酰胺凝胶等。亲水载体在蛋白质结合量和固定化酶活力及其稳定性上都优于疏水载体。

2）载体结构疏松，表面积大，有一定的机械强度。

3）载体必须有在温和条件下与酶共价结合的功能基团。

4）载体没有或很少有非专一性吸附。

5）载体容易获得，并能反复使用。

用共价法制备固定化酶时，酶蛋白上可供载体结合的功能基团因酶的不同而有差异，主要的功能基团有以下几种：①酶蛋白 N 端的氨基或赖氨酸残基的 ε-氨基；②酶蛋白 C 端的羧基以及 Asp 残基的 γ-羧基和 Glu 残基的 γ-羧基；③Cys 残基的巯基；④Ser、Tyr、Thr 残基的羟基；⑤Phe 和 Tyr 残基的苯环；⑥His 残基的咪唑基；⑦Trp 残基的吲哚基；在实际应用中利用最多的基团有氨基、羧基以及苯环。在偶联中应特别注意被偶联的基团应该是酶活性的非必需基团，否则将导致酶的活性丧失。表 4.2 列出各个氨基酸残基可能参与共价偶联的一些特性。从表中可以看出，Lys 是适合参与共价偶联的氨基酸残基，其在分子表面的暴露程度、反应性能等方面表现很好，而且 Lys 也很少出现在酶的活性中心。

表 4.2　不同氨基酸残基在共价结合法固定化酶中的利用差异

氨基酸残基	含量	分子表面暴露程度	反应性能	偶联的稳定性	利用率
Asp	+	++	+	+	+
Arg	+	++	−	±	−
Cys	−	±	++	−	−

续表

氨基酸残基	含量	分子表面暴露程度	反应性能	偶联的稳定性	利用率
胱氨酸	+	−	±	±	−
Glu	+	++	+	+	+
His	±	++	+	+	+
Lys	++	++	++	++	++
Met		−	±	−	−
Ser	++	+	±	+	±
Thr	++	±	±	+	±
Trp	−	−	−	±	−
Tyr	+	−	+	±	+
C 端	−	++	+	+	+
N 端	−	++	++	++	+
糖	−～++	−	−	−～++	−

注：−表示较低或无，+表示较高（±介于两者之间），++表示高

共价法的反应条件较为剧烈，因此一般选择首先将载体的功能基团进行活化，然后再加入酶进行偶联。在方法选择上应遵守两个基本原则，一是共价结合反应不能造成酶活性的大量损失；二是所用试剂不能影响酶的活性中心；另外应尽可能考虑偶联试剂获得的难易程度、价格以及毒性等因素。

载体活化的方法非常多，主要有以下几种。

1. 溴化氰法　溴化氰法适用于含有羟基载体的活化如纤维素、琼脂糖凝胶、葡聚糖凝胶等。在碱性条件下，载体的羟基与 CNBr 反应，生成活泼的亚氨基甲酸酯类衍生物，在弱碱性条件下，可与酶分子的氨基偶联，产生固定化酶。

用 CNBr 活化的琼脂糖凝胶固定化胰蛋白酶的操作流程如下：将 Sepharose 4B 用蒸馏水洗净，含 0.1g 干物质的湿胶加 5mL 水和 4mL 现配的 CNBr 水溶液（25mg/mL），搅拌条件下，用 2mol/L NaOH 调至 pH 11.0，23～25℃反应 6min，抽干后立即用 300mL 0.1mol/L $NaHCO_3$ 洗净（5～8min 完成）。活化的载体用 0.025mol/L pH 10.2（含 0.02mol/L $CaCl_2$）硼酸缓冲溶液快速淋洗后，用 5mL 缓冲液转入烧杯内加 16mg 胰蛋白酶，搅拌 4h，用 0.1mol/L pH 8.5 硼酸缓冲液（内含 1mol/L NaCl）洗涤后，再用 pH 4.1 的乙酸缓冲液洗涤，便制成了固定化胰蛋白酶。

其活化反应如下：

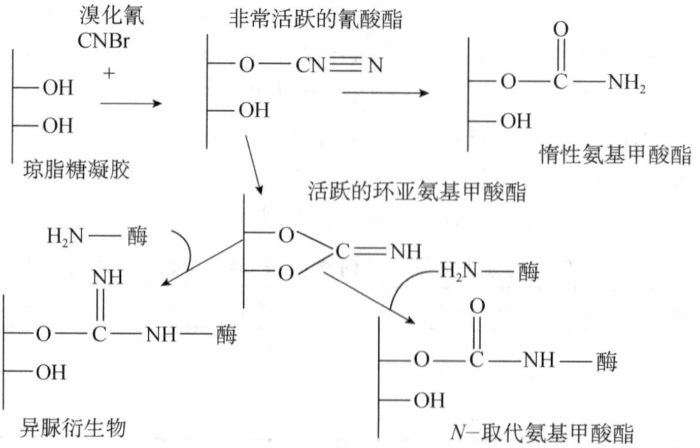

2. *乙基氯甲酸酯法*　　乙基氯甲酸酯法也适用于含羟基载体的活化，与溴化氰法的活化机理相同，但没有溴化氰的强毒性。其活化反应如下：

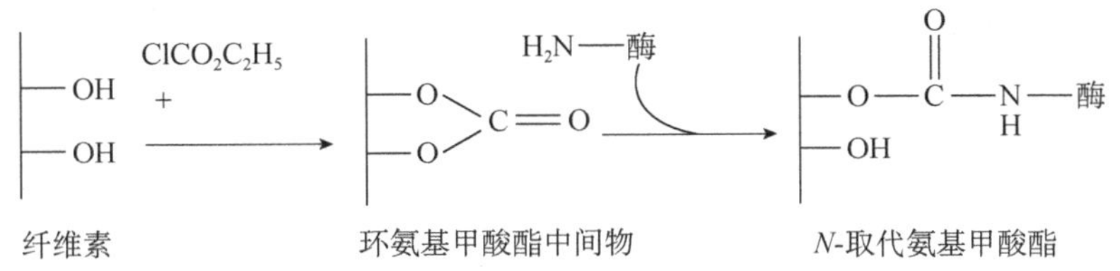

3. *碳二亚胺法*　　碳二亚胺法用于活化含有羧基的载体，其活化反应如下：

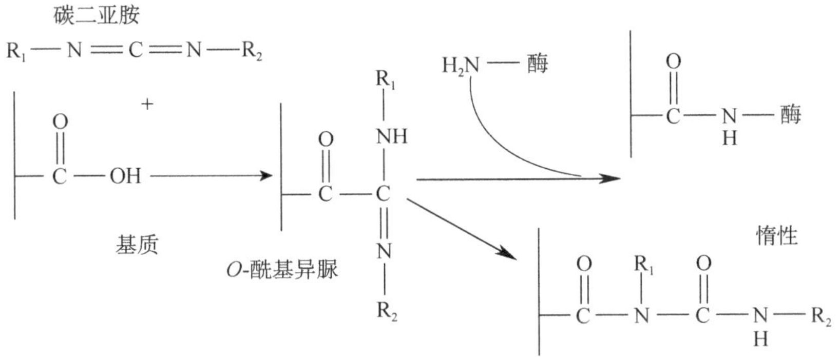

活化的羧基可以和酶分子上的氨基发生反应实现共价结合。

4. *重氮法*　　重氮法是共价结合法中使用最多的一种载体活化方法，是将带芳香族氨基的载体，先用 $NaNO_2$ 和稀盐酸处理成重氮盐衍生物，再在略偏碱性（pH 8～9）的条件下与酶蛋白发生偶联反应，得到固定化酶。酶蛋白中参与反应的基团主要有游离的氨基、组氨酸中的咪唑基、酪氨酸中的酚基。其反应过程如下：

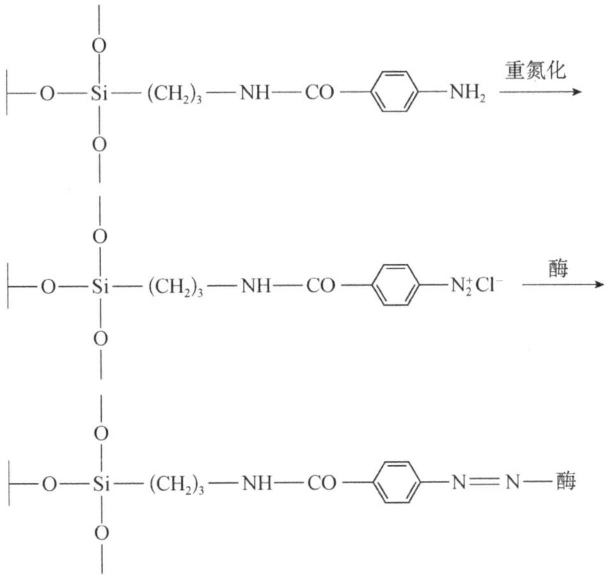

5. *3-氨基丙基三乙基氧硅烷法*　　3-氨基丙基三乙基氧硅烷法又称为 APTS 氨化法，用于含有羟基载体的活化。可在二氧化硅表面引入氨基，活化的表面可以利用一些中间分子（如二氯硫化碳）进一步和酶分子发生连接反应。其偶联的反应如下：

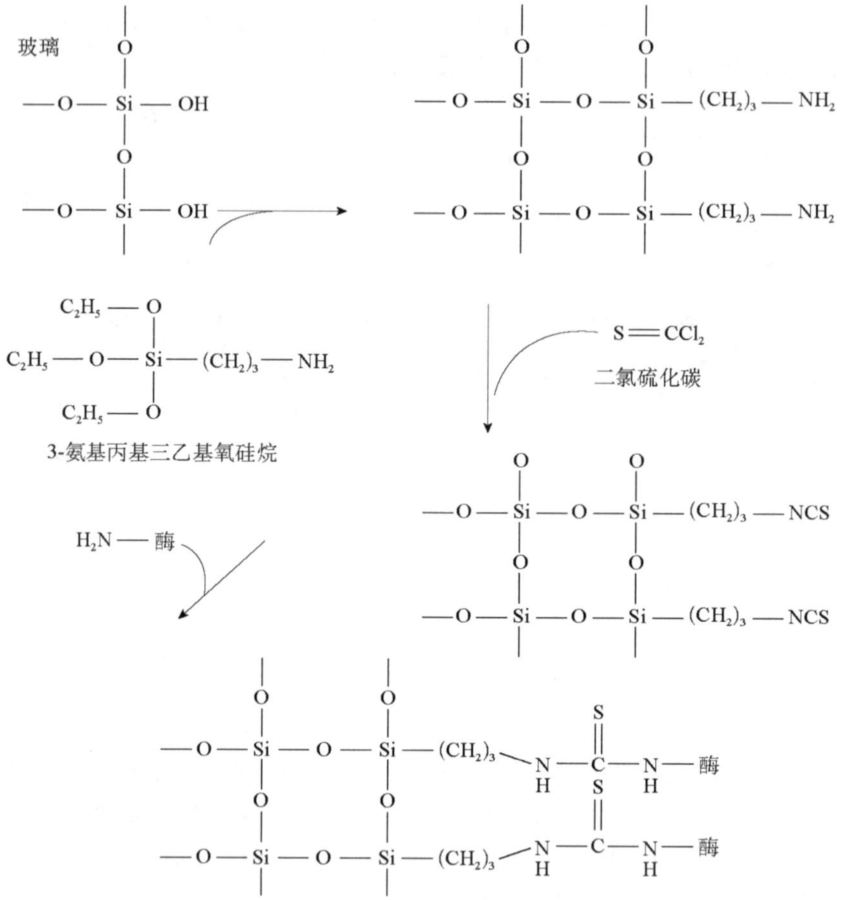

6. *戊二醛活化法* 戊二醛活化法用于活化含有氨基的载体。戊二醛是一个双功能试剂，其可以与载体反应的同时也与酶分子上的氨基发生反应实现酶与载体的共价连接。

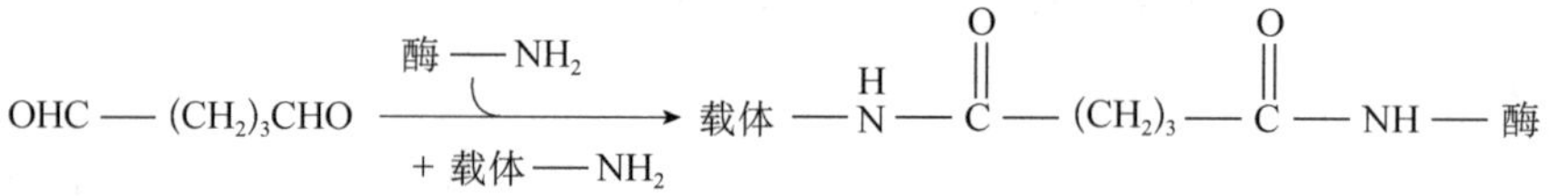

戊二醛

7. *叠氮法* 叠氮法用于活化含有酰肼基团的载体。首先带有羧基、羧甲基等的载体，酸性条件下以甲醇处理使之酯化，再用水合肼处理形成酰肼，最后在 HNO_2 作用下转变成叠氮衍生物。此衍生物在低温下可与酶蛋白的氨基、羟基、酚基或巯基等反应。其反应式如下：

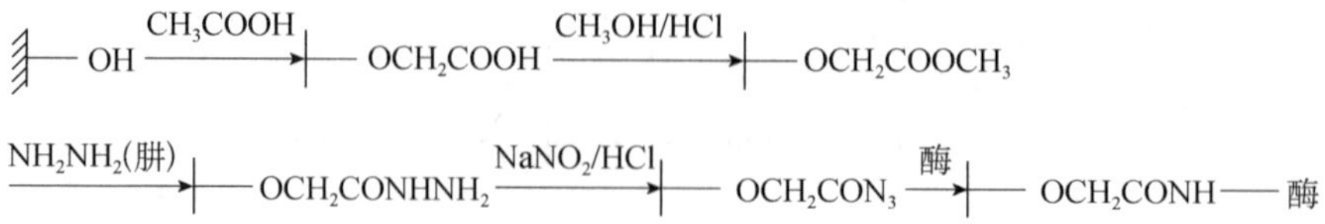

4.2.1.4 交联法

利用双功能或多功能试剂在酶分子间、酶分子与惰性蛋白间或酶分子与载体间进行交联反应，形成网络结构的酶固定化方法称为交联法。常用的双功能试剂有戊二醛、己二胺、顺丁烯二酸酐、双偶氮苯等。其中应用最广泛的是戊二醛。该方法交联反应比较剧烈，酶蛋白中的功能基团如氨基、酚基、巯基和咪唑基等可能参与反应，所以酶的活性中心构象可能会发生改变，使酶的活性降低甚至出现失活。

根据有无惰性载体的参与，交联法可以分为交联酶法和共交联法。

1. *交联酶法*　交联酶法就是在无外来惰性载体的情况下，通过双功能试剂使酶分子之间发生交联，制备固定化酶的方法。其具有以下的特点：交联酶不溶于水也不溶于有机溶剂，回收方便；本身为高浓度酶的聚合物，有较高的催化剂比面积，一般具有比较高的催化活性；稳定性高，对高温、有机溶剂等有很高的耐受性，对外源蛋白酶的水解有很强的抗性；无载体固定化酶具有较大的孔径结构使溶剂、底物和产物的扩散阻力减小甚至可以忽略；另外有些无载体固定化酶的制备比较简单，成本较低，很容易实现多种催化剂的共交联。

交联酶法制备固定化酶的形式有以下几种（图 4.4）：①交联溶解酶（cross-linked dissolved enzyme），即用双功能或多功能交联剂对溶解状态的酶直接进行交联，形成酶分子的复合物；②交联酶晶体（cross-linked enzyme crystal，CLEC），即将纯化的酶制备晶体，然后再用双功能试剂交联；③交联酶聚集体（cross-linked enzyme aggregate）；④交联喷雾干燥酶（cross-linked spray-dried enzyme）。

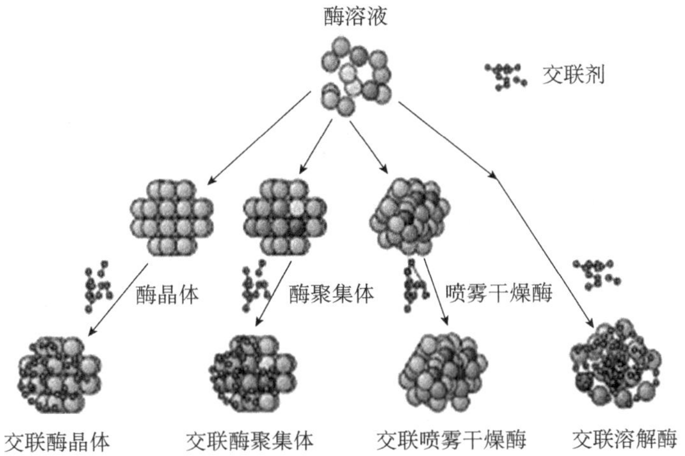

图 4.4　交联酶法固定酶的几种形式

（1）交联溶解酶　交联溶解酶是人们研究最早的一种无载体酶，是操作最简单的一种无载体固定化方法，通过交联剂对酶分子直接交联而获得，即在酶溶液中加入交联剂使酶分子之间发生交联作用，形成酶分子间交联的复合物。交联溶解酶的主要缺点是酶的活力回收率低，交联的重现性差；一般的交联溶解酶呈胶状，机械稳定性较差，容易在较为剧烈的条件下出现破碎，限制了其在工业中的广泛使用。

关于交联溶解酶在交联法中已经有叙述，在此不再赘述。

（2）交联酶晶体　交联酶晶体是近年来发展起来的新型酶晶体催化剂，是酶结晶技术和化学交联技术结合的产物。早在 1964 年对羧肽酶 A 晶体进行交联得到了不溶性的交联酶晶体，其活性为未交联酶晶体的 30%～70%。受此开创性工作的启示以及非水催化的发展，随后人们对核糖核酸酶 A、枯草杆菌蛋白酶、羧肽酶 B 以及醇脱氢酶的交联酶晶体进行了研究。发现交联酶晶体具有游离酶和传统固定化酶所不具备的优异特性（表 4.3），主要有以下几个方面。

表 4.3　交联酶晶体与溶解酶及常规固定化酶的特征比较

特征	交联酶晶体	溶解酶	常规固定化酶
酶纯度	只能为高纯度	任何纯度均可	粗酶或高纯度酶
稳定性	高稳定性，可室温储存	只能高浓度低温储存	冰箱冷藏储存
活性	高活性	高活性	一般为较低的活性
反应介质	水溶液和有机介质均可	一般在水溶液中	多在水溶液，少数在有机介质
酶回收的难易程度	很容易通过离心或过滤分离	很难回收再利用	很容易通过离心或过滤分离
pH 和热稳定性	宽 pH 稳定性和温度耐受性	不稳定	稳定性较游离酶增加
生产效率	非常高	低	高

1）交联酶晶体无惰性载体参与，体积小，活性高，单位体积产率比游离酶或传统的固定化酶高 2～4 个数量级；由于在酶晶体中，酶的浓度已经接近其理论极限，酶浓度相当高。

2）交联酶晶体颗粒形状均一并且保持多孔的结构，在 1～100μm 范围内，具有良好的过滤性能且不存在传质限制。

3）由于交联酶晶体不溶于水和有机介质，因此回收再利用比较容易实现。

4）交联酶晶体具有很高的操作稳定性、热稳定性、机械稳定性，对极端环境条件（如极端 pH、有机溶剂和蛋白酶中）的稳定性高于常规的固定化酶和游离酶，可以耐受搅拌、切向流过滤等工艺过程的机械剪切力；交联酶晶体对蛋白酶的高度抗性使其非常适合作为口服药物。

交联酶晶体在有机溶剂中表现出优良的催化性能（表 4.4），嗜热蛋白酶交联酶晶体在 50%四氢呋喃水溶液中 40℃保温 1h 仍可保持 96%的酶活力，而游离酶只能保持 36%的酶活力。

表 4.4　嗜热蛋白酶晶体在有机溶剂中的催化性能

有机溶剂	催化活力（占最大活力的百分数）/%	
	游离嗜热蛋白酶	嗜热蛋白酶交联酶晶体
50%乙腈	42	102
50%二氧杂环乙烷	66	97
50%丙酮	75	99
50%四氢呋喃	36	96

嗜热蛋白酶交联酶晶体在乙酸乙酯中催化阿斯巴甜的合成，其在 18 个循环之后催化效率几乎没有变化，但是游离嗜热蛋白酶在 4 个循环后活力几乎完全丧失（图 4.5）。

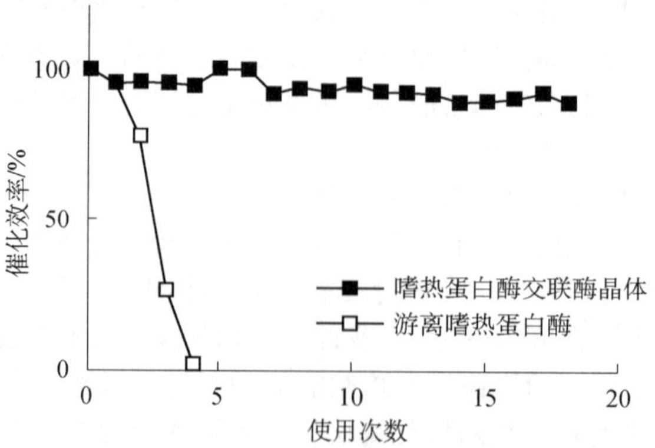

图 4.5　嗜热蛋白酶交联酶晶体的催化性能

5）储存条件要求简单，交联酶晶体很容易采用冻干或空气干燥的方法除去水分，可在室温下保存。

6）交联酶晶体纯度高，因此催化的反应具有更高的特异性，有利于提高产品的纯度。

交联酶晶体制备过程主要包括两个步骤：酶的结晶化和晶体酶的化学交联。酶通过结晶可获得具有良好过滤性能的均一晶体，化学交联可保持晶体的结构，而未交联的晶体则会从结晶溶液中很快析出。

交联酶晶体虽然有其优越的催化特性，但是由于制备酶分子的晶体需要高纯度的酶以及严格的结晶条件，从而限制了该技术的发展和应用。近几年来人们对该技术进行了发展，即向纯化的酶溶液中加入盐（如硫酸铵）、有机溶剂（如乙醇类）、非离子聚合物（如聚乙二醇）等诱导酶分子物理聚集，通过非共价键形成超分子结构，然后加入双功能试剂进行交联，该技术被称为交联酶聚集体技术，其克服了交联酶晶体制备的一些技术障碍。

（3）交联酶聚集体　交联酶聚集体是采用物理方法使酶分子聚集、再经交联剂交联而成不溶性酶聚集体。在交联酶聚集体制备中酶聚集体的形成是保持酶活性最关键的步骤。聚集体的形成可通过改变酶分子的水合状态和加入适当的沉淀剂改变分子的净电荷来实现。一般通过加入中性盐（如硫酸铵）、PEG 或者有机溶剂等，聚集体中酶分子之间以次级键相互作用，在水溶液中会出现解聚。用双功能或多功能试剂对聚集的酶分子进行交联即可稳定酶聚集体的结构。

不同的沉淀方法对交联酶聚集体的催化特性有一定的影响（图 4.6），用硫酸铵、正丁醇和 PEG 分别沉淀青霉素 G 酰化酶制备交联酶聚集体，硫酸铵沉淀制备的交联酶聚集体与游离酶的催化行为相似，而正丁醇沉淀制备的催化选择性（合成水解比：合成氨苄青霉素的速率和水解乙酰基的速率比值）保持基本稳定。

交联酶聚集体具有操作简单、酶活回收率和生产能力高及稳定性较好等优点，表现出交联酶晶体的部分特征。但是关于交联酶聚集体的研究仍然处于初级阶段，很多的问题有待进一步解决，如何控制酶聚集体粒径的大小以减少扩散障碍；如何通过改变酶聚集的条件调节酶的活性和选择性等。

（4）交联喷雾干燥酶　交联喷雾干燥酶指对喷雾干燥方法干燥的酶颗粒进行交联而获得的酶聚集体。交联喷雾干燥酶可以保留相当的酶活性，但直到今天还未开发出理想的交联喷雾干燥酶产品。主要原因是喷雾干燥过程往往造成酶活性的丧失，相对于载体结合的固定化酶、交联酶晶体、交联酶聚集体等的活性要低得多，并且操作性能相对较差，限制了其在工业领域的应用。

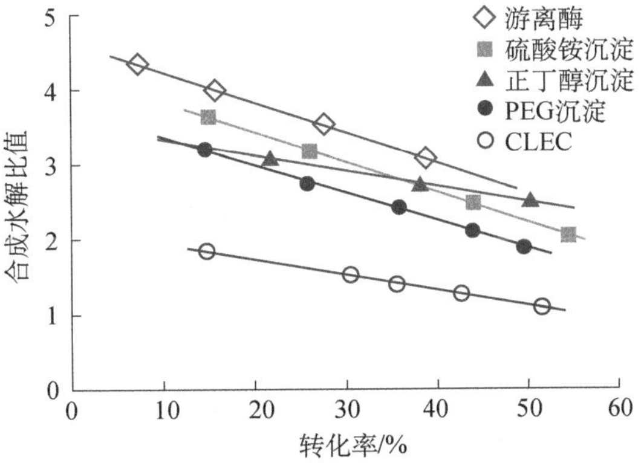

图 4.6　不同沉淀方法对青霉素 G 酰化酶交联酶聚集体催化特性的影响

2. 共交联法　共交联法是指酶分子在双功能试剂或多功能试剂的作用下，与一些惰性蛋白或水不溶的载体之间发生交联，又称为载体交联法，可以降低单纯酶分子间交联反应所引起的活性丧失。通常选用的惰性蛋白主要有牛血清白蛋白、卵清蛋白、明胶、胶原及血红蛋白等。例如，利用卵清蛋白固定化木瓜蛋白酶，其操作过程如下：取一定量的蛋清，按一定的比例加入蒸馏水，搅拌均匀后再沸水水浴搅拌加热使其变性成胶状，冻干研细即可作为载体；每克载体按 12mg 的给酶量加入木瓜蛋白酶，随后加入适量的 0.05mol/L pH 6.0 的磷酸缓冲液及 5%的戊二醛溶液，用旋涡混合器迅速混匀，37℃水浴保温交联 20h，过滤，将固定后的酶用 0.05mol/L pH 6.0 的磷酸缓冲液洗涤干净，真空干燥即可得到固定化木瓜蛋白酶。又如以血红蛋白为惰性蛋白固定化脲酶，其操作过程如下：一定量的脲酶加入到 2.5mL 含 6%牛血清白蛋白、0.2%戊二醛的 0.02mol/L pH 8.0 磷酸缓冲液中，混合均匀后迅速降温至－30℃，再升温至 4℃，静置 4h 后即形成泡沫状聚合物，冻干，即为固定化脲酶。

共交联法中水不溶性载体的选择与共价结合法基本相同，活化方法也基本相同，酶与水不溶性载体之间的连接都是借助双功能试剂来完成，如戊二醛的两个醛基都可与酶或蛋白质的游离氨基反应，形成席夫（Schiff）碱，而使酶蛋白交联（图 4.7）。只是在固定化操作步骤上与共价结合法存在一定的差异，共价结合法一般是将载体首先活化，然后除去游离的多功能试剂后再加入酶与载体共价偶联，而共交联法一般将酶和载体以及交联剂同时加入到同一反应体系中实现共价偶联。如葡萄糖异构酶的共交联法固定化，其操作步骤如下：4g 葡萄糖异构酶溶于 1L 含 0.1% $MgSO_4$ 的 pH 7.5 的 Tris-HCl 缓冲液中，加入 5mL 50%的戊二醛，在室温下搅拌 10min，加入 100mL 50%聚乙烯亚胺和 10mL 戊二醛，迅速混合均匀，室温下交联 1h，加入阳离子絮凝剂 Superfloc C 521 回收固定化酶，洗去游离酶后冻干即为固定化酶。

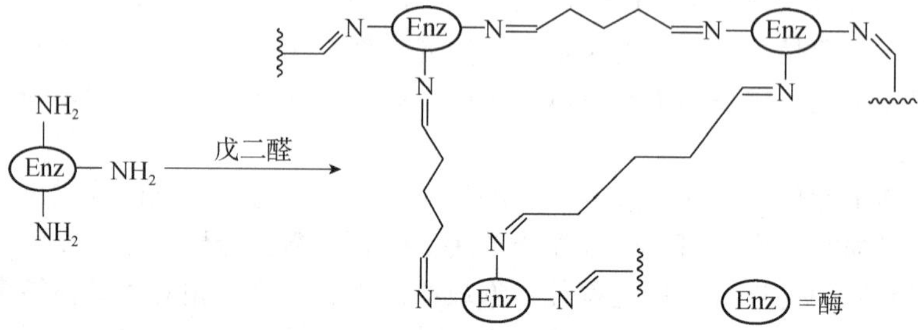

图 4.7　戊二醛共交联法固定化

4.2.1.5　基于新型载体的固定化方法

1. 纳米载体　纳米载体是指由纳米级尺寸构成的各种无机及有机材料载体的统称，主要以无机材料，尤其是碳基材料为主，粒径较小，一般＜100nm。因此具有比表面积大、表面结合力强、生物相容性好、无毒性及易与酶形成稳定结构等优点。根据其物理形态差异可分为纳米颗粒、纳米纤维和纳米膜等。常用于酶固定化的是纳米颗粒，主要包括磁性纳米颗粒和非磁性纳米颗粒。

（1）磁性纳米颗粒　磁性纳米颗粒是一类利用磁力和磁场的改变来控制粒子运动轨迹的新型材料，这一特性不仅便于游离酶与载体的结合与分离，同时也便于固定化酶的分离与回收。酶固定化中最常用的磁性载体材料是磁性高分子微球，该微球是将磁性粒子和有机高分子相结合，并在其表面连接多种活性基团，如羟基（—OH）、羧基（—COOH）、醛基（—CHO）和巯基（—SH）等，从而实现酶的固定化。将辣根过氧化物酶（horseradish peroxidase，

HRP）固定在聚乙二醇化磁性复合微球上，固定化 HRP 的负载量高达 139.82mg/g。在稳定性、贮存能力和可重复利用性等方面都得到较好改善，可用于废水中苯酚的降解。

（2）非磁性纳米颗粒　非磁性纳米颗粒是以天然或人工合成的高分子制备纳米级载体为材料，常用的非磁性纳米载体有多壁碳纳米管（multi-walled carbon nanotube，MWCNT）、壳聚糖纳米胶囊、聚苯乙烯纳米微粒、聚丙烯纳米微粒等；其中，MWCNT 的应用最为广泛。1991 年日本科学家首次制备了 MWCNT，随着合成及修饰技术的发展，其应用也更加广泛，已用于脂肪酶、水解酶、漆酶及多种氧化还原酶的固定化研究中（图 4.8）。采用碳二亚胺偶联法将黑曲霉纤维素酶固定在功能化的 MWCNT 上，优化条件后产生的固定化纤维素酶可保持 85%的催化活性；在 70°C 时半衰期是游离酶的 4 倍，K_m 值测定显示固定化纤维素酶对底物的亲和力提高 2 倍，重复使用 10 次后酶活力基本无损失，使生产成本显著降低。

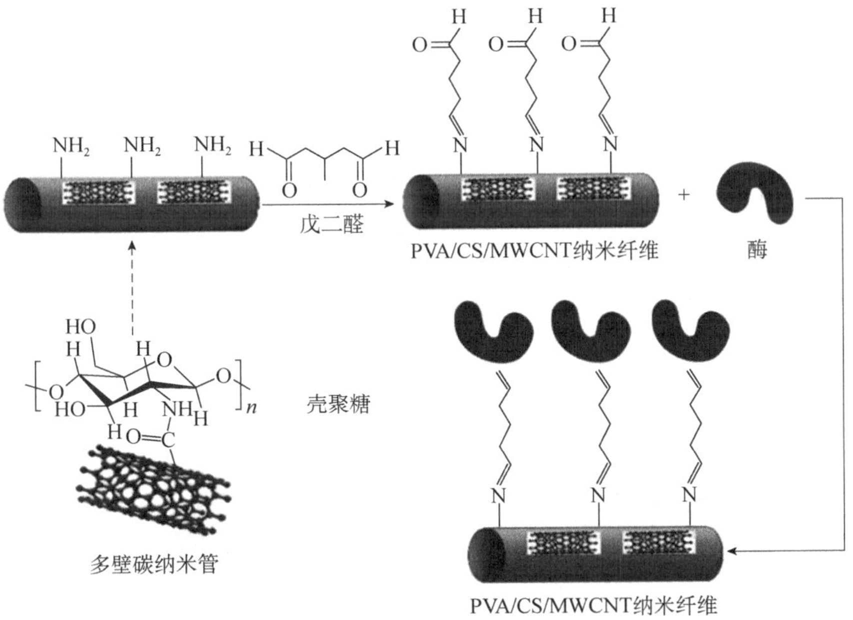

图 4.8　利用多壁碳纳米管进行酶的固定（Liu and Dong，2020）

壳聚糖为氨基修饰剂，戊二醛为交联剂

（3）纳米花型杂交晶体　随着纳米技术与化学技术的发展，出现了一种新型的纳米花型杂交晶体载体。该载体是一种无机晶体材料，在形态上类似于花的形状，具有良好的刚性结构，在酶的固定化过程中对酶分子可起到一定的保护作用，提高酶的稳定性。采用纳米花型杂交晶体对辣根过氧化物酶（HRP）和葡萄糖氧化酶（GOD）进行固定。在固定化反应过程中对反应进行有目的的调控，使 GOD 固定在载体表面，HRP 固定在载体内部。固定化 HRP 和 GOD 的活性相较于游离酶的活性提高 3 倍，固定化双酶在常温下保存 7d 后，其酶活性可保持在 90%以上，而在相同环境下保存的游离双酶 1d 后活性丧失近乎 80%。

2. 金属有机骨架材料载体　金属有机骨架（metal-organic framework，MOF）化合物，又称多孔配位聚合物（porous coordination polymers），是一类杂合且具有周期性孔结构的结晶，可以由有机配体和金属离子在溶液中自发组装形成孔径、构型均不相同的立体骨架，也可以根据游离酶的特性对其进行有目的的设计。该技术最早出现于 20 世纪 90 年代中期，后通过技术改进，合成的 MOF 孔隙率和稳定性均大幅提高。

4.2.1.6 不同固定化方法的联用

不同的固定化方法均有自己的优缺点（表 4.5），在实际固定化操作中，往往把各种固定化方法联用，以获得最佳的固定化效果。

表 4.5 常用固定化酶方法的优缺点比较

特性	物理吸附法	离子结合法	生物特异性吸附法	共价结合法	交联法	包埋法
制备难易程度	易	易	难	难	难	易
结合力	中	弱	中	强	强	强
酶活力	高	高	高	中	中	高
底物专一性	无变化	无变化	无变化	可能有变化	可能有变化	无变化
再生	可能	可能	不可能	不可能	不可能	不可能
固定化费用	低	低	高	高	高	中

例如，用吸附法、包埋法固定化酶时，一般很容易造成酶的泄漏，因此常常在包埋或吸附固定化的同时，采用戊二醛进行交联。又如无载体固定化中的交联溶解酶，其机械强度欠佳，可以采用进一步包埋的方法弥补这一缺陷。

在固定化酶应用中，由于工艺的要求使得有时必须改变固定化酶的一些特性，此时可以利用不同的固定化方法加以改善。如利用交联酶聚集体固定化酶时，由于多数交联酶聚集体颗粒小于 10μm，在反应中如果底物的粒径与之接近时就很难对酶进行回收，此时可以结合膜包埋的方法，实现酶的高效回收（图 4.9），在用一定孔径的膜包埋酶聚集体的基础上，再利用双功能试剂交联酶。

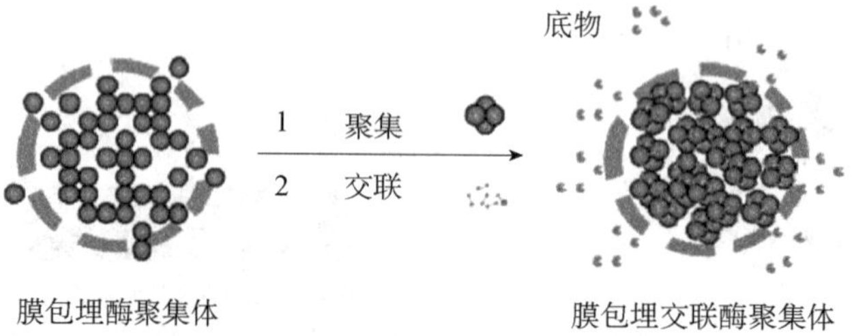

图 4.9 膜包埋交联酶聚集体的制备

4.2.2 固定化酶的评价

4.2.2.1 固定化酶的活力测定方法

固定化酶的活力即固定化酶催化某一特定化学反应的能力，其大小可用在一定条件下它所催化的某一反应的反应初速度来表示。固定化酶的单位可定为每毫克干重固定化酶每分钟转化底物（或生成产物）的量，表示为 μmol/（min • mg）。如果是酶膜、酶管、酶板，则以单位面积的反应初速率来表示，即 μmol/（min • cm^2）。和游离酶相仿，可以根据酶蛋白的含量计算固定化酶的比活力。

固定化酶通常呈颗粒状，所以一般测定溶液酶活力的方法要做改进才能适用于测定固定化酶，其活力可在两种基本系统——填充床或均匀悬浮在保温介质中进行测定。

以测定过程分类，测定方法分为间歇测定和连续测定两种。

1. 间歇测定　在搅拌或振荡反应中，在与溶液酶同样测定条件下（如均匀悬浮于保温介质中）进行，然后间隔一定时间取样，过滤后按常规方法测定产物生成量或底物的消耗量。此法较简单，但所测定的反应速率与反应容器的形状、大小及反应液量有关，所以必须固定条件。而且，随着振荡和搅拌速度加快，反应速率上升，达到某一水平后便不再升高。所以要尽可能使催化反应为零级反应。另外，如搅拌速率过快，会由于固定化酶破碎而造成活力上升。

2. 连续测定 固定化酶装入具有恒温水夹套的柱中，以不同流速流过底物，测定酶柱流出液的产物生成量或底物的消耗量。根据流速和反应速率之间的关系，算出酶活力（酶的形状可能影响反应速率）。在实际应用中，固定化酶不一定在底物饱和条件下反应，故测定条件要尽可能与实际工艺相同，这样才有利于比较和评价固定化酶的应用工艺。

4.2.2.2 固定化酶的比活力

游离酶的比活力可以用每毫克酶蛋白所具有的酶活力单位数表示。在固定化酶中，一般采用每克干固定化酶所具有的酶活力单位数表示。在测定固定化酶的比活力时，可先用湿固定化酶测定其酶活力，再在一定的条件下干燥，测定固定化酶的干重，然后计算出固定化酶的比活力。也可以称取一定量的干固定化酶，让它在一定条件下充分溶胀后，进行酶活力测定，再计算出固定化酶的比活力。

对于酶膜、酶管、酶板等固定化酶，其比活力则可以用单位面积的酶活力单位表示，即比活力=酶活力单位/cm^2。

4.2.2.3 相对酶活力

具有相同酶蛋白量的固定化酶活力与游离酶活力的比值称为相对酶活力。相对酶活力与载体结构、固定化酶颗粒大小、底物相对分子质量的大小等有密切关系。相对酶活力的高低表明了固定化酶应用价值的大小，相对酶活力太低的固定化酶一般没有使用价值。在固定化酶的研制过程中，应从固定化载体、固定化技术等方面进行研究和改进，以尽量提高固定化酶的相对酶活力。

4.2.2.4 酶的固定化效率与酶活力回收率

酶在进行固定化时，并非所有的酶都成为固定化酶，总有一部分酶没有与载体结合在一起，此外，还存在固定化造成酶活力的损失，所以需要测定酶结合效率和酶活力回收率，以确定固定化的效果。

酶的固定化效率又称为酶结合效率，是指酶与载体结合的百分率。酶结合效率的计算一般由用于固定化的总酶活力减去未结合的酶活力所得到的差值，再除以用于固定化的总酶活力而得到。

酶结合效率=（固定化的总酶活力－未结合的酶活力）/固定化的总酶活力×100%

未结合的酶活力，包括固定化后滤出固定化酶后的滤液以及洗涤固定化酶的洗涤液中所含的酶活力的总和。

酶活力回收率是指固定化酶的总活力与用于固定化的总酶活力的百分率。

酶活力回收率=固定化酶总活力/用于固定化的总酶活力×100%

当固定化方法对酶活力没有明显影响时，酶结合效率与酶活力回收率的数值相近。然而，固定化载体和固定化方法往往对酶活力有一定的影响，两者的数值往往有较大的差别。所以，通常都通过测定酶结合效率来表示固定化的效果。

4.2.2.5 固定化酶的操作半衰期

固定化酶的半衰期是指在连续测定条件下，固定化酶的活力下降为最初活力一半所经历的连续工作时间，以 $t_{1/2}$ 表示。固定化酶的操作稳定性是影响使用的关键因素，半衰期是衡量稳定性的指标。

半衰期的测定可以和化工催化剂一样实测，既可以进行长期实际操作，也可以通过较短时间操作进行推算。

在没有扩散限制时，固定化酶的活力与时间呈指数关系。

$$t_{1/2} = 0.693/K_D$$

式中，$K_D = -2.303/t \times \lg (E/E_0)$，$K_D$ 称为衰减常数，其中 E/E_0 是时间 t 后酶活力残余的百分数。

4.2.3 固定化对酶性质的影响

4.2.3.1 影响机制

固定化本身是对酶分子的一种修饰。酶被固定化后，酶本身的结构必然受到扰动，同时酶固定化后，其催化作用由均相移到异相，活性中心所处的微环境也会发生变化，由此必然带来酶的性质发生变化。

固定化对酶活性和酶反应体系的影响十分复杂，常因酶的种类、反应系统的组成不同而有所差异。为了便于分析，通常在固定化酶体系中作两个预先的假设，一是酶在载体表面或多孔介质内的分布是完全均匀的；二是整个系统各向同性。在上述条件下，固定化对反应体系造成以下效应。

1. 构象效应　酶在固定化的过程中，由于酶与载体相互作用使酶的活性中心或变构中心的构象发生变化，从而导致了酶与底物结合能力或酶催化底物转化的能力降低，导致酶活性下降（图 4.10）。这种效应被称为构象效应，一般很难进行定量描述和预测。通常出现在吸附法和有共价键参与的固定化中。

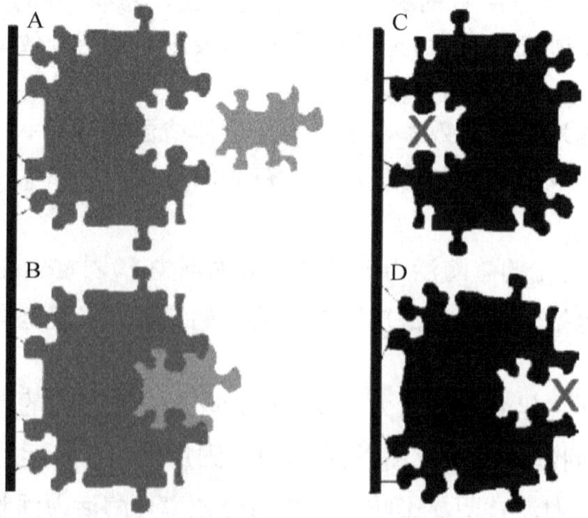

图 4.10　固定化引起的构象改变和屏蔽效应示意图

A. 酶活性中心构象未改变，可以结合底物；B. 酶活性中心结合底物；
C. 载体形成屏蔽效应；D. 固定化引起的构象效应

2. 屏蔽效应　酶经固定化后，载体会成为底物或其他效应物结合到活性中心或者变构中心的空间障碍，降低了酶与底物或其他效应物结合，从而影响酶的催化活性（图 4.10）。在此种情况下，可以通过在酶和载体间加入间臂的方法得到改善。

3. 微扰效应　由于载体固有的性质使紧邻固定化酶的区域发生微环境的变化，使酶的催化能力及酶对效应物作出调节反应的能力发生改变。这种效应称为微扰效应（图 4.11）。微扰效应与载体的亲水性以及电荷性质密切相关。

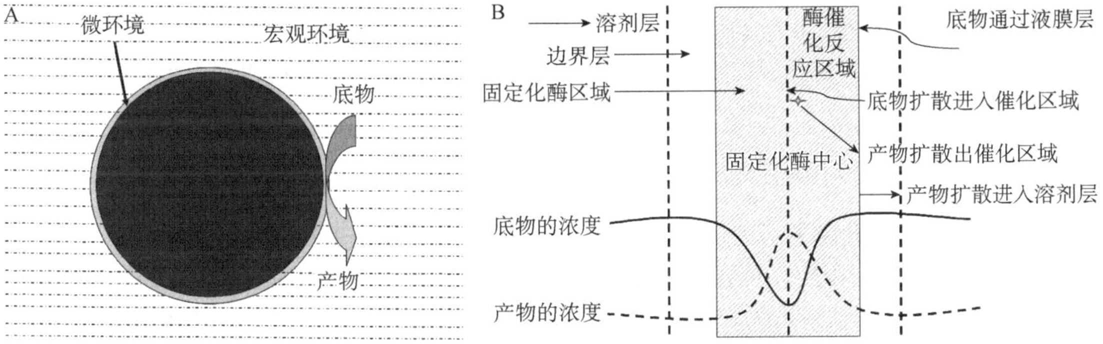

图 4.11　固定在多孔载体上的固定化酶的传质

A. 固定化酶颗粒周围的微环境；B. 底物和产物的传质过程

4. 分配效应　由于载体的亲水或者疏水特性以及带电特征使底物、产物或其他效应物在固定化酶所处微观环境和宏观体系间发生不等分配，改变了酶反应系统的组成平衡，从而影响了反应速度。分配效应因载体的种类、底物、产物的性质以及反应离子强度的不同而有所差异。一般分配效应具有以下规律：当载体与底物带有相同电荷时，底物在酶的微环境中的分配相对减少，与之相反，当载体与底物带的电荷相反时，有利于底物在酶所处微环境中的分配，使酶所处微环境底物浓度增加；对于疏水性较强的载体，如果底物为极性物质时，则在酶催化的微环境中分配相对减少，反之在酶所处的微环境中分配增加。

对于由于电荷作用引起的分配效应可以通过提高离子强度来削弱或消除。

5. 扩散限制效应　扩散限制效应是指底物、产物和其他效应物在酶的微环境区与宏观体系之间迁移和运转速度受到限制的一种效应，它的直接结果也是使上述物质在这些区域分布不等。扩散限制与底物、产物和其他效应物的分子量大小、载体的结构以及酶反应的性质有关。

外扩散限制，是指上述物质从宏观体系穿过包围在固定化酶周围近乎停滞的液膜层（又称为 Nernst 层）到固定化酶表面所受到的限制。外扩散限制往往可以通过充分搅拌而减小或消除。

内扩散限制，是指上述物质从固定化酶颗粒表面进入颗粒内部酶活性位点受到的一种限制。内扩散限制往往取决于载体的性质。

上述这些效应通常总是相互交叉、相互关联地存在，综合决定着固定化酶的动力学性质。

酶固定化后酶活性中心的微环境发生变化主要包括以下两个方面，一是固定化的酶分子周围的溶液环境的改变，如载体引起的 pH 或离子强度的变化；二是固定化酶分子周围出现分子扩散效应的变化。这两个变化造成底物和产物在酶微环境的分配和扩散与游离酶体系完全不同，从而造成固定化酶性质上的变化。如图 4.11A 所示，固定化在多孔介质上的酶的微环境包括酶的催化区域和围绕载体的液膜层。液膜层的特征受固定化酶载体表面特性的影响，如电荷和疏水性等。因此由于载体的影响，底物和产物分子在酶的催化区域和液膜层分配就不同于游离酶体系。底物首先通过传质途径从溶剂体系进入液膜层，在没有搅拌的情况下，主要靠扩散作用，在搅拌条件下可以通过对流传质到液膜层，进入液膜层的底物再通过扩散作用进入到酶的催化区域，在酶的作用下，生成的产物扩散至液膜层，再通过对流传质或者扩散作用进入溶剂体系。因此在溶剂体系、液膜层和酶的催化区域底物和产物的浓度存在一定的梯度（图4.11B）。

固定在载体表面的酶的底物和产物的传质相对比较简单，主要是在液膜层来进行。对于包埋的固定化酶，其催化主要存在于包埋颗粒的内部，因此底物和产物的传质不仅有液膜层，同时还存在包埋载体内部的扩散。

因此，固定化酶的催化反应不仅是一个化学过程，而且是一个底物和产物在载体内部及外部扩散的过程。

4.2.3.2 固定化对酶活力的影响

一般来说，固定化酶的活力比游离酶低。固定化酶的活力低于等摩尔游离酶的活力的原因可能是：① 酶分子在固定化过程中，由于构象效应造成活性中心或调节中心空间构象发生变化或者由于屏蔽效应造成酶活性中心无法结合底物；② 有部分活性中心的氨基酸残基参与了与载体的结合，致使部分酶完全丧失活性；③ 酶活性中心未参与反应，但与载体结合后使酶与底物的结合和产物的扩散存在位阻效应。

不过也有个别情况，酶在固定化后反而比游离酶活力提高，原因可能是偶联过程中酶得到化学修饰，或者是酶对抑制剂的结合能力降低，或者酶分子的抑制因子被去除；也可能是由于载体的作用，使底物分子在酶分子周围出现富集，造成酶活力提高。

对于固定化对酶活力的降低，可以采取一些措施加以减少。例如，为防止在固定化过程中出现活性中心构象的改变或者活性中心的氨基酸残基参与固定化反应，可以在固定化过程中加入饱和的底物、产物或竞争性抑制剂（底物类似物）。对于固定化造成的对底物的位阻效应，可以通过在固定化载体和酶之间加入连接臂的方法加以消除或降低。一般接入的连接臂的长度为6～8个碳原子，太长的连接臂可能自身也会引起对底物的位阻效应。

4.2.3.3 固定化对酶稳定性的影响

在大多数情况下酶经过固定化后其稳定性都有所增加，表现在固定化酶的热稳定性、pH稳定性、对变性剂的耐受力、酶制剂的贮存稳定性、操作稳定性上。

固定化后酶稳定性提高的原因可能有以下几点。

1）固定化酶分子与载体多点连接，使酶分子的结构刚性增加，可防止酶分子伸展变性（图4.12）。

2）对于自降解酶，当酶与载体结合后，由于酶失去了分子间相互作用的机会，有效抑制降解。对于一些酶的交联酶晶体或者交联酶聚集体，其微孔结构可以使蛋白酶很难进入分子内部进行切割，即使在含蛋白酶的溶液中也能长时间保持稳定。

3）南极假丝酵母（*Candida antarctica*）脂肪酶的最适温度为40℃，将其固定化在聚丙烯酸树脂上，可以耐受80～100℃的高温。又如，游离的氨基酰化酶与固定于DEAE Sephadex的氨基酰化酶比较，前者在6mol/L盐酸胍、2mol/L盐酸胍、1%SDS和4mmol/L丙酮溶液中活力分别为9%、49%、1%和55%，而后者在相应溶液中活力则分别为146%、117%、35%和138%。

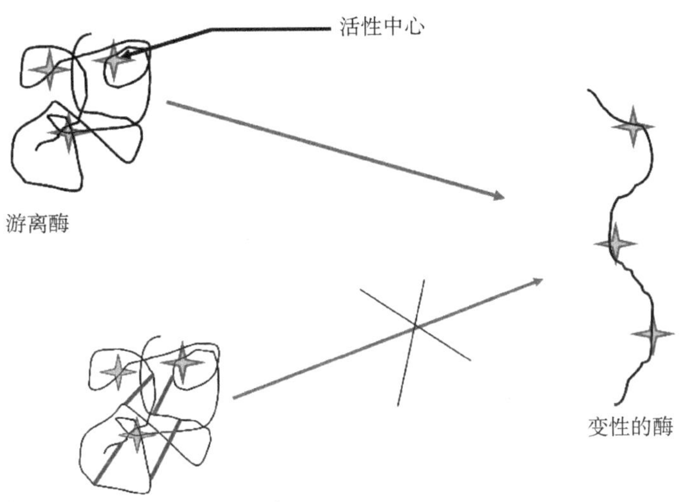

图 4.12　单亚基酶分子内交联对酶的稳定作用

4.2.3.4　固定化对酶最适温度的影响

酶反应的最适温度是酶热稳定性与反应速度的综合结果。由于固定化后，酶的热稳定性提高，所以最适温度一般也随之提高。如用壳聚糖交联法制备的固定胰蛋白酶最适温度为 80℃，比固定化前提高了 30℃；用重氮法制备的固定化胰蛋白酶和胰凝乳蛋白酶，其作用的最适温度比游离酶高 5～10℃；以共价结合法固定化的色氨酸酶，其最适温度比游离酶高 5～15℃。同一种酶，在采用不同的方法或不同的载体进行固定化后，其最适温度也可能不同。如氨基酰化酶，用 DEAE-葡聚糖凝胶经离子键结合法固定化后，其最适温度（72℃）比游离酶的最适温度（60℃）提高 12℃；用 DEAE-纤维素固定化的，其最适温度（67℃）比游离酶提高 7℃；而用烷基化法固定化的氨基酰化酶，其最适温度却比游离酶有所降低。由此可见，固定化酶作用的最适温度可能会受到固定化方法和固定化载体的影响。

4.2.3.5　固定化对酶最适 pH 的影响

酶固定化后，最适 pH 和酶活力-pH 曲线常常发生偏移。主要原因在于载体电荷性质的影响造成酶催化的微环境发生变化。一般说来，用带负电荷载体（阴离子聚合物）制备的固定化酶，其最适 pH 较游离酶偏高，这是因为多聚阴离子载体会吸引溶液中阳离子，包括 H^+，使其附着于载体表面，结果使固定化酶扩散层 H^+浓度比周围的外部溶液高，即偏酸，这样外部溶液中的 pH 必须向碱性方向偏移，才能抵消微环境作用，使其表现出酶的最大活力。反之，使用带正电荷的载体其最适 pH 向酸性方向偏移（图 4.13）。

另外，产物性质对固定化酶的最适 pH 也有明显的影响。一般说来，催化反应的产物为酸性时，固定化酶的最适 pH 要比游离酶的最适 pH 高一些；产物为碱性时，固定化酶的最适 pH 要比游离酶的最适 pH 低一些；产物为中性时，最适 pH 一般不改变。这是由于固定化载体成为扩散障碍，使反应产物向外扩散受到一定的限制所造成的。当反应产物为酸性时，由于扩散受到限制而积累在固定化酶所处的催化区域内，使此区域内的 pH 降低，必须提高周围反应液的 pH，才能达到酶所要求的最适 pH。为此，固定化酶的最适 pH 比游离酶要高一些。反之，反应产物为碱性时，由于它的积累使固定化酶催化区域的 pH 升高，故此使固定化酶的最适 pH 比游离酶的最适 pH 要低一些。

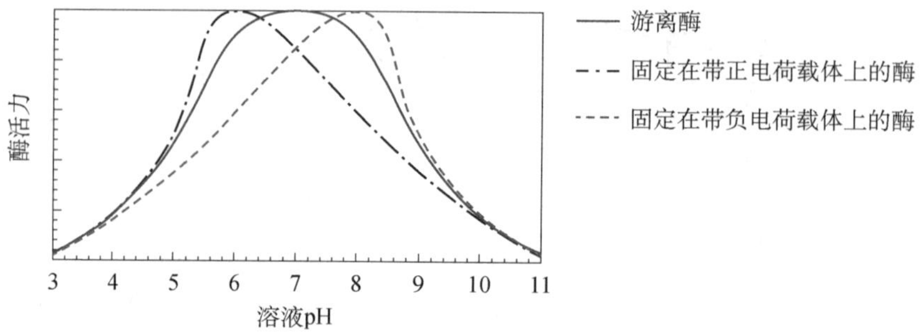

图 4.13　载体的净电荷对固定化酶最适 pH 的影响

4.2.3.6　固定化对酶底物特异性的影响

固定化酶的底物特异性与底物分子质量的大小有一定关系。对于那些作用于小分子底物的酶，固定化前后的底物特异性没有明显变化。例如，氨基酰化酶、葡萄糖氧化酶、葡萄糖异构酶等，固定化酶的底物特异性与游离酶的底物特异性相同。而对于那些既可作用于大分子底物，又可作用于小分子底物的酶而言，固定化酶的底物特异性往往会发生变化。例如，胰蛋白酶既可作用于高分子量的蛋白质，又可作用于低分子量的二肽或多肽，固定在羧甲基纤维素上的胰蛋白酶，对二肽或多肽的作用保持不变，而对酪蛋白的作用仅为游离酶的 3%左右；固定化的胰蛋白酶只能水解胃蛋白酶原的 10 个肽键，而游离酶可以水解 15 个肽键；以羧甲基纤维素为载体经叠氮法制备的核糖核酸酶，当以核糖核酸为底物时，催化速率仅为游离酶的 2%左右，而以环化鸟苷酸为底物时，催化速率可达游离酶的 50%～60%。

固定化酶底物特异性的改变，是由于载体的空间位阻作用引起的。酶固定在载体上以后，使大分子底物难于接近酶分子而使催化速率大大降低，而分子质量较小的底物受空间位阻作用的影响较小或不受影响，故催化速率与游离酶没有显著不同。

4.2.3.7　固定化对酶动力学参数的影响

米氏常数（K_m）值是酶的特征常数，其一定程度上反映酶与底物的亲和力，当 K_m 值小时，酶与底物的亲和力高，当 K_m 值大时，酶与底物的亲和力弱。固定化酶的 K_m 受固定化载体性质、固定化方法以及固定化酶应用环境等因素的综合影响。

固定化可以使酶分子的空间构象发生一定程度的改变，可以影响酶分子与底物的亲和力，造成酶分子 K_m 值的变化，由于构象改变引起的 K_m 值变化很难进行预测，其受载体的类型、固定化方法等因素的综合制约。

载体的带电性质可以影响固定化酶的表观 K_m 值。当酶结合在不带电荷的载体上时，由于扩散限制会造成固定化酶表观 K_m 值上升；当酶结合在带电载体上时，由于带电载体与底物之间的静电作用引起底物分子在扩散层中的不均一分布，使酶的表观 K_m 值发生变化。当载体所带电荷与底物的电荷相反时，由于静电作用，在固定化酶微环境中的底物浓度比溶液中高，因此与游离酶相比，固定化酶即使在溶液中底物浓度较低时，也可达到最大的反应速率，即固定化酶的表观 K_m 值低于游离酶的 K_m 值；而当载体电荷与底物的电荷相同时，静电作用会造成固定化酶所处微环境底物浓度较溶液中低，因此达到最大反应速率需要进一步提高溶液中的底物浓度，即固定化酶将表现为表观 K_m 值增加。

固定化酶载体的疏水性强弱同样会影响底物在酶催化微环境的浓度分配，进而影响固定化酶的表观 K_m 值，如果载体疏水性较强，疏水性底物在酶催化的微环境的分配增加，使固定化

酶的表观 K_m 值降低，对于亲水性的底物在酶催化微环境的分配相对减少，造成表观 K_m 值增加；反之如果是亲水性载体用于固定化酶，对于疏水性底物的表观 K_m 值会增加，对亲水性底物的表观 K_m 值降低。如固定在亲水载体聚丙烯酰胺载体上的醇脱氢酶对丁醇的 K_m 值是 0.1mmol/L，固定在疏水性比较强的异丁烯聚合物上时，该酶对丁醇的 K_m 值降低到 0.025mmol/L。

酶表观 K_m 值还受溶液中离子强度的影响。例如，在低离子强度下，多聚阴离子衍生物-胰蛋白酶复合物对苯甲酰酪氨酸乙酯的表观 K_m 值比原酶小 96.8%。但在高离子浓度下，接近原酶的表观 K_m。如表 4.6 所示带不同电荷载体受离子强度的影响不同，离子强度的增加可以降低载体电荷引起的效应。

表 4.6　固定化载体、离子强度对胰凝乳蛋白酶催化动力学参数的影响

（以 *N*-乙酰酪氨酸乙酯为底物）

	离子强度/（mol/L）	K_m/（mmol/L）
游离酶	0.05	0.74
	1.00	0.55
带负电荷载体的固定化酶	0.05	2.50
	1.00	1.93
带正电荷载体的固定化酶	0.05	7.10
	1.00	5.82

4.3　细胞的固定化

固定化细胞技术，就是利用物理或化学手段将具有一定生理功能的生物细胞，如微生物细胞、植物细胞或动物细胞等，限制或定位在特定的空间区域，作为可重复使用的生物催化剂而加以利用的一门技术。固定化细胞与固定化酶技术共同组成了现代的固定化生物催化剂技术。

资源 4.2

固定化细胞根据所催化的反应可以分为以下三类：①只利用细胞的单一酶完成催化反应；②利用细胞的多个酶来完成催化反应；③利用细胞一套完整的代谢途径来生产特定的代谢产物。

固定化细胞是在固定化酶的基础上发展起来的。它的优点如下：①使用固定化细胞省去了酶的分离的过程，可显著降低生产成本。②固定化细胞为多酶系统，无须辅因子再生。③固定化细胞对不利环境的耐受性增加，细胞可重复使用，简化了细胞培养过程。④增加了酶的稳定性。

固定化细胞同时也存在一些缺点：①以固定化细胞作为催化剂来使用时，细胞膜、细胞壁会阻碍底物渗透和扩散，底物和产物必须可以穿过细胞壁和细胞膜。②细胞内往往存在多种酶，很可能催化形成大量的副产物，降低产品的纯度或者增加下游工艺难度。③维持固定化细胞持续的催化活性远比单纯酶的要复杂，有些细胞在条件不适宜的情况下很容易发生自溶，影响产品的稳定性。

根据固定化细胞的生理状态的不同，可以将固定化细胞分为两类，一类是固定化死细胞，包括固定化完整的死细胞、细胞碎片甚至细胞器，主要适用于一种酶催化的反应。将培养好的含葡萄糖异构酶的链霉菌细胞在 60～65℃的温度下处理 15min，葡萄糖异构酶全部固定在菌体内。另一类是固定化活细胞，包括增殖细胞、静止细胞、饥饿细胞，其适用于多酶反应体系，特别是需要辅酶再生的反应体系。

微生物细胞、植物细胞和动物细胞都可以制成固定化细胞，并且有很多成功的实例。根据固定化过程是否有惰性载体的参与可以将固定化分为有载体固定化和无载体固定化两种，有载体固定化根据固定化的方式又可以分为吸附法、共价交联法和包埋法等（图 4.14）。

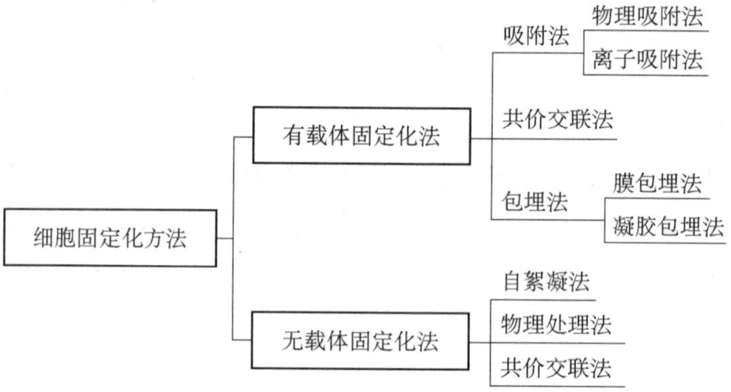

图 4.14 常见的细胞固定化方法

4.3.1 吸附法

吸附法是指利用各种固体吸附剂，将细胞吸附在其表面而使细胞固定化的方法，是细胞固定化的一种重要方式。

用于细胞固定化的吸附剂可分为天然载体和人工合成载体两种，天然载体主要有纤维素、葡聚糖、琼脂糖、明胶、硅藻土、多孔陶瓷、多孔玻璃等；人工合成载体主要有多孔塑料、金属丝网、微载体和中空纤维以及合成的离子交换介质等。

载体对细胞的吸附，主要是细胞表面与载体材料表面间非共价键如范德瓦耳斯力、离子键相互作用的结果。细胞表面的特征会影响吸附载体的选择和细胞的吸附性能。例如，酵母菌细胞带负电荷，因此，在固定化过程中应选择带正电荷的载体。

载体的性质，尤其是载体的组分，对细胞的吸附也有重要的影响，其很大程度上影响载体表面的细胞浓度。所有的玻璃和陶瓷均含有不同比例的铝、硅、锆、钛及其他元素的氧化物，它们在溶液中起到离子交换材料的作用，可生成相应的氢氧化物，细胞表面的氨基和羧基取代载体表面的羟基，形成载体-细胞复合物。对细胞吸附载体的研究显示，无机吸附载体最佳的孔径一般是细胞直径的五倍左右，使细胞有足够的空间进行细胞分裂。吸附固定化真菌需要约 16 倍于细胞直径的孔径以供菌丝生长。

吸附法是制备固定化动物细胞的主要方法。动物细胞大多数具有附着特性，能够很好地附着在容器壁、微载体和中空纤维等载体上。其中微载体已有商业产品出售，供固定化动物细胞之用。

吸附法制备固定化植物细胞，是将植物细胞吸附在泡沫塑料的大孔隙或裂缝之中，也可将植物细胞吸附在中空纤维的外壁。用中空纤维制备固定化植物细胞和动物细胞，有利于动植物细胞的生长和代谢，具有较好的应用前景。但成本较高而且难于大规模生产应用。

用吸附法制备固定化细胞，细胞吸附到载体表面的过程比较温和，操作也简便易行，对细胞的生长、繁殖和新陈代谢没有明显的影响。但吸附力较弱，吸附不牢固，细胞容易脱落，脱落的细胞以及破裂溶解的细胞将是产品的重要污染源。

近些年来人们利用凝集素专一结合糖以及抗体专一结合抗原的特性来进行细胞的吸附固定化，但是由于凝集素来源的限制以及抗体制备的高成本，使其难以在工业上使用。

4.3.2 共价交联法

共价交联法是利用双功能或多功能交联剂，使水不溶性的载体和细胞之间交联起来，成为固定化细胞。也可以在无水不溶性载体存在的情况下，实现细胞之间的共价交联。常用的最有效的交联剂是戊二醛，此法最为突出的优点是：可减少细胞的泄漏，固定化细胞稳定性好。但由于这种方法须引入化学试剂，反应相对比较剧烈，因此对细胞的损伤比较大，甚至引起一些细胞的死亡，因此在固定化过程中，往往是作为包埋法的补充方法。

4.3.3 包埋法

将细胞包埋在多孔载体内部而制成固定化细胞的方法称为包埋法，是细胞固定化最常用的方法，一般用于活细胞的固定化。包埋法可分为凝胶包埋法和半透膜包埋法。

凝胶包埋法是指以各种多孔凝胶为载体，将细胞包埋在凝胶的微孔内而使细胞固定化的方法。细胞经包埋固定化后依然可以在凝胶中进行生长、繁殖和新陈代谢。

常用的包埋载体有聚丙烯酰胺、琼脂、海藻酸钙、卡拉胶、醋酸纤维、明胶、胶原蛋白、光交联树脂等。

4.3.4 无载体固定化

无载体固定化指无须惰性载体介入即可完成的固定化技术。其通常有两种形式，一种是直接利用胞内酶而选择适当的物理或化学因素处理细胞，使酶固定在细胞内。常用双功能或多功能试剂，使细胞之间相互连接成网状结构形成水不溶的细胞聚集体而实现固定化。由于该方法对细胞有很强的毒性，因而应用受到一定的限制。也可以采用一些相对温和的方法来实现细胞的固定化，如葡萄糖异构酶是一种胞内酶，将细胞加热至 60℃，作用 10min，使其他酶失活，则该酶被固定在细胞内，通过凝聚干燥即成固定化细胞。又如含 α-半乳糖苷酶的真菌细胞经干燥后依然可以保持该酶的活性，其可应用于蔗糖的精制。

另一种形式是依赖细胞自身的相互作用或絮凝作用及自聚集倾向制备固定化细胞。这种固定化方法操作简单，自絮凝细胞颗粒内部结构呈松散型，传质阻力很小，而且其颗粒内部表面会不断自我更新，颗粒整体活性高。其固定化过程温和，在微生物细胞培养和动物细胞固定化上有着重要的应用价值。另外可以利用一些外界因素诱导细胞的聚集，如用钛、锆的氢氧化物聚合物来聚集细胞，然后再采用双功能或多功能试剂进行交联。但由于此过程对动物细胞有较强的毒性，因此很少用于动物细胞的固定化。

细胞固定化是固定化生物催化剂的重要组成部分，伴随材料科学、基因工程技术及细胞固定化方法研究的进一步深入，其必然在现代工业技术领域发挥更为重要的作用。

4.4 辅因子的固定化

很多酶除了蛋白质组分外，还含有对热稳定的非蛋白小分子物质，前者称酶蛋白，后者称辅因子。酶蛋白与辅因子单独存在时，均无催化活力，只有二者结合成完整的分子时，才具有活力。有的酶的辅因子是金属离子，有的是小分子有机化合物。通常将这些小分子有机化合物称为辅酶或辅基。辅酶或辅基与蛋白质部分结合的牢固程度不同。通常把与酶蛋白结合比较疏松，用透析法可除去的小分子有机物称为辅酶；与酶蛋白结合较为牢固，用透析法不易除去的小分子有机物称为辅基。在酶的催化过程中，辅酶或辅基的作用是作为电子、原子或某些基团的载体参与反应并促进整个催化过程。有机辅因子的价格比较昂贵，因此在工业上应用含有辅因子的酶时，最重要的就是有机辅因子的保留和再生。

含有辅因子的酶在完成反应之后，其辅因子结构往往发生改变，如从还原态变为氧化态，或者辅因子流失。因此要保持反应的持续进行，必须补充新的辅因子或者进行辅因子的回收和再生。由于辅基与酶蛋白的结合比较牢固，通常可以用超滤膜截留等物理方法进行回收。而对于辅酶来说，直接用超滤膜截留并不理想，加之辅酶分子一般较小，在回收上存在一定的技术难度。因此为了使酶的催化反应能持续进行，必须考虑辅酶的固定化，这样可以方便实现辅酶的回收。

4.4.1 辅基的固定化

对于与酶结合牢固的辅基固定化，一般在固定化酶时将辅基同时固定。但是在一些条件下，如酶蛋白与辅基结合弱而辅基容易流失时，必须将辅基固定。

辅基固定化过程是，将载体与连接臂连接，再以适当反应与辅基连接。载体应符合以下条件：没有特异性吸附，具有多孔性，具有适合与臂或辅基结合的功能基团，具有化学和生物学稳定性，具有适当的机械强度等。目前使用的载体多采用琼脂糖，此外还有纤维素、玻璃珠及合成高分子载体等。

为了克服固定化引起的位阻效应以及提高连接效率，一般在辅基与载体之间加上 0.5～1.0nm 长的连接臂。选择连接臂必须考虑辅基的性质，如疏水性、亲水性、离子性和体积大小等因素。用较长直链烷基作手臂时，由于疏水作用容易吸附酶，使固定化吸附专一性降低。

选择偶联反应有两种情况：一是在不影响辅基活性条件下，引入适当的功能基团，如羧基或氨基等容易与载体连接的基团；二是如果辅基分子本身具备参与催化活性的功能基团，无须再引入功能基团。如磷酸吡哆醛（胺）、FAD、FMN、TPP、生物素、硫辛酸、卟啉等，大都利用分子本身原有的功能基团。然后，将具有某种功能团的辅基与连接臂结合，再与活化载体结合。

固定化辅基中最常用的是含羟基的载体如琼脂糖。载体的活化方法与固定化酶中载体的活化基本相同，如可以用溴化氰活化含羟基的载体，然后与辅基相连接。但在偶联反应结束后必须将未参与反应的 CNBr 活性基团完全封闭；同样辅基也可以与具有连接臂的琼脂糖凝胶偶联，但应注意将反应后残留的活性连接臂封闭。

4.4.2 辅酶的固定化

辅酶的固定方法主要有两种：载体结合法和包埋法。

载体结合法与辅基固定方法相似，一般采用溴化氰法，碳二亚胺法以及重氮偶联法等共价偶联。

辅酶固定化一般分为两步，首先在辅酶分子上引入一个功能基团，生成辅酶衍生物，然后再将辅酶衍生物与水不溶性高分子聚合物共价结合。

下面以 NAD^+通过二胺连接臂在琼脂糖上的固定化为例，说明辅酶的固定化过程。对 NAD^+的固定化步骤如下所示。

1）用碘乙酸使 NAD^+/NADH 腺嘌呤中 1 位氮原子烷基化。

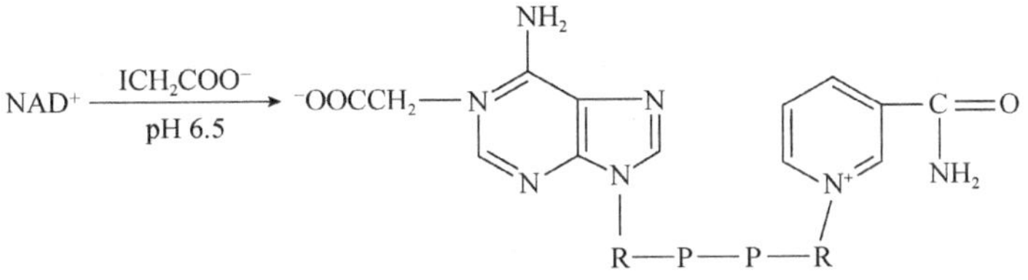

2）在碱性条件下分子发生重排得到 6 位碳上的氨基氮被修饰的衍生物 *N*-羧甲基 NAD^+。

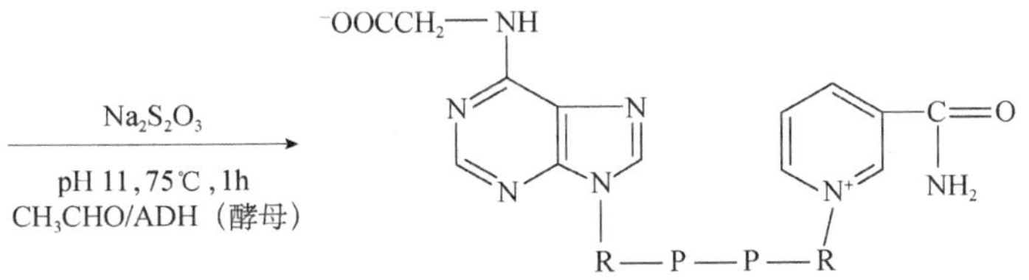

3）通过碳二亚胺法使长连接臂分子 1,6-己二胺与 NAD^+衍生物的羧基偶联。

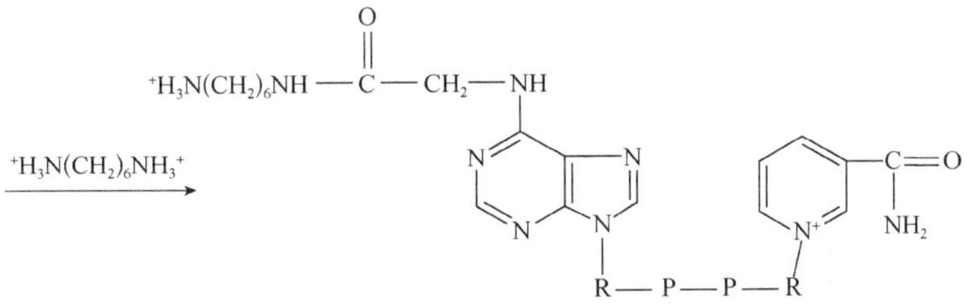

N^6-(6-氨基己基)-氨甲酰基-NAD^+

4）长臂上另一端的氨基再与经过溴化氰活化的琼脂糖偶联，从而得到了固定化的辅酶（图 4.15）。

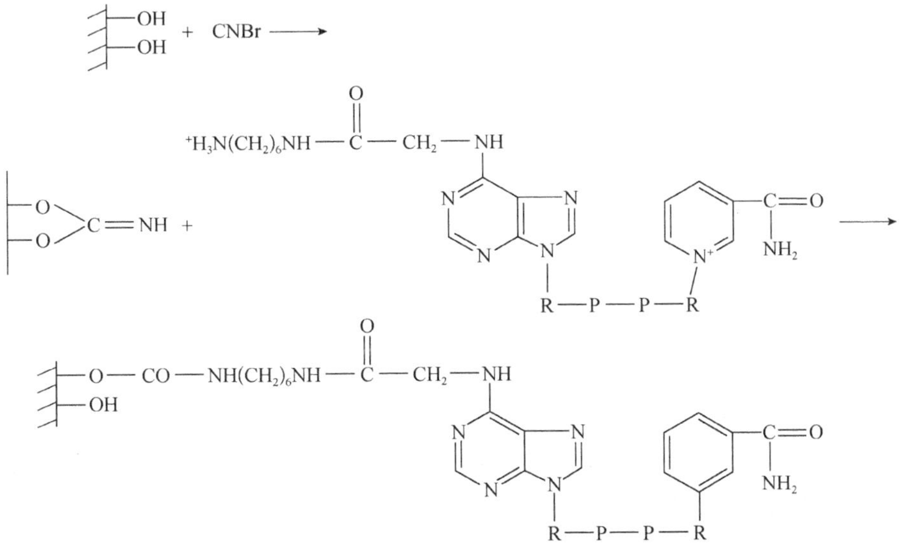

图 4.15　辅酶 NAD^+在琼脂糖上的固定化

对于包埋法，由于辅酶分子量相对较小，因此一般是先将辅酶与水溶性高分子结合，实现辅酶的高分子化，然后再进行包埋，以克服包埋后辅酶泄漏的问题。辅酶的包埋方法和酶的包埋法相似。

对于辅酶修饰水溶性高分子化合物的选择，一般应遵循以下基本原则：溶解度高、分子大小适中，既能增加辅酶在半透膜内部的截留率，又不会增加黏度而影响活性；另外要同时考虑高分子物质的结构、亲水性、解离基团以及与辅酶的结合量等对所修饰辅酶活性的影响。常用的高分子化合物有葡聚糖、聚乙二醇、聚乙烯亚胺和聚乙烯乙二醇、右旋糖酐等。对于引入羧基的辅酶，用碳二亚胺缩合反应使其与高分子化合物结合；引入羟基的辅酶，一般用 CNBr 活化后，再与水溶性高分子结合而实现辅酶的高分子化。

4.4.3 辅酶的再生

需要辅酶的催化反应，当反应结束后，如果没有辅酶再生系统使之再生，一旦辅酶完全被消耗，酶反应就会停止；辅酶一般价格十分昂贵，稳定性低，在酶催化反应中不可能大量添加。因此，为了使酶持续发挥催化功能，必须建立高效、低成本的辅酶原位再生系统。最简单的辅酶再生系统是利用固定化细胞，但是其再生的效率和灵活性都比较低。目前辅酶再生的方法主要有酶法再生、电化学法再生和光化学法再生。

1. **辅酶的酶法再生**　辅酶的酶法再生包括底物偶联法和酶偶联法。底物偶联法（图 4.16）是在反应过程中添加辅助底物，在相同酶的催化下实现主反应底物和辅助底物同时转化，但两者反应方向相反。这种再生系统使用简单，但是要求酶能够同时作用于主反应底物和辅助底物，因此通常会降低酶催化的效率，有时高浓度辅助底物会抑制酶活性，除此之外在反应结束后还需要将产物与辅助底物分开，增加了操作的复杂性。酶偶联法是利用两个平行的酶催化系统，一个酶催化底物转化，另一个酶则催化辅酶循环再生。为了达到最佳效果，两个酶的底物应相对独立，以避免两个底物竞争同一酶的活性中心。酶偶联法再生效率高，但由于需要外加酶和对应的底物，再生系统较复杂。

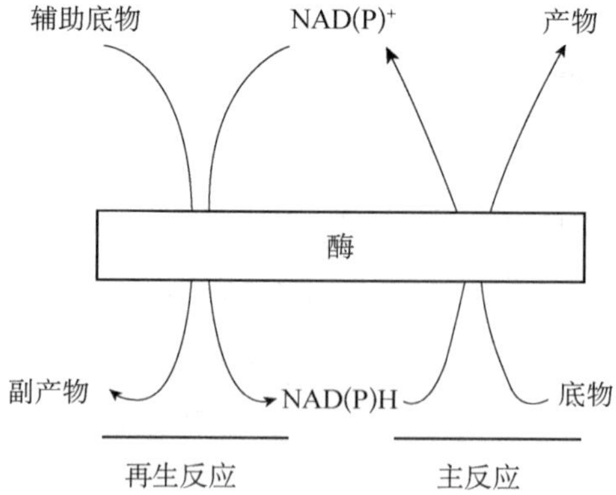

图 4.16　底物偶联的辅酶再生

酶偶联法中酶一般采用两种形式，一是使用含有酶的微生物细胞，通过提供适当的辅酶再生的底物，如葡萄糖，利用细胞的辅酶再生系统，使辅酶再生循环使用，这也是细胞固定化的优势之一；二是利用特定的酶，使其与主反应偶联，使辅酶可以再生循环使用。常用的酶有甲酸脱氢酶和乙酸激酶。甲酸脱氢酶的作用机理见图 4.17，在氧化还原酶完成催化后形成氧化型的辅因子，甲酸脱氢酶在将甲酸氧化成 CO_2 的同时将辅因子还原，实现 NADH 的再生。又如利用乙酸激酶再生 ATP（图 4.18），在主反应将 ATP 转化为 ADP 后，由乙酸激酶催化乙酰磷酸生成乙酸并实现 ATP 的再生。

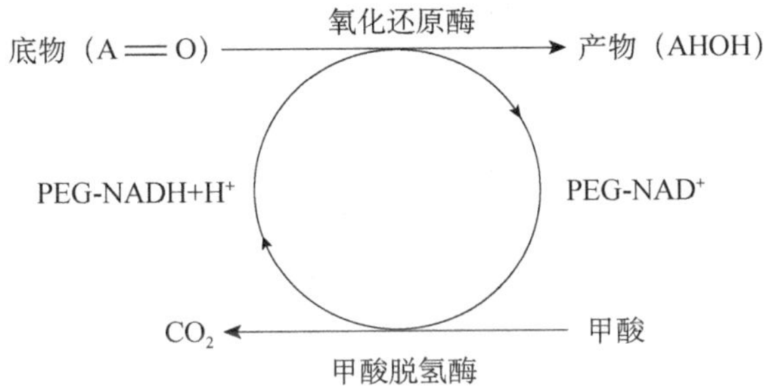

图 4.17　甲酸脱氢酶偶联的 NADH 再生系统

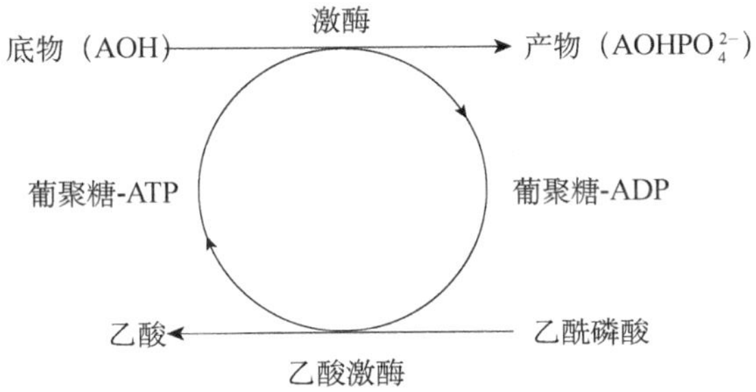

图 4.18　乙酸激酶偶联的 ATP 再生系统

2. 辅酶的电化学法再生　电化学法辅酶再生是利用电极超电势作用对其附近的辅酶提供电子，使辅酶在氧化态和还原态之间转化而再生的方法。

在这种体系中，由于电极对辅酶有很强的吸附作用，会抑制其氧化或还原过程并会产生副产物，因此应用电化学法再生辅酶进行规模化生产时会遇到很多实际问题。过去采用电极板传递电子进行辅酶的再生，由于电极板传递电子无法定向，较分散，造成辅酶再生效率低。现今人们在再生体系中添加一定量的能定向传递电子的中间载体介质（mediator），可有效提高辅酶电化学法再生的效率，其机理见图 4.19。

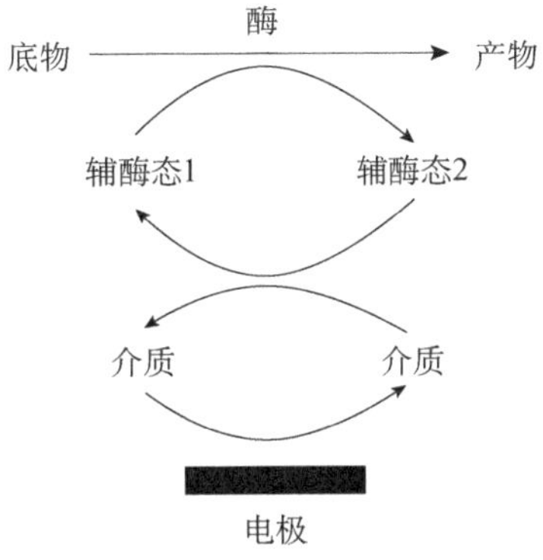

图 4.19　电化学法辅酶再生

约 1/3 的酶催化功能的发挥需要辅酶的参与，因此高效的辅酶固定化和再生对于这些酶的高效利用将起着决定性的作用。现今辅酶再生的研究主要集中在氧化还原反应中辅酶的再生，很多辅酶的再生还存在技术上的难度，因此辅酶的再生将是酶固定化中重要的研究内容，其将会随着蛋白质工程、材料科学、基因工程等学科的发展而不断完善和成熟。

3. 辅酶的光化学法再生　辅酶的光化学法再生就是利用光能再生辅酶，再生辅酶的过程中通常需要光敏剂、酶、电子媒介物和电子供体等物质。现已有一些酶系统用于介质的光化学反应，这种介质能以足够高的速率向酶转移电子。光化学再生辅酶的方法体系较复杂，再生效率低，但此法再生的能源来自廉价洁净的光能，因此光化学的辅酶再生越来越受到人们的重视，现已成了辅酶再生研究中的一个重要分支。

4.5 酶的定向固定化

固定化酶是酶工程的核心，实现了酶的重复利用及产物与酶的快速分离，提高了酶的使用效率。但是，在大多数情况下，酶固定化以后部分活性丧失，甚至全部丧失。一般认为，酶活性的丧失是酶蛋白通过多种氨基酸残基与固定化载体结合造成的，由于酶蛋白多点结合在载体上，引起了固定化酶蛋白无序的定向和结构变形的增加，不仅使酶活性位点不能充分暴露，而且酶的固定化量降低。因此探索酶分子的定向固定化技术对于提高酶的固定化效率有重要的理论和应用价值。

近年来，酶蛋白的定向固定化技术已经取得了长足的进展。酶的定向固定化，指定向连接酶与载体，此方法弥补了传统固定化酶方法中酶与载体随机位点结合的缺点，有利于保护酶的活性中心基团，同时还可提高酶的固定量。定向固定化技术已经用于生物芯片、生物传感器、生物反应器、临床诊断、药物设计、亲和层析以及蛋白质结构和功能的研究中。目前，常用的定向固定化酶技术主要包括位点专一性的共价定向固定化、抗体偶联的定向固定化、利用糖蛋白糖基的定向固定化、生物酶介导的定向固定化及利用基因工程方法实现定向固定化等。

4.5.1 位点专一性的共价定向固定化

酶分子表面存在很多可供固定化的化学基团，选择性地利用酶分子表面远离活性位点的特定稀有基团（如巯基）进行反应，使该基团与载体上另一基团共价结合来定向固定酶蛋白（图 4.20）。

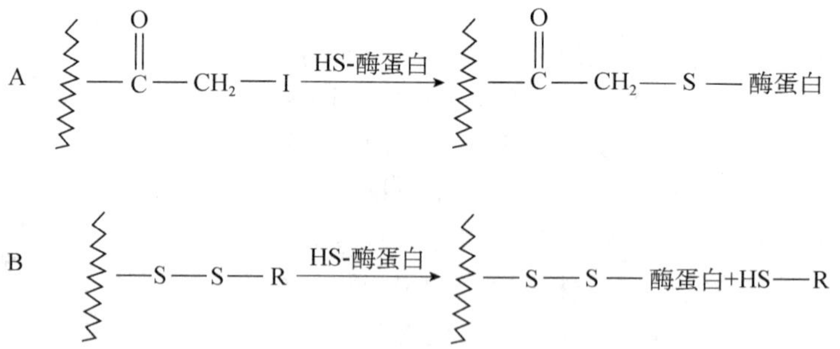

图 4.20 酶通过巯基定向固定在载体的表面

A. 载体表面有碘乙酰胺基团，在合适的条件下可以和游离的半胱氨酸残基发生反应；

B. 蛋白质通过二硫键的交换反应固定在载体上

对于表面无特征官能团的蛋白或酶，通过化学修饰使游离酶表面产生活性官能团，然后与载体表面特定基团反应实现定向固定化。此外，对于一些糖蛋白来说，还可以利用糖蛋白的糖基进行定向固定化。例如，凝集素就是一类糖结合专一性的蛋白质，可以利用该特性以及一些酶分子上的特定糖结构来进行固定化。菠萝蛋白酶也是一种糖蛋白，利用此糖蛋白对伴刀豆球蛋白 A 结合的专一性，可以将菠萝蛋白酶定向固定在 CNBr 活化的 Sepharose 4B 载体上（图 4.21）。

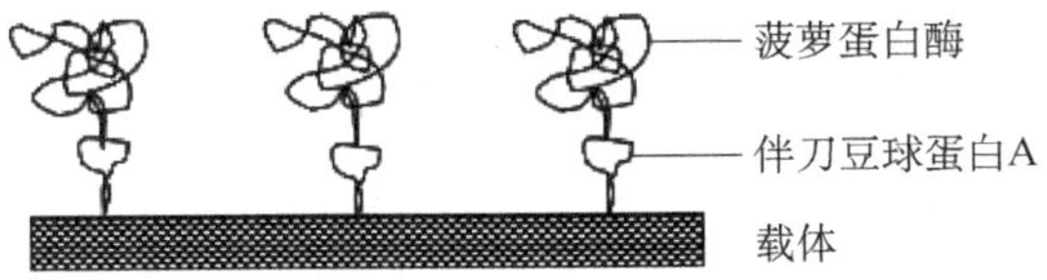

图 4.21　菠萝蛋白酶的定向固定

4.5.2　抗体偶联的定向固定化

利用酶与它的抗体的特异性结合可以实现酶的定向固定化。首先将抗体连接在载体上，然后抗体和酶进行亲和连接；或者先将一个与抗体结合能力很强的蛋白如蛋白 A 或蛋白 G 固定在载体上，然后将抗体和此蛋白连接，再将酶与抗体进行亲和连接，实现酶的定向固定化。例如，羧肽酶 A 和它的抗体形成复合物的亲和常数可以达到 10^9L/mol 级，可以利用抗体使羧肽酶 A（CPA）定向固定在载体上（图 4.22）。

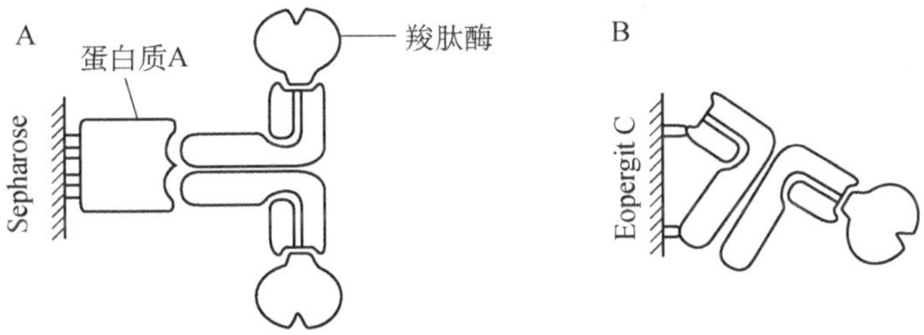

图 4.22　羧肽酶 A 的抗体定向固定化

A. 先在 Sepharose 载体上固定化蛋白质 A，然后将抗体、羧肽酶和蛋白质 A 连接在一起；

B. 直接将抗体连接在聚丙烯酸载体 Eopergit C 上，然后抗体和羧肽酶 A 亲和连接

4.5.3　生物酶介导的定向固定化技术

早在 1999 年，人们发现金黄色葡萄球菌分选酶 A（定位酶 A）具有转肽酶活性，其通过 LPXTG 基序识别一组结构和功能多样的底物，并切割苏氨酸（T）和甘氨酸（G）之间的肽键，将切割的肽链的 C 端连接到 N 端具有连续 5 个甘氨酸的多肽上。利用分选酶 A 的特异性转肽功能开发了由其介导的蛋白修饰技术并应用于酶的固定化中，成功将目标蛋白连接到连续甘氨基修饰的载体上（图 4.23）。通过分选酶 A 的介导，目前已将黏附蛋白连接在荧光标记的微球上，也可连接在绿色荧光蛋白修饰的脂质体上，还可以将抗体与酶固定在纤维素纳米晶体上等。

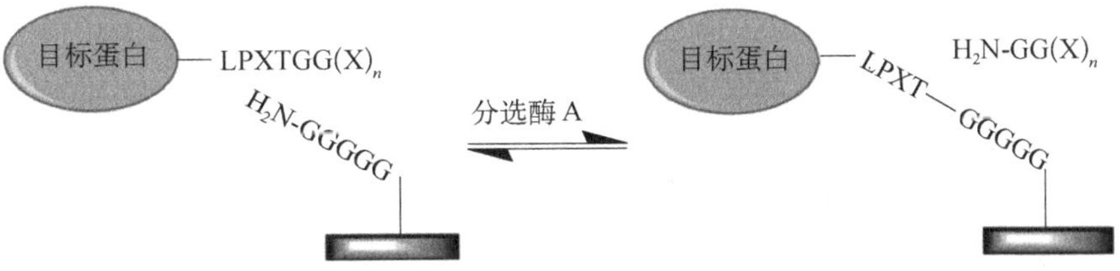

图 4.23　由分选酶 A 介导的蛋白固定模式图

添加 LPXTG 序列的目标蛋白在分选酶转肽作用下固定在 GGGGG 修饰的载体表面

4.5.4 利用基因工程方法实现定向固定化

随着基因工程技术的发展，已经可以在利用蛋白结构特征的基础上，运用分子生物学的手段来实现酶的定向固定化。目前研究较多的方法主要是特定位点突变法和亲和标签介导的定向固定化。

1. 特定位点突变法　利用基因工程技术，在酶分子表面的特定位置置换特定的氨基酸残基，实现位点专一性共价定向固定化。如定点突变引入半胱氨酸，其巯基可以和载体表面的亲巯基团反应，从而使酶和载体在特定位点进行固定化。如果酶中没有半胱氨酸或酶的活性位点中没有半胱氨酸，可以在酶的特定位点上通过基因突变引入特殊半胱氨酸，实现酶的定向固定。例如，在枯草杆菌蛋白酶远离活性位点的位置上，通过定点突变把丝氨酸突变为半胱氨酸，然后利用半胱氨酸残基上的巯基固定枯草杆菌蛋白酶分子，取得了较好的固定效果（图 4.24）。

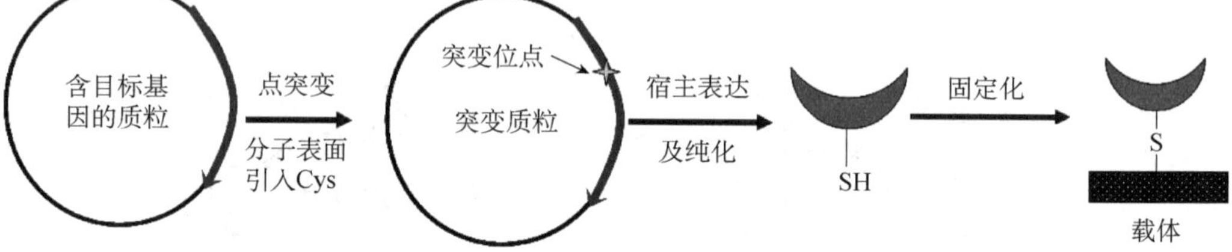

图 4.24　通过特定位点基因突变法的定向固定化酶

特定位点基因突变用于定向固定化要求对酶的核酸序列及空间结构有充分了解，蛋白质分子表面不含所要引入的半胱氨酸，或者引入的半胱氨酸不能影响酶分子正常的空间折叠，不能改变酶的生物学活性。

2. 亲和标签介导的定向固定化　在酶的 N 端或 C 端连接上一个短肽标签，然后酶通过这个标签和载体上的特异的识别分子结合实现酶的定向固定。目前文献报道较多的亲和标签主要集中在生物素上，利用生物素和亲和素有极高的亲和力（较抗原抗体高 100 万倍）的特点进行酶的定向固定。运用基因工程的方法在酶蛋白的末端加上特定的 15 个氨基酸组成的生物素化标签序列，这样被生物素化的酶分子就可以和亲和素修饰的载体特异结合实现酶的定向固定化（图 4.25）。

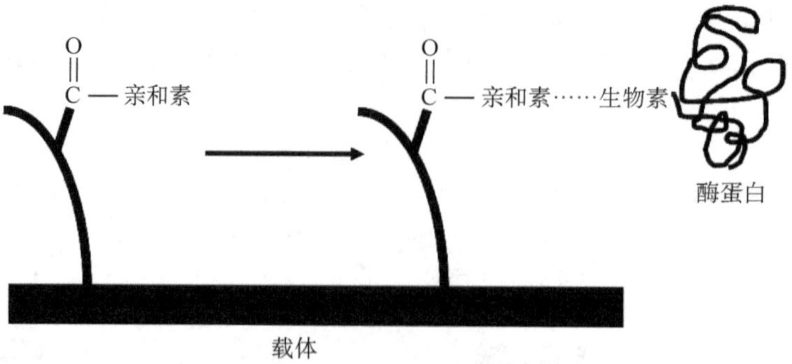

图 4.25　生物素-亲和素介导的酶的定向固定化

除了以上介绍的几种主要的定向固定化方法以外，还可以通过固定化金属离子亲和层析技术，利用组氨酸能和二价过渡态铜、镍、钴、锌金属离子形成配合物的特性，将含有组氨酸标签的蛋白质进行定向固定。此外也有文献报道利用磷蛋白对磷脂分子结合的专一性，将蛋白质定向固定在合成的磷脂分子载体的表面。

酶的定向固定化研究是一个多学科门类交叉的新领域，其包含了生物学、分析化学、分子生物学、化学工程技术等方面的众多内容。可以相信，伴随各个学科的快速发展，今后定向固定化酶技术将在生物功能性载体、生物传感器、亲和载体等领域有越来越多的应用。

补 充 读 物

酶燃料电池

酶燃料电池是一类利用氧化还原酶为催化剂，将底物中的化学能转化为电能的能量转换装置。一般是在室温和中性 pH 这种温和条件下运行，可以使用生物质、有机废水等来产生电能，是一种可持续的绿色生物燃料电池，可应用于可植入电子设备、可穿戴设备、自供能传感器和废水处理等领域。

酶燃料电池的概念于 20 世纪 60 年代由日本科学家 Yahiro 最早提出，即用人体的代谢废弃物来发电。80 年代，研究人员试图用生物燃料电池从天然作物的废弃物中产生电能，出现了采用固定酶电极和电子介体的酶燃料电池。到 2010 年左右，随着美国以及日、韩、欧洲的一些大公司和研究机构的广泛加入，酶燃料电池的研究进入应用阶段。以索尼公司为代表，其 2007 年开发的酶燃料电池功率就已经达到了锂离子电池的水平，可以用于驱动 MP3 播放器。

酶燃料电池目前在能量密度、功率密度、稳定性和电压等方面还受到技术条件的制约。然而生物燃料电池能量转化效率高，生物相容性好，原料来源广泛，可以用多种天然有机物作为燃料，是一种真正意义上的绿色电池，未来前景广阔。

思 考 题

1. 比较使用游离酶、固定化酶和固定化细胞作为催化剂的优缺点。
2. 简述常见的酶的固定化方法、固定化的基本原理以及各自的优缺点。
3. 如何评价固定化酶的固定化效果?
4. 简述固定化对酶性质的影响。
5. 设计实验固定化酿酒酵母进行酒精生产。
6. 请设计实验测定固定化葡萄糖异构酶的活力和比活力的方法。
7. 设计啤酒生产中常用的木瓜蛋白酶的固定化方法。
8. 查阅资料分析交联酶晶体的制备过程以及应用。
9. 简述交联酶晶体的主要特点。
10. 简述辅酶再生的方法、原理及各自优缺点。
11. 常用的定向固定化酶技术主要包括哪些?
12. 举例说明酶定向固定化的好处。

主要参考文献

陈守文. 2015. 酶工程[M]. 2 版.北京：科学出版社.

马延和. 2022. 高级酶工程[M]. 北京：科学出版社.

由德林. 2011. 酶工程原理[M]. 北京：科学出版社.

Ahmad R, Khare S K. 2018. Immobilization of aspergillus niger cellulase on multiwall carbon nanotubes for cellulose hydrolysis[J]. Bioresour Technol, 252: 72-75.

Cynthia S, Shelley D M. 2008. Enzyme Immobilization in Biotechnology[J]. Recent Patents on Engineering, 2:195-200.

Liu D M, Dong C. 2020. Recent advances in nano-carrier immobilized enzymes and their applications[J]. Process Biochemistry, 92: 464-475.

Razzaghi M, Homaei A, Vianello F, et al. 2022. Industrial applications of immobilized nano-biocatalysts[J]. Bioprocess Biosyst Eng , 45: 237-256.

Sirisha V L, Jain Ankita, Jain Amita. 2016. Enzyme immobilization: An overview on methods, support material, and applications of immobilized enzymes[J]. Advances in Food and Nutrition Research, 79: 179-211.

Xiao X, Xia H, Wu R, et al. 2019. Tackling the challenges of enzymatic (Bio)fuel cells[J]. Chemical Reviews, 119 (16): 9509-9558.

Xie X, Luo P, Han J, et al. 2019. Horseradish peroxidase immobilized on the magnetic composite microspheres for high catalytic ability and operational stability[J]. Enzyme Microb Technol, 122: 26-35.

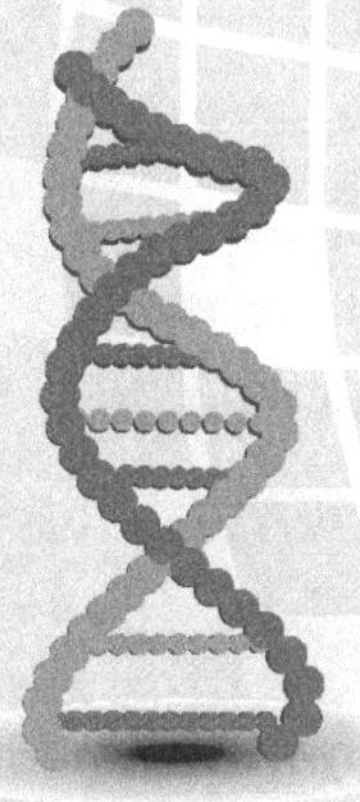

第 5 章 化学酶工程

本章资源

- 化学酶工程
  - 酶分子的化学修饰
    - 概述：定义，目的
    - 原理、方法及修饰剂
    - 修饰酶的性质
  - 模拟酶
    - 概述
    - 理论基础
      - 酶学基础
      - 超分子化学基础
    - 分类
    - 环糊精模拟酶
    - 大环聚醚及其模拟酶
    - 环芳烃及其模拟酶
    - 金属卟啉及其模拟酶
    - 肽酶
    - 模拟酶的应用——生物医学、分析检测、食品安全、环境保护
  - 抗体酶
    - 催化特性
    - 催化作用机制
    - 催化反应类型
    - 制备方法——抗体酶结构、制备原则，制备方法
    - 抗体酶的应用——生物医学、药物开发、有机合成
  - 印迹酶
    - 分子印迹的原理
    - 分子印迹技术的分类
    - 分子印迹聚合物的制备
    - 印迹分子
    - 分子印迹酶的实践应用——生物医学、有机合成、食品安全、环境保护

酶是由氨基酸聚合而成的蛋白质，通过修饰使酶的结构发生某些改变，就有可能使酶的某些特性和功能发生相应的改变，可以显著提高酶的使用范围和应用价值。从广义上说，凡涉及共价键的形成或破坏的转变都可看作是酶的化学修饰。本章介绍了酶分子的化学修饰的基本原理，分节重点介绍了模拟酶、抗体酶、印迹酶的原理、制备方法和应用等。

5.1 酶分子的化学修饰

5.1.1 概述

资源 5.1

酶作为生物催化剂，它具有底物专一性强、催化效率高和反应条件温和等显著特点，是其他催化剂所无法比拟的。但是酶作为蛋白质，具有异源蛋白的抗原性、受蛋白水解酶水解、热稳定性差、对酸碱敏感以及不能在靶部位有效聚集等缺点，严重制约酶的应用范围和效果，有时甚至无法正常使用。如何提高酶的稳定性、解除酶的抗原性，并根据需要相应改变酶学性质，以扩大酶的应用范围的研究已经越来越受到人们的重视。由于酶是由氨基酸聚合而成的蛋白质，酶的结构决定了它的功能和性质。如果使酶的结构发生某些改变，就有可能使酶的某些特性和功能发生相应的改变。通过修饰，可以显著提高酶的使用范围和应用价值。酶分子的修饰已成为酶工程中具有重要意义和应用前景的研究领域。

5.1.1.1 酶化学修饰的定义

通过主链的“切割”“剪接”和侧链基团的“化学修饰”对酶蛋白进行分子改造，以改变其理化性质及生物活性，这种应用化学方法对酶分子施行种种“手术”的技术，称为酶分子的化学修饰。通常把改变酶蛋白一级结构的过程称为改造，而把侧链基团的共价变化称为化学修饰。自然界本身就存在着酶分子改造修饰过程，如酶原激活、可逆共价调节等，这是自然界赋予酶分子的特异功能和提高酶活力的措施。从广义上说，凡涉及共价键的形成或破坏的转变都可看作是酶的化学修饰，从狭义上说，酶的化学修饰则是指在较温和的条件下，以可控制的方式使酶同某些化学试剂发生特异反应，从而引起单个氨基酸残基或其功能基团发生共价的化学改变。

5.1.1.2 酶化学修饰的目的

酶化学修饰的目的在于：人为地改变天然酶的一些性质，创造天然酶所不具备的某些优良特性甚至创造出新的活性，扩大酶的应用领域具体如下所示。

1. 提高酶活性　通过酶分子侧链基团的化学转变，改变基团的电化学性质、分子内基团的相互作用力等，某些情况下能提高酶的生物活性。

2. 增强酶的稳定性　一般酶反应条件基本接近中性，但在工业应用上，由于生产条件、底物等带来的影响，作用的 pH 常常不在中性；而且生产温度的提高，也易导致酶变性失活。这些都直接影响酶作用的发挥。用双功能试剂让酶分子基团之间、内部侧链基团之间进行交联，可以达到提高酶的稳定性的目的。

3. 降低酶类药物的抗原性　酶是蛋白质，作为药物使用时，这些异源蛋白进入人体后可能成为抗原，诱导相应的抗体产生，这些酶类药物就会因抗原抗体反应被清除掉，从而不能发挥药效，有的甚至还会产生过敏反应。通过对酶的化学修饰，可以降低酶类药物的抗原性。

4. 改变酶学性质　利用有机小分子或大分子物质对活性部位或活性部位之外的侧链基团进行化学修饰，达到改变酶学性质的目的。

此外，酶化学修饰已经成为研究酶分子的结构与功能关系的一种重要的技术手段，在理论上为生物大分子结构与功能关系的研究提供了实验依据和证明。

5.1.2 酶化学修饰的原理、方法及修饰剂

5.1.2.1 酶化学修饰的原理

酶分子表面外形的不规则、各原子间极性和电荷的不同、各氨基酸残基间相互作用等使酶分子空间结构的局部形成了一个包含了活性部位的微环境，不论这个微环境是极性的还是非极性的，都直接影响酶活性部位氨基酸残基的解离状态，并为活性部位发挥催化作用提供合适的条件。天然酶分子中的这种微环境可以通过人为的方法进行适当的改造，对酶分子的侧链基团、酶分子的功能基团进行化学修饰或改造，就可以获得结构更合理、功能更完善的修饰酶。酶经过化学修饰后，除了能减少由于内部平衡力被破坏而引起的酶分子伸展外，还可能在酶分子表面形成一层“缓冲外壳”，可以在一定程度上抵御外界环境的电荷、极性等的变化对酶分子的影响，维护酶活性部位微环境的相对稳定，使酶分子能在更广泛的条件下发挥作用。

酶的化学修饰所用的方法和手段很多，但基本原理都是利用化学修饰剂所具有的各种基团的特性，直接或间接地经过一定的活化过程与酶分子的某种氨基酸残基（通常选择非必需基团）发生化学反应，从而对酶分子的结构进行改造。

在酶的化学修饰过程中需要考虑以下因素。

1. 被修饰酶　开始设计酶化学修饰反应时对被修饰酶的活性部位、侧链基团性质、酶稳定条件及酶反应的最适条件等应尽可能全面了解。

2. 修饰剂的选择　选择修饰剂时要求修饰剂具有较大的相对分子质量，对蛋白质的吸附有良好的生物相容性和水溶性，修饰剂分子表面有较多的活性基团，还要考虑修饰剂上的反应基团的活化方式和活化条件，以及修饰后酶活性的半衰期。

修饰剂的选择在很大程度上是依据修饰目的而定。例如，对氨基的修饰可有几种情况：修饰所有氨基，而不修饰其他基团；仅仅修饰 α-氨基；修饰酶分子表面的或反应活性高的氨基；修饰具有催化活性的氨基。

如果修饰的目的是希望改变酶分子的带电状态或溶解性，则要选择具有较大电荷量的修饰剂。

修饰剂的大小也是选择时要考虑的。修饰剂体积太大，往往由于空间位阻而不能与作用的基团接近。总之，修饰剂的体积小一些为好，这样既能保证修饰反应顺利进行，又可以减少空间障碍对酶活性的影响。

3. 修饰反应条件的选择　修饰反应一般要选择在酶稳定的条件下进行，尽可能少破坏酶的必需基团，选择酶与修饰剂的结合率和酶活回收率都较高的反应条件。对反应体系中酶与修饰剂的分子比例、溶剂性质、离子强度、反应温度、pH 和反应时间等在确定反应条件时也必须考虑。

5.1.2.2 酶化学修饰的方法及修饰剂

1. 酶分子侧链基团的化学修饰　根据酶分子与化学修饰剂之间反应性质的不同，酶

分子的修饰反应主要可以分为酰基化反应、烷基化反应、氧化还原反应、芳环取代反应等类型。在构成酶的 20 种氨基酸中，只有具有极性的氨基酸残基的侧链基团才能够进行化学修饰。酶分子侧链上的功能基团主要有氨基（赖氨酸残基）、羧基（谷氨酸、天冬氨酸残基）、羟基（丝氨酸、苏氨酸残基）、巯基（半胱氨酸残基）、咪唑基（组氨酸残基）、酚基（酪氨酸残基）、胍基（精氨酸残基）、吲哚基（色氨酸残基）和甲巯基（甲硫氨酸残基）。

（1）氨基的化学修饰　氨基的烷基化已成为一种重要的赖氨酸修饰方法，可供利用的修饰剂比较多，如乙酸酐、2,4,6-三硝基苯磺酸（TNBS）、2,4-二硝基氟苯（DNFB，Sanger 试剂）、碘乙酸（IAA）、卤代乙酸、芳基卤、芳香族磺酸、丹磺酰卤（DNS）、苯异硫氰酸酯（PITC）等。图 5.1 所示为几种常用的氨基修饰剂与酶分子中氨基的反应。其中 2,4-二硝基氟苯（DNFB，Sanger 试剂）是一种非常有效的氨基修饰剂，它与赖氨酸残基反应，在 420nm 和 367nm 能够产生特定的光吸收。

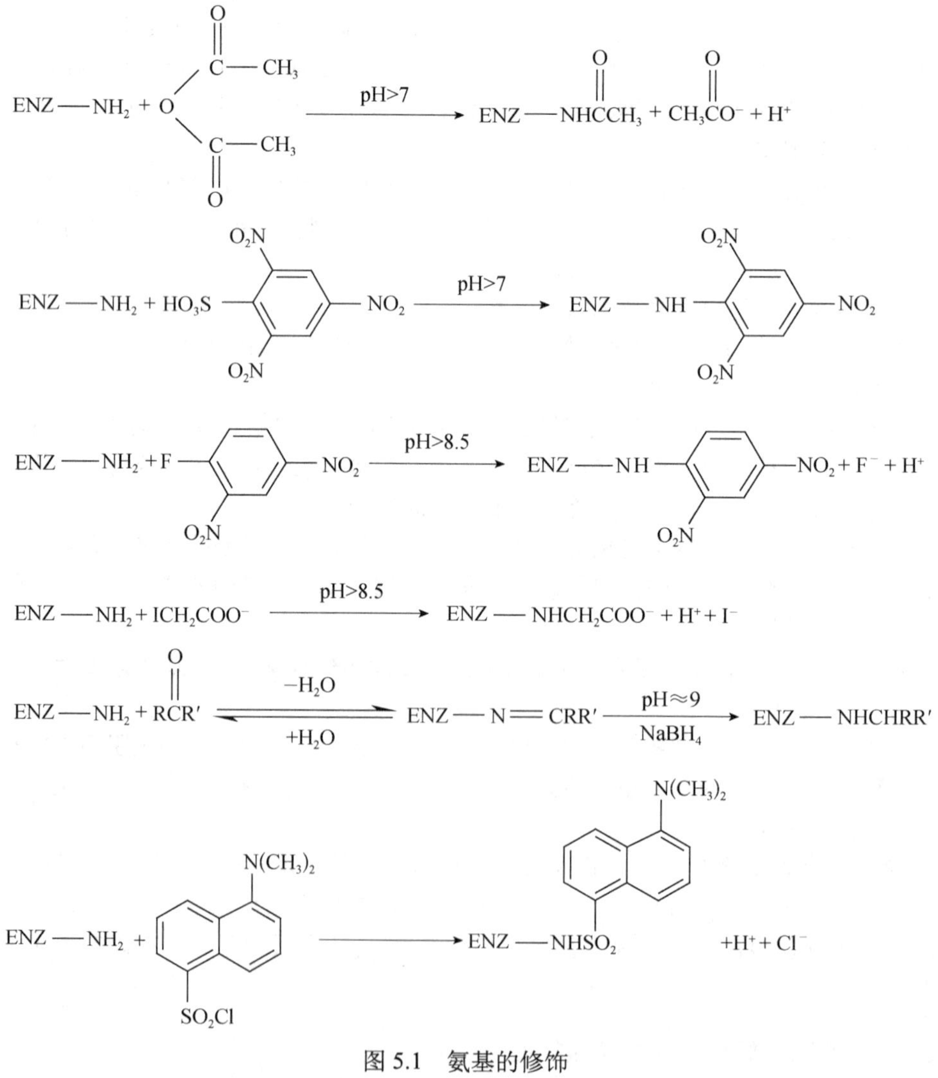

图 5.1　氨基的修饰

图 5.1～图 5.8 中 ENZ 表示酶分子

在硼氢化钠或硼氨等氢供体存在下酶分子中的氨基也能与醛或酮发生还原烷基化反应，还原烷基化反应过程中所使用羰基试剂的分子量大小对修饰结果有很大的影响。例如，在硼氢化钠的存在条件下，用不同的羰基试剂对卵黏蛋白、溶菌酶、卵转铁蛋白的赖氨酸残基进行还原烷基化修饰，修饰程度为 40%～100%，其中丙酮、环戊酮、环己酮和苯甲醛为单取代，而丁酮有 20%～50%的双取代，甲醛则几乎 100%为双取代。

氰酸盐通过氨基甲氨酰化形成非常稳定的衍生物，是一种常用的修饰赖氨酸残基的方法，该方法的优点是氰酸根离子小，容易接近要修饰的基团。

（2）羧基的化学修饰　　羧基的化学修饰主要是对酶分子的谷氨酸和天冬氨酸残基进行修饰，修饰产物一般是含酯类或酰胺类的修饰酶，由于羧基是一个不太活泼的功能团，使得利用羧基进行修饰的方法非常有限，图 5.2 所示为几种修饰剂与羧基的反应。其中，水溶性的碳二亚胺与酶分子中的羧基反应，反应条件比较温和，现已成为修饰羧基的标准方法。羧基也能与硼氟化三甲烊盐以及甲醇－HCl 反应生成甲酯，实现对含羧基残基的酶分子进行修饰。

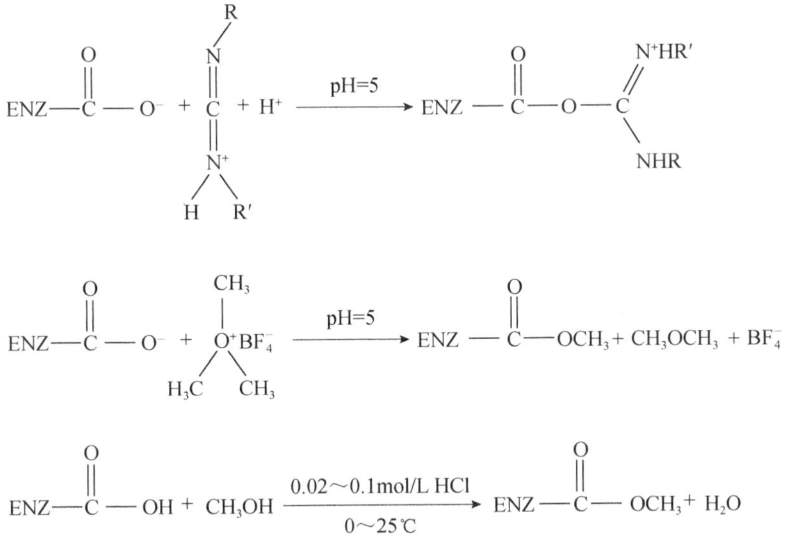

图 5.2　羧基的修饰

R、R′为烷基；HX 为卤素、一级或二级胺

（3）巯基的化学修饰　　酶分子的巯基具有很强的亲核性，半胱氨酸残基是酶分子中最容易起反应的侧链功能团。烷基化试剂是一种重要的巯基修饰剂，修饰产物相当稳定，易于分析。现在已开发出许多基于碘乙酸的荧光试剂。有机汞试剂也是修饰巯基的专一性很强的试剂，如对氯汞苯甲酸对巯基的修饰专一性就很强，其修饰产物在 250nm 处有最大光吸收。5,5′-二硫代-双（2-硝基苯甲酸）（DTNB，Ellman 试剂）也是最常用的巯基修饰剂，它与巯基反应形成二硫键，释放出 2-硝基-5-苯甲酸，该物质在 412nm 处有最大光吸收，因此能够通过分光光度法跟踪反应进程。虽然目前在酶的结构与功能研究中半胱氨酸的侧链化学修饰（图 5.3）有被蛋白质定点突变的方法所取代的趋势，但 Ellman 试剂仍然是当前定量酶分子中巯基数目的最常用试剂，还可以用于研究蛋白质的构象变化。

（4）组氨酸咪唑基的化学修饰　　许多酶的活性中心具有组氨酸残基，咪唑基的常用修饰剂有焦碳酸二乙酯（DPC）和碘乙酸（IAA）（图 5.4）。DPC 在近中性的 pH 下对组氨酸残基有较好的专一性，产物在 240nm 处有最大光吸收，可以跟踪反应进程和定量分析。焦碳酸二乙酯和碘乙酸都能修饰咪唑环上的两个氮原子，碘乙酸修饰时，有可能将 N-1 取代和 N-3 取代的衍生物分开，观察修饰不同氮原子对酶活性的影响。

（5）精氨酸胍基的化学修饰　精氨酸残基在结合阴离子底物的酶活性中心起着重要作用。具有两个邻位羰基的化合物，如丁二酮、1,2-环己二酮和苯乙二醛是修饰精氨酸残基的重要试剂，因为它们在中性或弱碱性条件下能与精氨酸残基反应（图 5.5）。还有一些在温和条件下具有光吸收性质的精氨酸残基修饰剂，如 4-羟基-3-硝基苯乙二醛和对硝基苯乙二醛。

（6）色氨酸吲哚基的化学修饰　色氨酸残基一般位于酶分子的内部，反应的活泼性比巯基和氨基等一些亲核基团的差，所以色氨酸残基一般不与常用的修饰试剂反应。

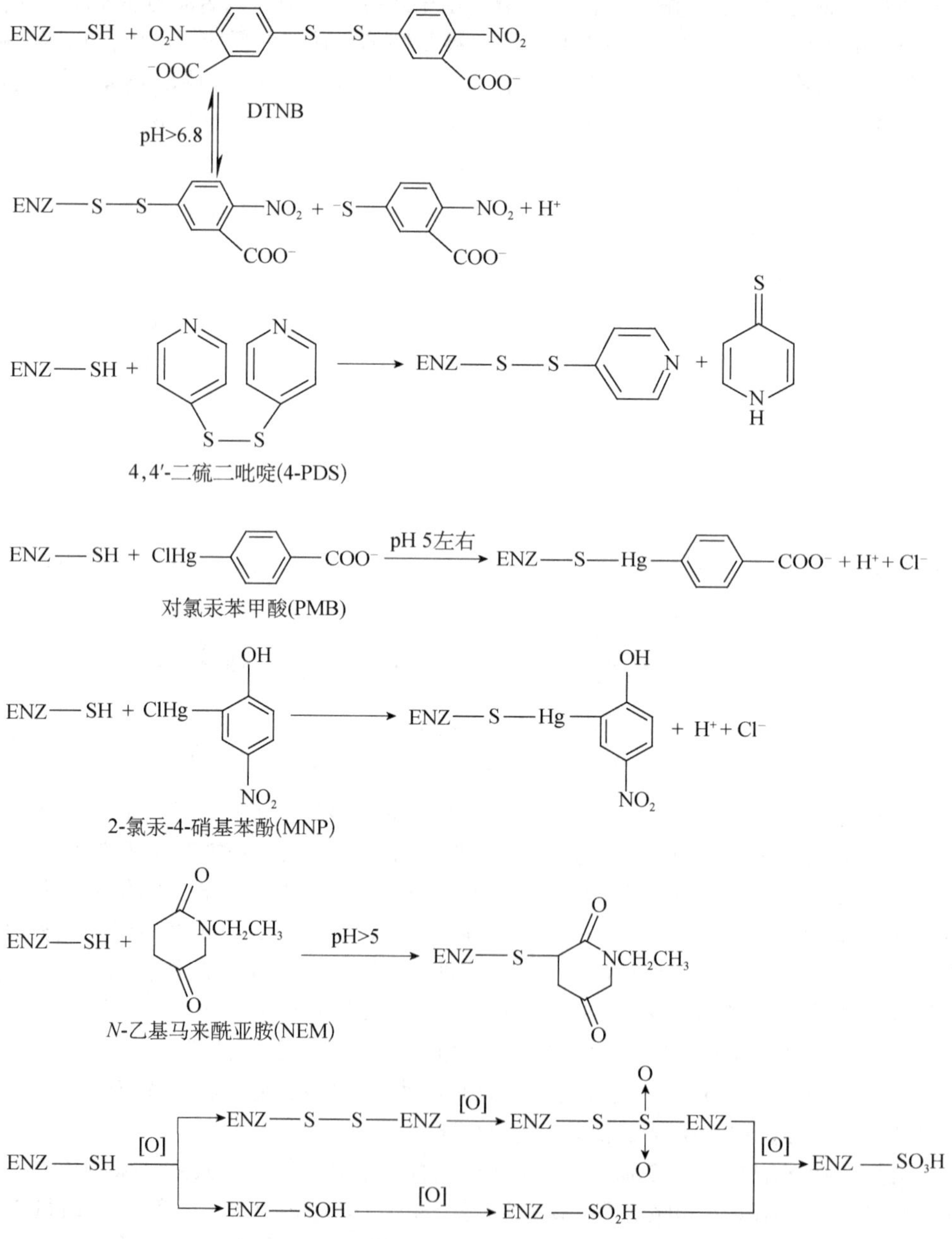

图 5.3　巯基的修饰

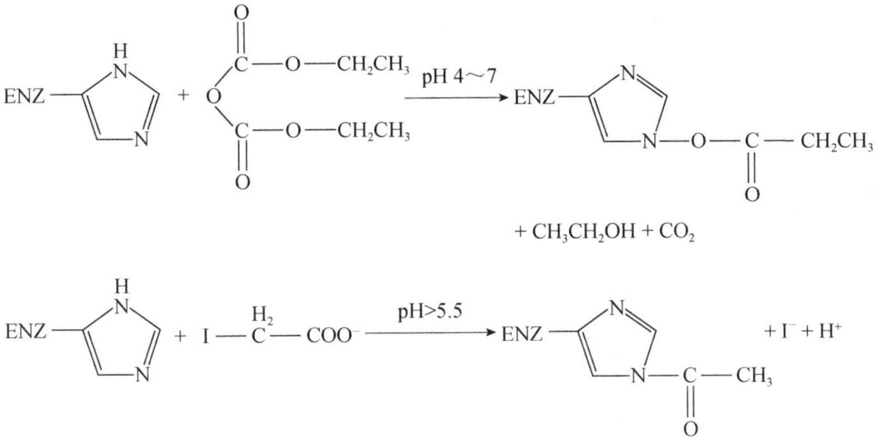

图 5.4　咪唑基的修饰

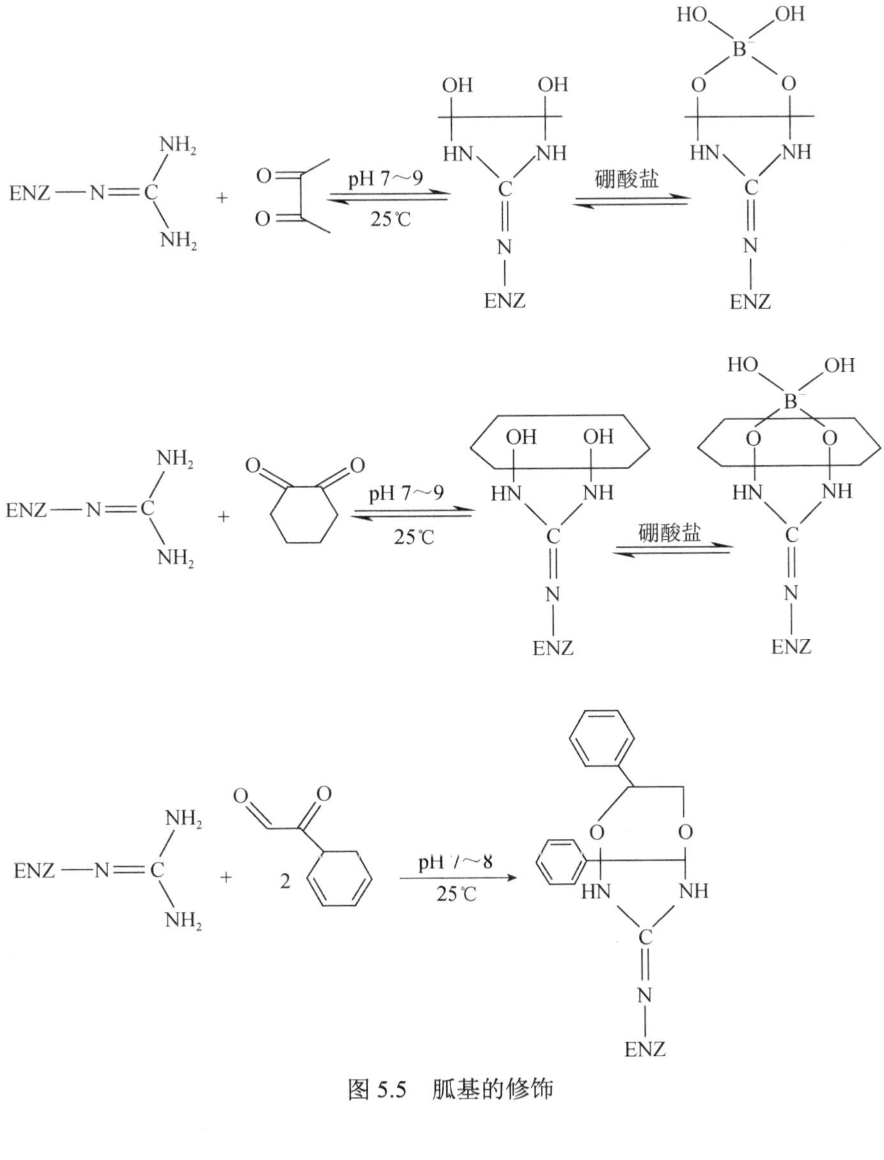

图 5.5　胍基的修饰

N-溴代琥珀酰亚胺（NBS）可以修饰吲哚基，并可通过 280nm 处光吸收的减少跟踪反应，但是酪氨酸与修饰剂的反应可干扰光吸收的测定。2-巯基-5-硝基苄溴（HNBB）和 4-硝基苯硫氯对吲哚基的修饰比较专一（图 5.6）。2-巯基-5-硝基苄溴水溶性较差，与它类似的二甲基-（2-羟基-5-硝基苄基）溴化锍易溶于水，有利于修饰酶。这两种试剂称为 Koshland 试剂，它们还易与巯基作用，因此修饰色氨酸残基时要对巯基进行保护。

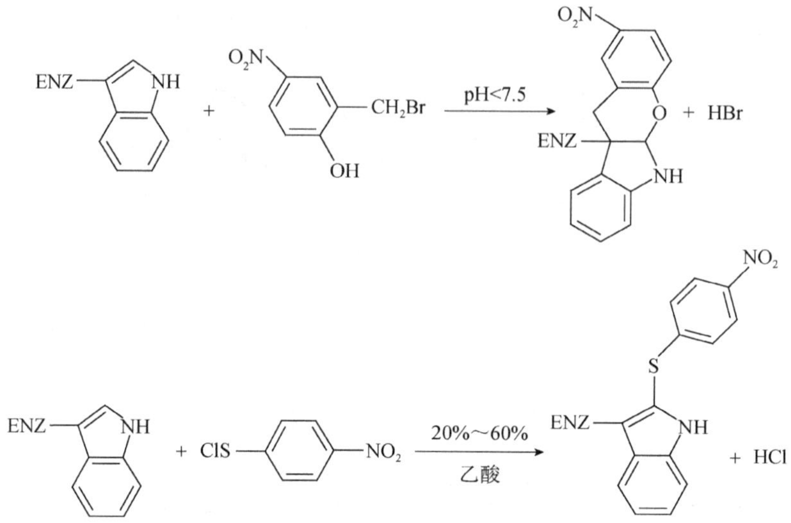

图 5.6　吲哚基的修饰

（7）酪氨酸残基和脂肪族氨基酸残基的化学修饰　　酪氨酸残基的修饰包括酚羟基的修饰和芳环上的取代修饰。苏氨酸和丝氨酸残基的羟基一般都可以被修饰酚羟基的修饰剂修饰，但反应条件比修饰酚羟基要严格一些，生成的产物也比酚羟基修饰形成的产物更稳定（图 5.7）。

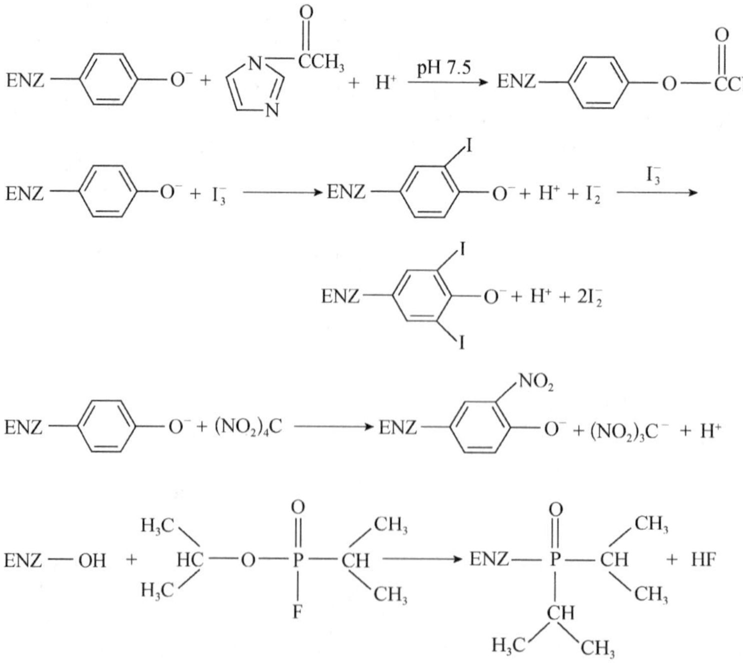

图 5.7　酪氨酸残基和脂肪族氨基酸残基的化学修饰

四硝基甲烷（TNM）在温和条件下可高度专一性地硝化酪氨酸酚羟基，生成可电离的发色团 3-硝基酪氨酸，它在酸水解条件下稳定，可用于氨基酸定量分析。

苏氨酸和丝氨酸残基的专一性修饰剂相对较少。丝氨酸参与酶活性部位的例子是丝氨酸蛋白水解酶，酶中的丝氨酸残基对酰化剂（如二异丙基氟磷酸酯）具有高反应性。苯甲基磺酰氟（PMSF）也能与此酶的丝氨酸残基作用，在硒化氢存在下，能将活性丝氨酸转变为硒代半胱氨酸，从而把丝氨酸蛋白水解酶变成谷胱甘肽过氧化物酶。

（8）甲硫氨酸残基的化学修饰　　甲硫氨酸残基的极性较弱，在温和条件下，很难选择性修饰，但由于硫醚的硫原子具有亲核性，所以可用过氧化氢、过甲酸等氧化成甲硫氨酸亚砜。用碘乙酰胺等卤化烷基酰胺使甲硫氨酸烷基化（图 5.8）。

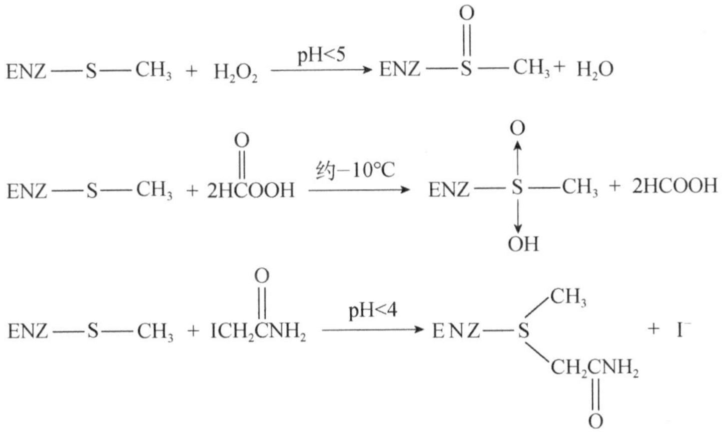

图 5.8　甲硫氨酸残基的修饰

2. 酶分子表面化学修饰　　通常通过共价键将聚乙二醇（PEG）、聚乙烯吡咯烷酮（PVP）、聚丙烯酸（PAA）、聚氨基酸、葡聚糖、环糊精、乙烯/顺丁烯二酰肼共聚物、羧甲基纤维素、多聚唾液酸、肝素等大分子连接到酶分子的表面，使之在酶的表面形成一覆盖层，从而使酶的性质发生改变，以满足人们的需要。修饰方法常见的有溴化氰法、高碘酸氧化法、戊二醛法、叠氮法、琥珀酸法和三氯均三嗪法等。常用的大分子修饰剂有聚乙二醇、右旋糖酐、糖肽、肝素、血清清蛋白等。

（1）聚乙二醇对酶的修饰　　在各种大分子修饰剂中，用得最多的是相对分子质量在 5000～20 000 范围内的 PEG 类修饰剂，因为该类修饰剂是既能溶于水，又可以溶于绝大多数有机溶剂的两亲分子，且没有免疫原性和毒性，在体内不残留，其生物相容性已通过美国 FDA 认证，是一种优良的修饰剂。在实际的化学修饰过程中多采用单甲氧基聚乙二醇（MPEG）的衍生物，如 MPEG 均三嗪类衍生物、MPEG 的琥珀酰亚胺类衍生物、MPEG 氨基酸类衍生物以及蜂巢型 MPEG。

1）MPEG 均三嗪类衍生物。MPEG 均三嗪类衍生物主要是 $MPEG_1$ 和 $MPEG_2$。均三嗪环上的氮原子很活泼，容易与 MPEG 的羟基反应，控制不同的反应条件，可以制取不同取代度的 MPEG 均三嗪类衍生物：活化的 $MPEG_1$ 和 $MPEG_2$。活化的 $MPEG_1$ 和 $MPEG_2$ 分子中引入了活泼的氯原子，很容易与酶分子中的氨基反应，从而实现对酶的修饰。图 5.9 为修饰 L-天冬酰胺酶的过程。由于 $MPEG_1$ 在一个均三嗪环上只连接了一个 MPEG 分子，而 $MPEG_2$ 在一个均三嗪环上连接了两个 MPEG 分子，因此在氨基修饰程度相同的情况下，$MPEG_2$ 修饰酶所引入的 MPEG 分子数是 $MPEG_1$ 的 2 倍，其修饰效果要好于 $MPEG_1$。

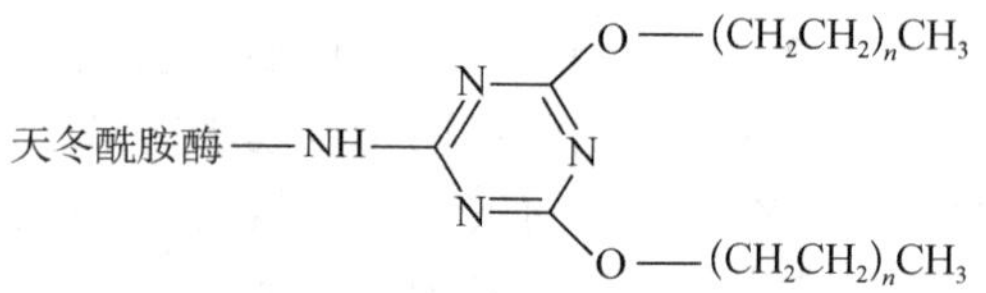

图 5.9 MPEG 均三嗪类衍生物修饰 L-天冬酰胺酶

2）MPEG 的琥珀酰亚胺类衍生物（图 5.10）。常用二溴代琥珀酸作为 MPEG 的活化剂，在温和的条件下进行反应，制备出 MPEG 琥珀酰亚胺琥珀酸酯（SS-MPEG）、MPEG 琥珀酰亚胺琥珀酰胺（SSA-MPEG）、MPEG 琥珀酰亚胺碳酸酯（SC-MPEG）等 MPEG 的琥珀酰亚胺类衍生物，再用这些 MPEG 的琥珀酰亚胺类衍生物在 pH7～10 的范围内与酶分子上的氨基发生交联反应，对酶进行修饰，获得修饰酶。

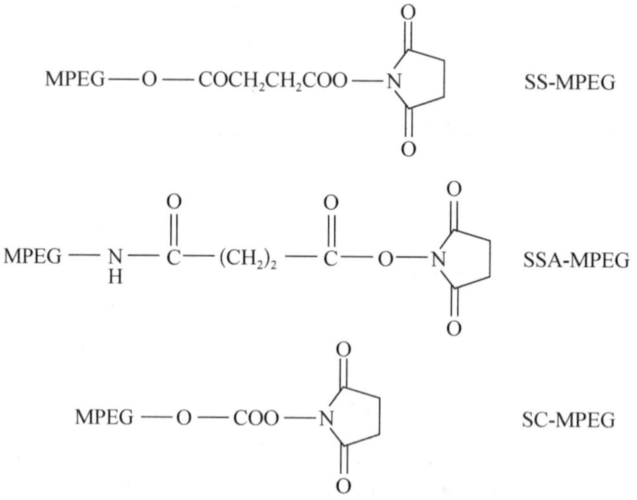

图 5.10 MPEG 的琥珀酰亚胺类衍生物的结构

3）MPEG 氨基酸类衍生物（图 5.11）。MPEG 与亮氨酸的 α-氨基或赖氨酸的 α-氨基和 ε-氨基反应，制备出 MPEG 的氨基酸类衍生物再通过 *N*-羟基琥珀酰亚胺活化。

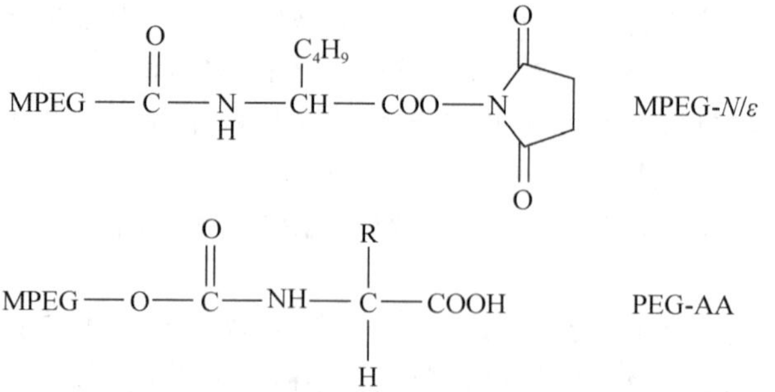

图 5.11 MPEG 氨基酸类衍生物的结构

4）蜂巢型 MPEG。聚乙二醇与马来酸酐形成的共聚物（PM）具有多个反应位点，呈现蜂巢型结构（图 5.12），修饰剂分子中的马来酸酐直接与酶分子上的氨基反应，形成酰胺键。这些蜂巢型修饰剂在酶分子表面覆盖上阴离子基团。

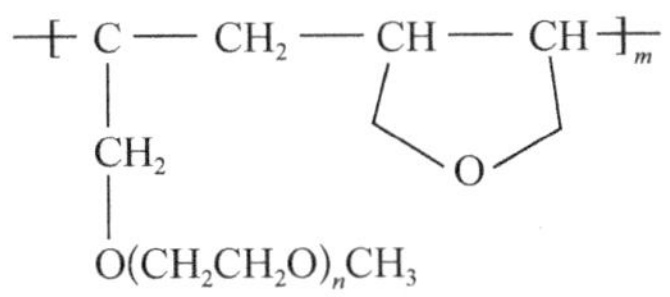

图 5.12　蜂巢型 MPEG 的结构

（2）右旋糖酐及右旋糖酐硫酸酯对酶的修饰　　右旋糖酐是由葡萄糖通过 α-1,6-糖苷键形成的多糖，具有较好的水溶性和生物相容性，可作代血浆用。右旋糖酐硫酸酯是右旋糖酐分子的羟基与硫酸缩合而成的酯。右旋糖酐及右旋糖酐硫酸酯分子中多糖链上的羟基经活化后可与酶分子上的氨基结合，从而达到修饰酶的目的。修饰方法主要是溴化氰法和高碘酸氧化法。

1）溴化氰法。以右旋糖酐溴化氰法修饰酶时，首先使多糖链上的邻双羟基在溴化氰的作用下活化，然后在碱性条件下与酶分子上的氨基进行反应，达到修饰酶的目的（图 5.13）。以右旋糖酐溴化氰法修饰酶时，右旋糖酐的活化是最关键的一步，要求能得到含有较多的活性基团且能保持水溶性的活化右旋糖酐。

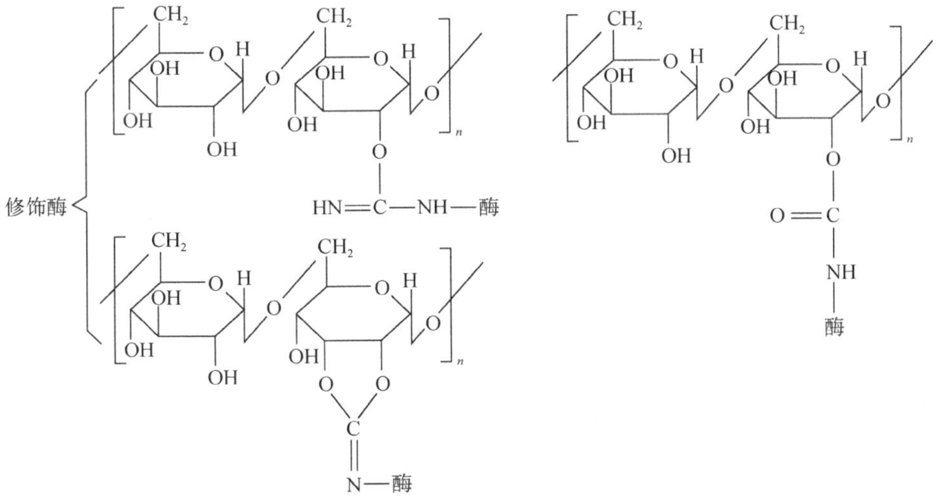

图 5.13　右旋糖酐溴化氰法修饰酶

2）高碘酸氧化法。高碘酸能通过氧化右旋糖酐或右旋糖酐硫酸酯中多糖的邻双羟基结构而将葡萄糖环打开，形成高活性的醛基进一步与酶分子上的氨基反应，使右旋糖酐或右旋糖酐硫酸酯与酶通过共价键结合，实现对酶的修饰（图 5.14）。

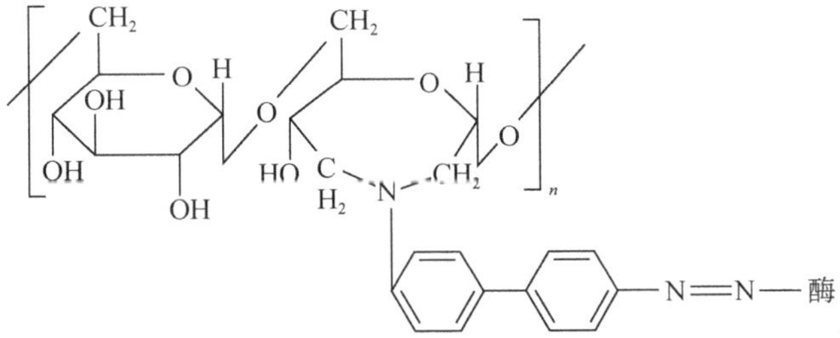

图 5.14　右旋糖酐高碘酸氧化法修饰酶

（3）糖肽对酶的修饰　　糖肽一般是通过纤维蛋白酶或蛋白水解酶降解纤维蛋白或 γ-球蛋白而得。糖肽结构上有氨基，这些氨基经合适的方法活化后能与酶分子中的氨基发生反应并以共价键结合，实现对酶的修饰。常用的糖肽修饰方法有异氰酸法、戊二醛法。

1）异氰酸法。在低温条件下可用2,3-异氰酸甲苯对糖肽进行活化，经活化后的糖肽再在碱性条件下与酶进行交联反应，通过共价键的结合而实现对酶的修饰。修饰酶如图5.15所示。

2）戊二醛法。用双功能团试剂戊二醛活化糖肽上的氨基，然后再将活化的糖肽与酶分子的氨基反应，实现对酶的修饰（图5.16）。

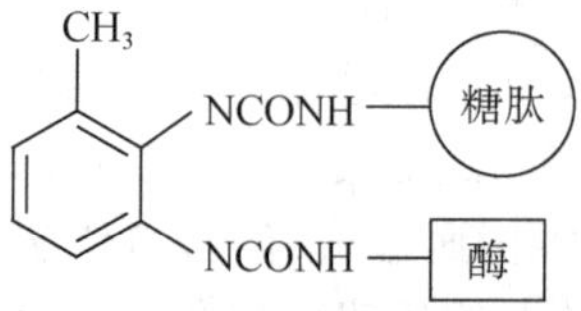

图5.15 糖肽异氰酸法修饰酶

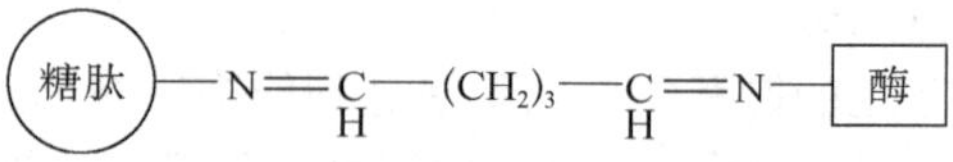

图5.16 糖肽戊二醛法修饰酶

（4）具有生物活性的大分子对酶的修饰　常用于对酶修饰的具有生物活性的大分子物质主要是肝素。肝素是一种含硫酸酯的糖胺聚糖，由氨基葡萄糖和两种糖醛酸组成，平均分子量为20 000（图5.17）。

与其他大分子物质相比较，肝素不仅能与酶共价交联增加酶的稳定性，而且由于肝素在体内还具有抗凝血、抗血栓、降血脂等活性，极适合用来修饰血栓溶解酶而增加其疗效。根据肝素的分子结构特性，常用羰二亚胺法、三氯均三嗪法和溴化氰法进行酶的修饰。

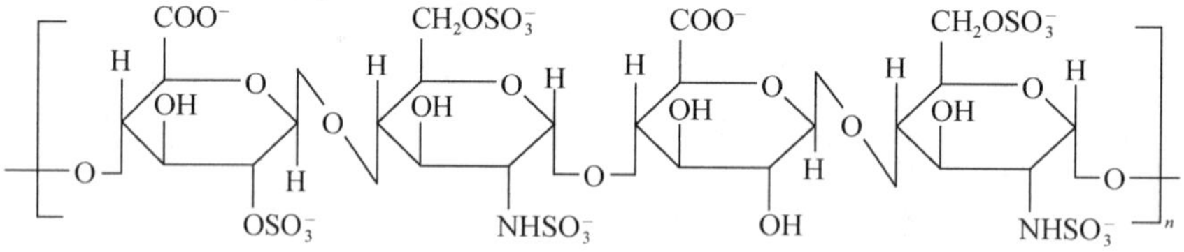

图5.17 肝素的结构

1）羰二亚胺法。用羰二亚胺活化肝素分子上的羧基，然后与酶分子上的氨基发生交联反应而对酶进行修饰（图5.18）。

2）三氯均三嗪法。用三氯均三嗪活化肝素分子上的羟基，然后再与酶分子上的氨基发生反应而进行修饰（图5.19）。

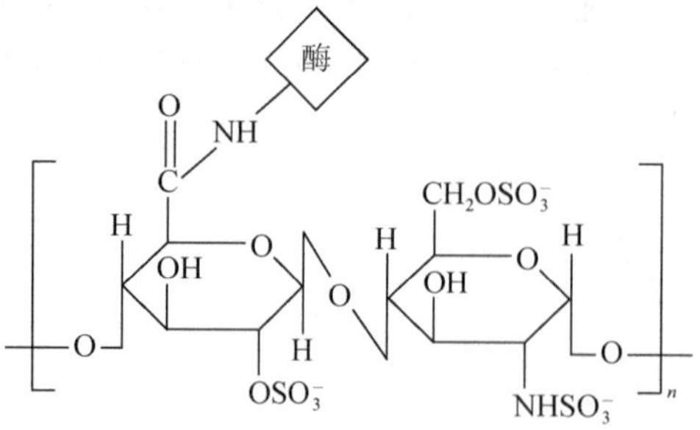

图5.18 肝素羰二亚胺法修饰酶

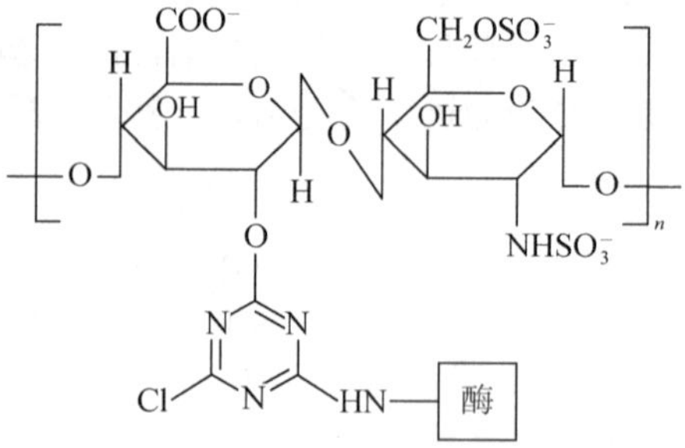

图5.19 肝素三氯均三嗪法修饰酶

3）溴化氰法。用溴化氰活化肝素分子上的邻双羟基，然后与酶分子上的氨基发生反应而对酶进行修饰。方法类同于右旋糖酐溴化氰法修饰酶。

（5）蛋白质或其他大分子对酶的修饰　血浆蛋白质是血浆中的天然组分，由于血浆蛋白质具有较大的分子量，在改进酶的性质上效果明显，被认为是具有较大优越性和前途的一类修饰剂，其中人血清清蛋白是目前研究较多的一种酶修饰剂。修饰方法有戊二醛法、羰二亚胺法、活化酯法等。

1）戊二醛法。利用戊二醛的双功能基团的活泼性，通过清蛋白和酶分子上的氨基发生交联而进行修饰（图 5.20）。

图 5.20 戊二醛法修饰酶

清蛋白的戊二醛法修饰过程受到多种因素的影响，包括戊二醛双功能基团与清蛋白和溶剂的相对反应速度、戊二醛双功能基团与酶和清蛋白的相对反应速度、分子间的交联速度与分子内的交联速度的相对关系以及清蛋白与酶的反应分子比例。因此，修饰反应的产物不仅有修饰酶，还有酶分子间和清蛋白之间相互交联的副产物，直接影响修饰酶的收率，使修饰反应结束后酶活的损失较大。此外，活泼的双功能基团不仅与蛋白质的氨基、羧基反应，还可能与酶的必需基团如组氨酸、酪氨酸和半胱氨酸等发生反应而导致酶失活。

2）羰二亚胺法。羰二亚胺法是清蛋白与酶之间以羰二亚胺作为交联剂进行酶的修饰（图 5.21）。

3）活化酯法。活化酯法清蛋白修饰酶是在多肽合成的原理上发展而来的，主要过程：清蛋白琥珀酰化，活性酯形成和修饰酶；主要特点是反应条件温和，从而避免了活泼的双功能团交联剂与酶接触可能引起酶失活，减少了修饰反应中副反应的发生，提高了修饰酶的活性回收率（图 5.22）。

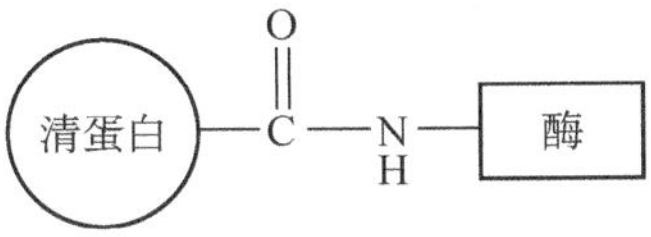

图 5.21 羰二亚胺法修饰酶

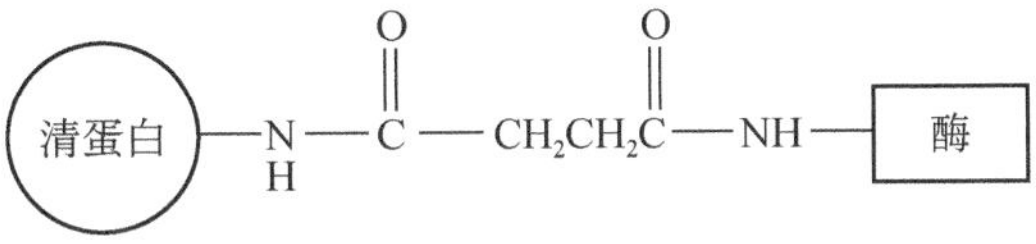

图 5.22 活化酯法修饰酶

4）交联酶晶体。1992 年 Clair 和 Navia 首次证实，利用交联酶晶体（cross linked enzyme crystal）技术，能够在保持较高的酶活性的基础上提高嗜热芽孢杆菌蛋白酶的稳定性。随后发现，在有机溶剂和水溶液中枯草杆菌蛋白酶的交联酶晶体都具有显著增强的稳定性。

交联酶晶体制备分为两步：酶晶体的形成；保持酶活性（保持酶晶体的晶格不被破坏），进行化学交联（图 5.23）。

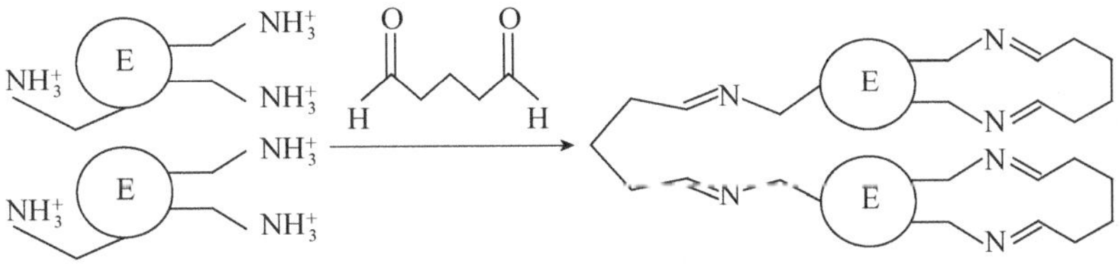

图 5.23 交联酶晶体

5.1.3 修饰酶的性质

经过化学修饰的酶，在性质方面较天然酶有许多显著的变化。

5.1.3.1 修饰酶的稳定性

酶的稳定性的提高主要包括酶的热稳定性、酸碱稳定性以及耐蛋白水解酶稳定性的提高。许多修饰分子存在多个活性反应基团，因此常与酶形成多点交联，在空间可固定酶的构象，增强酶耐温、耐酸碱、耐酶解等的稳定性。各种天然蛋白酶在经过修饰后的热稳定性变化数据比较见表 5.1。

表 5.1 天然酶和修饰酶的热稳定性比较

酶	修饰剂	天然酶		修饰酶	
		温度/时间	保持酶活/%	温度/时间	保持酶活/%
腺苷脱氢酶	右旋糖酐	37℃/100min	80	37℃/100min	100
β-淀粉酶	右旋糖酐	60℃/5min	50	60℃/175min	50
胰蛋白酶	右旋糖酐	100℃/30min	46	100℃/30min	64
过氧化氢酶	右旋糖酐	50℃/10min	40	50℃/10min	90
溶菌酶	右旋糖酐	100℃/30min	20	100℃/30min	99
α-糜蛋白酶	右旋糖酐	37℃/6h	0	37℃/6h	70
β-葡萄糖苷酶	右旋糖酐	60℃/40min	41	60℃/40min	82
尿酸酶	人血清清蛋白	37℃/48h	50	37℃/48h	95
α-葡萄糖苷酶	人血清清蛋白	55℃/3min	50	55℃/60min	50
L-天冬酰胺酶	人血清清蛋白	37℃/4h	50	37℃/40h	50
尿激酶	人血清清蛋白	65℃/5h	25	65℃/5h	85
尿激酶	聚丙烯酰胺-丙烯酸	37℃/2d	50	37℃/2d	100
糜蛋白酶	肝素	37℃/6h	0	37℃/24h	80
L-天冬酰胺酶	聚乳糖	60℃/10min	19	60℃/10min	63
葡萄糖氧化酶	聚乙烯酸	50℃/4h	52	50℃/4h	77
糜蛋白酶	聚 *N*-乙烯吡咯烷酮	75℃/117min	61	75℃/117min	100

5.1.3.2 修饰酶的抗原性

许多外源蛋白酶能引起免疫抗原性反应，从而会影响其正常发挥酶催化活力。当酶被修饰以后，酶分子表面上许多抗原决定簇在反应过程中被修饰剂结合，使这些抗原决定簇在空间结构上被屏蔽，从而降低了酶分子的抗原性或抗原抗体的结合能力。大量的研究表明聚乙二醇（包括其衍生物）和人血清清蛋白在消除酶的抗原性上效果明显（表 5.2）。

表 5.2 修饰酶的抗原性变化

酶	修饰剂	抗原性
胰蛋白酶	PEG	消除
过氧化氢酶	PEG	消除
精氨酸酶	PEG	消除
尿激酶	PEG	消除
腺苷脱氨酶	PEG	消除
超氧化物歧化酶	白蛋白	消除
α-葡萄糖苷酶	白蛋白	消除
尿激酶	白蛋白	消除

5.1.3.3 修饰酶的半衰期

许多酶在经过化学修饰后，由于增强了抗蛋白水解酶、抗抑制剂和抗失活因子的能力以及热稳定性的提高，所以其半衰期都比天然酶长，这对于保持药用酶的体内疗效具有很重要的意义。经过修饰，一些酶的半衰期改变的情况见表 5.3。

表 5.3 天然酶和修饰酶的半衰期对比

酶	修饰剂	半衰期	
		天然酶	修饰酶
精氨酸酶	PEG	1h	12h
腺苷脱氨酶	PEG	30min	28h
L-天冬酰胺酶	PEG	2h	24h
过氧化氢酶	PEG	6h	8h
尿酸酶	PEG	3h	3h
氨基己糖苷酶 A	PVP	5min	35min
尿酸酶	白蛋白	4h	20h
超氧化物歧化酶	白蛋白	6min	4h
α-葡萄糖苷酶	白蛋白	10min	3h
尿激酶	白蛋白	20min	90min
羧肽酶 C	右旋糖酐	3.5h	17h
精氨酸酶	右旋糖酐	1.4h	12h

5.1.3.4 修饰酶的最适 pH

有些酶经过化学修饰后，最适 pH 发生变化，这在生理和临床应用上有重要意义。例如，猪肝尿激酶的最适 pH 为 10.5，而在 pH 为 7.4 的生理环境时仅剩 5%～10%的酶活，用白蛋白修饰后，最适 pH 范围扩大，当在 pH 为 7.4 时保留 60%的酶活，这有利于酶在体内发挥作用。解释这一现象的假设是修饰酶的微环境更为稳定。当酶在 pH 为 7.4 时，酶活性部位仍能在相对偏碱的环境内行使催化功能，或者是修饰酶被“固定”于一个更活泼的状态，并且当基质 pH 下降时，酶仍能保持这种活泼状态使催化功能不受影响。

吲哚-3-链烷羟化酶修饰后，最适 pH 从 3.5 变为 5.5，这样在 pH 为 7 左右时，修饰酶活性比天然酶增加 3 倍，在生理环境下修饰酶抗肿瘤效果要比天然酶大得多。

一些修饰酶的最适 pH 改变情况见表 5.4。

表 5.4 天然酶和修饰酶的最适 pH 对比

酶	修饰剂	最适 pH	
		天然酶	修饰酶
猪肝尿激酶	白蛋白	10.5	7.4～8.5
糜蛋白酶	肝素	8.0	9.0
吲哚-3-链烷羟化酶	聚丙烯酸	3.5	5.0～5.5
尿激酶	PEG	8.2	9.0
产朊假丝酵母尿酸酶	PEG	8.2	8.8

5.1.3.5 修饰酶的动力学性质

绝大多数酶经过修饰后，最大反应速度 V_{max} 并没有变化。但有些酶在修饰后米氏常数 K_m 会增大。这主要是交联于酶上的大分子修饰剂造成空间障碍，影响了底物对酶的接近和结合。尽管如此，人们认为修饰酶抵抗各种失活因子的能力增强和体内半衰期的延长能够弥补 K_m 增加带来的缺陷，而不影响修饰酶的应用价值。表 5.5 所示为某些酶经修饰后其 K_m 值的改变。

表 5.5 天然酶和修饰酶的 K_m 对比

酶	修饰剂	K_m	
		天然酶	修饰酶
苯丙氨酸解氨酶	PEG	6.0×10^{-5}	1.2×10^{-4}
猪肝尿酸酶	PEG	2.0×10^{-5}	7×10^{-5}
产朊假丝酵母尿酸酶	PEG	5.0×10^{-5}	5.6×10^{-5}
L-天冬酰胺酶	白蛋白	4×10^{-5}	6.5×10^{-5}
精氨酸酶	PEG	6.0×10^{-3}	1.2×10^{-2}
	右旋糖酐		6.0×10^{-3}
胰蛋白酶	白蛋白	3.5×10^{-5}	8×10^{-5}
尿酸酶	右旋糖酐	3.0×10^{-5}	7×10^{-5}
腺苷脱氨酶	聚顺丁烯二酸	2.4×10^{-6}	3.4×10^{-6}
吲哚-3-链烷羟化酶	聚丙烯酸	2.4×10^{-6}	7.0×10^{-6}

5.2 模 拟 酶

5.2.1 概述

资源 5.2

酶是一类有催化活性的蛋白质，它具有催化效率高、专一性强、反应条件温和等特点。酶容易受到多种物理、化学因素的影响而失活，所以不能用酶广泛取代工业催化剂。用合成高分子来模拟酶的结构、特性、作用原理以及酶在生物体内的化学反应过程可以解决酶的以上缺点。

模拟酶是 20 世纪 60 年代发展起来的一个新的研究领域，是仿生高分子的一个重要的内容。目前模拟酶的研究主要有以下几方面。

5.2.1.1 模拟酶的金属辅基

有一类复合酶，除蛋白质外，还有含金属的有机小分子物质或简单的金属，叫作辅酶或辅基。辅基在催化反应中起着重要的作用。有一些研究工作就是模拟酶分子中的金属辅基。例如，通过模拟过氧化氢酶分子中的铁卟啉辅基，获得了分解过氧化氢的酶模型——三亚乙基四胺与三价铁离子的络合物（图 5.24）。这个模型在 pH 9.5 和 25℃的条件下，其催化速率是血红蛋白或正铁血红素在同样条件下的一万倍。化学模拟生物固氮同样是模拟固氮酶的金属辅基。

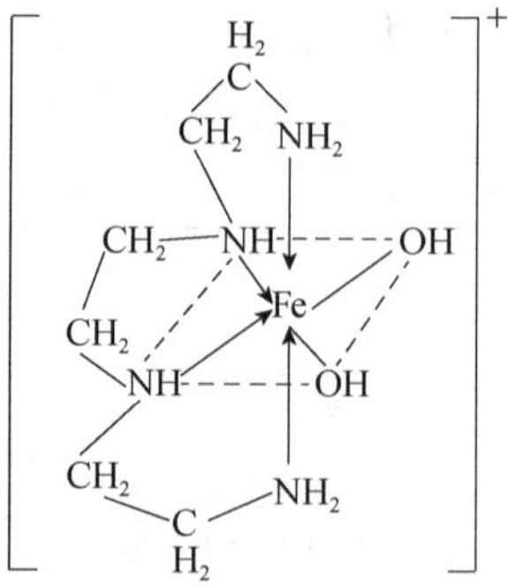

图 5.24 三亚乙基四胺与三价铁离子的络合物

5.2.1.2 模拟酶的活性功能基团

酶分子中直接与酶催化反应有关的部分称活性中心，通常是由几个活性功能基团组成。例如，牛胰核糖核酸酶的催化中心是肽链序列中第 12 位和第 119 位的两个组氨酸。

奥弗贝格（Overberger）等根据胰凝乳蛋白酶的催化中心与丝氨酸的羟基、组氨酸的咪唑基和天冬氨酸的羧基有关的事实，用乙烯基苯酚与乙烯基咪唑进行共聚合，制得带有羟基和咪唑基的 α-胰凝乳蛋白酶模型（图 5.25）。该模型聚合物可水解 3-乙酰氧基-*N*-三甲基碘化苯胺（图 5.26）。

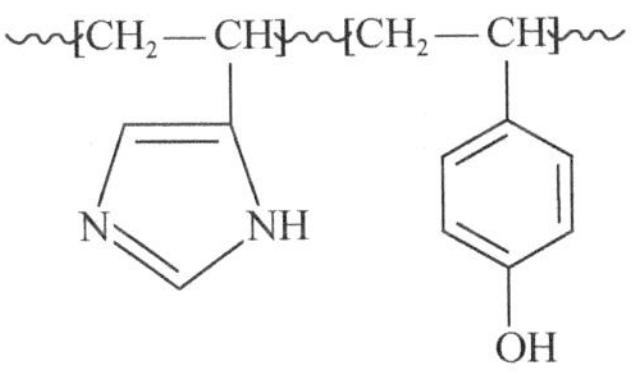

图 5.25 α-胰凝乳蛋白酶模型

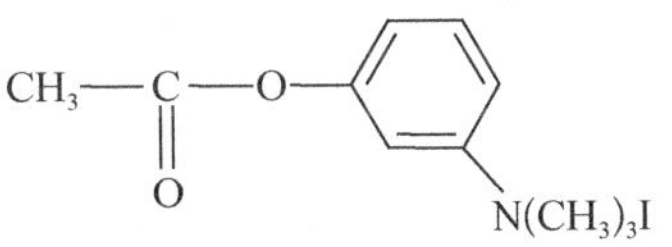

图 5.26 3-乙酰氧基-*N*-三甲基碘化苯胺

5.2.1.3 模拟酶的高分子作用方式

酶是一类由氨基酸组成，以多肽链为骨架的生物大分子。人们利用高分子化合物作为模型化合物的骨架，引入活性功能基团来模拟酶的高分子作用方式。例如，用分子量为 40 000～60 000 的聚亚乙基亚胺作为模型化合物的骨架，引入摩尔分数 10%的十二烷基和摩尔分数 15%的咪唑基，合成了一个硫酸酯酶模型（图 5.27）。

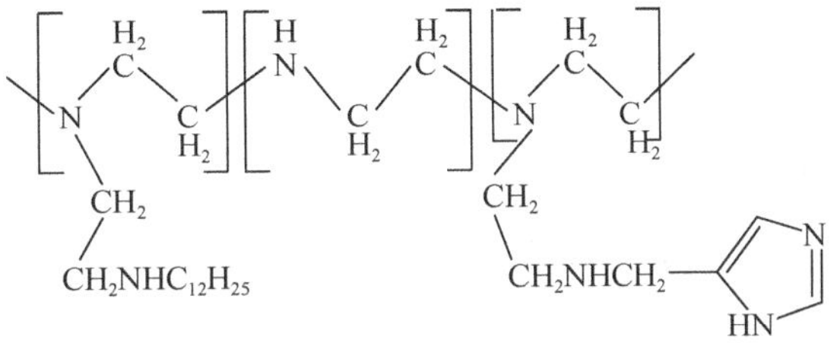

图 5.27 硫酸酯酶模型

用这个模型聚合物催化苯酚硫酸酯类化合物的水解，其活性比天然的Ⅱ型芳基硫酸酯酶高 100 倍。

5.2.1.4 模拟酶与底物的作用

酶分子具有一定的空间构型，它与被催化的底物在构型上有较严格的匹配关系，体现了酶的专一性。为了模拟酶的结合功能，近年来人们合成了许多冠醚化合物来模拟酶。随着冠醚空穴尺寸的不同，其对底物的选择性也不一样。

5.2.1.5 模拟酶的性状

在水溶液中，酶形成巨大的分子缔合体（胶束），构成同一分子内的疏水和亲水微环境。模拟酶在这种微环境中的化学反应的特殊性质，也是模拟酶的一个重要方面。有人利用组氨酸的衍生物十四酰组氨酸与十六烷基三甲基溴化铵组成两种分子的混合微胶束，来催化乙酸对硝基苯酯的水解。

模拟酶又称人工酶或酶模型，它是生物有机化学的一个分支。由于天然酶的种类繁多，模拟的途径、方法、原理和目的不同，对模拟酶至今还没有一个公认的定义。一般说来，它的研究就是吸收酶中起主导作用的因素，利用有机化学、生物化学等方法设计和合成较天然酶简单的非蛋白质分子或蛋白质分子，以这些分子作为模型来模拟酶对其作用底物的结合和催化过程，也就是说，模拟酶是在分子水平上模拟酶活性部位的形状、大小及其微环境等结构特征，以及酶的作用机理和立体化学等特性。

20 世纪 70 年代以来，由于蛋白质结晶学、X 射线衍射技术和光谱技术的发展，人们对许多酶的结构有了较深入了解，对酶的结构及其作用机制能在分子水平上作出解释。动力学方法的发展以及对酶的活性中心、酶抑制剂复合物和催化反应过渡态等结构的描述促进了酶作用机制的研究，为人工模拟酶的发展注入了新的活力。较为理想的小分子仿酶体系有环糊精、冠醚、杯芳烃和卟啉等大环化合物，大分子仿酶体系有聚合物酶模型、分子印迹酶模型等。

5.2.2 模拟酶的理论基础

5.2.2.1 酶学基础

对酶的催化机制，人们提出了很多理论，试图从不同角度阐述酶催化的高效、专一的原因。在众多的假说中，鲍林（Pauling）的稳定过渡态理论得到了广泛承认。该理论认为：酶先结合底物，进而选择性地让底物稳定处于某一特定反应的过渡态，降低反应的活化能，从而加速反应速度。

设计模拟酶一方面要基于酶的作用机制，另一方面要基于对简化的人工体系的识别、结合和催化的研究。要想得到一个真正有效的模拟酶，这两方面就必须统一。模拟酶在结构上应具有两个特殊部位，一个是底物结合部位，另一个是催化部位。催化基团的定向引入对于催化效率的提高至关重要，此外还要考虑与底物定向结合的能力。模拟酶要和酶一样，能够在底物结合中，通过底物的定向、键的扭曲及形变来降低活化能。此外，酶模型的催化基团和底物之间必须具有相互匹配的立体化学特征，这对形成良好的反应特异性和催化效率是相当重要的。

5.2.2.2 超分子化学基础

20 世纪六七十年代，佩德森（Pederson）、克拉姆（Cram）和莱恩（Lehn）报道了一系列光学活性冠醚的合成方法。这些冠醚可以作为主体与伯铵盐客体形成复合物。Cram 把主体与客体通过配位键或其他次级键形成的稳定复合物的化学称为“主客体”化学（host-guest chemistry）。主客体化学的基本意义来源于酶与底物的相互作用，体现为主体和客体在结合部位的空间及电子排布的互补，这种主客体互补与酶和底物的结合情况近似。Lehn 在研究穴醚和大环化合物与配体络合的过程中，提出了超分子化学（supermolecular chemistry）的概念，在此理论指导下，合成了更为复杂的主体分子。他在发表的“超分子化学”一文中阐明：超分子的形成源于底物和受体的结合，这种结合基于非共价键的相互作用，如静电作用、疏水相互作用、氢键和分子间的作用力等。当受体与络合离子或分子结合成具有稳定结构和性质的实体，即形成了“超分子”，它兼具分子识别、催化和选择性输送的功能。由于 Pederson、Cram 和 Lehn 在合成与天然蛋白质功能一样的有机化合物方面取得的开拓性成果，他们共同获得了 1987 年的诺贝尔化学奖。

主客体化学和超分子化学已成为酶人工模拟的重要理论基础。根据酶催化反应机制，若合成出能识别底物又具有酶活性部位催化基团的主体分子，就能有效模拟酶的催化过程。

在设计模拟酶之前，应当对酶的结构和酶学性质有深入的了解，包括：①酶活性中心-底物复合物的结构；②酶的专一性及其同底物结合的方式与能力；③反应的动力学及各中间物的知识。

设计人工酶模型应考虑如下因素：①非共价键相互作用是酶柔韧性、可变性和专一性的基础，故酶模型应为底物提供良好的微环境，便于与底物，特别是反应的过渡态，以离子键、氢键结合；②精心挑选的催化基团必须相对于结合点尽可能同底物的功能基团相接近，以促使反应定向发生；③模型应具有足够的水溶性，并在接近生理条件下保持其催化活性。

5.2.3　模拟酶的分类

根据柯比（Kirby）分类法，模拟酶可分为：①单纯酶模型（enzyme-based mimics），即以化学方法通过对天然酶活性的模拟来重建和改造酶活性；②机理酶模型（mechanism-based mimics），即通过对酶作用机制诸如识别、结合和过渡态稳定化的认识，来指导酶模型的设计和合成；③单纯合成的酶样化合物（synzyme），即一些化学合成的具有酶样催化活性的简单分子。

按照模拟酶的属性可分为：①主客体酶模型，包括环糊精、冠醚、穴醚、杂环大环化合物和卟啉类等；②分子印迹酶；③抗体酶；④胶束酶模型；⑤肽酶；⑥半合成酶。近年来又出现了杂化酶和进化酶。对酶的模拟已不仅限于化学手段，基因工程、蛋白质工程等分子生物学手段正在发挥越来越大的作用。化学和分子生物学方法的结合使酶模拟更加成熟起来。

5.2.4　环糊精模拟酶

1891 年，Vailliers 发现环糊精（cyclodextrin，CD），其是直链淀粉在由芽孢杆菌产生的环糊精葡萄糖基转移酶作用下生成的一系列环状低聚糖的总称，通常含有 6～12 个 D-吡喃葡萄糖单元。其中研究得较多并且具有重要应用价值的是含有 6、7、8 个葡萄糖单元的分子，分别称为 α、β 和 γ 环糊精（图 5.28）。根据 X 射线晶体衍射、红外光谱和核磁共振波谱分析的结果，确定构成环糊精分子的每个 D(+)-吡喃葡萄糖都是椅式构象。各葡萄糖单元均以 1,4-糖苷键结合成环。由于连接葡萄糖单元的糖苷键不能自由旋转，环糊精不是圆筒状分子而是略呈锥形的圆环。其中，环糊精的伯羟基围成了锥形的小口，而其仲羟基围成了锥形的大口。

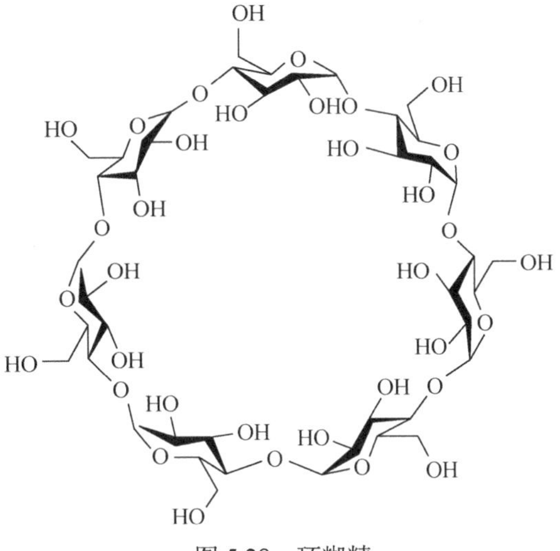

图 5.28　环糊精

由于环糊精的外缘（rim）亲水而内腔（cavity）疏水，因而它能够像酶一样提供一个疏水的结合部位，作为主体（host）包络各种适当的客体（guest），如有机分子、无机离子以及气体分子等。这种选择性的包络作用即通常所说的分子识别，其结果是形成主客体包络物（host-guest complex）。环糊精是迄今所发现的类似于酶的理想宿主分子，并且其本身就有酶模型的特性。因此，在食品以及药物等领域中，环糊精受到了极大的重视和广泛应用。环糊精没有尾端基团，化学和酶反应性质与开链糊精有根本性的差别。没有还原端，不具有还原性，也没有非还原端，不能被某些淀粉酶水解。如 β-淀粉酶的水解方式是由开链糊精分子的非还原端开始，但不能水解环糊精。

由于环糊精的这些特殊结构，使环糊精分子能识别并捕捉一些匹配的底物分子，形成易溶于水的包络物，模拟了酶的识别作用。如果把类似于酶活性基团的小分子修饰到环糊精上，就可以模拟酶对有机化合物的催化水解、转氨基以及氧化还原作用等。

5.2.4.1 水解酶的模拟

早期人们发现环糊精的氧负离子可与羧酸酯反应，随后又发现环糊精上的羟基能被包合于环糊精空腔中的酯乙酰化。因而单独的环糊精分子被用来模拟水解酶，它可以使乙酸间硝基苯酚酯的水解速度提高 100 倍。

本德（Bender）等最先利用了经修饰带有催化基团的环糊精模拟水解酶——胰凝乳蛋白酶。胰凝乳蛋白酶的活性中心是由 57 位的组氨酸的咪唑基、102 位的天冬氨酸的羧基和 195 位的丝氨酸的羟基组成。虽然这三个氨基酸残基在一级结构上相距甚远，但它们在空间结构上却很接近，形成了一个电荷中继系统（图 5.29）。

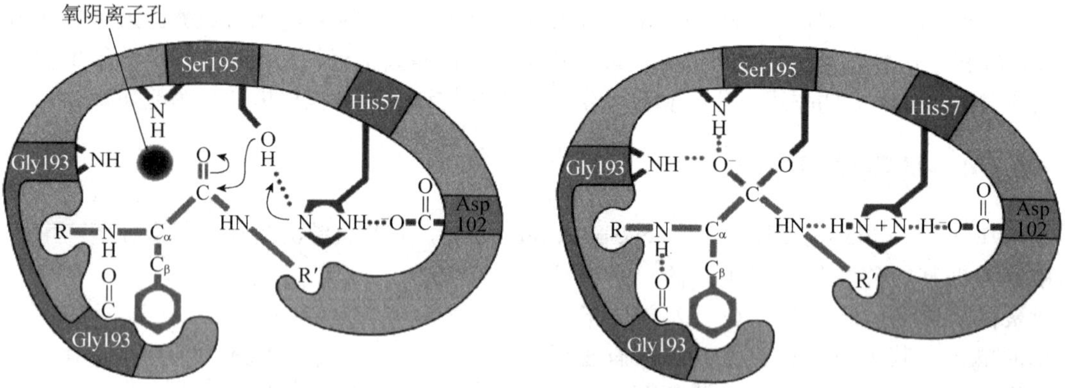

图 5.29　胰凝乳蛋白酶的活性中心

如果环糊精分子中具备这三个基团，并且处在恰当的位置，理论上该分子就能具有水解作用。Bender 等利用 β-环糊精的空穴作为底物的结合部位，以连接在环糊精侧链上的羧基、咪唑基和环糊精分子上的一个羟基共同构成活性中心，制成了胰凝乳蛋白酶的模拟酶（图 5.30），其催化对叔丁基苯乙酸酯的水解速度比天然酶快 1 倍（图 5.31）。

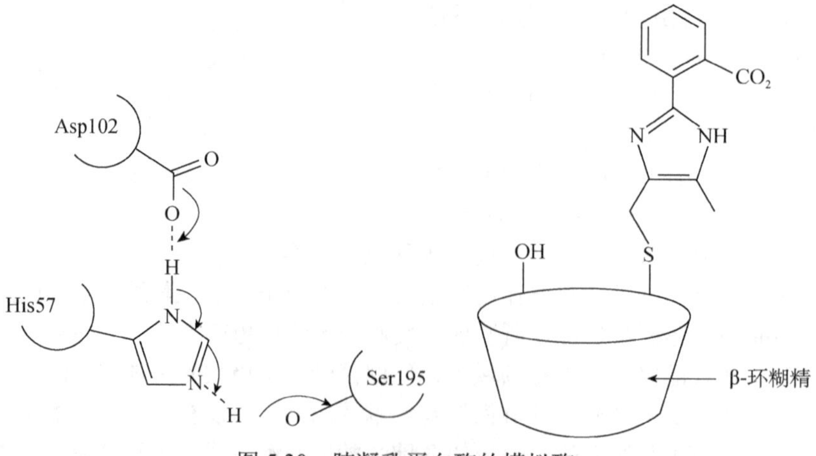

图 5.30　胰凝乳蛋白酶的模拟酶

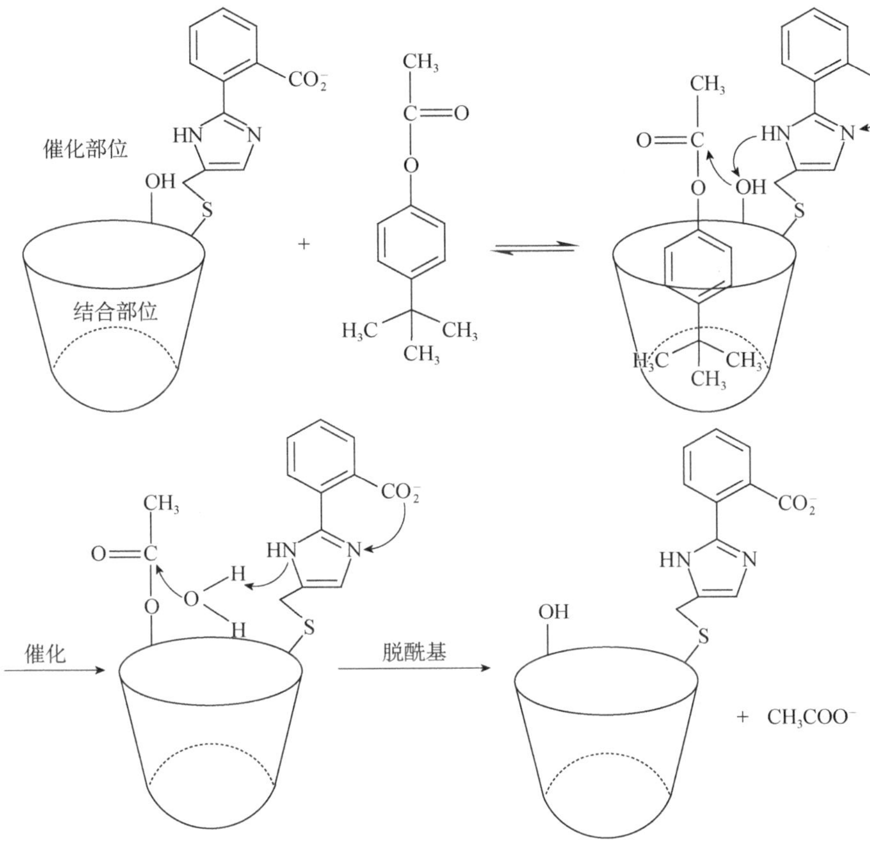

图 5.31　胰凝乳蛋白酶的模拟酶催化的反应

5.2.4.2　核酸酶的模拟

核糖核酸酶催化 RNA 中磷酸二酯键的水解断裂，其活性中心是由 12 位的组氨酸、41 位的赖氨酸和 119 位的组氨酸残基组成的。布雷斯洛（Breslow）等设计合成了两种环糊精 A 和 B 模拟核糖核酸酶催化环状磷酸二酯键的水解，当环状磷酸二酯键在碱性条件下水解时，同时产生两种产物 C 和 D，而在 A 的催化下水解反应只生成 C，B 催化时水解反应只生成 D，其作用机理与天然酶一致。近年来有报道脱氧核糖核酸酶的模拟物，不仅能催化水解脱氧核糖核酸，并且其活性与天然的脱氧核糖核酸酶活性相当。

5.2.4.3　转氨酶的模拟

磷酸吡哆醛及磷酸吡哆胺是转氨酶的辅酶。其中最重要的反应是酮酸与氨基酸间的转换，转氨基反应的机理见图 5.32 和图 5.33。

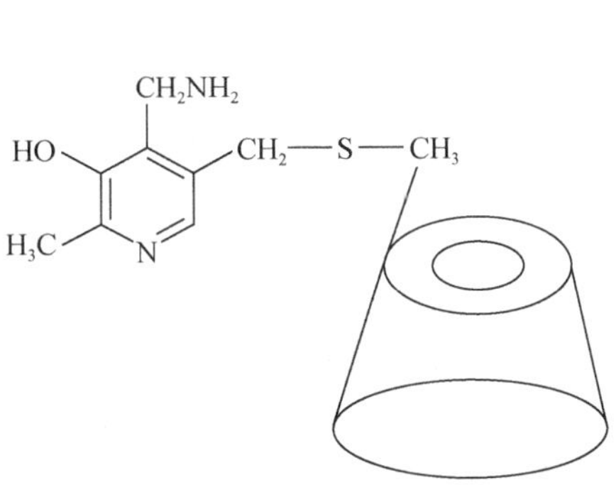

图 5.32　模拟转氨酶模型

研究表明，在没有酶存在的情况下，磷酸吡哆醛/胺能实现这种转氨基作用，但反应的速度极慢，且反应无任何选择性。原因在于辅酶本身无结合部位，即不能形成酶底物复合物，而后者往往是酶催化反应不可少的环节。第一个模拟转氨酶模型是

1980 年报道的，将磷酸吡哆胺连接在 β-环糊精上，在此模拟酶存在的情况下，其转氨基反应比磷酸吡哆胺单独存在时快约 200 倍。

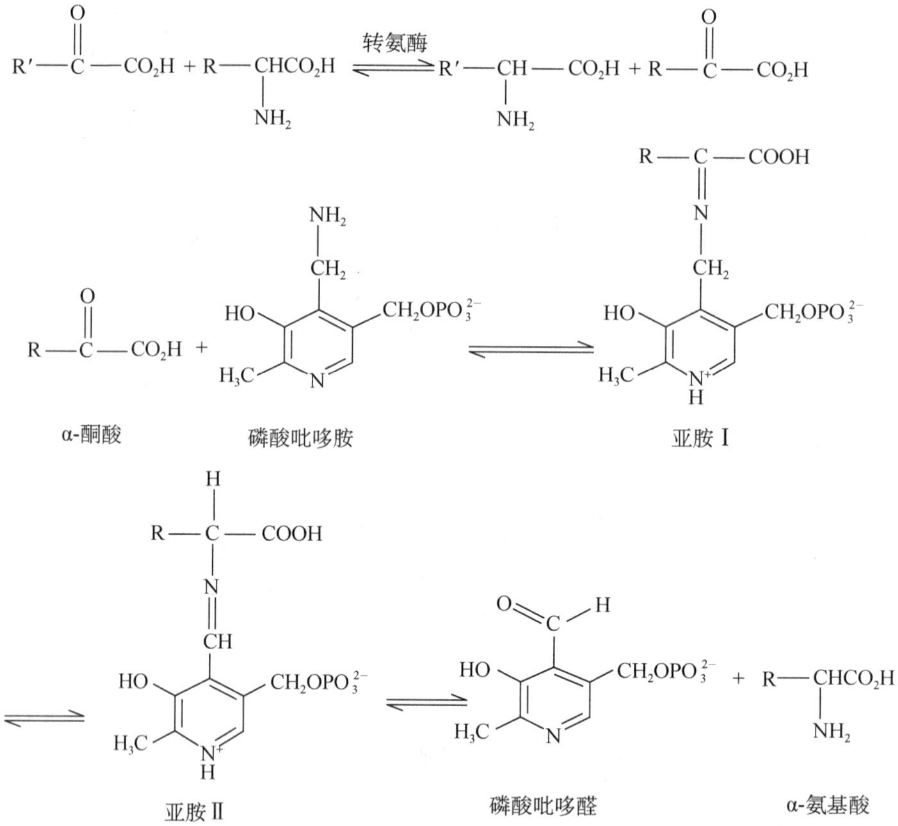

图 5.33　转氨酶作用机理

由于 β-环糊精本身具有手性，在 α-氨基酸的合成中，通过环糊精和吡哆胺协同的不对称作用，能够选择性地发生转氨基反应，可以预料氨基酸亦应该具有光学活性，事实上产物中 L 型氨基酸和 D 型氨基酸的含量确实不同。这种模型化合物的最大优点是具有良好的立体选择性。

5.2.4.4　桥联环糊精仿酶模型

桥联环糊精是一类仿酶模型，它的两个环糊精及桥基上的功能基团构成了具有协同包络和多重识别功能的催化活性中心，能更好模拟酶对底物的识别与催化功能。Matsui 等将乙二胺偶联到环糊精上，然后与铜盐作用形成桥联环糊精（图 5.34），它催化糠偶姻氧化成糠偶酰的反应，其催化常数 k_{cat} 为 1.1mol/min，比没有催化剂时大 20 倍。图 5.34 的两个环糊精协同包络糠偶姻的两个呋喃环，同时糠偶姻的烯醇负离子通过与桥基铜离子的静电或配位作用得以稳定，从而加速了反应。

谷胱甘肽过氧化物酶（GPX，EC1.11.1.9）为含硒酶，是体内重要的抗氧化物酶，能有效消除体内的自由基，与超氧化物歧化酶和过氧化氢酶共同作用，防止脂质过氧化，因而在治疗和预防克山病、心血管病、肿瘤等疾病方面具有明显效果。但是，该酶来源有限，稳定性差以及分子质量大的缺点限制了它的应用，因此，人们把注意力集中在对该酶的人工模拟上。利用环糊精的疏水空腔作为底物结合部位，硒代巯基为催化基团，制备出系列双硒/碲桥联环糊精

（图 5.35）。硒化环糊精均表现出很高的 GPX 活力，二位硒化环糊精的 GPX 活力为 7.4U/μmol，若将硒换成碲，则二位碲化环糊精的 GPX 活力可达 45U/μmol。

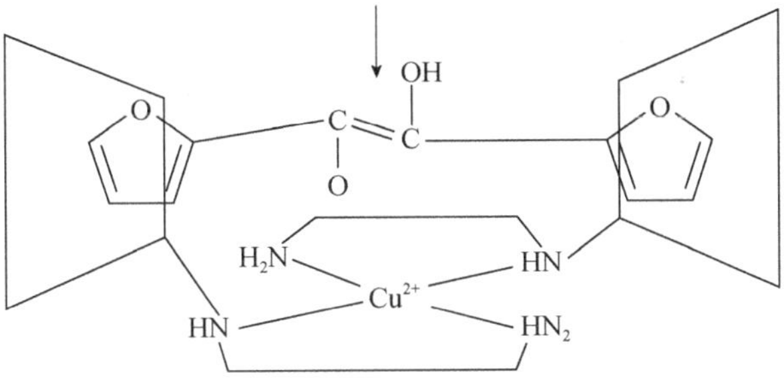

图 5.34　桥联环糊精酶模型

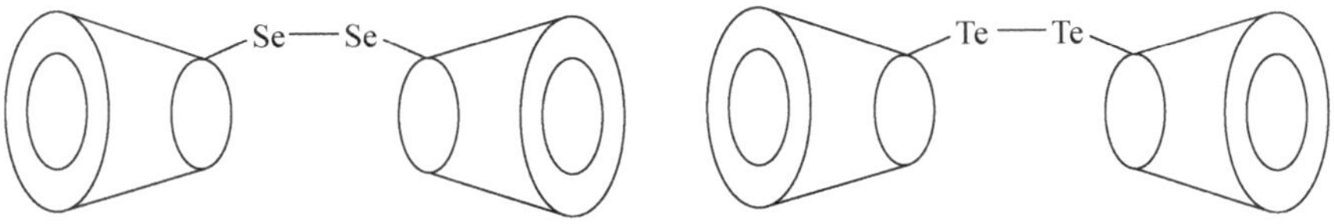

图 5.35　双硒/碲桥联环糊精

5.2.5　大环聚醚及其模拟酶

环糊精模拟酶是利用环糊精提供一个疏水性的空穴，对疏水性的底物进行包络，那么是否有一种化合物可以形成一个极性的空穴，对底物的极性部分进行包络？这种化合物就是大环聚醚，其结构类似于环糊精的空穴，这类模拟酶含有一个能够结合各种离子和分子的完全闭合或是钳形的空穴，可以对底物进行包络。冠醚及其含 S、N 大杂环类似物都具有选择性结合配体的能力，与酶的活性部位识别底物相似。

大环聚醚按结构可以分为冠醚、球醚、穴醚。冠醚指含杂原子的单环化合物，穴醚指含杂原子的双环化合物，而球醚是含有杂原子的球状大环醚。

1967 年，Pederson 首次合成冠醚（二苯并-18-冠-6）（图 5.36），母体是 18-冠-6，由聚乙二醇和卤代醚聚合而成，基本结构是（$-CH_2-CH_2-X$），其中 X 为 P、N、S、O 等原子。分子呈环形，内有空穴，氧原子朝向空穴的内部，亚甲基朝向空穴的外部，冠醚分子中氧的孤对电子可以对金属离子进行配位。在一定条件下，一些金属离子或极性离子会陷入醚环的孔穴里，与带孤对电子的氧原子发生静电相互作用。这类化合物具有和金属离子、铵离子及有机伯胺离子形成稳定配合物的独特性质。如今，人们已经成功利用冠醚化合物模拟了水解酶和肽合成酶等多种酶活性。

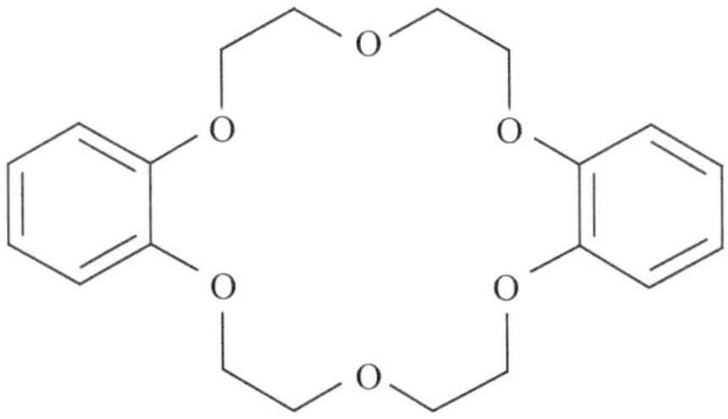

图 5.36　二苯并-18-冠-6

5.2.5.1 水解酶的模拟

Matsui 设计合成了以冠醚环和巯基为主体的分子 A、B、C（图 5.37），分子中冠醚环为结合部位，含醚侧臂或亚甲基为立体识别部位，侧臂末端为催化部位。利用这个模拟酶成功催化了氨基酸对硝基苯酯释放对硝基苯酚等一系列水解反应，冠醚结合铵离子，巯基亲核攻击羰基碳，两者的共同作用使 C—O 键扭曲断裂，迫使该底物释放出对硝基苯酚。

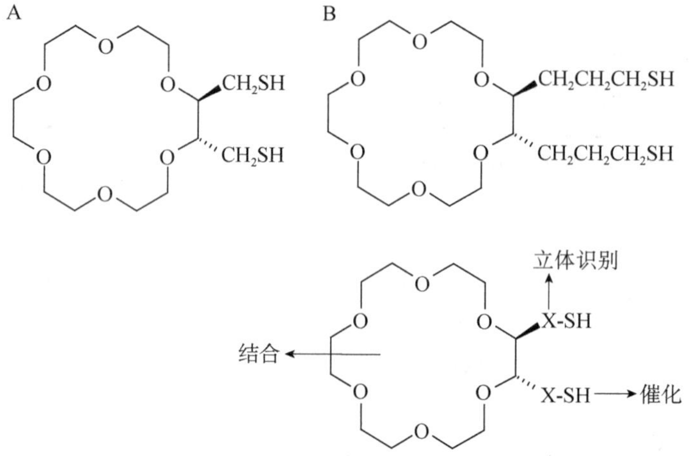

图 5.37 冠醚酶模型

5.2.5.2 肽合成酶的模拟

生物体内，肽合成第一步由氨酰 tRNA 合成酶（或氨基酸活化酶）催化，再由肽酰转移酶催化肽链延长。天然的 α-氨基酸的羧基带部分负电荷，氨基带部分正电荷，形成了两性离子的形式。两个氨基酸结合，脱水形成二肽，多个氨基酸顺序连接便形成多肽。

Susaki 合成的冠醚化合物模拟肽合成酶见图 5.38。其冠醚环结合质子化的 α-氨基酸对硝基苯酯分子，形成非共价键配合物，由于巯基的进攻，催化水解释放出对硝基苯酚，生成双硫酯。由于底物分子相互靠近，容易发生分子内催化反应，酰基转移形成肽键，再生巯基，重复以上反应可以延长肽链。该化合物是含有一个结合位点和两个反应部位的冠醚化合物，可以看作是一个肽合成酶模型。反应机理见图 5.39：底物是含有 α-氨基酸残基的对硝基苯酯。冠醚结合铵离子，巯基亲核进攻羰基 C，两者的共同作用使 C—O 键扭曲断裂，同时—S 与羰基 C 相连，使氨基酸残基接在醚环的侧链上，两条侧链反应类似。由于分子内两侧链距离很近，易发生分子内反应，羰基 C 攻击铵离子，最终完成肽链的延长。

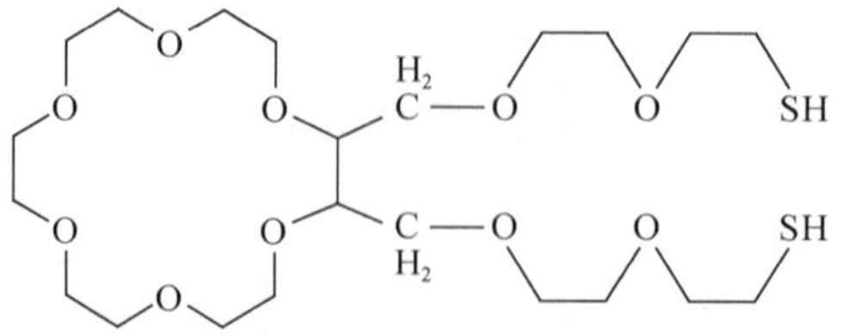

图 5.38 肽合成酶模拟

以上两个肽合成酶的作用机理类似，醚环是作为底物的结合部位，催化部位是冠醚的侧链。

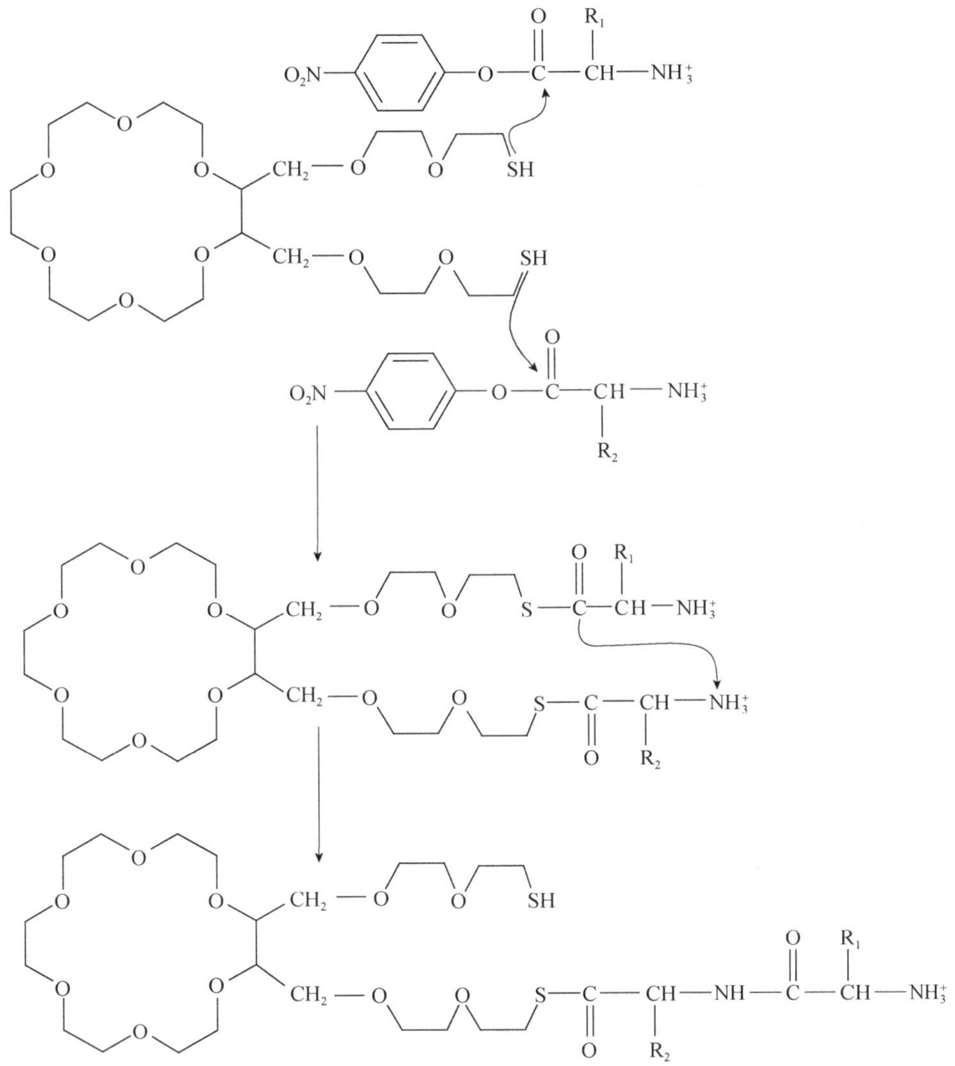

图 5.39 模拟肽合成酶反应机理

5.2.6 杯芳烃及其模拟酶

杯芳烃（calixarenes）是继环糊精、冠醚后的第三代人工酶模型，由苯酚及其衍生物与甲醛缩合而成，分子上缘由苯环的对位取代基组成，下缘紧密排列着酚羟基，中间是苯环构成的富含 π 电子的疏水空腔。其上缘亲油，下缘亲水，所以可以与中性分子和极性离子等多种物质结合。其空腔大小可以由对聚合度的控制而控制，可以适应不同大小的底物分子。其结构特殊，优于环糊精和冠醚。同时杯芳烃还具有良好的热稳定性、高熔点、非挥发性的特性。杯芳烃类大环化合物有多变的构象和特殊的性质，对某些金属离子有选择性结合作用，可以作为模拟酶的主体结构。

近年来杯冠醚受到人们的广泛关注，它同时含有杯芳烃和冠醚两种主体分子的亚单元（图 5.40），这并非结构上的简单叠加，在功能上可发挥更大的优势，对某些底物具有更优越的配合和识别能力。

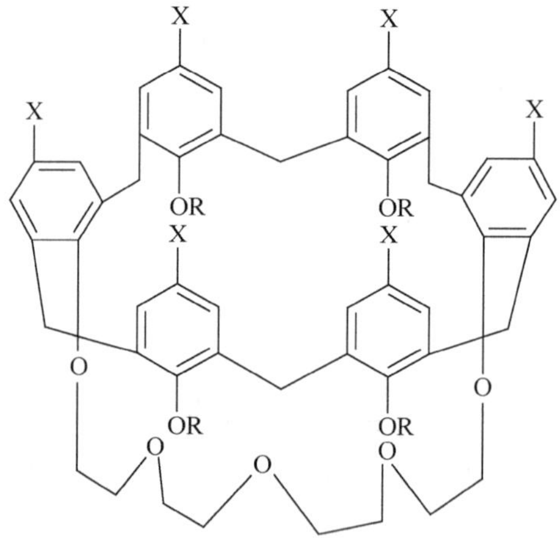

图 5.40　杯冠醚的结构

杯芳烃及其衍生物可以作为人工酶模型模拟生物酶的催化功能。Shinkai 等较早开展了这方面的工作，基于 3-磷酸甘油醛脱氢酶催化部分氢化的腺嘌呤二核苷酸烟酰胺的水解过程，以及酶为底物提供质子并同时拥有带负电荷的基团以稳定生成的正电荷中间体的考虑，他们将上缘被磺酸基取代的杯[6]芳烃（图 5.41A）用作该酶模型，发现其能够显著地催化 1-苄基-1,4-二氢烟酰胺的水解（图 5.42）。

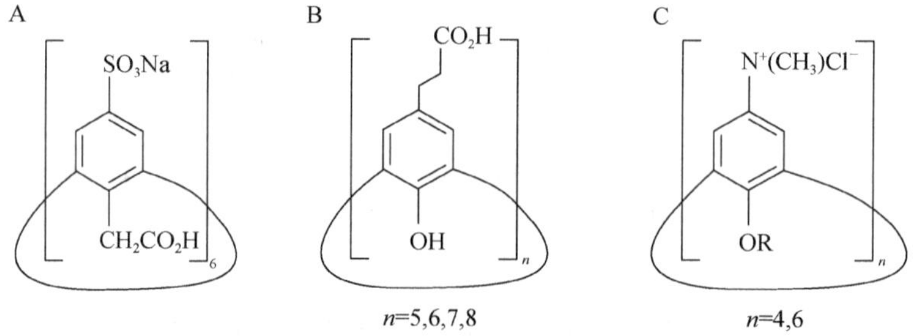

图 5.41　被不同基团取代的杯芳烃

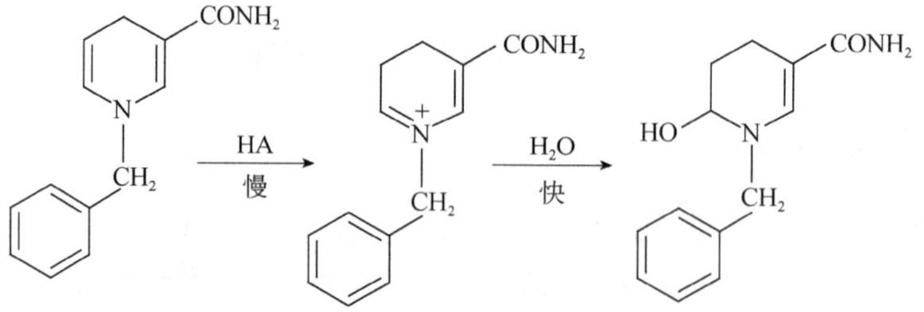

图 5.42　1-苄基-1,4-二氢烟酰胺的水解

通过跟踪实验中的荧光光谱变化，他们认为 1-苄基-1,4-二氢烟酰胺被包络到受体（图 5.41A）的空腔中，下端羧基提供质子，上端的磺酸负离子稳定正电荷中间体，从而使第一步（限速步骤）加快而加速水解反应。

古奇（Gutsche）等发现杯芳烃衍生物（图 5.41B）也能加速上述反应，但比带磺酸基的化合物（图 5.41A）效果差，这可能是因为羧基与磺酸相比不易形成负离子，对正电荷的稳定化作用较差。Shinkai 等将杯芳烃季铵盐（图 5.41C）用作水解酶模型，它能够催化十二烷基对硝基苯酯的水解。

5.2.7　金属卟啉及其模拟酶

金属卟啉可以模拟以金属离子为辅基的天然酶。卟啉是含有四个吡咯分子的大环聚合物，主要骨架是卟吩，结构式见图 5.43。金属卟啉类分子具有以共轭大 π 电子体系，金属原子价改变为基础的氧化还原性质。卟吩上四个 N 的四对孤电子对朝向环内，同时它有间隔出现的双键构成的共轭大 π 键，对位于中心部位的金属进行配位。如果进行配位的是一些化合价可变的金属，就可以模拟与分子氧有关的一些反应。

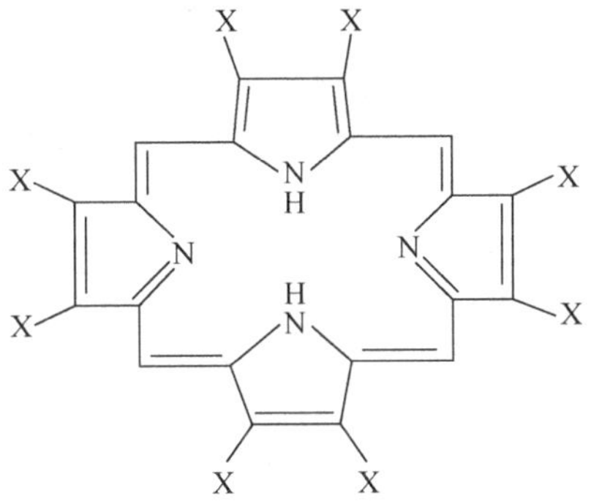

图 5.43　金属卟啉模拟酶

钌卟啉可作为超氧化物歧化酶（SOD）和过氧化氢酶（CAT）的双功能模拟酶。SOD 能歧化超氧阴离子为过氧化氢，在抗辐射、抗氧化、预防肿瘤方面有很大功效。CAT 可以催化过氧化氢分解为水和氧气，解除体内过氧化氢的毒性。自然界有很多分子带有金属卟啉结构（如叶绿素、血红素等），它们都参与与分子氧有关的反应。

5.2.8　肽酶

肽酶（peptidase）是模拟天然酶的活性部位，人工合成的具有催化活性的多肽。1977 年人工合成的八肽 Glu-Phe-Ala-Glu-Glu-Ala-Ser-Phe 具有溶菌酶活性，其活力可达到天然酶的 50%。1990 年 Steward 等使用胰凝乳蛋白酶底物酪氨酸乙酯作为模板，用计算机模拟胰凝乳蛋白酶的活性位点，构建出一种由 73 个氨基酸残基组成的多肽，其活性部位引入组氨酸、天冬氨酸和丝氨酸，与胰凝乳蛋白酶活性中心结构一致，对烷基酯底物的水解活性为天然胰凝乳蛋白酶的 1%，并对胰凝乳蛋白酶抑制剂敏感。

近年来，人们发现环肽的结构类似于环形有机分子如冠醚、环糊精杯芳烃等，容易形成氢键网络，而且环肽还存在内在构象约束，在超分子化学及分子识别方面已引起人们关注。图 5.44 是第一个合成的能结合离子的环肽。以缬氨霉素结构为模型设计两个二硫键（图 5.45），使它们通过相互作用诱导 β 转角，导致氨基酸残基的并列排列，在分子识别过程中起重要作用。环肽既具有氢键供体又具有氢键受体，所以许多环肽具有同时识别阴离子和阳离子的能力。

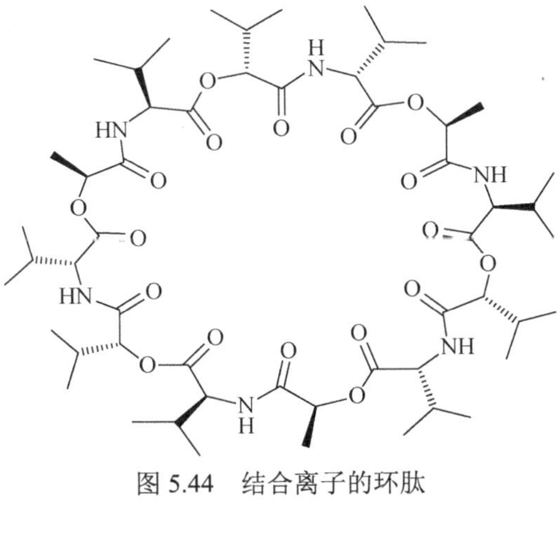

图 5.44　结合离子的环肽

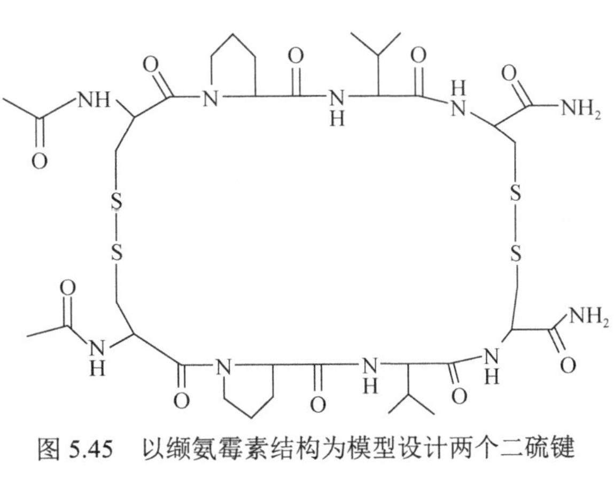

图 5.45　以缬氨霉素结构为模型设计两个二硫键

5.2.9 模拟酶的应用

5.2.9.1 模拟酶在生物医学领域的应用

肽基模拟酶利用天然酶的活性中心氨基酸及金属离子，通过小肽自组装模拟天然酶的结构，同时能够与纳米酶、印迹酶结合拓宽了模拟酶的构建方式，提高了模拟酶的催化活性，促进了模拟酶的实际应用。例如，目前已有研究表明肽基模拟酶在治疗阿尔茨海默病方面具有显著效果，阿尔茨海默病是由于β淀粉样蛋白（amyloid protein β，Aβ）的聚集形成了淀粉样斑块进而伴随认知减弱，Aβ 是由淀粉样前体蛋白（amyloid precursor protein，APP）经 β-分泌酶和 γ-分泌酶的蛋白水解作用而产生的含有 39～43 个氨基酸的多肽，其可以导致脑内老年斑的形成和神经细胞的凋亡，是导致阿尔茨海默病的重要因素。目前的治疗方式多数只能被动缓解该病症的进一步恶化，并不能真正清除淀粉样斑块的聚集以达到彻底治疗的目的。2021 年，Hatakawa 等报道了一种模拟催化肽 ANA-TA9，其由 L-氨基酸衍生物合成，可以降解 Aβ，同时对人体的其他常见蛋白没有降解作用；为了避免血脑屏障，研究人员使用了从鼻腔到大脑的直接途径。对大鼠和小鼠的动物研究阐明，尽管鼻腔给药后的血浆浓度要低得多，但鼻腔给药后 ANA-TA9 的脑部浓度高于腹腔给药后脑部的浓度，这表明 ANA-TA9 从鼻腔直接递送至大脑。这说明 ANA-TA9 在给药后能够很好地突破血脑屏障，具有主动治疗阿尔茨海默病的潜能。

近年来随着纳米材料迅速发展，仿酶催化纳米材料（纳米酶）逐渐受到研究者们的关注。纳米酶是一类具有类似天然酶活性的纳米材料，其对环境有一定的耐受性。其中金属有机框架（MOF）纳米酶以其优异的模拟酶活性、独特的选择性以及良好的稳定性为临床生物标志物的检测带来新的思路。现已有大量研究将 MOF 纳米酶应用于核酸、蛋白质、小分子等临床生物标志物的分析中。其特异性的功能化修饰和高催化性能使其在进行这些分析检测时克服了天然酶促反应带来的局限。2022 年，中国科学院长春应用化学研究所的研究人员提出了一种有效的抗氧化系统（MOF/Gel），通过将具有抗氧化酶样活性的金属有机框架（MOF）纳米酶与水凝胶（Gel）结合，用于糖尿病大鼠的慢性伤口愈合。MOF/Gel 能够持续清除活性氧，调节糖尿病慢性创面氧化应激微环境，使创面由炎症期自然过渡到增殖期。这种有效、安全、便捷的抗氧化系统可以满足复杂的临床需求。

5.2.9.2 模拟酶在分析检测领域的应用

纳米模拟酶是一类既有纳米材料的独特性能，又有类似天然酶的催化效率和酶促反应动力学的人工模拟酶，其具有独特的催化活性、选择性和稳定性等类酶性质，已成为广泛用于各种领域的热门材料，特别是在生物传感检测领域。各种基于纳米模拟酶的分析传感器已被用于检测各种离子、生物小分子（如过氧化氢、葡萄糖、乳酸、胆固醇和乙醇）、生物大分子（如凝血酶和 DNA）和其他生物成分（如细胞、细菌或病毒）。例如，将锰（Ⅲ）四苯基卟啉（MnTPP）与电化学还原氧化石墨烯（ERGO）复合得到具有超氧化物酶活性的 MnTPP/ERGO 纳米复合材料用于检测超氧阴离子，检出限为 0.039μmol/L。与金属纳米酶相比，这种碳基纳米材料具有更高的生物相容性和可调节的酶活性。其在电化学传感方面具有非常大的应用潜力。又如，自从 Fe_3O_4 纳米颗粒（Fe_3O_4 NPs）的过氧化物酶活性被发现以来，对于它的应用研究层出不穷。研究开发的基于抗体包覆的 Fe_3O_4 纳米酶组成的免疫分析法，可同时实现靶捕获、磁分离和纳米酶显色三种功能，可对生物大分子、4 种流感病毒、埃博拉病毒及化学污染物进行快速、高通量检测。

5.2.9.3 模拟酶在食品安全领域的应用

模拟酶在食品安全检测方面也发挥着重要作用，其主要检测食品中的农药残留等有毒物质和食品添加剂等。例如，纳米微粒模拟过氧化物酶对于食品中亚硫酸盐含量的检测。2020 年，研究人员设计了一种基于 Fe_3O_4&Au 纳米微粒模拟过氧化物酶，催化亚硫酸根的快速检测方法。试验中建立了最优的比色传感体系，探讨了不同催化条件下对体系的干扰，对检测体系选择性进行研究，样品回收率分别为 95.20%和 102.36%，使现场快速可视化检测亚硫酸根的方法变得多元化。

随着现代工业的快速发展，由于工业农业废水排放、化学废物意外泄漏、船舶汽油排放等自然因素和人为因素造成严重重金属污染已经威胁到海洋产品，因此迫切需要建立一个综合的检测系统，以分析重金属并及时清除劣质海产品。有研究通过金纳米粒子传感器（AuNPs）的制备、表征及其在复杂海洋基质中的特殊应用，组建了一种简化的筛选系统，显著提高海洋产品中痕量汞检测系统的稳定性、灵敏度和寿命。通过电化学实验和理论计算对所提出的筛选体系进行了表征，为商业复杂样品中检测体系的选择提供了新的依据。

纳米酶对于抗氧化剂的检测方面也得到应用。抗氧化剂已被广泛用作食品添加剂，以避免食品降解，并在预防各种疾病（如心血管疾病、癌症、衰老和炎症）中起重要作用。Andrei Veronica 等研究了一种一次性使用基于具有氧化酶特性的纳米 CeO_2 的 SPE 传感器，可快速一步检测抗氧化剂，并演示了用于葡萄酒样品分析的功能。该方法特别适用于邻苯二酚官能团的酚类化合物的分析，包括咖啡酸、没食子酸和槲皮素，浓度范围为 1～100μmol/L，并显示出良好的功能，用于分析多种葡萄酒样品中的抗氧化剂含量。

5.2.9.4 模拟酶在环境保护领域的应用

模拟酶在环境污染物的降解方面也得到了广泛应用。例如，2019 年，研究人员依据丝氨酸蛋白酶催化机理构建了用于降解塑化剂（PAEs）的模拟酶，包括一个活性位点（SHD）、一个自组装多肽（LKLKLKL）、一个间隔区（GGG）和一个可聚合位点（DOPA），对细胞中 DEHP（塑料制品的增塑剂）的降解具有较高的活性。为了进一步提高 DEHP 的降解能力和适用性，用高碘酸钠（$NaIO_4$）氧化法将再生纤维素（RC）膜功能化形成醛基，然后通过席夫碱反应与酶模拟物偶联将模拟酶固定在再生纤维素（RC）膜上，可以实现以连续循环的方式降解 DEHP。该生物催化膜不仅能有效降解 DEHP，而且具有良好的稳定性，为消除 DEHP 污染提供了新的途径。

5.3 抗 体 酶

1969 年，詹克斯（Jencks）等根据抗体结合抗原的高度特异性与天然酶结合底物的高度专一性相似的特性，首先提出能与化学反应中过渡态结合的抗体可能会有酶的活性——催化反应功能。1986 年，美国斯克里普斯研究所的勒纳（Lerner）和加州大学的舒尔茨（Schultz）证实了这一设想，制备出催化酯水解反应的单克隆抗体（McAb），称为抗体酶（abzyme），又称催化性抗体（catalytic antibody），从此揭开抗体酶研究的新篇章。随后，大量的抗体酶相继被发现，其催化机制及在机体中催化活性的研究不断深入。

资源 5.3

5.3.1 抗体酶的催化特性

5.3.1.1 抗体酶的理论基础及研究背景

酶反应有两个主要的特征：高催化效率和高选择性，其速率提高范围是 10^6～10^{16} 倍。在 Pauling 的过渡态理论基础上，认为一种酶可以通过制备一种抗（相关反应的）过渡态类似物的抗体而获得。抗体的最显著特征就是它的多样性和专一性，一种抗原至少可以产生 10^8 种不同的抗体分子，和抗原强烈结合，解离常数的范围是 10^{-4}～10^{-8}mol/L。抗原和抗体的结合是高度专一的，这种专一性可以超过酶对底物的专一性。小分子抗原一般结合到抗体的一个缝隙中，而对大分子其结合位点可以是 60～80nm 的一个扩展平面。实际上，Pauling 早在 60 年前就指出酶和抗体之间的区别就是前者选择性地结合过渡态而后者结合基态，另一个主要区别就是抗体的专一性的形成仅需几周，而酶的专一性则演化了上百万年。

Jencks 于 1969 年提出通过免疫诱导产生底物过渡态的抗体，则这样的抗体必具有催化性能。这就意味着抗体一旦能与过渡态相结合，它就具有酶的性质，即在温和条件下高效专一地催化化学反应。抗体酶设想的提出，使得为任何一个化学反应构造一个专一性的催化酶成为可能。

1975 年，科勒（Kohler）和米尔斯坦（Milstein）发明了具有历史意义的单克隆技术，为抗体酶的问世最后铺平了道路。

1984 年，Lerner 提出：若以过渡态类似物为半抗原，则其诱发产生的抗体应该与该类似物具有互补构象；这种抗体与底物结合后，就能够诱导底物进入过渡态结构，从而引起催化作用。

1986 年，Lerner 研究组在 *Science* 上发表了抗体酶研究的实验结果，标志着抗体酶的研究进入了一个新阶段。

5.3.1.2 抗体酶的特点

诱导抗体酶活性的设想最早起源于人们对抗体与酶相同点的观察。抗体和酶同属蛋白质，它们对各自配基（抗原和底物）的结合具有高度的专一性。而且，就结合的物理过程而言，都是氢键、离子键、疏水键等依赖于双方的极性互补及立体互补的非共价键的作用力在蛋白质与配基之间相互作用的结果，并无本质的区别。但与天然酶的催化特性相比，抗体酶有自己的一些特点。

1. 能催化一些天然酶不能催化的反应　　催化抗体的构建，表明可以通过免疫学技术，为人工酶的设计和制备开辟一条新的、实用化的途径。这种利用抗原-抗体识别功能，把催化活性引入免疫球蛋白结合位点的技术，或许可能发展成为构建某种具有定向特异性和催化活性的生物催化剂的一般方法。例如，可能构建出一些特殊的生物催化剂用于催化自然界的酶尚不能催化的特殊化学反应。运用单克隆抗体技术，可以诱导产生具有多种多样底物特异性、具有特殊用途的蛋白质，用于分子识别、药物检测或解毒等方面，还可以构建裂解病毒，或对肿瘤具有特异性的抗体——这种催化抗体在治疗上的运用可能是前途广阔的。

2. 有更高的专一性和稳定性　　与天然酶相比，抗体酶催化反应有高度的专一性与稳定性。催化抗体作为一种具有酶和抗体双重功能的新型生物大分子，用作分子识别元件，具有优于酶和抗体的突出特点。由于作为酶分子的抗体酶为 IgG，其蛋白质性质较酶更稳定，作用更持久；同时，天然酶分子底物识别部位的氨基酸一般为 7 个以内，而抗体酶底物识别部位的氨基酸为 15～20 个，从而增加了催化反应的底物特异性。所以与天然酶相比较，它具有更高的专一性和稳定性，并且催化抗体与配体底物的识别结合又不同于一般的抗原-抗体反应。因为配体底物与催化抗体的活性部位结合后，会立即发生催化反应，释放产物，所以每一次分子反应之后，抗体的分子识别部位都可以再生，这就使催化抗体能够作为一种可以连续反复使用的可逆性的酶分子。

3. 催化作用机制不同　酶催化作用机制有“锁钥学说”（lock and key theory）和“诱导契合学说”（induced-fit theory）等，而抗体酶的催化机制目前还没有完全搞清楚。Janda 曾提出“识别开关”或“诱导开关”（Bait and Switch）机制，即抗体将底物“钓进”抗体结合部位，然后使其与抗体结合，打开底物转化为反应过渡态的“开关”，导致共价键断裂，形成产物。酶与底物结合程度即亲和力，用 K_m 表示；而抗体可用解离常数 K_d（抗原-抗体）和 K_m（抗体-底物）来比较分子识别程度，从而改进分子设计。

5.3.1.3 抗体酶和非催化性抗体作用的比较

抗体酶与非催化性抗体相比，有以下特点。

1. 反应的特异性　抗体的产生是针对抗原表面的决定簇，无论是抗体酶与底物作用还是抗原抗体作用，都有很高的特异性。但在抗体抗原作用中，抗体特异结合基态抗原分子；而抗体酶是用底物过渡态的类似物作抗原制备的，其与底物作用主要是选择性地与底物过渡态结合形成稳定的抗体酶-底物过渡态复合物，针对的位点是底物中的酶活性中心，要求有更高的特异性。

2. 反应的可逆性　抗体酶和底物作用与抗体抗原作用一样都是可逆的，但抗体抗原作用形成免疫复合物后需要在一定理化条件下，抗体抗原才会分离。而抗体酶与过渡态结合，完成反应过程后，可以从底物中自动游离参与新一轮的反应。

3. 反应的量效关系　当抗体抗原比例最合适时，抗体抗原反应最充分，复合物最多，反应最明显也最为快速，无论是抗体或抗原过剩都不利于反应。当其他条件相同，底物浓度又足以使所有抗体酶都能结合为抗体酶-底物过渡态复合物时，抗体酶浓度越大抗体-底物反应速度也越快，体现了天然酶特性。

4. 反应过程　从反应过程来看，抗体酶和底物作用与抗体抗原作用都可分为结合与反应两个阶段。在结合阶段二者没有区别，但反应阶段抗体抗原作用后产生凝聚、沉淀等分子形态学的变化，并不改变抗原分子结构；而抗体酶与底物结合后，将引起底物分子结构的改变，而有利于反应的进行。

5.3.2 抗体酶的催化作用机制

过渡态理论是解释酶催化原理的经典理论，也是抗体酶催化作用遵循的机制。在任何化学反应体系中，反应物最终变为产物的每一瞬间，都必须获得高于反应物初态时的活化能，获得活化能的多少与反应的速度成正比。过渡态理论认为，酶与底物的结合经历了一个易于形成产物的过渡态，实际上是降低了反应所需的活化能，从而获得了高于非酶反应上万倍的反应速率。根据这一理论，如果使抗原最大限度地接近某一特定反应的过渡态，就可能使诱导的抗体在与之结合时发挥催化作用。Lerner 小组设想磷酰二苯可能是羧酰酯类化合物的过渡态类似物，并以此为抗原免疫小鼠，结果诱导的三株单克隆抗体都不同程度地显示了对羧酰酯键水解的催化作用。此后，他们又设计了磷酰胺类半抗原，以期诱导的抗体会具有催化酰胺水解的酶活性，结果却意外地发现，抗体催化的是胺与羧酰酯的合成反应。

单一模拟物（半抗原）诱导产生的多种催化抗体，其轻重链可变区具有高度的同源性，氨基酸序列的不同表现为亲和力高低及催化能力大小的差异。按照酶的过渡态学说，抗体酶可能是通过可变区与过渡态结合并使之稳定。有人认为轻链主要介导催化活性，重链主要发挥结合作用和调节功能，其中影响活性的区域主要是 CDR3 区。

5.3.3 抗体酶的催化反应类型

抗体酶具有典型的酶反应特征：与配体结合的专一性，可以达到甚至超过天然酶的专一性；具有高效性，比非酶催化反应快 10^4～10^8 倍，有些已接近天然酶反应速率；具有与天然酶相近的米氏动力学特征及 pH 依赖性等。

由于抗体酶是人工设计的酶，理论上其催化范围可以十分广泛，随着半抗原设计和抗体酶筛选技术的不断进步，其品种还在不断增加。催化的反应类型也在扩大，其中有些反应天然酶无法催化，抗体酶甚至可以使热力学上无法进行的反应得以进行。抗体酶催化的反应类型包括酯水解、酰胺水解、酰基转移、环合反应、光诱导反应、氧化还原反应、克莱森重排反应、金属螯合反应、脱羧反应、过氧化反应、烯烃的异构化反应等。

5.3.3.1 转酰基反应

生物体内的蛋白质合成是一个复杂的过程。氨基酸在掺入肽链之前必须进行活化以获得额外的能量，这一活化过程是转酰基反应（acyltransferation），又称氨基酰化（aminoacylation）反应（图 5.46）。因此转酰基抗体酶的研制将有助于改进蛋白质人工合成的方法。1986 年 Tramonatano 等研制成功首例转酰基抗体酶，目前，该抗体酶的研制更接近实际意义。1992 年雅各布森（Jacobson）等设计了一个中性磷酸二酯作为反应过渡态的稳定类似物，得到的抗体酶可以催化带丙氨酰酯的胸腺嘧啶 3′−OH 基团的酰化反应，反应速率为 5.4×10^4mol/min，提高了 10^8 倍。这使得新型 tRNA 合成工作获得了突破性进展。

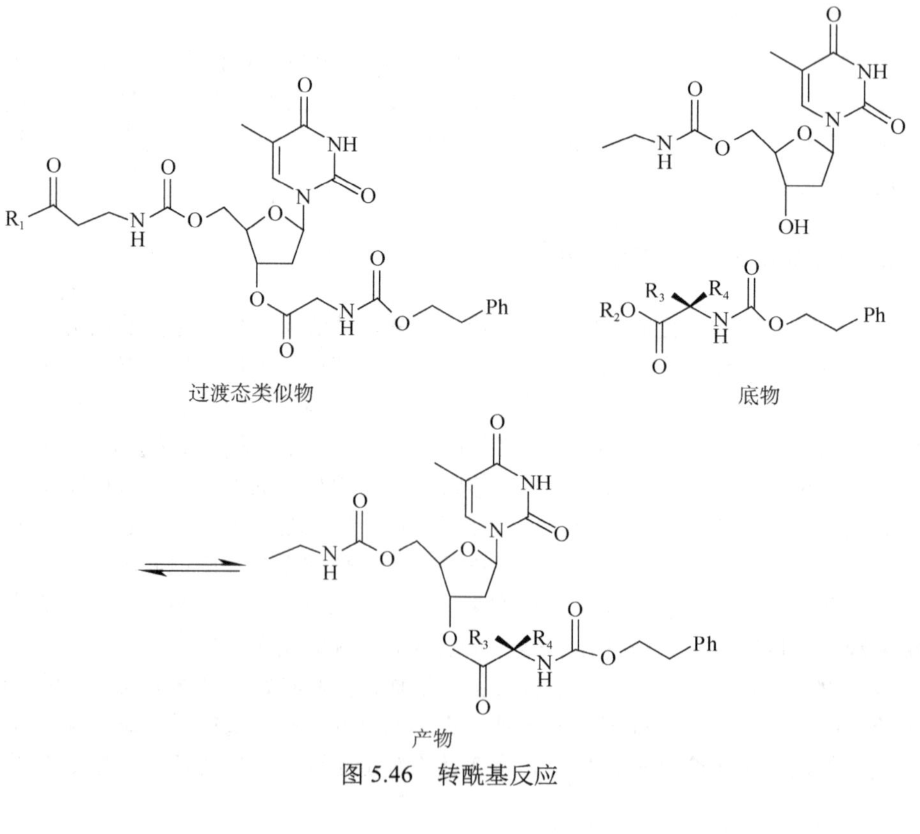

图 5.46 转酰基反应

5.3.3.2　磷酸二酯水解反应

Janda 等利用稳定的五配位氧代铼（v）配合物 A 模拟 RNA 水解时形成的环形氧代正磷中间体，产生单抗 2G12，可以催化水解磷酸二酯（图 5.47）。催化常数 $k_{cat}=1.53\times10^3$mol/s，$K_m=240$μmol/L；$k_{cat}/K_m=312$。

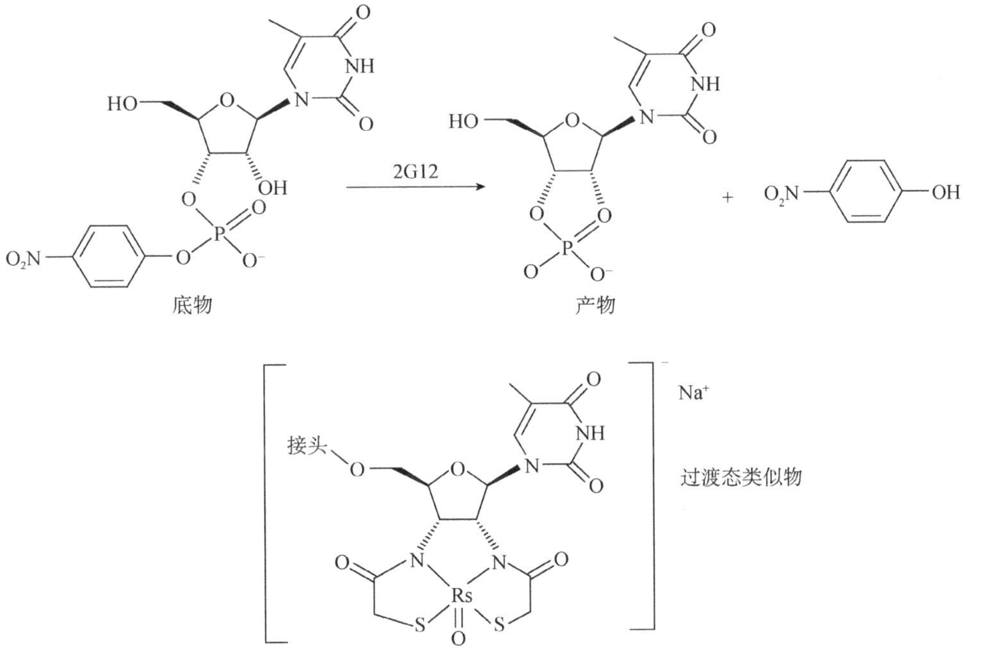

图 5.47　磷酸二酯水解反应

5.3.3.3　芳基磺酸酯闭环反应

Lerner 小组利用脒基离子化合物（一种阳离子过渡态类似物）作为半抗原，产生的抗体（18G7）可以催化芳基磺酸酯（B）的闭环反应，使 B 转化为 C（1,6-二甲基环己烯）和 D（2-甲烯-1-甲基环己烷）的混合物（图 5.48）。

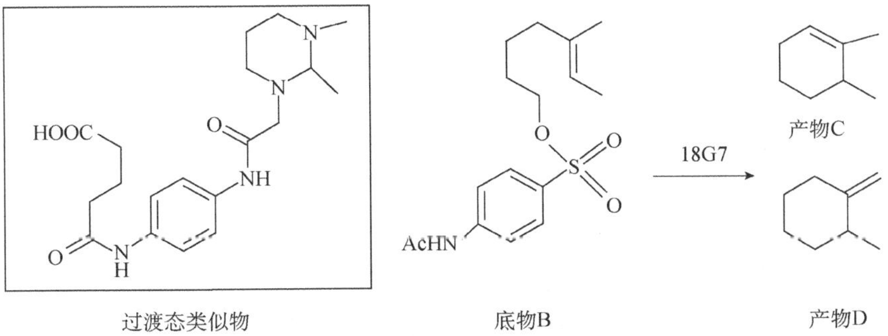

图 5.48　芳基磺酸酯闭环反应

5.3.3.4　克莱森重排反应

克莱森重排（Claisen rearrangement）是有机化合物异构化的一种重要形式，分支酸盐转化为预苯酸盐是细菌、真菌、植物体内芳香族氨基酸生物合成的关键一步。Hilvert 等设计了一个椅式构象的氧杂双环化合物为反应的过渡态类似物（图 5.49），制备出了可催化分支酸生成预苯酸这样一个克莱森重排反应的抗体酶，诱导的抗体酶比原反应速率快 10^2～10^4 倍。而且还观察到抗体酶表现出高度的立体专一性，它只催化（－）分支酸为底物的反应，而对（＋）分支酸无作用。

采用核磁共振和晶体学研究手段，Hilvert 等进一步研究了分支酸变位酶抗体 1F7 的活性中心及其过渡态类似物的结构。

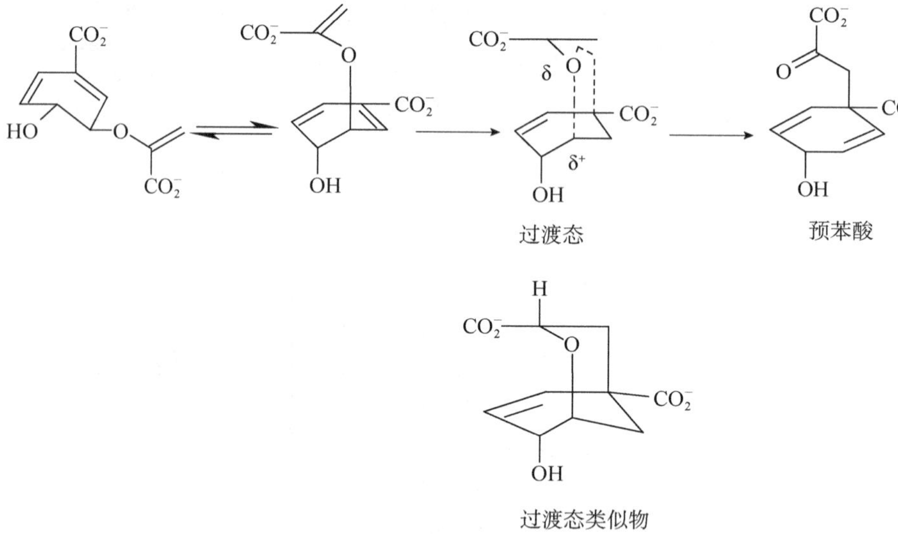

图 5.49 氧杂双环化合物的克莱森重排反应

5.3.3.5 氧化还原反应

在溶液中，氧化态黄素与还原态黄素的电位差是−206mV。Shokat 认为可以根据氧化态和还原态在形状上的不同（氧化态为平面状，还原态为曲面状）制备出能与氧化态结合的抗体，通过特异性结合，使氧化态稳定，从而使标准还原电位差扩大。Shokat 制得了对氧化态 K_m=8mmol/L，对还原态 K_m=300nmol/L 的抗体，使标准电位差变为−342mV，由此，黄素还原态的还原范围相应扩大，一些原来无法还原的物质得以还原。这意味着抗体酶可以使热力学上原来无法进行的氧化还原反应（图 5.50）得以进行。

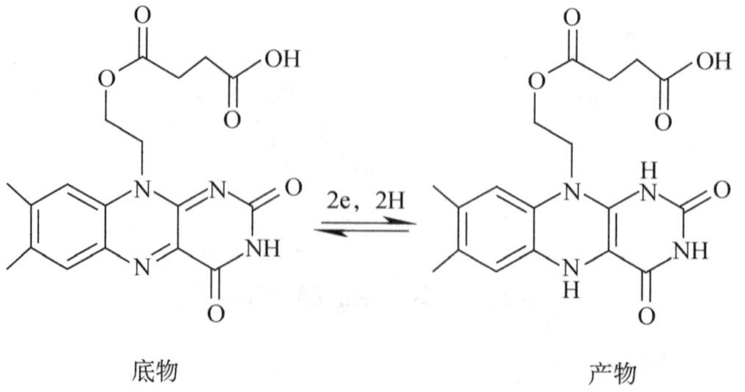

图 5.50 氧化还原反应

5.3.3.6 金属螯合反应

金属螯合反应对于辅因子和酶的结合来说意义重大。Schultz 等用 *N*-甲基卟啉诱导产生的抗体，可以催化平面状卟啉的金属螯合反应（图 5.51），该抗体不仅可催化 Cu^{2+}、Zn^{2+}和卟啉的螯合，还可以催化 Co^{2+}、Mn^{2+}和卟啉的螯合。实验表明，抗体酶对其中某些金属卟啉具有很高的亲和力，意味着抗体血红素复合物可催化氧化还原、电子传递等反应。

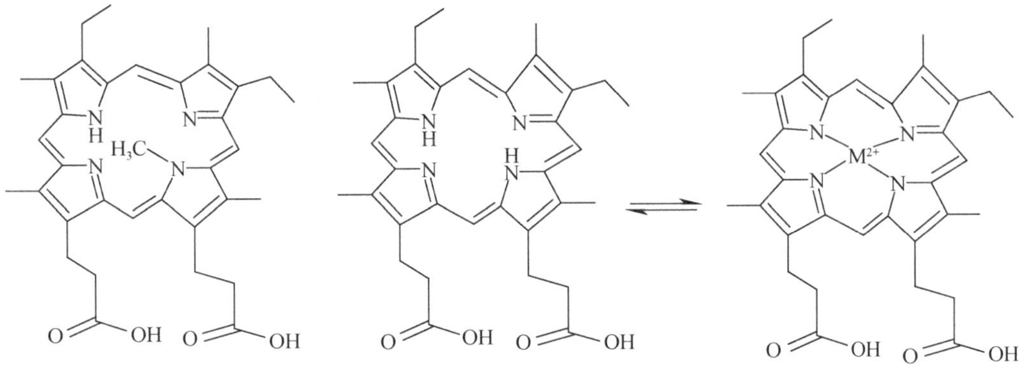

过渡态类似物　　底物　　产物

图 5.51　金属螯合反应

抗体酶催化的反应类型还有质子转移反应、β-消除反应、双立体选择性反应、脱水反应、内酯化反应等，随着抗体酶的研究与开发的深入，抗体酶催化的反应类型也将越来越多，并不断为人们所利用。

5.3.4 抗体酶的制备

制备抗体酶的方法很多，如诱导法、引入法、拷贝法、化学修饰法、分子印迹法、蛋白质工程法等。酶学的基本概念如张力、邻近效应、酸碱催化和共价催化等被用于抗体酶的设计。

5.3.4.1 抗体酶的结构

抗体酶主要来自 IgG 抗体分子。对抗体结构分析表明，IgG 抗体和酶一样是大分子蛋白质，抗体由两条相同的轻链（分子量约 2500）和两条相同的重链（分子量约 5000）组成（图 5.52）。轻链由 V_L（可变区）和 C_L（恒定区）组成，重链也由 V_H（可变区）和 C_H（恒定区）组成。链与链之间通过二硫键相连，重链有一个连接枢纽。抗体的结合部位由 6 个超变区组成。同类型抗体 C_L 和 C_H 部分氨基酸的序列相同，然而 V_L 和 V_H 是非常专一的。可变区大约由 110 个氨基酸组成，至少可以产生 10^8 种不同抗体，它是抗体多样性的基础。Fab 片段（抗原结合段）由轻链 V_L 和重链 C_{H1} 组成。抗体抗原复合物是借助范德瓦耳斯力、疏水作用、静电作用及氢键而形成。

5.3.4.2 抗体酶的制备原则

抗体多样性的特点为研制抗体酶提供了充分的可能，但抗原能诱导已具有酶活性的抗体是真正实现抗体向酶转变的关键。抗体只有具备了酶的结构特征才可能具有催化活性，因此，就必须在抗原的结构上进行改造，以使其诱导的抗体具有酶的结构。而改造抗原的根据，或者说抗原设计的原则，就是酶的催化机制，所以抗体酶的设计主要是以过渡态理论与免疫学原理为依据，因为酶与底物和抗体与抗原的结合均具有高亲和力和空间结构及电荷分布上的互补特性。

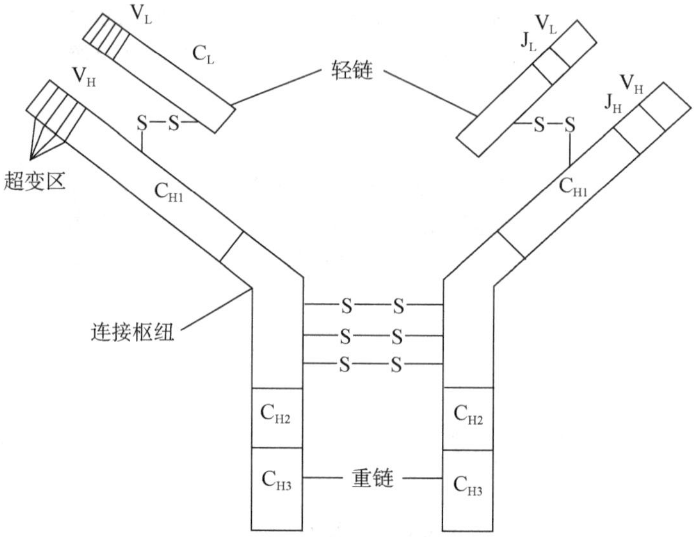

图 5.52　IgG 抗体结构

按上述原理，如果利用某一反应过渡态的模拟物作为免疫原，则会得到催化该反应的抗体。这一过渡态模拟物在结构上是稳定的，能利用化学手段加以合成。目前制备抗体酶主要采用的步骤：根据催化目的，通过化学反应合成模型化合物，并与载体蛋白偶联成人工抗原，制备具有催化活性的单克隆抗体。只有特定的抗原才能诱导具有酶样结构和功能的抗体，因而设计半抗原成为制备抗体酶的关键。主要策略有：利用抗体与相应半抗原的电荷和立体互补性，使抗体稳定反应过渡态；抗体作为熵阱；在结合部位引入催化活性基团或辅因子，或进一步利用化学工程或基因工程方法改造抗体部位，使之具有新的或更高的催化活性。

1. 利用抗体稳定带电过渡态　大多数抗体酶是通过设计合适的、与反应过渡态类似的小分子作为半抗原，然后让动物免疫系统产生针对半抗原的抗体来获得。由于针对半抗原的抗体在几何形状和电学性质上与反应过渡态互补，因而可以稳定过渡态，从而加速反应。1990 年 Schultz 小组利用与底物扭曲构象相似的扭曲卟啉作为半抗原，制备的抗体可催化卟啉金属螯合反应，亚铁螯合酶是血红素生物合成途径的末端酶，可催化亚铁离子插入原卟啉的生物合成。*N*-甲基原卟啉由于内部甲基取代而呈扭曲结构，它是此酶的有力的抑制剂，也与酶催化的卟啉金属反应的过渡态类似。针对甲基卟啉的抗体可催化平面结构原卟啉的金属螯合，这就为该反应过渡态扭曲结构的作用提供了证据。该工作不仅说明抗体能结合扭曲底物结构，而且表明用抗体可以检验酶的催化作用机制。

2. 抗体作为熵阱　改变底物的活化熵，使一些物理化学意义上不易发生的反应得以进行，这是抗体酶催化的“熵阱”机制。

出于其结合能，抗体与酶一样限制了反应物的位移和旋转自由度，降低反应熵垒可增加反应速率，所以设计的半抗原是利用抗体结合能克服反应熵垒。抗体的结合能被用来冻结反应物转动和翻转自由度，这种自由度的限制是形成活化复合物所必需的。Barlet 等合成有椅式构象的氧杂双环化合物，用来模拟分支酸生成预苯酸的克莱森重排反应的过渡态结构。用此双环半抗原诱导的抗体可使重排反应加速 10^4 倍。由于反应过程不形成离子或游离基中间体，且反应不需要酸、碱的催化基团催化，所以这项工作对于采用非化学基团催化的抗体酶的发展具有重要意义。

3. 抗体静电互补效应　抗体与其抗原的相互作用是相当精确的，抗体常含有与抗原功能互补的特殊功能基团。已经发现的带正电荷的抗原常能诱导出结合部位带负电荷残基的抗体，反之亦然。鉴于某些酶的酸碱催化机制与质子转移有关，在抗原分子中引入带正电荷的化学基团，按照静电互补关系，就可能在抗体结合部位诱导出稳定的负电基团。这样，对于含有活泼氢原子的底物，抗体便会扮演一个具有亲核性质的催化剂。Shokat 等根据这种被称为“诱导开关”效应的设计原理，用含有带正电荷氨基的半抗原进行免疫，结果在抗体结合部位上产生带负电的羧基，可作为 β-消除催化作用中的碱功能基团诱导出可能催化 C—H 键断裂的活性抗体。他们推测抗体结合部位产生亲核作用的负电基团可能是谷氨酸或天冬氨酸残基的侧链。后来证明，利用这种抗体-半抗原静电互补性是产生抗体的一般方法，可适合各类不同的反应，如缩合、异构化和水解反应等。而在抗体结合部位诱导出两个催化基团（两个酸、一酸一碱或两个碱），进一步增加反应速率。此外，在抗体的抗原结合部位引入催化基团和辅基，通过化学诱变法也可以产生抗体酶。

5.3.4.3 抗体酶的制备方法

酶与其催化的活性化合物之间具有结构互补的性质，即酶分子与“反应过渡态”化合物互补。从分子识别角度来看，这种互补关系类似于抗体抗原间的互补作用。所以抗体酶最初的产生手段是按以下步骤进行的：首先合成稳定的反应过渡态类似物，将此化合物作为半抗原与载体蛋白相连，然后免疫动物制备单克隆抗体，由它诱导产生的抗体，可以按预定方向取得催化活性。

首先选择或合成与过渡态立体结构相似的模拟物作半抗原，偶联适当的载体蛋白后免疫动物，从产生的约 10^4 种抗体分子中，可以筛选到 25～90 种能结合半抗原的单克隆抗体，再从中筛选催化性抗体。此制备方法的关键是要有合适而稳定的过渡态模拟物作为半抗原，以产生与过渡态高度亲和的抗体酶。史密斯（Smith）等已制备出双功能类似物，既模拟过渡态又模拟底物初态。Tsumyraga 等用多种半抗原分次免疫，获得了亲和力及催化活性均有所提高的抗体酶。除上述产生抗体酶的诱导法以外，还有其他几种制备方法。

1. 化学修饰法　将合成的或天然的具有催化活性的基团通过化学修饰（半合成抗体法）引入到抗体分子中。

2. 蛋白质工程法　通过蛋白质工程技术使抗体结合部位的氨基酸残基产生定向改变，既可以直接产生酶活性，也可以对初步具有酶活性的抗体进行进一步改造，构建高活性抗体酶。

3. 相似分子诱导法　在反应过渡态类似物难以合成的条件下，采用化学结构相似的分子如酶的抑制剂作为半抗原也可以筛选到抗体酶。因为免疫系统对一个半抗原可以产生一些结构大致相同且存在细微差别的抗体，因此用含有与半抗原类似结构的化合物筛选单克隆抗体，也会找到所需的有特殊识别功能及催化作用的抗体酶。

4. 拷贝法　用已知的酶作为抗原免疫动物，获得抗酶的抗体，再用这种抗酶的抗体免疫动物并进行单克隆化，即可获得单克隆的抗抗体，将后者进行筛选，可获得具有原酶活性的抗体（抗体酶）。

5. 抗体库法　由于采用诱导法制备抗体酶的效率低，可采用抗体库技术直接将抗体重链基因和轻链基因通过 PCR 扩增出来，并克隆到 λ 表达载体中，构成重链库和轻链库，然后将两个库随机重组形成组合抗体库。为了提高抗体的筛选效率，将组合抗体库技术和噬菌体技术结合，诞生了噬菌体抗体库技术。

5.3.5 抗体酶的应用

随着抗体酶制备方法和催化反应范围的不断扩大，其应用前景不可估量。它将在医学、化学、生物学、免疫学、制药学等诸多领域发挥重要作用。

5.3.5.1 抗体酶在生物医学领域的应用

在抗体酶的研究过程中，研究人员发现抗体酶在临床治疗方面也可以发挥巨大的作用。例如，抗体酶可用于治疗可卡因等麻醉剂的上瘾，有机磷神经毒剂中毒以及甲状腺疾病。在治疗可卡因成瘾性时，将抗体酶和蛋白质融合技术结合，这样融合的目的是将酶的催化功能和蛋白组织特异性结合起来，形成具有拮抗作用的抗体。在可卡因成瘾性患者体内对可卡因类化合物形成拮抗作用，消除可卡因对患者产生的刺激，从而达到戒除毒瘾的目的。对于治疗有机磷神经毒剂中毒以及重金属清理也是利用这种机理。又如，利用抗体酶催化药物在体内的还原，有利于机体对药物的吸收，并降低药品的毒副作用。将抗体酶技术和蛋白质融合技术结合在一起，设计出既有催化功能又有组织特异性的嵌合抗体，用于切除恶性肿瘤，这种抗体酶与肿瘤专一性抗体偶联成的双特异性抗体可以避免癌症化学疗法中化疗药物缺乏专一性而导致的高毒性、半衰期短以及到达肿瘤细胞的化疗药物浓度低等缺点，有希望开发成为特异性抗癌药物；还可将抗体酶直接作为药物，以治疗酶缺陷患者。

5.3.5.2 抗体酶在药物开发领域的应用

在肿瘤治疗方面，传统的化疗等手段对患者的身体负担比较大，为了研究能够对肿瘤细胞产生特异性选择作用的药物，设计了抗体靶向的酶前药治疗方法（ADEPT）。其中前药是指为降低药物毒性而设计的一类自身无活性或活性较低，需要在体内经代谢转化为活性药物，以发挥作用的化合物。在这种治疗体系中，将能催化前药转化为肿瘤细胞毒剂的酶与肿瘤细胞专性抗体相偶联，酶通过与肿瘤抗体的结合而存在于肿瘤细胞表面，当前药扩散至肿瘤细胞表面或附近时，抗体酶就会将前药迅速水解，释放出抗肿瘤药物。抗体酶在患者体内一方面能够对前药进行活化，恢复药物的药理活性；另一方面能够特异性识别肿瘤细胞表面的抗原决定簇，与肿瘤发生特异性的结合。这种治疗方法能够增加肿瘤细胞周围药物的浓度，降低正常细胞周围药物的浓度，即增加药物对肿瘤细胞特定的杀伤力，减少对正常细胞的伤害。抗体酶前药可以降低患者机体自身对药物产生的免疫排斥反应，增强血管穿透力，特异性增强治疗的效果。

5.3.5.3 抗体酶在有机合成领域的应用

抗体酶的突出特点是具有精确底物专一性和立体专一性，并可通过设计抗体酶来弥补天然酶的不足。到目前为止，科学家已经成功合成了能够催化包括氧化还原酶、转移酶、异构酶等全部六种酶促反应的抗体酶以及催化几十种类型的化学反应的抗体酶。这些酶在实际的有机化合物合成中发挥着重要作用，具有良好的应用前景。例如，在植物体内的芳香氨基酸合成过程中分支酸盐转化为预苯酸盐可以通过 Claisen 重排实现，通过产生中间过渡态化合物实现反应速率的成倍增加。也可以通过稳定化合物过渡态消除中间产物的异构化来实现催化反应的加速，再或者是对肽类的形成过程中催化肽键和酰胺键的水解，促进多肽类化合物环肽的形成。抗体酶还可以作为手性助剂控制光加成反应产物的立体化学，用于手性化合物的拆分，还可用于探索化学反应机制。

5.4　分子印迹酶

自然界中，分子识别在酶-底物、抗原-抗体以及配体-受体之间的选择性方面起着非常重要的作用，这种高选择性来源于与底物相匹配的结合部位的存在。为获得这样的结合部位，科学家们应用环状小分子或冠状化合物如冠醚、环番、环糊精、杯芳烃等来模拟生物体系。那么，这样的类似于抗体和酶的结合部位能否在聚合物中产生呢？这就是分子印迹技术要回答的问题。如果以一种分子充当模板，其周围用聚合物交联，当模板分子除去后，此聚合物就留下了与此分子相匹配的空穴。如果构建合适，这种聚合物就像“锁”一样对钥匙具有选择识别作用，这种技术被称为分子印迹。早期科学家对分子印迹进行过各种尝试，但直到 20 世纪 80 年代，这一技术才真正有所突破。乌尔夫（Wulff）研究小组在 1972 年首次报道成功地制备出分子印迹聚合物（molecular imprinted polymer，MIP），后来经过二三十年的努力，分子印迹技术趋于成熟，并在分离提纯、免疫分析、生物传感器特别是人工模拟酶方面显示出广泛的应用前景。相关视频参见 5.3 节的二维码。

5.4.1　分子印迹的原理

分子印迹技术起源于免疫学的发展。20 世纪 40 年代，Pauling 认为抗原物质进入机体后，蛋白质或多肽链以抗原为模板进行分子自组装，并折叠形成抗体。虽然这个理论后来被“克隆选择理论”所推翻，但却为分子印迹的发展奠定了基础。人们设想是否可以以一种分子充当模板，在其周围用聚合物交联，当除去该分子时，聚合物中间留下的与该分子形状相同的空穴，因此有可能对该分子具有选择性识别的能力。这种分子印迹的思路可以被形象地描述为锁钥模型（图 5.53）。通常被人们描述为制造识别“分子钥匙”的人工“锁”技术。

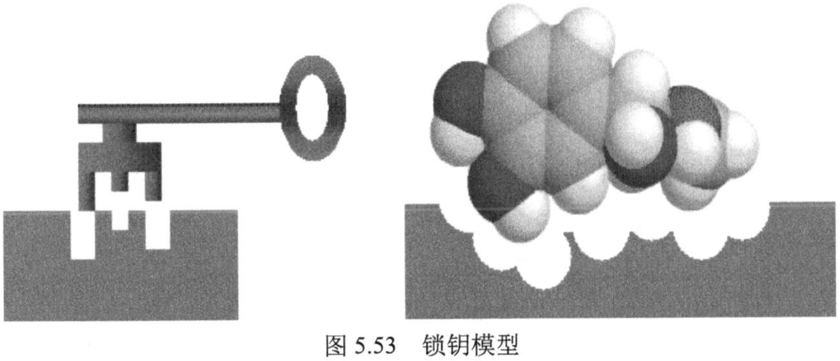

图 5.53　锁钥模型

分子印迹就是制备对某一化合物具有选择性的聚合物的过程。这个化合物叫印迹分子（imprinted molecule），也叫模板（template）分子。此技术包括如下过程：①选定印迹分子和功能单体，使二者发生互补反应；②在印迹分子-功能单体复合物周围发生聚合反应；③用抽提法从聚合物中除掉印迹分子。结果形成的聚合物内保留有与印迹分子的形状、大小完全一样的空穴（图 5.54），也就是说印迹的聚合物能维持相对于印迹分子的互补性，因此该聚合物能以高选择性重新结合印迹分子。分子印迹也叫主客体聚合作用或模板聚合作用，制得的聚合物称为分子印迹聚合物。

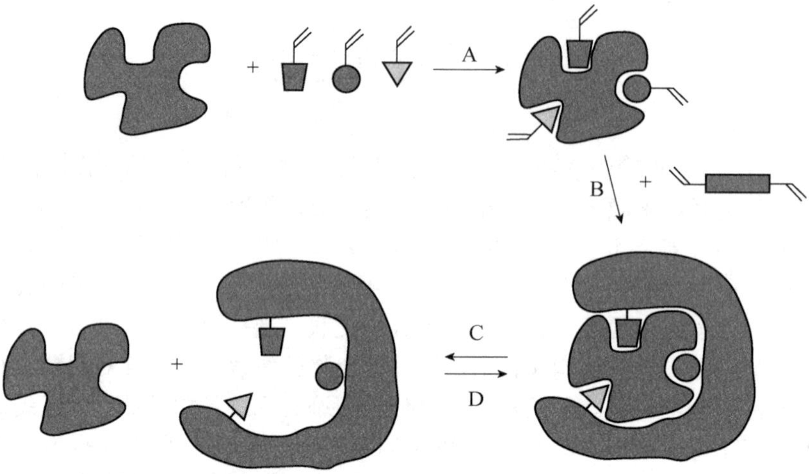

图 5.54　分子印迹过程示意图

A. 自组装；B. 聚合；C. 解吸附/抽取；D. 吸附/识别

通常，作为模板的印迹分子被恰当地包围在印迹空穴里。如果用某手性化合物作为印迹分子，就能产生对该化合物的外消旋物有手性拆分作用的印迹聚合物。此时，该印迹空穴具有不对称结构，而这种不对称是由于被固定的聚合物链的不对称构象所产生的。一般来说，聚合物空穴对印迹分子的选择性结合作用来源于空穴中起结合作用的官能团的排列以及空穴的形状。大量研究表明功能团的排列在空穴特异性结合中起决定作用，而空穴的形状在某种程度上是次要因素。

5.4.2　分子印迹技术的分类

根据模板分子与分子印迹聚合物在聚合过程中相互作用的机理不同，分子印迹技术分为两种基本类型：预组织法和自组装法（图 5.55），其中自组装法又可分为非共价相互作用和金属螯合作用两类。

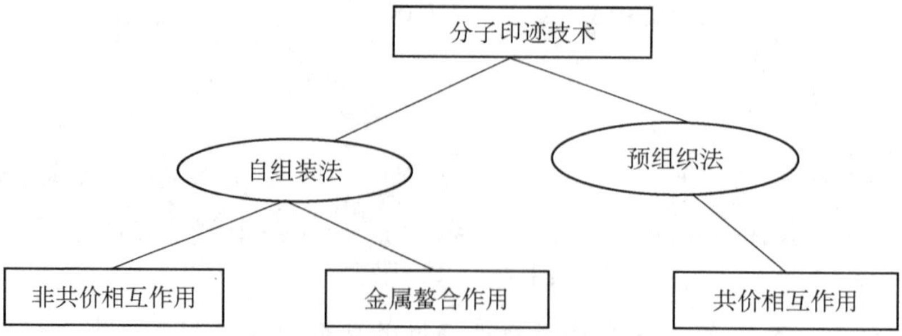

图 5.55　分子印迹技术的基本类型

1. *预组织法* 预组织（preorganization）法又称共价法，在 20 世纪 70 年代初期由德国的 Wulff 及其同事创立。在此方法中，印迹分子先通过共价键与功能单体结合，聚合后再将共价键断裂去除印迹分子。印迹分子与功能单体以可逆的共价键结合，所采用的单体通常是低分子的化合物，此单体与印迹分子形成的共价键键能适当，在聚合时能牢固结合，聚合后又能完全解除。

预组织法中所使用的功能单体有：含有乙烯基的硼酸、醛、胺、酚、醇等，与印迹分子形成共价键的化合物主要有硼酸酯、亚胺、席夫碱、缩醛酮。由于硼酸酯键可逆性好，易于形成和断裂，所以最常用的是硼酸酯类化合物。

预组织法的优点是聚合过程中可获得在空间上精确定位的结合基团的聚合物，对印迹分子有高度的选择性。从理论上讲，聚合物与印迹分子之间结合位点越多，其内部结合基团的方向和空穴结构定位越精确，聚合物呈现的选择性越高，但由于共价键一般较牢，在印迹分子预组装或识别过程中结合和解离速度较慢，不适合于快速识别，且聚合反应后印迹分子不能以高百分比除去，这种方法有待进一步改进。

2. *自组装法* 自组装（self-assembly）法又称非共价法，在 20 世纪 80 年代后期由瑞典的 Mosbach 及其同事创立。在此方法中，印迹分子与功能单体之间自组织排列，以非共价键自发形成具有多个作用位点的复合物，经交联聚合后这种作用保存下来。通常的非共价键作用包括静电引力（离子键）、氢键、金属螯合、电荷转移、疏水作用以及范德华力等，其中离子键和氢键最为重要。

与预组织法相比，自组装法简单易行，模板分子易于除去，分子识别过程更接近于天然的分子识别系统，如抗体-抗原和酶-底物等，可同时采用多种单体，以提供给模板分子更多的相互作用，改善印迹效果。

自组装法中使用的功能单体有丙烯酸、丙烯酰胺、苯甲酸、苯乙酸、咪唑和吡啶类化合物，其中最常用的是甲基丙烯酸，其分子内具有一个碳碳双键和一个羧基，可以与铵发生离子键合作用，或与酰胺、氨基甲酸酯和羧基发生氢键相互作用。

但自组装法为保证与印迹分子模板有足够高的聚合作用，常常需过量的功能单体（单体与模板的比例不小于 4∶1），因而有相当多的结合基团呈无规则分布，导致非特异性结合点增多以及选择能力下降。可采用 Wulff 等提出的“化学计算非共价相互作用”的方法来确定功能单体与印迹分子间的结合比例。

与预组织法不同，如果在印迹过程中既有氢键，又有其他物理或化学作用时，这种使用多种作用相互结合制得的分子印迹聚合物就具有较高的选择性和分离能力。

3. *自组装和预组织相结合的方法* Whitcomb 等综合了共价和非共价分子印迹技术的优点设计了自组装和预组织相结合的方法，即聚合时功能单体与印迹分子间以共价键的方式形成复合物（相当于分子预组织过程），然后交联聚合，使功能基团固定在聚合物链上，除去印迹分子后，功能基团留在空穴中，这种分子印迹聚合物分子识别印迹分子时，其空穴中定位的功能基团与印迹分子之间发生的是非共价结合作用（相当于分子自组装）。如他们创建了一种新的分子印迹技术，洗脱时发生水解反应，失去一个 CO_2 分子，得到这种分子印迹聚合物在以后的分离应用中则是以非共价键的方式与印迹分子再结合。这种方法兼有自组装和预组织的优点，即共价分子印迹聚合物具有亲和专一性强和非共价印迹分子聚合物操作条件温和的特征。

分子印迹聚合物对分子识别作用的本质是分子印迹聚合物与印迹分子之间在化学基团以及三维空间结构上的相互匹配性，即分子印迹聚合物的选择性与印迹分子和功能单体之间相互作用的数量和强度，以及印迹分子的形态和刚性有关。

4. 金属离子配位方法　近年来，功能性单体与金属离子配位制备分子印迹聚合物也得到了很大的发展。Whitecomb 等从化学热力学角度研究了自组装分子印迹聚合物在制备和应用过程中的化学平衡过程的动力学公式，计算表明，金属离子分子印迹聚合物有较高的特异识别能力和较快的动力学结合过程。

以金属配位作用为驱动力，通过交联反应将三维的印迹分子-金属离子-功能单体空间取向固定，这类分子印迹聚合物在水相和非极性溶剂中都可以进行制备，固定后洗去印迹分子。金属配位作用的强度可以通过 EDTA 简单变换金属离子种类实现对分子印迹聚合物亲和能力的灵活调节，如图 5.56 所示，Cu^+和 Ag^+的交换导致分子印迹聚合物对底物 CO 的亲和力不同。此外，过渡态金属不同氧化态的光谱吸收峰有利于跟踪反应过程。

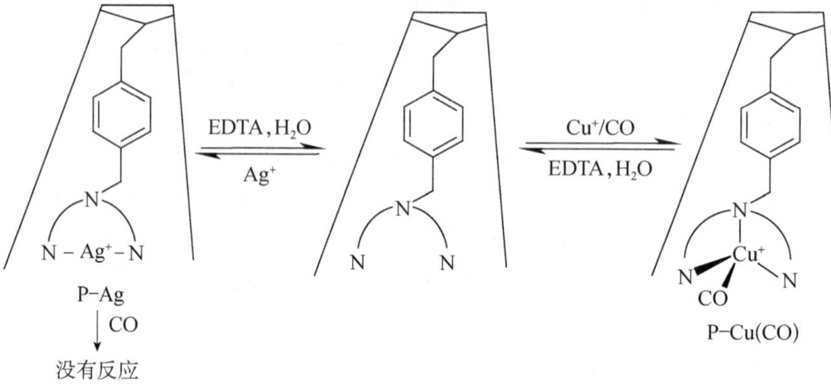

图 5.56　功能性单体与金属离子配位制备分子印迹聚合物

5.4.3　分子印迹聚合物的制备

制备分子印迹聚合物的过程一般包括：①选定印迹分子和单体，让它们之间充分作用；②在印迹分子周围发生聚合作用；③将印迹分子从聚合物中抽提出去。

在设计分子印迹聚合体系时，关键要考虑选择与印迹分子尽可能有特异结合的单体，然后选择适当的交联剂和溶剂。用于分子印迹的分子很广泛（氨基酸、糖、核酸、激素、辅酶等），它们均已成功地用于分子印迹聚合物的制备中。分子印迹聚合物中应用最广泛的聚合单体是羧酸类化合物（如甲基丙烯酸、丙烯酸、乙烯基苯甲酸）、磺酸以及杂环弱碱类（乙烯基吡啶、乙烯基咪唑），其中最常用的体系为聚丙烯酸和聚丙烯酰胺体系。若要产生对金属的配合作用则应用氨基乙二酸衍生物，其他可能的体系为聚硅氧烷类。分子印迹聚合物要求的交联度很高（70%～90%），因此交联剂的种类受到限制。对预聚溶液中的交联剂的溶解性要求减少了对交联剂的选择。最初，人们用二乙烯基苯作为交联剂，但后来发现丙烯酸类交联剂能制备出更高特异性的聚合物。

溶剂在分子印迹聚合物制备中发挥着重要作用，这种作用在自组装体系中尤为重要。聚合时，溶剂控制着非共价结合的强度，同时也影响聚合物的形态。一般来说，溶剂的极性越大，产生的识别效果就越弱，因此，最好选择低介电常数的溶剂（如甲苯和二氯甲烷等）。另外，聚合物印迹空穴的形态也受溶剂的影响，溶剂使聚合物溶胀，从而导致结合部位三维结构的变化，产生弱的结合。通常，识别所用的溶剂最好与聚合用溶剂一致，以免发生溶胀问题。

聚合物的印迹分子间的作用力的强弱是影响分辨力的重要因素。若能在二者间产生多种相互作用力（如氢键、离子键等），而且键的数目又多，则会大大改善聚合物的识别能力。如用丙烯酸和

EDTA 制备聚合物时，若用氨基酸酰苯胺作印迹分子，则所得分子印迹聚合物拆分外消旋氨基酸的能力相对于用氨基酸酯印迹的聚合物要强。核磁共振发现，这是由于酸和酰胺部分间存在氢键。

低温聚合可以稳定印迹分子和功能单体间的复合物，容许印迹热敏分子；同时还能改变聚合物的物理性质，具有制备较高分辨力聚合物的可能性。例如，0℃制备的用 L-苯丙氨酸酰苯胺印迹的聚合物比在 60℃制备的聚合物显示较高分辨力。

分子印迹聚合物的形态有聚合物块、珠、薄膜、表面印迹以及在固定容器内的就地聚合等。目前最常规的工艺是制备整块聚合物，然后粉碎过筛，获得不同粒径的颗粒。应用乳液聚合、悬浮聚合和分散聚合获得粒径均一的颗粒，可用于层析和模拟酶；浇铸膜等聚合物薄膜可用于制造传感器。

5.4.4　印迹分子

分子印迹技术一出现，人们就意识到可以应用此技术制备人工模拟酶。通过分子印迹技术可以产生类似于酶的活性部位的空腔，对底物产生有效的结合作用，更重要的是利用此技术可以在结合部位的空腔内诱导产生催化基团，并与底物定向排列。分子印迹酶同天然酶一样，一般遵循米氏动力学，其催化活力依赖于 k_{cat}/K_m。这里 k_{cat} 是催化常数。产生底物的结合部位并使催化基团与底物定向排列对于制备高效的人工模拟酶来说是相当重要的两个方面。

要想制备出具有酶活性的分子印迹酶，选择合适的印迹分子是相当重要的。目前，所选择的印迹分子主要有底物、底物类似物、酶抑制剂、过渡态类似物以及产物等。

1. *印迹底物及其类似物和产物*　酶的催化是从对底物的结合开始的，产生对底物的识别可促进催化。为此，人们做了很多尝试。有人应用分子印迹法制备具有二肽合成能力的分子印迹酶。所合成的二肽为 L-天冬氨酰-L-苯丙氨酸甲酯。分别以底物混合物以及产物二肽为印迹分子，以甲基丙烯酸甲酯为聚合单体，二亚乙基丙烯酸甲酯为交联剂，经聚合产生了具有催化二肽合成能力的二肽合成酶。研究表明以产物为印迹分子的印迹聚合物表现出最高的催化活性，在反应进行 48h 后，其二肽产率达到 63%，而以反应物为印迹分子的印迹聚合物催化活性较低。

2. *印迹过渡态类似物*　用过渡态类似物作为印迹分子制备的印迹聚合物也能结合过渡态，降低反应活化能，从而加速反应。这类研究中最早的一个例子是 Robinson 等用对硝基苯乙酸酯水解反应的过渡态类似物——对硝基苯甲基磷酸酯作印迹分子（图 5.57），将含水解功能基团的 4(5)-乙烯咪唑作单体和双功能试剂 1,4-二溴丁烷进行分子印迹聚合，制备出具有相应酯水解能力的印迹酶，制得的分子印迹聚合物证明能优先结合过渡态类似物，其催化水解对硝基苯乙酸酯的活性比未用印迹分子的相应聚合物高出 60%。这种速率加快可被过渡态类似物专一性抑制，从而证明所得到的速率加快完全是由分子印迹提供的专一性结合部位引起的。

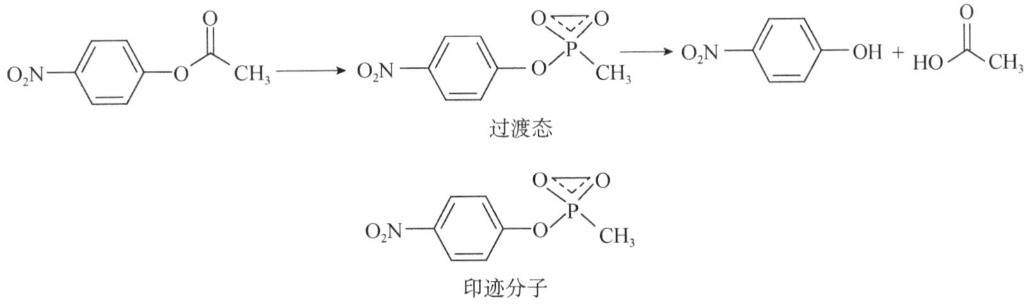

图 5.57　印迹过渡态类似物

3. *引入催化功能基团*　大量的研究表明，仅仅印迹产生过渡态结合部位不能引起高催化效率，在结合部位的适当位置定向引入催化功能基团对提高催化效率至关重要。Wulff等充分考虑了过渡态结合和定向引入催化基团对催化的作用，利用分子印迹技术印迹磷酸单酯，磷酸单酯充当了水解过渡态类似物。通过含咪唑基的功能单体与印迹分子形成稳定的复合物，将功能基团引入印迹的过渡态结合部位中，产生的分子印迹聚合物表现出很强的酯水解活性，其催化效率仅比相应的抗体酶低1～2个数量级。他们又用相同的体系印迹碳酸酯和碳酸酰胺，获得了与相应抗体酶活力相当的分子印迹酶模型。看来，适当地设计印迹分子和具有催化基团的功能单体，将稳定过渡态和催化基团的准确定向结合起来是提高模拟酶活力的关键。在分子印迹酶研究领域，产生低催化效率的另一个主要原因是底物分子在印迹聚合物中扩散很慢，从而降低酶活性。为了克服这一问题，发展分子印迹聚合物微胶和纳米胶，可克服由扩散引起的催化反应速率下降。

4. *表面印迹过渡态类似物*　最近，人们试图利用表面印迹技术来克服扩散效应对反应速率的影响。马科维茨（Markowitz）等发展了一种表面印迹技术。他们将胰蛋白酶水解反应的过渡态类似物与长链烃酰化制备成类似于表面活性剂的分子，并以此作为模板与表面活性剂、硅氧烷、硅胶微粒混合在水/油型乳液中，过渡态类似物作为表面活性剂的亲水头在水相界面与硅氧烷、硅胶微粒通过氢键和疏水作用充分结合，待硅氧烷聚合后印迹分子就定位在硅胶表面，去除表面活性剂，在硅胶微粒表面就形成了与过渡态互补的微孔，此印迹酶具有酰胺水解酶活性。

5.4.5　分子印迹酶的实践应用

5.4.5.1　分子印记酶在生物医学领域的应用

分子印迹酶具有特异性识别目标分子的能力，在临床医学检验领域具有重要的应用价值。研究人员利用分子印迹技术制备了一种高性能的仿生抗体，采用天然酶/蛋白质作为功能单体、万古霉素和氨苄青霉素为模板分子合成分子印迹聚合物，以万古霉素和氨苄青霉素印迹的MIPs取代传统的酶抗体偶联物，在微摩尔浓度下能够特异性检测底物。

又如，核壳型分子印迹酶可用于辅助治疗，将分子印迹技术和生物工程结合，开发了一种具有生物酶功能特征的核壳型分子印迹酶（MIC），可以特异性地识别、结合和水解细胞因子释放综合征（CRS）中的靶分子白细胞介素-6（IL-6）。研究人员通过共沉淀法将弹性蛋白酶与磷酸铜杂交形成纳米花作为核，以IL-6作为模板分子和多巴胺经过表面分子印迹技术聚合形成壳，最后去除模板。通过外壳结构的表面分子印迹位点识别并富集了目标分子。此外，结合的目标分子被核中具有生物酶特性的纳米花进一步降解使其失活。它可用于CRS中IL-6的过度分泌，达到辅助治疗CRS的目的，为类似靶标的高性能印迹与识别提供了新的技术路径。由于分子印迹纳米酶在成本和稳定性方面的优势，高选择性的分子印迹酶在生物医学领域具有广阔的应用前景。

5.4.5.2　分子印迹酶在有机合成领域的应用

分子印迹材料构建模拟酶具有构象预定性、识别专一性、广泛适用性和制备便捷性，其在有机合成催化领域具有广阔的应用前景。在分子印迹酶的活性中心搭建金属离子催化位点，即可模拟天然金属酶实现选择性催化。目前提高对目标产物的选择性，是多相催化面临的重大挑战。因此利用分子印迹技术在金属表面构建特异性识别的空腔，可以有效提高催化剂的选择性。例如，研究人员通过在钯表面吸附各种不同的芳烃分子作为模板分子，经过二甲氨基丙胺（DAM-PA）修饰，再洗脱模板，成功地制备了一系列的分子印迹负载型钯催化剂，结果表明，该分子印迹酶的金属表面具有特定形状和大小的活性位点，在芳香族分子的氢化过程中具有随尺寸变化的反应性。此外，以苯为模板制备的分子印迹酶在芳烃混合物中表现出对苯的优先加氢，为选择性去除汽油中致癌物苯的实际应用带来了可能，并且为设计智能分子印迹酶开辟了新的路径。

5.4.5.3 分子印迹酶在食品安全领域的应用

食品中的农药残留即使在微量剂量下也会给人体带来极大的伤害，通过合成化学模拟生物酶逐渐成为农药降解的研究热点。例如，在氧化铁核上涂覆有机-无机杂化二氧化硅壳，制备了一种核-壳结构的磁性有机磷分子印迹酶。结果表明该分子印迹酶可以使水解对氧磷反应速率加快 50%。除了对食品危害物的降解，食品检测也是酶催化重要的应用领域。又如利用分子印迹技术模拟有机磷水解酶活性中心，制备了有机磷水解分子印迹酶，有望用于检测有机磷类仿生传感器的构建，从而提高此类生物传感器的实用性和稳定性。例如，以大环胺类化合物作为功能单体，设计合成了分子印迹技术，结果表明，与底物甲基对硫磷自水解相比，分子印迹技术具有较高的催化水解活性。又如，以多吡啶配体作为功能单体，设计制备了一种新型的甲基对硫磷印迹空心纳米胶囊，可以有效地去除有机磷农药残留。所得分子印迹技术对甲基对硫磷具有较高的催化效率。又如将制备的金纳米颗粒分子印迹酶和液相显色与电化学纸芯片两种方式结合，检测血液和市售饮料中的葡萄糖，可以获得与类似天然酶相同的检测结果。

5.4.5.4 分子印迹酶在环境保护领域的应用

在污水处理的化学方法中，光催化降解法的反应条件温和，没有二次污染，因此得到了广泛重视。例如，以 TiO_2 为代表的光催化剂成本低廉、反应活性高，但催化的选择性不高，结合分子印迹技术可以有效解决这一问题。为解决外消旋体中特定对映体的选择性识别与催化，将具有特异识别的分子印迹技术和传统的光电氧化催化法结合起来，在一维单晶 TiO_2 纳米棒表面构建非活性 2-(2,4-二氯苯氧基) 丙酸（*S*）的分子印迹位点，这种分子印迹酶具有较强的手性选择性识别能力，对（*S*）构型的降解速率为（*R*）构型的 2.6 倍，为废水处理中特定手性农药对映体的去除提供了一种合理可行的途径。

又如，金属有机框架与分子印迹聚合物的结合可以对目标物进行靶向催化。采用表面印迹法制备了铁基 MOFs 印迹催化剂 MIL100-MIP。其是利用金属有机骨架具有超大吸附量的特点与分子印迹聚合物结合，构建对目标污染物具有靶向催化作用的 MOFs 基分子印迹酶。近年来，除了通过分子印迹技术对上述光催化剂进行改性，将分子印迹聚合物与传统催化剂相结合来改善难降解污染物的靶向降解已经取得了广泛的应用。此外，目前分子印迹酶的制备主要涉及单个模板分子或离子，这限制了分子印迹酶在同时识别和降解多个目标污染物方面的应用。因此研究了多模板印迹，通过使用多个目标作为模板，在单个聚合物材料中产生多种类型的识别位点，这种多模板印迹在分子印迹酶降解多个目标分析物方面可以提供高通量的目标监测和消除方法，符合可持续发展的理念，具有巨大的应用潜力。

补充读物

纳米模拟酶治疗糖尿病慢性伤口

糖尿病是一种由胰岛素绝对或相对分泌不足以及利用障碍引发的，以高血糖为特征的内分泌慢性疾病。截至2021年，全世界约有5.37亿人受其影响，并且其在全球范围内的发病率和患病率均呈上升趋势，其并发症是糖尿病患者死亡的原因之一。慢性伤口是糖尿病患者常见的并发症，给患者带来极大不便、持续疼痛和巨大经济负担，然而目前仍无令人满意的临床治疗方法，因此，开发出一种有效、安全、便携的可满足复杂临床需求的治疗系统尤为重要。

糖尿病慢性伤口与正常伤口之间的主要区别在于慢性伤口中的持久而难治愈的炎症。糖尿病伤口的特点是高水平的活性氧，特别是超氧阴离子和过氧化氢，有研究表明炎症反应的增强是慢性伤口延迟愈合的主要原因。目前有一种基于纳米材料的人工酶，也称为纳米酶，具有成本低、稳定性高等优点，其在创面愈合领域的发展备受期待。

我国研究人员提出了一种用于糖尿病大鼠慢性伤口愈合的抗氧化系统，其通过将具有抗氧化酶样活性的金属有机骨架（MOF）纳米酶与可注射和热敏的水凝胶（Gel）整合，水凝胶将MOF纳米酶保持在伤口部位，以进行持续治疗。MOF纳米酶可以清除存在于伤口部位的活性氧，重塑氧化微环境，从而使伤口恢复到类似于正常伤口的愈合阶段。重要的是，MOF/Gel系统治疗在整个过程中只需使用一次，就可以获得与使用临床药物人表皮生长因子凝胶接近的伤口愈合率。相关研究结果证明了纳米酶具有治疗糖尿病慢性伤口的潜力，具有广阔的前景。

思考题

1. 名词解释：酶分子的化学修饰；模拟酶；肽酶；纳米酶；抗体酶；分子印迹酶。
2. 简述酶分子化学修饰的基本原理及酶化学修饰方法。
3. 酶分子被修饰后在性质上有哪些变化？
4. 酶分子的哪些侧链可以被修饰？
5. 为什么环糊精及其衍生物可以作为模拟酶模型，该模型与大环冠醚模拟酶模型有何区别？
6. 抗体酶催化的反应类型有哪些？
7. 抗体酶有何特性？
8. 简述分子印迹的基本过程。
9. 举例介绍模拟酶的应用。
10. 举例介绍抗体酶的应用。
11. 举例介绍分子印迹酶的应用。

主要参考文献

罗文浩，袁睿，孙金元，等. 2023. 金属有机框架纳米酶在临床检测中的应用[J]. 化学进展, 35(09):1389-1398.

马亚龙，宫玉锁，李金德，等. 2023. 慢性伤口治疗方法的研究进展[J]. 数理医药学杂志, 36(12):931-938.

赵自通，张真真，梁志宏. 2022. 催化水解反应的肽基模拟酶的活性来源、催化机理及应用[J]. 化学进展, 34(11):2386-2404.

Andrei V, Sharpe E, Vasilescu A, et al. 2016.A single use electrochemical sensor based on biomimetic nanoceria for the detection of wine antioxidants[J].Talanta, 156:112-118.

Chao D, Dong Q, Yu Z, et al. 2022.Specific nanodrug for diabetic chronic wounds based on antioxidase-mimicking MOF-818 nanozymes[J].Journal of the American Chemical Society, 144(51):23438-23447.

Chen L, Wang X, Lu W, et al. 2016.Molecular imprinting:perspectives and applications[J].Chemical Society Reviews, 45(8):2137-2211.

Cui M, Ren J, Wen X,et al. 2020.Electrochemical detection of superoxide anion released by living cells by manganese (Ⅲ) tetraphenyl porphine as superoxide dismutase mimic[J]. Chemical Research in Chinese Universities, 36(5):774-780.

Kong D, Yao J, Li X, et al. 2020.A reusable AuNPS with increased stability applied for fast screening of trace heavy metals in edible and medicinal marine products[J].Ecotoxicology and Environmental Safety, 204:111107.

Li X, Li J, Hao S, et al. 2021.Enzyme mimics based membrane reactor for di (2-ethylhexyl) phthalate degradation[J]. Journal of Hazardous Materials, 403:123873.

Wu D, Baaziz W, Gu B, et al. 2021.Surface molecular imprinting over supported metal catalysts for size-dependent selective hydrogenation reactions[J].Nature Catalysis, 4(7):595-606.

Zhong L, Zhai J, Ma Y, et al. 2022.Molecularly imprinted polymers with enzymatic properties reduce cytokine release syndrome[J].Acs Nano, 16(3):3797-3807.

第6章 生物酶工程

本章资源

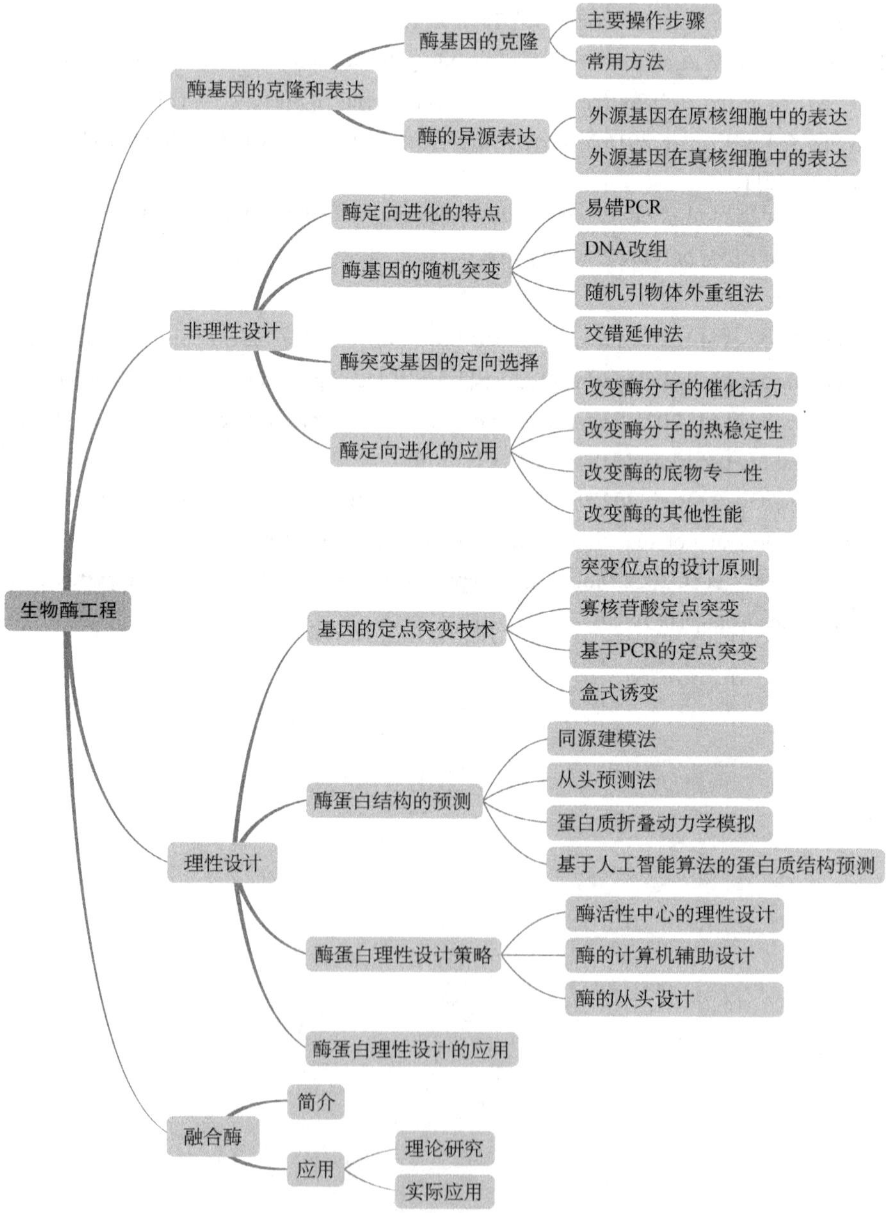

酶具有特异和高效的催化作用，在生命活动中起着十分重要的作用。然而多数天然酶在工业生产中难以具备商业价值，存在稳定性和活性低、底物范围窄、立体选择性或区域选择性不足、存在底物抑制等问题。采用基因工程和蛋白质工程的方法和技术，研究酶蛋白的结构与功能的关系以及对酶蛋白进行再设计和定向加工，更高效率生产性能优良的新酶或新功能酶，是酶工程的核心任务。

6.1　酶基因的克隆和表达

随着 20 世纪 70 年代 DNA 重组技术的建立和发展，DNA 序列测定及蛋白质结构与功能关系数据的积累，使人们在很大程度上摆脱了对天然宿主菌株的依赖。基因工程的发展，使人们能通过克隆获得许多种天然的酶基因，并在异源微生物受体中高效表达，再通过发酵技术进行大规模生产，从而得到所需要的酶。利用该方法生产酶，既可大幅度降低酶产品的成本，又可使稀有酶的生产变得更加容易。目前已有大量酶基因被成功克隆，并在大肠杆菌、枯草芽孢杆菌、地衣芽孢杆菌、啤酒酵母、毕赤酵母、米曲霉、黑曲霉、里氏木霉等表达体系中高效表达。目前，随着合成生物学的兴起，酶的表达体系也引入了标准化基因表达元件以及具有遗传可操作性和稳定性的底盘细胞的概念。

6.1.1　酶基因的克隆

酶基因的克隆就是指在体外将各种来源的目的酶基因与载体连接形成具有自我复制能力的 DNA 分子，即重组载体，然后通过转化或转染将重组载体导入宿主细胞并培养，筛选出含有目的基因的转化子细胞，再进行扩增、提取，从而获得大量所需目的酶基因。基因克隆的基本操作过程如图 6.1 所示。

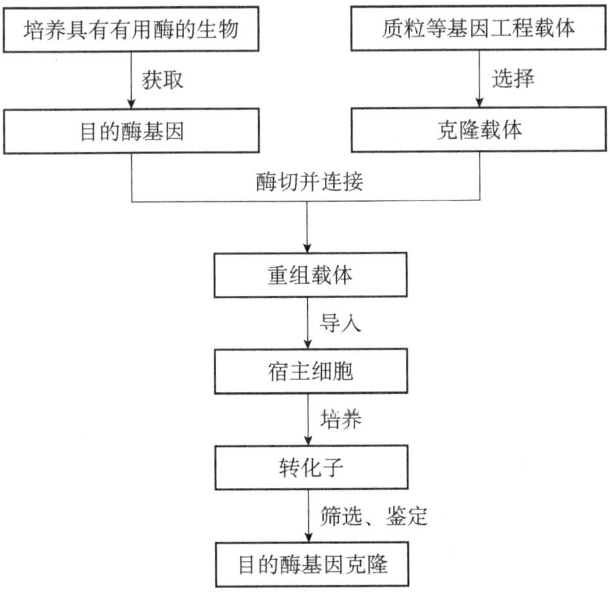

图 6.1　酶基因克隆的操作流程

6.1.1.1 酶基因克隆的主要操作步骤

酶基因克隆的主要操作步骤有五步，包括目的酶基因（靶酶基因）的获取、克隆载体的选择、目的酶基因与载体的连接、重组载体导入受体细胞并培养以及重组子的筛选与鉴定，现分别叙述如下。

1. 目的酶基因的获取　目的基因的获取有以下常见的4种方法。

（1）构建基因组DNA文库　分离组织或细胞全部DNA，将DNA降解成含有目的基因的片段，与适当载体连接，转入宿主细胞，组成的含有基因组DNA片段克隆子的集合体，称为基因组DNA文库。用适当筛选方法，从众多转化子菌落中筛选出含目的基因的菌落，再扩增，将重组DNA分离并回收，即可获得目的基因。

（2）构建cDNA文库　提取细胞总RNA，分离纯化出mRNA，以它为模板，经反转录酶催化合成cDNA，再复制成双链cDNA片段，与载体连接后转入受体菌，这样的cDNA克隆子的集合体即构成cDNA文库。cDNA文库比基因组DNA文库小得多，可较容易筛选克隆细胞特异表达的基因。

（3）聚合酶链反应（PCR）　若已知目的酶基因的核苷酸序列，可设计合适引物，进行PCR反应。PCR具有高度的特异性，可方便地在众多基因序列中获得极微含量的特定目的基因或序列，后将目的序列连接到适当的载体上，转化受体细胞，经筛选就能得到目的序列的克隆。

（4）人工化学合成　若已知某种酶基因的核苷酸序列，或根据某种酶基因产物的氨基酸序列推导出其相应的核苷酸序列，便可利用全自动核酸合成仪，合成100～3000bp长的目的DNA片段。

2. 克隆载体的选择　基因克隆载体是指可承载外源基因并将其带入受体细胞得以稳定维持的DNA分子。作为理想克隆载体的要求是：①是一个独立的复制子，有复制起始序列，可在宿主细胞中独立自主复制；②DNA上有若干合适的限制性核酸内切酶位点，便于外源DNA的插入；③有易被识别筛选的标志基因；④克隆载体必须是安全的，不应含有对受体细胞有害的基因。常用的载体有质粒载体、λ 噬菌体载体、柯斯质粒载体、酵母质粒载体、动物病毒载体和人工染色体等。

3. 目的酶基因与载体连接形成重组载体　目前有三种体外连接方法：①用T4或*E.coli* DNA连接酶可连接具互补黏性末端的DNA片段；②用T4 DNA连接酶连接具平末端的DNA片段；③先在DNA片段末端加人工接头，利用T5外切酶使其形成黏性末端，然后再进行连接。

4. 重组载体导入受体细胞并培养　重组载体导入原核受体细胞和真核受体细胞的方法不一样。

1）重组DNA导入原核细胞常用转化或转染法。先制备细菌感受态细胞，然后用重组DNA分子转化感受态细胞，然后培养筛选转化子。常用Ca^{2+}诱导的大肠杆菌转化法；原核受体细胞也可以用电穿孔法，电穿孔法是把外源DNA和宿主细胞置于电击槽中，在高压电脉冲下使细胞膜瞬时被击穿出现小孔，外源DNA通过小孔进入细胞。电穿孔法转化效率比Ca^{2+}诱导的转化法高。转导也是常见的重组子导入原核细胞的方法，先将重组 λ 噬菌体DNA分子体外包装为成熟的有感染力的 λ 噬菌体颗粒，然后感染合适的受体细胞，即可将外源DNA分子导入受体细胞。

2）重组DNA导入酵母细胞，一般用蜗牛酶去除酵母细胞壁制备原生质体，再用$CaCl_2$和聚乙二醇处理，重组 DNA 以转化方式导入酵母细胞原生质体，并将其置于再生培养基上培养，使原生质体再生出细胞壁形成完整酵母细胞。导入哺乳动物细胞的较简便方法是电穿孔法和微量注射法，此外还有磷酸钙共沉淀转染法、原生质体融合法等。导入植物细胞常用农杆菌介导的 Ti 质粒载体转化法，此外还有电穿孔法和微量注射法等。

5. 重组子的筛选与鉴定　目前常用的重组子筛选与鉴定方法如下。

（1）根据载体的选择标记初步筛选　将转化处理后的菌液（包括对照处理）适量涂布在选择培养基上，在合适生长温度条件下培养一定时间，观察菌落生长情况，即可挑选出转化子。根据重组载体的标记来筛选，可筛去大量的非目的重组体，但还只是初筛，尚需进一步细致筛选。

（2）PCR 法　若已知目的序列的长度和两端的序列，则可以设计合成一对引物，以转化细胞所得的 DNA 为模板进行扩增，若能得到预期长度的 PCR 产物，则该转化细胞可能含有目的序列。

（3）DNA 限制性内切酶图谱分析　该法可进一步鉴定重组体是不是目的克隆。目的序列插入载体会使载体 DNA 限制性酶图谱发生变化，提取转化细菌的质粒 DNA 酶切后通过电泳观察其酶切图谱，分析所得结果。

（4）核苷酸序列测定　得到目的基因的克隆，DNA 测序分析目的基因的碱基序列。

6.1.1.2 酶基因克隆常用方法

酶基因克隆的方法与其他基因克隆的方法是一样的，大体有以下几种。

1. 根据已知序列克隆基因　这是基因克隆方法中最为简便的一种。从文献中查询别人报道的基因序列作为自己克隆基因的依据。先通过互联网查询要克隆的基因或相关基因是否已在基因库中保存，从库中调取目的基因序列，根据基因序列设计特异引物，通过 PCR 从基因组中扩增该基因，或通过 RT-PCR 克隆 cDNA，然后通过 PCR 从 cDNA 文库中扩增该基因。由于物种和分离株之间的差异，为保证 PCR 扩增的准确性，常采用巢式聚合酶链反应（nested PCR）两步扩增法。

另外，根据蛋白质序列也可以将编码该蛋白质的基因扩增出来。在基因文库中注册的蛋白质序列都可以找到相应的 DNA 或 cDNA 序列。如蛋白质序列是自己测定的，那么需要设计至少 1 对简并引物（degenerate primer），从 cDNA 文库中克隆该基因。用这种方法克隆的基因必须经序列测定才能鉴别所扩增产物的特异性。

2. 根据已知探针克隆基因　这是基因克隆的一种较直接的方法。先将探针作放射性或非放射性标记，后将其与用不同内切酶处理的基因组 DNA 杂交，最后将所识别的片段从胶中切下来，克隆到特定的载体（质粒、噬菌体或病毒）中作序列测定或功能分析。

此法既可以将基因克隆出来，又能观察该基因在基因组中的拷贝数。但在探针杂交后，要注意高强度漂洗，以保证克隆的特异性并节省时间。

3. 未知序列的基因打靶　未知序列的基因打靶分 3 种。

（1）随机引物 PCR（arbitrarily primed PCR，AP-PCR）　该法首先被用于基因组 DNA 或 RNA 的指纹图谱（finger print）分析，后来有人将这种方法用于克隆与表型相关基因的 DNA 或 mRNA 序列。

（2）差别显示 PCR（differential display PCR，DD-PCR）　DD-PCR 是在 AP-PCR 基础上发明的一种 RT-PCR 方法，主要用于两种或多种类似生物个体在基因表达上的差异分析。

（3）代表性差别分析 PCR（representational difference analysis PCR，RDA-PCR） 这是一种消减杂交（subtractive hybridization）与 PCR 相结合的技术，其基本原理是：用一个在种源上相近的基因组将靶基因组中所有共同的基因掩盖起来，而只暴露特异基因，在整个反应中只有特异基因被扩增。

6.1.2 酶的异源表达

资源 6.1

基因工程使酶基因的表达在很大程度上摆脱了宿主的限制，推动酶基因异源表达技术应用，目前已遍及工业、农业、医药、环境和能源等各个领域。一般来说，原核基因选择在原核细胞中表达；真核基因选择在真核细胞中表达，也可选择在原核细胞中表达。不同的表达系统，需要构建不同的表达载体。基因工程的表达系统包括原核生物基因表达体系和真核生物基因表达体系。外源基因在受体细胞中的表达包括两个主要过程，即 DNA 转录成 mRNA 和 mRNA 翻译成蛋白质。

6.1.2.1 外源基因在原核细胞中的表达

目前应用最广泛的是原核生物基因表达系统如大肠杆菌表达系统、芽孢杆菌表达系统、链霉菌表达系统、蓝藻表达系统等。随着基因工程技术的发展，越来越多的原核生物被用作外源基因表达系统。

1. *原核生物基因表达系统的特点* 原核生物基因表达系统的特点如下：①只有一种 RNA 聚合酶（真核细胞有三种）识别原核细胞的启动子；②表达以操纵子为单位；③转录与翻译偶联进行；④一般不含内含子（intron），缺少真核细胞转录后加工系统。故当含有内含子的真核基因在原核细胞中转录成 mRNA 前体后，其内含子部分不能被切除；⑤原核生物基因的控制以转录水平为主，包括起始控制（启动子控制）和终止控制（弱化子控制）；⑥经典的原核生物 mRNA 核糖体结合位点上含有翻译起始密码子及 SD 序列。

在原核表达系统中，大肠杆菌表达系统以其遗传背景清楚、操作简单、能在廉价培养基中迅速生长及易于大规模发酵培养等特点而备受关注；目前大肠杆菌体系已用于制备多种酶制剂，甚至一些药用蛋白质，如干扰素、胰岛素等。大肠杆菌为革兰氏阴性菌，存在产生内毒素，易形成包涵体，蛋白分泌能力差，产物酶蛋白分离纯化困难等缺点，限制了大肠杆菌的应用。枯草芽孢杆菌、地衣芽孢杆菌等具有良好的安全性，酶蛋白分泌能力强，产物酶蛋白分离纯化简单。

2. *原核生物基因表达载体* 大肠杆菌基因表达载体可分为 3 个系统：DNA 复制及重组载体的选择系统，外源目的基因的转录系统，蛋白质的翻译系统。

表达载体影响基因表达效率的因素很多，主要包括启动子结构、核糖体绑定结合位点（RBS）、启动子同克隆基因间距离、质粒拷贝数及稳定性等。

3. *酶蛋白高效表达底盘细胞的构建* 构建一个良好的底盘细胞，可以促进多种工业酶的高效生产。底盘细胞首要的特性就是具有遗传可操作性和稳定性，能够在可控条件下接受外源 DNA。尤其是在对一个特定的表型进行文库的组合构建和筛选的过程中，高效转化系统是十分必要的。除了转化方法外，同源重组效率也是底盘细胞遗传可操作性和稳定性的重要方面。为了重塑与目标产物相关的代谢网络，也需要对宿主基因组中相关的基因进行操作与调控。近年来发展起来的 CRISPR/Cas9 技术已经在多个物种中实现了成功应用，提高了很多底盘的遗传可操作性。

其次，底盘细胞需要有特征明确且可控的代谢工程模块，从而可以实现对表型有目标的调控。针对目标底盘细胞开发定量化、模块化、标准化的功能模块是合成生物系统研究的重要方面。此外，底盘细胞最好能够有各种组学分析的工具和算法，从而可以对细胞在不同操作和环境下进行各种组学特性的表征。清晰的组学表征和调控网络将有助于根据目标产物的特性对底盘的适配性进行评价和优化。

为了提高产酶能力，减少生产成本，一个好的底盘细胞需要尽可能具备以下特性：①可以利用廉价碳源产酶，如可以同时利用木质纤维素水解产物葡萄糖和木糖等；②生长周期短，能够在短时间内实现生物个体的快速增殖和目标产物的生产；③代谢率高，快速高效的代谢速率是高生产率和高转化率所必不可少的；④对氧摄取率高，适合高强度发酵产酶工艺；⑤解除葡萄糖等分解代谢物阻遏效应，简化分批补料工艺；以及菌株色素、黏性物质、表面活性物质、不良气味物质的消除等。

6.1.2.2　外源基因在真核细胞中的表达

近年来，真核生物基因表达载体系统发展很快，如酵母菌、植物细胞、哺乳动物细胞和昆虫细胞等被广泛用作基因表达系统的受体细胞，并构建了一系列相应的基因表达载体。

真核表达体系大多是穿梭载体，有两套复制原点及选择标记，分别在大肠杆菌和真核细胞中起作用。真核表达载体至少要含两类序列：①原核质粒的序列：包括复制起始序列和筛选克隆的抗药性基因标志等。②在真核宿主细胞中表达重组基因所需要的元件：包括启动子、增强子、转录终止和加 poly-A 信号序列、mRNA 剪接信号序列、用在宿主细胞中筛选的标志基因及供外源基因插入的单一限制性内切酶识别位点等。常见表达载体有：酵母复制型质粒（yeast replicating plasmid，YRp）和酵母人工染色体（yeast artificial chromosome，YAC）等酵母表达载体；逆转录病毒载体和 SV40 病毒（simian vacuolating virus 40，SV40 virus）载体等哺乳动物基因表达载体和以 Ti 质粒为基础构建的植物基因表达载体。

毕赤酵母是一种当前被广泛应用于生产酶蛋白的菌株。与细菌相比，毕赤酵母细胞具有翻译后修饰和分泌表达等优点，适合表达真核来源的蛋白，主要特点如下。

1. *高表达*　毕赤酵母具有的 AOX1 启动子是强诱导型启动子，其蛋白表达水平是酿酒酵母的 10～100 倍，甲醇可作为其唯一碳源，实现高效的异源表达，大量外源蛋白表达量达到 20g/L 水平。

2. *高分泌*　由 α-因子信号肽引导，将外源蛋白分泌至胞外。外源蛋白的含量占培养基中总蛋白量的 80%～90%，并且毕赤酵母较少分泌内源性蛋白，这就对后期目的蛋白的分离纯化提供了极大的便利。

3. *高稳定性*　在毕赤酵母中，质粒整合在宿主染色体上，因此重组菌株非常稳定，即使没有外界抗生素的筛选压力，外源基因仍能稳定存在于宿主染色体基因组。

4. *糖基化程度低*　虽然酿酒酵母和毕赤酵母的 *N*-连接糖基化都是甘露糖形式，但毕赤酵母翻译后将长度为 8～14 个甘露糖残基的寡糖链添加到蛋白上去，相比于酿酒酵母翻译后添加到蛋白上的 50～150 个甘露糖残基要短很多。

毕赤酵母通过“内质网-高尔基体”蛋白分泌途径分泌酶蛋白，此途径中新生肽链构象的维持和转运、蛋白的正确折叠和修饰是蛋白合成分泌的关键。内质网是真核生物中蛋白分泌表达加工折叠的主要场所，即使可从多种高效的引导肽中选择最合适的引导肽，其新合成蛋白的通量增加会导致内质网中未折叠和错误折叠的蛋白积累，使外源蛋白在毕赤酵母细胞中滞留，当表达水平高时，尤其如此。当在细胞中合成大量的外源蛋白质并且没有被及时折叠时，往往会造成内质网的损伤，称为内质网胁迫；严重时还会引起其他细胞器的损伤、细胞自噬，甚至造成细胞死亡。为了解决这个问题，可以通过导入促折叠因子（分子伴侣）基因，通过促进折叠提高外源酶蛋白分泌。目前毕赤酵母的研究热点多集中在提高外源基因拷贝数以及共表达分子伴侣，可通过合成生物学手段构建毕赤酵母底盘细胞，可达到高效构建高产异源酶蛋白目标。

6.2 非理性设计

资源 6.2

自然界中的天然酶已存在并进化了千百万年，然而多数酶在工业生产中难以具备商业价值，故生物学家试图对其进行分子水平的改造，以期获得活力更高或催化能力更强的新的非天然酶或改造天然酶。

酶分子的改造主要涉及认识和改造两方面，非理性和理性的酶分子设计策略是两种有效的酶改性工具。研究天然酶及其突变体时，通常先获得酶分子特征、空间结构以及结构与功能的关系等信息，这些可通过各种生物化学、光谱学、晶体学等方法来解决，之后根据这些信息指导酶分子改造，这便是酶分子的理性设计，如化学修饰、定点突变（site-directed mutagenesis）等。无须准确知道酶蛋白结构与功能等信息，直接通过随机突变、筛选等方法进行酶分子改造的方法，称为酶分子的非理性设计，如定向进化（directed evolution）、杂合进化（hybrid evolution）等。

酶分子的非理性设计是一种在未知酶蛋白的结构与功能关系情况下，通过模拟自然界的进化过程来改造酶的方法。该方法直接对酶基因进行随机突变或重组以创建突变体库，然后通过高通量的筛选和选择方法鉴定性能改善的突变体。有益突变基因可被挑选出来作为下一轮突变的模板，通过多轮迭代的突变和筛选模拟自然进化过程，逐步提高酶的性能。近年来，科学家们已经探索出多种定向进化方法，在同源基因库中产生多样性序列，并快速积累有益突变，在改善酶性能和演化新代谢途径等研究领域具有重要价值。

6.2.1 酶定向进化的特点

天然酶的进化是一个极其漫长的过程，在突变与达尔文选择的动态平衡中经过成千上万年，虽然经历如此长的岁月，但是仍有其潜在的进化能力。主要原因在于：生物体内天然酶存在的环境与酶的实际应用环境有所不同；生物体内侧重于各种生物分子间的协同作用，强调以整体来适应环境，而实际应用中则希望酶的催化活性越高越好，这为体外进化留下巨大的空间。另外有些酶或蛋白质所进化的性质是出于实际应用需要，加速了酶体外进化的进程。

定点突变技术只能对天然酶蛋白中少数氨基酸残基进行替换、删除或插入，不改变酶蛋白的高级结构，且仅适用于三维结构清楚、结构和功能相互关系也较清楚的酶，因而对酶功能的改造有限。为此自 20 世纪 80 年代末，迅速兴起一种在生物体外（试管中）模拟达尔文进化的、快速的、具有一定目的性的改造酶的技术，即酶定向进化（enzyme directed evolution）技术，它在一定程度上弥补了定点突变技术的不足。

酶分子的定向进化是在基因水平上进行的酶改性技术，属于酶分子的非理性设计，与酶分子的定点突变等理性设计相比，不需要事先了解酶的结构、活性位点、催化机制等各种因素，只需在人为控制的进化条件下，模拟天然进化机制，在体外对酶基因进行改造，产生基因多样性，并通过定向筛选（或选择）技术获取定向选择（筛选）的具有特定性质的突变酶。定向进化的基本原则是“获取你所筛选的突变体”。简言之，定向进化=随机突变+定向选择，与自然进化不同，定向进化是人为引发的，针对突变后的群体进行选择，起着选择某一方向的进化而排除其他方向突变的作用，整个进化过程完全是人为控制。所以，该机制无须了解蛋白质的特征、空间结构以及结构与功能的关系等各方面信息，适合所有酶蛋白的改造，从而大大拓宽了蛋白质工程学的研究和应用范围，是蛋白质工程技术发展的一大飞跃。定向进化的优势是可以从众多的突变基因中选择筛选出许多自然界中得不到的优良性质，如高稳定性、高催化性等。定向进化方法不但可以进化具有单一催化性质的酶蛋白，还可以使两个酶蛋白性质叠加，产生具有多项优化功能的酶。

6.2.2 酶基因的随机突变

从某种程度上讲，定向进化的基本策略与自然进化相似。关键的两个步骤是通过随机突变和体外重组产生分子多样性，再通过定向筛选或选择得到优化的突变体。

酶的定向进化通常分 3 步进行（图 6.2）：首先通过随机突变和（或）基因体外重组创造基因多样性；然后导入适当载体构建突变文库；最后通过灵敏的筛选方法，选择阳性突变子。这个过程可重复循环，直至得到预期性质的新酶。

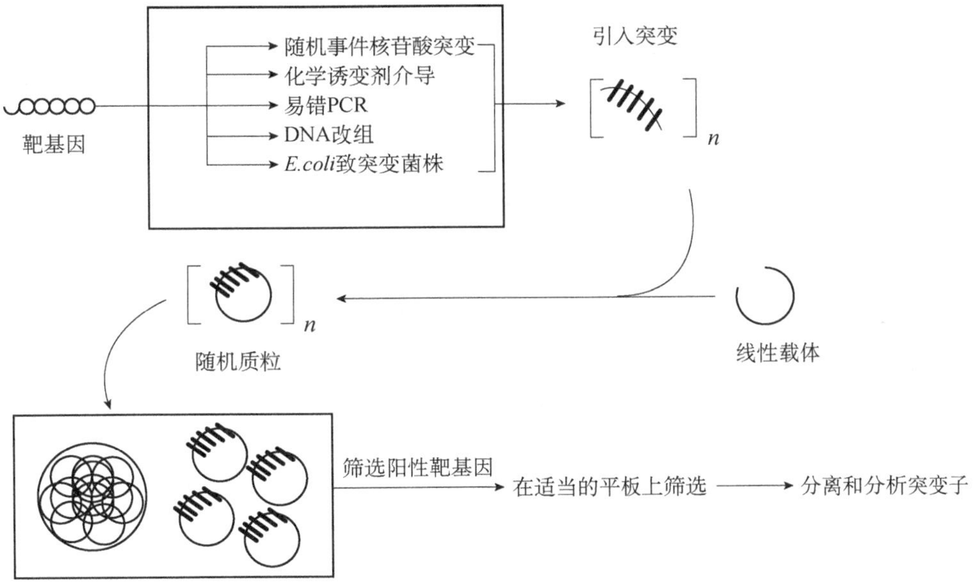

图 6.2 酶定向进化过程示意图

易错 PCR（error-prone PCR）、定点饱和突变、化学诱变剂介导突变、致突变株产生随机突变和随机寡核苷酸突变等均属于基因的随机突变。但由于随机突变的方法很难组合有益突变，且连续诱变的同时也积累了有害突变，会导致一个进化谱系的提前终止。因此，需要进一步模拟自然进化的过程，利用重组机制来克服随机突变方法的不足，有利于完成酶蛋白的改造。这种情况下，基因重组技术便被提上议事日程，主要包括 DNA 混编（DNA shuffling），又称 DNA 改组，外显子混编（exon shuffling），随机引物体外重组（random priming in vitro recombination，RPR）法，交错延伸（stagger extension process，StEP）等。

6.2.2.1 易错 PCR

易错 PCR 是一种在 DNA 序列中进行随机突变的快速、简便方法，主要特点是能够控制它的突变频率。用 PCR 扩增目的基因时，通过使用低保真度的 *Taq* DNA 聚合酶或改变 PCR 常规反应条件，如调整反应体系中 4 种 dNTP 的浓度、增加 Mg^{2+}的浓度、添加 Mn^{2+}等，引起碱基以某一频率通过随机错配引入多点突变，构建突变库，然后选择或筛选出所需的突变体。关键是在基因扩增过程中，聚合酶要以可控制的比率使碱基发生错配，即需要严格调控突变率，太高或太低都难以达到目的，理论上每个靶基因导入的取代残基在 1.5～5 个之间。

由于此法突变具有一定的密码偏向性，通常经一次突变的基因很难获得满意的结果。故在此基础上又发展了连续易错 PCR（sequential error-prone PCR），它是将一轮 PCR 扩增得到的有用突变基因作为下一轮的模板进行 PCR 扩增，连续反复进行随机突变，结果使每一轮获得的小突变（每代每序列有 2～3 个碱基置换或一个氨基酸替代）可以积累大部分的有益突变。该方法具有很多成功的例子，但是不能够满足进化在统计学上的复杂性，往往无法得到核苷酸序列分布的多样性，因为多个点突变不容易重新组合，故不利于酶蛋白空间结构的改造和优化。

6.2.2.2 DNA 改组

DNA 改组技术是指 DNA 分子的体外重组，是基因在分子水平上进行的有性重组（sexual recombination）。首先对一组序列相关的 DNA 序列（经随机突变得到的一组有益突变体，或天然存在的基因家族），用超声波处理或用 DNA 酶 I （DNase Ⅰ）消化产生一系列随机切割的 DNA 片段，得到的随机片段在不加引物的多次 PCR 循环中，彼此间互为模板和引物进行扩增，直至连成接近目的基因长度的 DNA 分子，然后再利用基因两端序列为引物，扩增获得全长基因，这是来自不同基因片段之间的重组（图 6.3）。通过这种方法 DNA 片段得以重新组合，使亲本基因之间的有益突变得到优化，加速了有益突变的累积，因此能在较短时间内获得性能明显改善的酶蛋白，同时可使酶的两个或更多的已优化性质合为一体，所以不论从理论上还是实践中都优于上述的连续易错 PCR 等方法。

1999 年，Stemmer 等把 DNA 改组延伸到家族改组（family shuffling），它是利用各种来源的同源基因重组的方法。以单一的酶蛋白基因进行定向进化时，基因的多样化起源于易错 PCR 等反应中产生的随机突变，采用这种过程累积有益突变的速度比较慢。从自然界中存在的基因家族出发，利用它们之间的同源序列进行 DNA 改组，由于每一个天然酶的基因都经过千百万年的进化，且基因间存在比较显著的差异，故获得的重组基因库充分体现了基因的多样化。当该组有 80%的核苷酸序列同源的两个母体基因时，杂合体形成的频率少于 1%。因此近年来，研究者设计出家族改组技术的两种改进方案：一是 ssDNA 的家族改组，它需要将制备的亲本基因单链化，用 DNase Ⅰ随机切割这些单链 DNA 后得到的片段进行常规的家族改组；二是以限制性核酸内切酶代替常规家族改组技术中的 DNase Ⅰ的改组。这两种改进的家族改组方案都能够增强改组基因库中的基因多样性，从而使酶的定向进化更易于取得成功。

6.2.2.3 随机引物体外重组法

随机引物体外重组（random-priming *in vitro* recombination，RPR）法，原理见图 6.4，它不需要 DNase Ⅰ来消化 DNA 序列，只需以单链 DNA 为模板，配合一套随机序列引物，就可产生大量和模板不同位点互补的短片段，即 DNA 随机片段库。而且由于碱基的错配和错误引发，

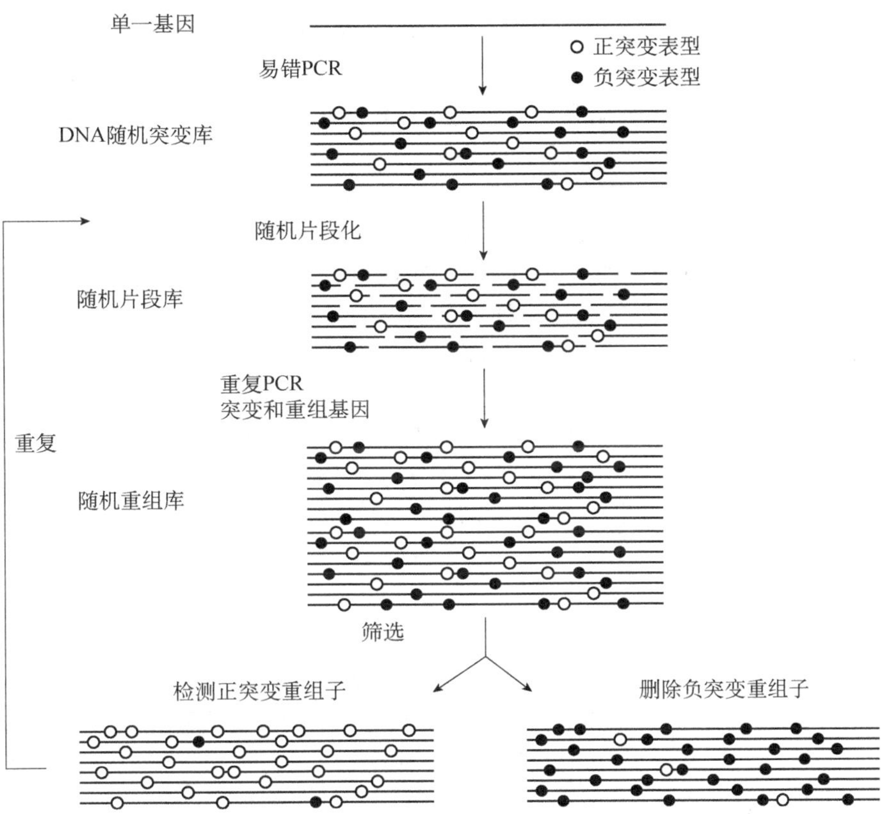

图 6.3　DNA 改组原理示意图（根据柯涛的 α-淀粉酶基因体外定向进化研究重画）

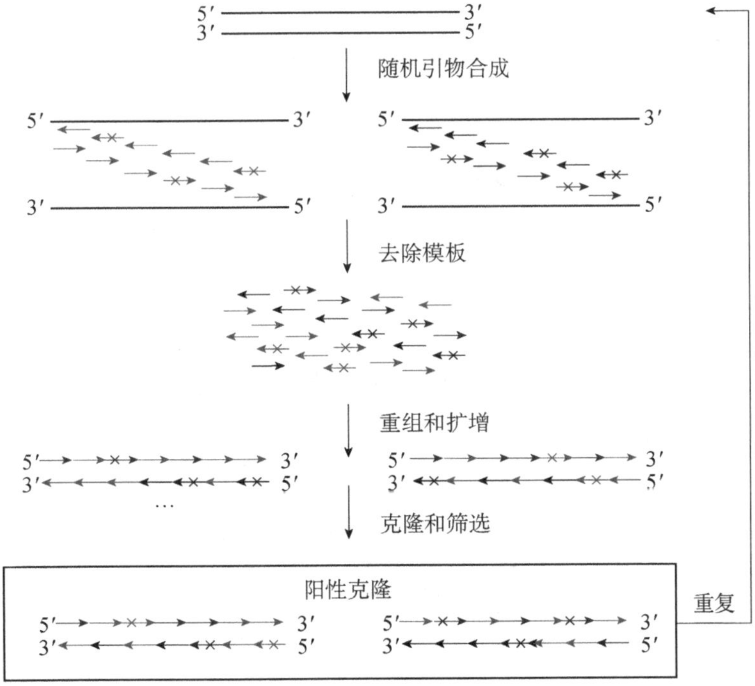

图 6.4　随机引物体外重组法

这些短的 DNA 片段中也会有少量的点突变，在随后的 PCR 反应中，它们之间可以相互同源引导和重组，通过类似于 DNA 改组的方式重新组装成完整长度的基因。如果需要，还可反复进行上述过程，直到获得满意的进化酶性质。理想的突变率和重组频率可以通过改变随机引物的长度、浓度、时间、温度及其他反应条件来控制。

这种方法优于 DNA 改组，具体表现在：①RPR 法可以以单链 DNA 为模板，可能的突变和重组可发生于以双链 DNA 或单链 DNA 为模板的 PCR 过程，也可来自以 mRNA 为模板的逆转录过程，故可降低模板量 90%～95%；②DNA 改组利用 DNase Ⅰ 随机切割双链 DNA，在 DNA 片段组装前，DNase Ⅰ 必须去除干净，而 RPR 法利用随机引物合成小片段，过程更简单；③产生的 DNA 随机片段由于碱基的错配和错误引发，会引入少量的点突变，故建立的分子文库重组率高；④合成的随机引物具有同样长度，无序列倾向性，因而理论上进行 PCR 扩增时模板上每个碱基都应被复制或以相似的频率发生突变；⑤随机引发的 DNA 合成不受 DNA 模板长度的限制；⑥DNA 改组中 DNase Ⅰ 会带来序列偏爱性的影响，而 RPR 法克服了这一点，理论上能保证每一新生短链上的点突变的随机分布和后代基因中交叉重组的随机性。

6.2.2.4 交错延伸法

1997 年，法国 Arnold 研究组巧妙设计了 PCR 程序，进一步改进 DNA 改组法，创造性提出了交错延伸法（图 6.5）。这是一种简化的 DNA 改组法，是在 PCR 反应中，将含不同点突变的模板混合，随之进行多轮变性、短暂的复性/延伸，反复循环直到形成全长基因片段。该方法的主要特点在于能将 PCR 反应中常规的退火和延伸步骤合二为一，大幅缩短反应时间，结果得到非常短的新生链，又将变性的新生链作为引物与体系内同时存在的不同模板退火，继续延伸。整个过程反复进行，最终产生完整长度的基因片段，获得间隔的含不同模板序列的新生 DNA 分子，由此生成的新生 DNA 分子中含有大量的突变组合，利于酶的新性质的产生。

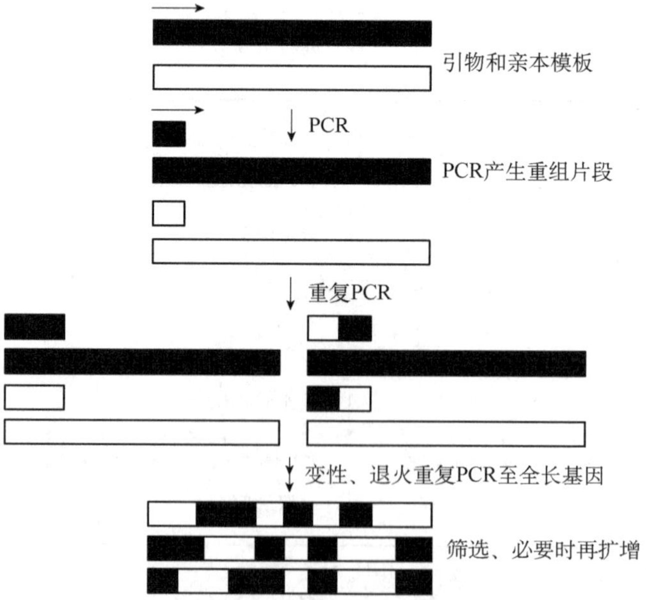

图 6.5　交错延伸过程示意图

该法以单链 DNA 为模板，单引物进行延伸，有别于其他突变方法，在每一次 PCR 循环中，那些部分延伸的片段可以随机地杂交到含不同突变的模板上继续延伸，所产生的新 DNA

分子中含不同模板序列信息，因此含有大量的突变组合，结果产生间隔的含不同模板序列的新生 DNA 链，其基因重组程度可通过控制反应条件（如温度等）和时间来进行调节，只在一个反应管中就能进行，简化操作程序，可以说是定向进化的又一创新。与 DNA 改组法相比，交错延伸法更简单，而重组效率相近，是一种基于高度同源性的改组方法，适于对易错 PCR 得到的一组良性克隆进行改造。

6.2.3 酶突变基因的定向选择

随着定向进化技术的发展，通过突变产生出具有优良性质的酶，已不再是阻碍酶定向进化的关键；相反，由于随机突变产生的多样性基因形成庞大的突变体库，在对突变酶的稳定性、酶活性、立体选择性和区域选择性等目标特性进行优化时，如何快速有效地从突变体库中获得所需的优良基因至关重要，这需要精确高效且廉价易操作的筛选和选择技术。筛选和选择这两个术语在实际应用中经常被混淆，但实际上它们有一定区别。筛选主要依赖于精密的仪器分析技术，如紫外/可见光光谱、荧光光谱、放射性同位素、多重质谱分析、气相色谱（GC）、高效液相层析（HPLC）或圆二色光谱法等，通过这些仪器检测突变体酶催化性能的变化。而选择更侧重于构建特定的实验体系，如以大肠杆菌等宿主生物体为载体，构建能反映酶性能差异的培养环境，使其中携带特定催化特性的突变体酶的宿主生物表现出生长或存活的相对优势，从而实现对突变体酶性能的优化选择。不论是筛选还是选择，都应该确保基因型与表型之间的紧密联系，进而确保筛选和选择方法的有效性，推动突变体酶性能的不断优化和提升。

6.2.3.1 筛选方法

1997 年，为了筛选具有底物立体选择性的酶，研究者开发了一种中通量筛选方法。该方法以脂肪酶的（*R*)–对硝基苯酯和（*S*)–对硝基苯酯为底物，利用光吸收法在 96 孔板上同时对 48 个突变体酶进行活力测定。在酶的催化作用下，若两种底物的水解产物光吸收/时间曲线的斜率明显不同，则表明酶水解两种底物的活力存在显著差异，即酶具有底物的立体选择性，可对其开展水解动力学等研究，进一步筛选目标突变体酶。以提高酶活力为目的进行突变体酶的筛选时，也可采取类似的依赖于紫外/可见光或荧光检测的方法。例如，脂肪酶和酯酶在催化水解反应时生成的乙酸，可通过乙酰-CoA 合成酶（acetyl-CoA synthetase）转化为乙酰-CoA，随后与草酰乙酸在柠檬酸合酶（citrate synthase）的作用下生成柠檬酸；此过程中伴随着 NADH 的合成，其浓度变化可通过 340nm 的光吸收值测定。由此，酶催化底物的水解速度便可通过分光光度法精确测定，从而用于突变体酶活性的筛选。此外，通过染料指示剂监测脂肪酶或酯酶催化反应中 pH 变化，同样是一种有效的酶活测定方法。目前，对应不同类型酶的筛选，研究人员已建立多种高通量筛选方法。如利用放射性同位素（如 ^{2}H、^{13}C 或 ^{15}N）结合多重质谱法（multiplexing mass spectrometry）检测酶的对映体选择性；基于酶催化的氧化还原反应大多需要辅因子 NAD(P)$^{+}$和 NAD(P)H 参与的原理，建立的氧化还原酶筛选方法等。

随着现代检测技术的日新月异，自动化气相色谱和高效液相色谱平台已成为酶定向进化筛选的得力助手，广泛应用于丙二酰-CoA 合成酶（malonyl-CoA synthetase）、硫化单加氧酶（sulfide monooxygenase）及卤代烷烃脱卤酶（haloalkane dehalogenase）等多种酶的筛选与优化中。与此同时，作为新兴技术的荧光激活细胞分选法（fluorescence-activated cell sorting, FACS）和微流控技术（microfluidic technique），开始应用于酶的定向进化筛选研究。FACS 技术以灵敏度高和通量高为特点，为快速筛选具有优良特性的酶变体提供可能；而微流控技术则以微型化、集成化和自动化的优势，在酶活测定和酶动力学表征研究中发挥重要作用。此外，计算机辅助的“体外高通量筛选技术”开始崭露头角，为突变体酶的筛选带来了巨大进步。该方法结合从头计算蛋白设计程序设计蛋白突变体，通过高通量的分子动力学模拟（molecular dynamics simulation）和近攻击构象（near attack conformation）的几何参数分析，高效筛选可能具有或提高目标性质的酶，再用于进一步的实验确定，能够显著减少实验室的工作量，提高筛选的效率和准确性（Lovelock et al.，2022）。

6.2.3.2 选择方法

在最初的DNA改组研究中，大肠杆菌TEM-1 β-内酰胺酶的活性评估是以抗生素头孢噻肟作为选择压力完成的，这一基于遗传互补原理选择目标酶的策略为后续建立一系列选择方法奠定基础。Yano等（1998）利用支链氨基酸转移酶基因（*ilvE*）缺陷的大肠杆菌无法在缺乏丙氨酸、异亮氨酸和亮氨酸的培养基上生长的特性，建立了天冬氨酸转氨酶的底物特异性选择系统，为酶的定向进化选择提供新思路。随后，营养缺陷型菌株在特定酶生产和突变酶的进化选择中得到广泛应用。利用营养缺陷型大肠杆菌KA12构建的分支酸变位酶选择系统，通过多次迭代循环的突变和选择，成功地将突变体酶的k_{cat}/K_m值提高270倍。有时，细胞在待选酶的酶活水平较低的情况下也能生长，可采用融合降解标签的策略降低胞内目标蛋白浓度，解决因低水平酶活引发的假阳性现象。很多酶属于细胞分泌蛋白，在筛选突变体时，邻近菌落会发生交互营养（cross-feeding）现象，提高筛选目标突变体的难度。为此，在筛选枯草杆菌蛋白酶的过程中，研究者利用一种带有小孔（体积仅1μL）的空心纤维，使培养的每个菌落占据一个小孔而避免发生交互营养，筛选获得了活力提高4倍的突变菌株；该方法具有通量高（每管可容纳3×10^5个菌落）和可精确调节反应pH和离子强度等反应条件的优点。虽然上述基于遗传互补的目标酶选择方法在多数情况下有效，但由于需要为每个酶单独设计选择系统，增加了研究的复杂性和工作量。为弥补这一缺陷，目前开发了基于β-半乳糖苷酶或氨基酸选择标记的化学互补方法，具有简化选择过程和提高工作效率的优势。

琼脂板选择系统简单高效，也是在定向进化的早期研究中建立的选择系统之一。该系统将突变体酶基因转化到宿主细胞中，再将其涂布于含有特定底物或筛选标记物的琼脂平板上，直观筛选具有特定性能的突变体酶。基于该方法，研究者以目视观察大肠杆菌中环氧水解酶的解毒效果，预选择出有活性的突变体酶，用于后续分离纯化和酶学检测等精确筛选，显著提高效率。在鉴定立体选择性酯酶时，使用适当设计的一对手性底物，使其中一种手性底物水解后释放能供应细胞生长的产物，而另一种手性底物水解后的产物则抑制细胞生长甚至导致细胞死亡；该方法用于南极假丝酵母（*Candida antarctica*）脂肪酶的手性选择研究，充分展示了有效性和实用性。

随着高通量检测技术的不断进步，噬菌体展示、荧光激活细胞分选（FACS）及微流体等技术被用于从庞大的突变体库中高效选择具有理想特性的蛋白质。Dröge等（2006）将酶的抑制剂共价结合到载体上，与含有饱和突变位点的噬菌体文库进行孵育和洗脱，经过3～4轮选择过程，成功分离出一个对映选择性发生改变的酯酶A突变体。研究者利用FACS技术选择酯酶突变体，将酯酶底物*rac*-11的两个对映体分别用绿色和红色荧光染料标记，基于底物水解产物会附着在细菌表面并被荧光信号精准识别的原理，在数小时内即可完成10^8个细胞的高通量检测，获得的最优三重突变体酯酶的E值达到16.3。基于微流体技术的高通量体外选择方法将体外转录/翻译反应混合物与矿物油和表面活性剂结合，构建直径约2.6μm的乳液颗粒，通过液滴微流体装置检测目标突变体酶，已成功应用于构建高通量纤维素酶选择系统。此外，利用超高通量微流控液滴筛选系统对水解布洛芬酯的酯酶立体选择性进行连续定向进化，从 500 万个突变体中找到了一个立体选择性提升 700 倍的突变酶；该技术与高通量 DNA 测序技术相结合，构建了能够探究酶序列与功能关系的超高通量检测方法，用于快速获得具有高活性和稳定性的糖苷酶突变体。

酶突变基因的筛选和选择是获得具有期望性状酶的关键环节，需要耗费大量时间和人力成本。为了提高酶的定向进化效率，除了建立高效的筛选和选择方法外，还可以通过构建高质量的突变体库来减少待测突变体数量，进而结合先进的遗传技术及高通量的自动化检测分析设备，有助于在酶的定向进化研究领域取得更为重要的突破。

6.2.4 酶定向进化的应用

酶作为工业生物催化剂，其应用要求在生物体外反应条件下仍具有高的活性、专一性和稳定性。但天然酶常不能满足这些要求。因此，必须运用定向进化技术对酶分子进行有效改造，获得人们所期望的酶性质。研究者提高了枯草杆菌蛋白酶 E 的表达水平以及在有机溶剂中的活性，使酶的总活力提高了 500 倍；一些科研人员改造 β-半乳糖苷酶，其底物特异性提高了 1000 倍。

6.2.4.1 改变酶分子的催化活力

酯酶可以催化酯合成、酯水解、酯交换等具有重要应用价值的反应。但自然界存在的酯酶在催化活性和稳定性方面与工业要求仍有一定距离。为获得同时具有高催化活性和高稳定性的酶，通常从常温酶出发，利用分子改造提高其稳定性以获得理想的生物催化剂。嗜热酯酶具有较好的热稳定性，对嗜热酯酶进行分子改造，在保证其稳定性的前提下提高催化活力是获得理想酶的一种新途径。来源于嗜热古菌（*Aeropyrum pernix*）的嗜热酯酶（APE1547）具有良好的热稳定性，在工业上有潜在的应用价值。研究人员利用嗜热酯酶（APE1547）极好的热稳定性，建立了灵敏、准确的高通量高温酯酶筛选方法，成功地获得了高酯酶活力突变体。其中对第一代随机突变库筛选获得了催化活性提高 1.5 倍的突变体 M010，序列分析表明其氨基酸突变为 Arg526Ser；从第二代突变库中筛选出总活力提高 5.8 倍的突变体。

有些学者采用一株能利用氯丙烷的基因工程菌与卤烷脱卤酶的随机突变法相结合的策略，构建一种能利用 1,2,3-三氯丙烷（TCP）生长的生物。TCP 是具高毒性且难自然降解的化合物，是工业化学品氯环氧丙烷加工中产生的废弃物。需氧降解 TCP 的关键在于生成 2,3-二氯-1-丙烷的起始脱卤反应。用随机突变和在曙红-亚甲蓝平板上筛选法提高了红球菌 M15-3（DhaA）的卤烷脱卤酶对 TCP 的活性，其中一个替换了两个氨基酸（Cys176Tyr 和 Tyr273Phe）的第二代突变酶对 TCP 的脱卤能力比野生型高了近 8 倍。

与其他方法相比，改组可以大幅度地提高酶的活性。对来源于枯草杆菌的对硝基苯酯酶而言，经改组突变和筛选，大多数突变体在 30% DMF 中的活力提高了 16 倍，与天然酶在水溶液中的一样高；再经历一个进化循环，酶活力又提高了 2 倍，经过四次突变和一次重组使活力上升 50～60 倍，单个氨基酸的替换只能增加不到 2 倍的活力，而多个突变叠加后，其活力远高于野生型。

6.2.4.2 改变酶分子的热稳定性

一般工业中，高温可以提高底物的溶解度，降低反应基质的黏度，减少微生物污染以及提高伴随发生的非酶促反应的速率。因此，在微生物酶分子进化研究中以提高酶分子的热稳定性为主。据报道，通过随机突变向 T4 噬菌体溶菌酶中引入了 11 个点突变，热稳定性提高了 0.8～1.4℃；向大肠杆菌核酸酶 H1 中引入 7 个点突变，其 T_m 提高 4.2℃，同时发现，对某一氨基酸残基进行点突变后 T_m 提高了 7.8℃。同样，通过随机突变将 α-淀粉酶的 T_m 提高了 11℃，90℃条件下的半衰期提高了近 10 倍，改性的 α-淀粉酶中仅发生一个氨基酸残基改变。

据报道，将嗜热酯酶基因经过连续 6 轮随机突变、重组和筛选，共积累了 12 个氨基酸突变位点，使来自枯草芽孢杆菌的对硝基苯酯酶（PNB）的 T_m 值从 52.5℃提高到 66.5℃，而在低温状态下的酶活力并未降低。

有报道用定向进化重组的方法（易错 PCR、饱和诱变、交错延伸法等）同时优化了嗜冷枯草杆菌蛋白酶 S41 的热稳定性和催化活性。其中最佳的 S41 突变体在 61℃时半衰期比野生型高了 500 倍。科研人员通过定向进化来改良 L-天冬氨酸酶，经过四轮易错 PCR 和三次 DNA 改组，得到的优化突变体活性提高了 28 倍，热稳定性也相应得到提高。

研究人员通过家族 DNA 改组技术获得了一个不依赖 NaCl 的稳定性提高 400 多倍的葡萄糖脱氢酶（GlcDH）突变体。将来自地衣芽孢杆菌 IFO 12200、巨大芽孢杆菌 IFO 15308 和枯草芽孢杆菌 IPO 13719 的三种 GlcDH 编码基因通过定向 PCR 扩增分别克隆到 pTrc99A 表达载体上，并在宿主大肠杆菌中表达。除了这 3 种 GlcDH 基因，一种来自巨大芽孢杆菌 IWG3 的编码 GlcDH 突变体 F20（Q252L）基因也通过家族 DNA 改组技术作了定向进化。经过第二轮家族 DNA 改组和对突变库进行筛选之后，分离到一株不依赖 NaCl 的高度热稳定性突变体 GlcDH DN-46。尽管 DN-46 是由 4 种不同的 GlcDH 基因通过家族 DNA 改组而得到的，这个突变体同 F20 相比只有一个新的额外的氨基酸残基变换（EI70K）。用纯化的酶研究了温度对 GlcDH 突变体 F20 和 DN-46 稳定性的影响。没有 NaCl 时，F20 显示了非常差的热稳定性（66℃下半衰期为 1.3min），而分离到的突变体 DN-46 在 66℃下的半衰期为 540min，即热稳定性高了 415 倍。

6.2.4.3 改变酶的底物专一性

DNA 改组在改变底物专一性上效果显著。研究人员用 β-半乳糖苷酶，经过 7 次 DNA 改组，改变了底物专一性。与野生型酶相比，水解硝基苯墨角藻糖吡喃糖苷的活性与邻硝基苯半乳糖吡喃糖苷的相对活性提高了 1000 倍，而水解对硝基苯墨角藻糖吡喃糖苷与对硝基苯半乳糖吡喃糖苷的相对活性提高了 300 倍。其突变发生在 13 个碱基上，引起了 6 个氨基酸残基的变化。

6.2.4.4 改变酶的其他性能

目前酶的分子进化技术已经应用到酶的许多领域，如提高酶的耐酸耐碱性，用于提高酶的对映选择性研究等。

D-泛解酸内酯水解酶具有高度立体选择性，可立体专一拆分 DL-泛解酸内酯，生成 D-泛解酸。在实际工业应用中发现，随着催化反应的进行，反应体系中的中性 D-泛解酸内酯被 D-泛解酸内酯水解酶水解成酸性 D-泛解酸，使反应体系 pH 下降。如果酶长时间处于低 pH 体系中，酶即发生变性、絮凝，进而丧失活力。经过三轮易错 PCR 和一次 DNA 改组改造，使 D-泛解酸内酯水解酶蛋白上有两个位点的氨基酸残基发生突变（即 118 位的 K 变为 Q 和 241 位的 V 变为 I），另一个突变为沉默突变。结果进化酶活力约为野生型酶活力的 5.5 倍；进化酶在 pH 6.0 和 pH 5.0 缓冲液中处理后残余酶活力分别是原来的 75%和 50%，相同条件下，野生型酶只能保持原来酶活力的 40%和 20%。显然 D-泛解酸内酯水解酶在低 pH 条件下稳定性得到了较大提高。

研究者对来源于荧光假单胞菌（*Pseudomonas fluorescens*）的酯酶进行定向进化。获得突变体 Thr230Ile，提高对甲基(*S*)-3-溴-2-丙酮的立体选择性，*E* 值从 12 提高到 19。

6.3 理性设计

利用构建大量随机突变文库和高通量筛选的方法，定向进化突破了酶工程关于催化机理、结构和特定突变影响的知识壁垒。然而对于许多蛋白质来说，高通量实验设计仍然是一个挑战，并且多轮迭代筛选方案会导致过长实验周期，这对于生化实验室来说是巨大的负担。借助蛋白质保守位点及晶体结构分析，通过非随机的方式选取若干个氨基酸位点作为改造靶点，并结合有效密码子的理性选用，构建“小而精”的突变体文库是克服这一瓶颈的有效方式，这种方式被称为半理性设计。20 世纪 90 年代，Manfred T. Reetz 教授在酶的不对称催化改造工作中发现影响手性选择的氨基酸位点主要集中在底物结合口袋区域，在此基础上开发了组合活性位点饱和测试（combinatorial active-site saturation test，CAST）及迭代饱和诱变（iterative saturation mutagenesis，ISM）技术。半理性设计的方法主要分为 3 种：基于蛋白结构的特定残基目标随机化、基于共有序列（consensus sequence）的定点饱和突变以及利用计算机方法的半理性组合设计。半理性设计的关键步骤包括：确定酶的晶体结构，分析其底物结合位点和酶催化机制，计算和模拟酶的结构和功能，以及验证预测结果。总的来说，半理性设计是一种结合了实验和计算方法的酶活性设计方法，可广泛应用于酶的立体/区域选择性、催化活力、热稳定性等酶参数的改造。

随着计算机运算能力持续提升、先进算法相继涌现，以及蛋白质序列特征、三维结构、催化机制之间关系不断被挖掘和解析，计算机辅助蛋白质设计策略获得前所未有的重视和发展。酶的理性设计（rational enzyme design）是在对酶的结构、化学本质和生物功能深入理解的基础上，通过计算机模拟与实验相结合的方法，对酶进行定向改造，以实现对其催化活性、底物选择性或其他酶学性质的人工调控。该方法有赖于结构生物学、计算化学、遗传学和合成生物学等多学科的交叉，才能通过精确的理性设计实现对酶的改良或创造全新的酶。在酶的理性设计研究中，首先需要对酶的三维结构进行解析，了解其活性中心和催化机制；然后基于对酶结构和催化机制的理解，通过理性设计和计算机模拟预测不同突变对酶活性的影响，从而筛选出有益的突变；进而将有益突变通过基因工程技术引入酶基因中，实现酶的进化。经过理性设计的酶，通常具有更高的催化活性、更强的稳定性或更广泛或更专一的选择性，能够更好地适应工业生产或生物体的需要。此外，酶的理性设计还可以用于研究酶的催化机制和生物功能，加深对酶的认识和理解。

6.3.1 基因的定点突变技术

定点突变（site-directed mutagenesis, SDM）指在基因的特定位点引入突变，即通过取代、插入或删除已知 DNA 序列中特定的核苷酸序列，来改变酶蛋白结构中某个或某些特定的氨基酸，以此提高酶的对底物的亲和力或专一性、增强酶的活性或稳定性等。定点突变方式多样，可改变特定的核苷酸，也可对一段最可能影响酶的功能与性质的基因序列进行随机突变，从而产生一系列突变酶蛋白分子。显然，对于酶基因的定点突变，需要先已知酶结构与功能的关系，后才能有目的地改变酶蛋白结构中某一特定活性氨基酸残基或模块，产生新性状的酶蛋白，达到改造酶分子的目的，因而属于酶分子的理性设计。比起化学、自然等其他因素导致突变的方法，该法突变率高、简单易行、重复性好。目前已利用定点突变技术成功改造天然酶的多种特性，如催化活性、抗氧化性、底物特异性、热稳定性，拓宽酶反应的底物范围，改进酶的别构效应（allosteric effect）等（表 6.1）。此外，该技术也是探索酶的结构与功能间关系的有效工具，广泛应用于酶的序列、结构与功能等研究。

表6.1 酶定点突变的成功实例

酶	氨基酸改变	目的	结果
枯草杆菌蛋白酶	Met222→Ser→Leu	提高酶抗氧化能力，用以制备具有漂白作用的加酶洗涤剂	突变体仅保留原酶活力的 50%，但在 1mol/L H_2O_2 条件下，酶活可维持 1h
	Asp99→Lys Glu156→Lys	提高该酶在 pH 7 时的酶活力	导致该酶活性中心的组氨酸上的质子易丢失，pK_a 由 7 降为 6，在 pH 7 时酶活力提高 1 倍
葡萄糖异构酶	Gly138→Pro	提高热稳定性	在酶比活相近的情况下，突变体的热半衰期延长 1 倍，最适反应温度提高了 10～12℃
P450 单加氧酶	Ala275→Gly	提高酶的产物选择性	产物选择性从 81%提高到＞99%

6.3.1.1 突变位点的设计原则

酶分子定点突变的设计目标一般是提高酶的活性、稳定性或底物特异性等；为了获得可控的定点突变结果，在基于对酶的三维结构和功能关系的认知基础上，研究人员提出了一些定点突变的经验性设计原则。①处于酶的活性位点的关键氨基酸残基对酶的活性有显著性影响，当以提高酶的活性或底物特异性为主要目标时，主要涉及酶活性位点的改造；当以改良酶的稳定性等其他性质为主要目的时，则应选择远离活性中心的位点进行突变，可减少突变对酶催化活力的影响。②定点突变可能会对酶的稳定性产生影响，因此需要综合考虑突变对酶活性和稳定性的影响；为了提高酶在酸性条件下的稳定性，可将碱性氨基酸突变为中性氨基酸，若提高酶在有机溶剂中的稳定性，可考虑将体积较大的氨基酸突变为较小的氨基酸。③不同氨基酸的体积、极性和所带电荷有明显差异，为了保持蛋白质的整体结构和避免影响蛋白质的整体电荷分布，应尽可能定点突变位于蛋白质表面环区或电荷交界区的氨基酸位点。④通过计算机模拟技术，可以预测突变体酶的动力学参数和热稳定性等性质，这些信息可为突变设计提供参考。⑤在设计定点突变时，需要考虑突变体在宿主细胞中的表达水平和纯化难度，突变体酶的高表达和易纯化有助于提高筛选效率和降低成本。

6.3.1.2 寡核苷酸定点突变

1978 年，加拿大著名科学家 Smith 发明了寡核苷酸定点突变技术。该法是通过聚合酶的作用启动 DNA 分子进行复制，用含有突变碱基的寡核苷酸片段作引物合成突变 DNA 子链。为使目的基因特定位点发生突变，引物中除所需的突变碱基之外，其余部分则应与目的基因编码链的特定区段完全互补。

这种突变技术的步骤如下：①将待突变基因克隆到突变载体；②制备含待突变基因的单链模板；③突变寡核苷酸引物与待突变的核苷酸形成小段碱基错配的异源双链 DNA；④合成突变链，即在 DNA 聚合酶的催化下，引物以单链 DNA 为模板合成全长互补链，连接酶封闭缺口，产生闭环异源双链 DNA 分子；⑤转化和初步筛选异源双链 DNA 分子后，产生野生型、突变型的同源双链 DNA 分子。

该法技术成熟，应用广泛，突出缺点是突变效率低。现有的改进主要集中在两个方面。①尽量增加突变引物与正链退火后形成的局部错配双链的稳定性，使突变率接近 50%的理论值；如 Zoller 和 Smith 本人对他们方法提出改进的双引物法，及退火产物直接转化法等。②设法使合成的 M13 双链中，不带突变的正链部分在后代中的比例尽量减少，带有突变基因的负链部分在后代中的比例尽量提高；如 Calter 等提出的偶联双引物法突变率达 70%左右，Kramer 等报道的异源 M13 双链法（缺口 M13 双链法）突变率超过 70%，Kunkel 提出 dUMPA 正链法的突变率超过 80%，Taylor 和 Ecksteim 等发展了硫代核苷酸负链法，突变率超过 90%。

6.3.1.3 基于 PCR 的定点突变

1985 年，Mullis 发明了 PCR 技术，之后被迅速用于寡核苷酸定点突变，出现了基于 PCR 的定点突变法。与经典的定点突变方法相比，PCR 介导的定点突变方法具有明显的优势：突变体回收率高；能用双链 DNA 作为模板，可以在任何位点引入突变；可在同一反应体系中完成所有的反应；快速简便，无须在噬菌体载体上进行分子克隆。

利用 PCR 进行定点突变方法主要有重组 PCR 法、重叠延伸法和大引物定点突变法。重组 PCR 定点突变法可在 DNA 区段的任何部位产生定点突变，使用的这种方法，需要四种扩增引物，总共进行三轮 PCR 反应（图 6.6）。前两轮 PCR 分别扩增两条彼此重叠的 DNA 片段，第

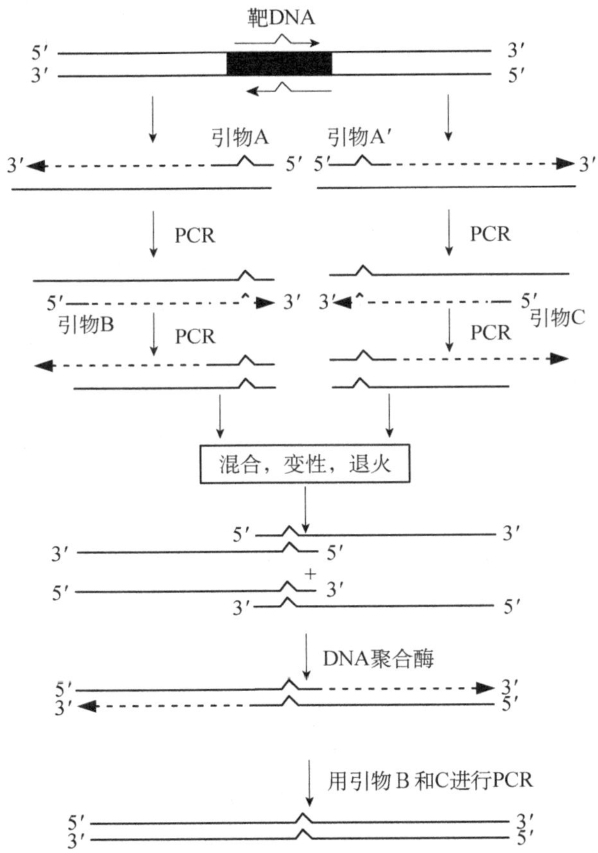

图 6.6 重组 PCR 定点突变示意图

三轮 PCR 将这两条片段连接起来。重叠延伸 PCR（gene splicing by overlap extension PCR, SOE PCR）采用具有互补末端的引物使 PCR 产物形成重叠链，在随后的扩增反应中通过重叠链的延伸，将不同来源的扩增片段重叠拼接起来。大引物突变法是 1989 年 Kammann 建立的一种方法，整个过程需三种扩增引物和两轮 PCR 反应，与重组 PCR 定点突变法的主要区别在于它将第一轮 PCR 扩增产物作为第二轮 PCR 扩增的大引物，最终产生突变体 DNA。

以上基于 PCR 突变法共同特点是操作较为复杂，步骤较为烦琐，均需多轮 PCR 和多个引物来完成突变并且非目标突变率较高。近些年出现一种快速 PCR 定点突变方法，该方法把要突变的基因克隆到质粒载体上，用两个突变引物同时对质粒 DNA 扩增，扩增产物依次通过 *Kpn*I 限制性内切酶酶切，*Pfu* DNA 聚合酶补平，T4 DNA 连接酶连接，转化大肠杆菌，筛选阳性克隆。之后技术改进，出现系列商业化试剂盒，只需要一次酶切和转化，1～2d 内即可完成基因定点突变过程。

6.3.1.4 盒式诱变

盒式诱变（cassette mutagenesis）是一种利用人工合成的含有突变序列的寡核苷酸片段取代野生型基因中相应序列的技术，即根据实验需要把各种突变“盒”插入目的基因中，犹如把盒式录音带插入录音机一样灵活方便。含有突变序列的双链寡核苷酸片段由两条互补的单链寡核苷酸组成，选择合适的限制性内切酶产生克隆需要的黏性末端，并插入带有相同黏性末端的合成片段，由于不存在异源双链的中间体，因此重组质粒全部是突变体。目前，利用 T5 核酸外切酶无缝克隆方法取代限制性内切酶克隆法可有效解决限制性内切酶位点受限的问题，使得盒式诱变法得到更加广泛运用。

6.3.2 酶蛋白结构的预测

开展酶的理性设计研究时，通常需要基于酶分子的三维结构、催化机制及改造目标，筛选和设计氨基酸残基位点，进而预测突变酶分子结构并开展突变酶基因的重组表达，筛选获得酶学性质符合预期目标的突变体。基于分子结构决定功能的基本原理，精准构建酶的三维结构模型对突变位点的理性设计和改变突变体酶学性质至关重要。随着结构生物学的发展，越来越多的高分辨蛋白结构通过 X 射线晶体学（X-ray crystallography）、核磁共振（nuclear magnetic resonance）以及新兴的冷冻电子显微术（cryo-electron microscopy, cryo-EM）等技术解析。随着高通量测序技术的发展，蛋白质序列信息呈指数增长，但通过实验难以满足大规模解析蛋白质结构的需要。因此，建立更为简单高效的蛋白质三维结构预测方法成为研究热点，其中通过计算模拟手段预测和构建蛋白质的三维结构已成为可能。目前已有多种预测和构建蛋白质空间结构模型的方法，常用的有同源建模法、从头预测法、蛋白质折叠动力学模拟法以及基于人工智能算法的蛋白质结构预测等。

6.3.2.1 同源建模法

同源建模（homology modeling）也称比较建模（comparative modeling），是目前最为成熟的蛋白质三维结构预测方法。该方法基于已知蛋白质的空间结构推测与之具有相似氨基酸序列的目标蛋白结构，其理论基础是蛋白质的氨基酸序列相似决定结构相似，即序列相似度高的蛋白质应具有相似的结构。同源建模时，一般先通过比对搜寻目标蛋白的同源模板蛋白，基于模板蛋白质的已知结构，构建目标蛋白质的主链结构模型并优化模型侧链，进而优化整体模型，构建目标蛋白质三维结构。基于同源建模法开发的常用软件包括 Swiss Model、I-TASSER、MODELLER 和

HOMCOS 等。同源建模的优势在于其依赖同源蛋白的已知结构，因此对目标蛋白结构的预测速度较快，预测结果较为准确；但对于与模板蛋白不具同源性或同源性较低的蛋白质，同源建模的准确度较低，因而其预测结果的可靠性十分依赖高质量的模板蛋白质结构和建模软件。

6.3.2.2　从头预测法

与同源建模法不同，从头预测（*de novo* prediction）不依赖同源蛋白的已知结构，对蛋白结构数据库中不存在相似序列的目标蛋白也可以进行结构预测。从头预测通常采用粗粒化的片段拼接策略：首先将目标蛋白序列分割成一系列长度固定的小肽段，并预测其可能的候选结构；然后将候选结构拼接成具有不同能量的全长蛋白，再从中筛选出具有最小能量的完整蛋白结构。从头预测法基于小肽段的真实结构预测全长蛋白结构，能够降低能量函数的设计难度；同时，该方法不依赖模板蛋白结构，有可能发现新的蛋白结构类型；但由于增加了能量最低结果的筛选难度，因此不适于预测序列过长或拓扑结构过于复杂的蛋白结构。从头建模需要在设计好的能量函数下搜索低能态的蛋白构象，其预测精度主要取决于两个因素：构建能量函数的准确度和构象搜索算法的效率。常用的从头预测软件有 FALCON 和 Rosetta，其中 FALCON 软件以采用迭代策略为特征，通过对初步获得的能量较低结构进行精确优化直至收敛，逐步提高蛋白结构的准确度。Rosetta 法通过蒙特卡罗策略（Monte Carlo strategy）从已知蛋白质中组装短片段，采用的能量函数除了计算原子间氢键、范德瓦耳斯力及疏水作用外，还考虑了远程相互作用，具有较高的预测准确度；但较长的运行时间限制其对长序列蛋白的预测，一般适用于预测长度在 120 个氨基酸残基以内的蛋白结构。

6.3.2.3　蛋白质折叠动力学模拟

蛋白质折叠过程复杂，涉及氢键、范德瓦耳斯力、疏水相互作用和静电相互作用等多种相互作用。20 世纪 90 年代，Wolynes 等学者提出了能量漏斗模型，认为可折叠蛋白质的能量曲面类似于一个自由能梯度趋向天然结构的多维漏斗。这种特性确保蛋白质折叠过程在动力学上的迅速性和在热力学上的稳定性。基于该理论，通过计算机模拟蛋白质在原子水平上的折叠过程来预测其三维结构，已成为研究蛋白质微观折叠过程的重要工具。

全原子尺度的分子动力学模拟是一种在原子水平上模拟蛋白质微观运动过程的方法，其核心思想是基于 CHARMM、AMBER 或 GROMOS 等分子力场，在给定蛋白质初始坐标和速度等条件下，计算体系中所有原子之间的相互作用力，并通过积分算法得到体系折叠轨迹，通过统计分析最终获取体系的折叠过程和相关动力学与热力学的性质。全原子分子动力学模拟已成功地用于揭示甲硫啡肽（五肽）、p53 蛋白以及 CheY 蛋白等小肽和蛋白的折叠路径。但目前该方法仍无法模拟超过 140 个氨基酸残基组成的大型蛋白质体系的折叠过程。

6.3.2.4　基于人工智能算法的蛋白质结构预测

近年来，基于人工智能算法的蛋白质结构预测技术取得了突破性的进展。2018 年 12 月，Google 旗下人工智能公司 DeepMind 开发的 AlphaFold 系统在第 13 届蛋白质结构预测关键评估（critical assessment of structure prediction，CASP）大赛上大放异彩；时隔两年，该团队开发的端到端（end to end）深度学习 AlphaFold2 算法，在第 14 届 CASP 比赛中成功地预测出约 2/3 的目标蛋白媲美实验测定精度的蛋白结构，被视为蛋白质结构预测领域中里程碑式的突破。目前，基于人工智能算法的蛋白质结构预测方法主要有共进化分析与残基接触预测、深度残差网络预测、基于 Transformer 的端到端结构预测和蛋白质预训练模型等。

1. 蛋白质共进化分析与残基接触预测　蛋白质的进化受自然选择的影响，当一对具有相互作用的氨基酸残基中的一个发生突变时，另一个残基也会随之发生突变，称为共进化（coevolution）现象。这种共进化关系反映了蛋白结构中氨基酸的相互影响、依赖关系和空间构象，可以用于构建蛋白质三维结构模型。氨基酸残基间接触和距离预测已发展为蛋白质结构预测的一个分支，通过预测蛋白质残基间的接触矩阵，再以其作为约束优化折叠蛋白质，能够显著降低直接预测蛋白质结构的难度。伪似然统计法是无监督残基接触预测方法中较为先进的一种，其代表性算法 Gremlin 将蛋白质序列转换为代表残基保守性的一阶项和代表残基间相互作用的二阶项，根据玻尔兹曼分布定律训练出一套能量函数，用以计算蛋白质家族中同源序列的整体能量，并使该家族中所有同源序列能量最小，以此获得共进化信息，提高氨基酸残基接触预测精准度。

2. 深度残差网络预测　2016 年，深度残差网络（ResNet）被成功应用于蛋白质结构预测领域，极大提高了氨基酸残基接触的预测水平。以此为基础，结合共进化分析和深度学习的算法相继出现，其中以 trRosetta（transform-restrained Rosetta）、AlphaFold、C-I-TASSER 和 C-QUARK 等算法表现最为优异（黄鹤等，2023）。trRosetta 算法利用深度神经网络精准预测残基间的距离和方向等几何关系，进而将其转化为约束条件用于预测蛋白质结构。在 Rosetta 框架内，依赖直接能量最小化原则预测蛋白质结构，在全新蛋白质的结构预测方面有一定优势。AlphaFold 算法通过蛋白质同源序列的共进化分析，训练神经网络以推断氨基酸残基间的接触关系和距离，并借此构建能精确描述蛋白质形状的均力势（potential of mean force，PMF）模型，利用简单梯度下降算法对该模型进行优化，从而生成高精度的蛋白质结构。即便在已知结构的同源序列有限的情况下，AlphaFold 仍能保持高水平的预测精度。

3. 基于 Transformer 的端到端结构预测　包括 AlphaFold 在内的结构预测算法通常采用经典的“两步走”策略，即先通过共进化分析预测氨基酸接触或距离矩阵和二面角信息，然后再优化蛋白质空间结构。2018 年，AlQuraishi 提出了有别于“两步走”策略的端到端循环几何网络（recurrent geometric network, RGN）模型并应用于蛋白质结构预测研究，但该模型预测的蛋白结构精度并不高。

DeepMind 团队的 AlphaFold2 系统采用基于 Transformer 的神经网络架构模型 Evoformer，结合蛋白质结构进化机理、几何约束和物理规则，成功实现了高精度的端到端蛋白质结构预测。然而，AlphaFold2 仍有其局限性：①对不同环境中蛋白质精细结构的预测能力不足，可能与该方法是针对水溶液中蛋白质结构预测开发有关。②低置信度区域的预测结果存在不确定性，这是因为训练 AlphaFold2 时所使用的 X 射线数据中存在紊乱部分，导致无序片段的结构预测结果置信度下降。③高置信度结构域间的相对位置可能存在预测误差，这是由于蛋白质不同结构域间的连接具有灵活性的特点造成的。

2021 年，Baker 团队基于 AlphaFold 深度学习框架的网络架构，使用一种三轨网络（three-track network）同时处理氨基酸残基序列、距离和方向以及原子三维坐标信息，成功开发了 RoseTTAFold 工具，获得的蛋白结构准确率接近 AlphaFold2，且在计算耗能和运行时间方面更具优势。

4. 蛋白质预训练模型　预训练模型是一种在自然语言和视觉模型处理等领域广泛应用的模型框架。其核心思想在于利用一个原始任务预先训练大模型以提取对象的表征信息，再针对具体的下游任务，通过微调预训练模型，提升模型在目标任务上的性能。基于蛋白质序列的预训练模型将自然语言处理领域的思想应用于蛋白质建模过程。在该模型中，蛋白质的一级序列被视为一种特殊的“语言”，氨基酸序列数据库则被视为一个“语言数据库”；研究者们利用为自然语言开发的大模型对蛋白质的氨基酸序列进行建模，因而被称为蛋白质语言模型

（protein language model, PLM）。蛋白质序列预训练通常采用类似 BERT 的模式，其方法是将氨基酸序列中的一部分随机遮挡，然后训练模型预测这些缺失的氨基酸。在模型训练过程中，无须依赖多重序列比对信息和结构信息，模型通过学习预测氨基酸序列的过程，自然而然地获得了序列的表征信息，随后通过监督学习或回归拟合这些表征信息，即可用于二级结构预测、残基接触预测或功能预测等任务。

6.3.3　酶蛋白理性设计策略

酶的理性设计适用于已经确定三维结构、知晓生物物理数据及功能，并且建立结构信息和功能间关系的酶。基于对酶的结构、功能和催化位点的分析，在特定位点引入特异性突变，使得酶的理性设计目的性更强，筛选更为方便和高效。目前酶的理性设计方法主要有酶活性中心的理性设计、计算机辅助设计及从头设计等。

6.3.3.1　酶活性中心的理性设计

活性中心是酶执行催化功能的核心区域，包含与底物结合和提供反应基团的关键氨基酸残基。根据酶的空间结构和催化机理，能够通过定点突变技术精准改变这些残基，从而调控酶的性质。因此，在以改变酶专一性或引入新催化活性为目的的理性设计中，应尽量选择靠近活性中心的位置作为突变点。

通过理性设计，改变杰氏假单胞菌（*Pseudomonas jessenii*）ω-转氨酶底物范围是一个经典例证。ω-转氨酶能直接催化手性胺合成，在相关药物生产领域发挥重要作用，但其狭窄的底物范围限制了应用潜力。为此，Meng 等（2021）依据 ω-转氨酶的催化作用机制，利用 Rosetta 软件对活性中心的关键残基进行突变并构建突变体库，随后借助 Rosetta 界面能量计算和分子对接实验筛选优势突变体，通过实验确定出 2 个对多种羰基底物均有预期催化活性的新酶。另一个例子是对 P450-BM3 酶底物结合位点的理性设计，通过将 Ala78、Ala82 和 Val328 残基替换为 Phe，缩小了 P450-BM3 结合口袋的体积，使酶能够催化苯向对苯二酚的转化，用于生产苯二酚葡萄糖苷。

以改变酶的催化活性为目标时，通常需要对底物结合位点相关氨基酸残基进行突变，该策略在多个研究中得到了验证。例如，酯酶和羟腈裂合酶的活性中心结构相似度极高，区别主要在于羟腈裂合酶活性中心含有能与腈化物形成氢键的赖氨酸和调控氧负离子穴开关的苏氨酸。将烟草酯酶 SABP2 上的相应氨基酸进行突变，获得的突变体 M239K/G12T 不仅失去了催化酯水解的能力，还获得了从扁桃腈中释放氰化物的功能。通过对大肠杆菌糖脱水酶 ColD 的 2 个氨基酸进行突变（S187N/H188K），即将 ColD 从糖脱水酶转变为氨基转移酶，而苯丙二酸脱羧酶 AMDase 的单突变体（G74C）则获得了消旋酶活性。

需要注意的是，酶活性中心的理性设计需综合考虑酶的结构、功能、动力学及热力学特征等多方面因素，存在一定的局限性和难度。但随着相关数据的积累，人们将更加深入地理解酶的结构和功能间的关系，将使酶的理性设计变得更易于实行和高效。

6.3.3.2　酶的计算机辅助设计

在酶的理性设计中，往往需要通过保守序列比对的方法预测和改造关键氨基酸残基。随着高性能计算机的飞速发展，计算机辅助酶设计已成为现实，并在提高研究效率和降低实验成本等方面展现出优势。该技术通过先进算法，使用计算机直接分析复杂的蛋白质结构信息，探索酶活性中心的微观环境、结构与功能的关系及其作用机制。通过开展分子对接和动力学模拟等研究，更精准地预测关键氨基酸和突变体的催化特性，有助于减少实验数量和成本，使酶的理性设计变得更加高效和精确。

计算机辅助设计在改变酶对辅因子和底物的结合特性等研究领域已取得了显著成果。通过模拟突变博伊丁假丝酵母（*Candida boidinii*）木糖还原酶 CbXR 的活性中心位点，研究者从 8000 种候选组合中筛选到 10 个可能改变与 NAD(P)H 结合亲和力的突变体酶；实验验证其中 8 个突变体酶依赖 NADPH 的活性减弱 90%以上，7 个突变体酶展现出依赖 NADH 的木糖还原酶活性，其中 1 个突变体酶（CbXR-REG）的特异度向 NADH 改变超过 10^4 倍。利用已有的蛋白结构，通过计算机辅助设计短杆菌肽 S 合酶 A 的底物结合位点，使其能够适应其他底物，成功实现了从 Phe 向 Leu 的底物特异性转换。

除了酶分子，已知结构的非酶蛋白同样可作为计算机辅助设计的对象。研究者以缺乏酶活性的核糖结合蛋白为研究对象，通过理性设计引入三磷酸异构酶活性，使突变体酶的催化活性提升 10^5～10^6 倍，使大肠杆菌能够在糖异生环境下生长，为未来的生物酶工程和酶理性设计研究提供了启示和参考。

6.3.3.3 酶的从头设计

近十年来，小分子量蛋白（<90 个氨基酸）及理想状态下天然蛋白的三维结构预测精度显著提升，为科研人员理性设计酶蛋白开辟了新的研究途径。结合计算机辅助设计和实验验证，人们已能够摆脱自然界酶的限制，设计出与天然蛋白质序列无显著相似性的全新酶，这一过程被称为酶的从头设计（*de novo* design of enzyme）（Pan and Kortemme，2021）。酶蛋白从头设计的研究重点，起初聚焦于发现全新的蛋白质结构，但随着技术发展，其应用范围已逐渐扩展至功能设计与应用层面，对生物医学、合成生物学等前沿科研领域产生深远影响。

酶的从头设计作为生物酶工程领域的前沿技术，为人们提供了一种全新的方式来创造具有特定结构和功能的新酶。该技术根据预期目标设计功能性新蛋白，对蛋白骨架结构的空间进行采样以找到与功能相契合的骨架，然后通过序列优化稳定骨架并设计具有所需活性的功能位点，最后使用评分函数来识别能量较低的序列-结构组合，筛选出具有期望性能的蛋白。例如，从头设计的新型抗菌肽 YHX-1，对包括单增李斯特菌和鼠伤寒沙门菌在内的 6 种指示菌均有良好的抑菌活性，在最低抑菌浓度（MIC）下表现出良好的生物相容性，有望成为一种高效安全的生物抗菌剂，在食品保鲜和生物替抗领域发挥作用。以脂肪酶 *p*NP-C8 为底物模型，将具有催化功能的活性位点组合到天然蛋白质骨架上，获得的人工酶 1a8uD1 活力达到 24.3U/g；结合分子动力学模拟和 Rosetta Design 优化酶的活性口袋，得到的 1a8uD1-M8 催化活性增强至 81.1U/g。尽管酶从头设计方法在探究催化机制、扩大适用范围及产生新酶等领域具有巨大潜力，但获得的酶活性一般比天然酶低，因而从头设计酶往往需要通过定点饱和突变等方法进行优化（Cao et al.，2020）。

如今已开发的从头设计算法主要包括 Rosetta、HotSpot Wizard 及其相关算法等，这些算法与机器学习和深度学习等前沿技术相结合，进一步提升了效率和精确度。2023 年，华盛顿大学 David Baker 团队先后开发了基于深度学习的人工智能算法，自上而下的强化学习设计方法（top-down reinforcement learning-based design approach）以及从头设计全新蛋白质的深度学习方法 RF diffusion。基于人工智能辅助技术，人们已能够从头设计出多种具有不同结构和功能的新蛋白。这些突破开启了蛋白质从头设计的新纪元，对癌症治疗、再生医学、强效疫苗及可降解日用品的研究和应用产生了积极的推动作用。

6.3.4　酶蛋白理性设计的应用

正如前文所述，以更高的效率生产性能优良的新酶是生物酶工程的核心任务。在提高酶蛋白的催化活性、增强酶在高温或有机溶剂中的稳定性、改变底物专一性和对映选择性等大量研究中，基于定向进化和理性设计的策略已被证实是合理有效的。近年来，研究人员尝试利用蛋白的序列、结构和功能信息，以及计算机预测算法来预选有潜力的靶位点和限制突变氨基酸的多样性，从而设计出容量更小、质量更高的突变体库，用于生物酶工程的研究，即酶的半理性设计。此外，在对大多数已知类型的酶分子进行改造时，单纯基于理性设计而不包括饱和突变、易错 PCR 或 DNA 改组等定向进化策略的例子变得愈加罕见。随着蛋白质结构数据的大幅累积、计算能力的提高、先进算法的发展以及人们对酶催化机制的深入理解，越来越多的研究开始结合定向进化、半理性设计和理性设计策略来改造酶，导致它们之间的界限逐渐模糊（表 6.2）。如今，酶的定向进化和理性设计与聚焦理性迭代位点特异性突变（focused rational iterative site-specific mutagenesis，FRISM）等先进方法融合，这种融合策略进而与多重序列比对、系统发育分析、量子力学计算、分子对接、分子动力学模拟和基于人工算法的蛋白结构预测等技术有机融合，共同推动当今生物酶工程领域研究的快速发展。

表 6.2　酶蛋白理性设计的成功实例

酶名称	来源	设计策略	结果
谷氨酸脱羧酶	*Lactobacillus brevis*	序列比对、二硫键设计和定点突变	突变酶 D203E 的 T_{50}^{15} 较野生型提高 2.3℃，突变酶 I369C-379C 的 T_{50}^{15} 提高 4.3℃
谷氨酸脱氢酶	*Pseudomonas putida*	基因组挖掘、序列比对和定点突变	酶活性增强 2.1 倍，底物浓度为 0.1mmol/L 时，转化生成 L-草丁膦的效率达 99%
谷氨酸脱氢酶	*Pseudomonas putida*	同源建模和分子对接	突变体 A167G 和 V378A 对大体积底物的催化活性分别增加 123 倍和 116 倍
谷氨酸脱氢酶	*Clostridium difficile*	分子模型构建和定点突变	突变体 K71A 酶活性提高 2.3 倍
环氧水解酶	*Phaseolus vulgaris*	Cap-loop 替换	突变体酶的底物对映选择性增加 11.5 倍
果糖转移酶	*Aspergillus niger*	序列比对和定点突变	突变体 C43N 的 K_m 值降低 60.8%，k_{cat} 增加 21.2 倍
酰胺酶	*Agrobacterium tumefaciens*	序列比对、AphaFold2 预测和饱和突变	尿素酶活性增加 3.1 倍，耐乙醇能力增加 1.5 倍
S-腺苷甲硫氨酸合成酶	*Escherichia coli*	序列比对和饱和突变	突变体 I303V/I65V/L186V 的 $K_{i,ATP}$ 增加 42 倍，产物抑制性显著降低
苯乙烯单加氧酶	*Streptomyces exfoliates*	序列比对和饱和突变	突变体 W86A 的(*R*)-氧化物产量提高至 95%～99%，突变体 A219H 表现出相反的立体选择性，(*S*)-氧化物产量达 92%～99%
环氧化物水解酶	*Sphingomonas*	同源建模、序列比对和定点突变	突变体 V196A/N226A/M332A 的 *E* 值提高 2.8 倍，酶特异活性提高 2.3 倍
脂肪酶	*Rhizopus oryzae*	同源建模、饱和突变、二硫键理性设计	突变体 E265V/S267W 的 T_m 增加 1.2℃，对不同链长底物的催化活性最高提升 3.6 倍；整合二硫键突变后获得突变体 M6，T_m 提高 7.3℃，半衰期延长 2.5 倍，最适温度增加 10℃
酯酶	*Pseudomonas alcaligenes*	分子动力学模拟和定点突变	突变体 V180L/A272F 对底物(2*S*,5*R*) L-薄荷醇的对映选择性提高 4.65 倍
酯酶	*Candida antarctica*	电子效应指导的理性设计	突变体 W104C 和 W104T 的 *S*-对映选择性从 91%分别提高到 99%和 98%
乙醇脱氢酶	*Thermoanaerobacter brockii*	构象动力学指导的理性设计、分子动力学模拟和饱和突变	突变体 A85G/I86L 将目标酮还原为(*S*)-醇的转化率提高至 98%，对映体过量（enantiomeric excess）达到 99%
转氨酶	*Chromobacterium violaceum*	分子动力学模拟和半经验量子力学计算	突变体 F88L/C418(G/L)在 1-苯基丁胺转化反应的活性提高 200 倍以上

6.4 融合酶

融合酶主要是指将两个或多个酶分子组合在一起所形成的融合蛋白。从广义上说融合酶属于杂合酶（hybrid enzyme）。融合酶的出现是吸收了杂种优势的思想，把不同酶中的部件有机地组合在一起，从而在分子水平上出现了“杂种优势”。融合多聚酶因杂合链或亚基间的氨基酸在静电、残基大小、酸碱性以及离子等方面不同，必然产生原酶没有的特性，这些特性往往使融合酶的杂合链内或结构域间表现出相互促进或相互抑制，从而使其活性表现出协同效应。

6.4.1 融合酶简介

生产融合酶的途径可以分为两种：第一种是非合理设计法，主要是通过构建库，再从中筛选出所需要的融合体，实际上也就是进化酶；第二种是合理设计法，要求对操作对象的结构和功能有一个全面的了解，才能实现几个蛋白质的交换、融合。

酶蛋白的融合通常在同系之间进行，因为同源蛋白质序列的相似性越低融合后导致酶活性丧失的可能性越大，并且其动力学参数、底物专一性、热稳定性、最适 pH 等基本特性越易改变。

融合酶构建策略可分为：二级结构融合、功能域融合以及整个酶蛋白的融合。

1. *二级结构融合*　在融合酶中具有特定功能的二级结构的互换可以实现酶的某些性质的改变。例如，谷胱甘肽还原酶和硫辛酰胺脱氢酶的辅因子结合结构互换实现了 NADH 和 NADPH 辅因子的互换。

2. *功能域融合*　如果酶的活性部位位于不同的结构域上，可以通过功能域的程序化组合来生产新的融合酶。核苷酸结合结构域与一个辅助水解酶结构域结合，成功地构建出了甘氨酰胺核苷酸转甲酰酶。将一个 DNA 结合结构域与一个限制性酶的催化中心融合在一起构建出了具有新特异性的限制酶。肽类二级代谢物的非核糖体合成是由多功能酶催化的，酶中的每一特定结构域对氨基酸的活化、肽键的形成以及氨基酸残基的修饰起重要作用，这些结构域的排列方式决定了短肽一级结构中氨基酸残基的种类、连接方式及数量。通过对合适数量的激活结构域和催化结构域的融合形成的酶，理论上可以合成任意序列的多肽，这就是元件组装法。枯草芽孢杆菌体内的 srfA 复合体、短杆菌肽合成酶都是多功能酶，通过对这些酶的功能域基因的融合组装生成了预定的多肽合成酶。一般功能域的转移可采取三种不同的方法：将酶的功能域转移至同系结构蛋白上；将酶蛋白的功能域转移至宿主骨架蛋白上，不考虑同系结构，只是限制其空间自由度；将酶蛋白的结构域转移至结构不同的适当天然骨架蛋白上。

3. *整个酶蛋白的融合*　两个或多个酶蛋白融合在一起就可以产生具有多个功能的融合酶。蛋白质融合在生物工程领域有着非常诱人的前景。这一手段在研究酶的定位及移动，控制酶固定化的空间趋向，构建具有双催化活性的功能酶等方面具有重要的作用。

6.4.2 融合酶的应用

融合酶的出现是蛋白质工程发展的必然结果。目前工业化生产酶存在以下问题：①催化效率不高；②存在酶蛋白变性、包涵体复性效率低以及易被蛋白酶水解等问题；③许多现有酶的催化特性并不理想，其催化效率需要提高或者底物专一性需要扩大或缩小；④生物医学工程中 80%以上的成本用在了下游的分离纯化上，而融合酶的出现有可能简化烦琐的分离纯化环节，节约资源和成本。

融合酶的研究是以蛋白质工程和计算机科学为基础，主要通过对现有蛋白的改造来优化其性能或从头合成全新的蛋白质。融合酶在酶的基础理论研究和实际应用方面均有着十分重要的作用，如图 6.7 所示。目前人们还不能随心所欲地对酶蛋白进行改造，主要原因是对蛋白质一级结构与高级结构的对应关系了解太少，而高级结构又决定着蛋白质的功能。因此蛋白质低级结构、高级结构及其与功能的关系是蛋白质工程的重头戏，也是融合酶研究的重要环节。融合酶允许在酶分子之间交换"部件"，进而对酶分子进行优化和改造，这为了解蛋白质结构与功能的关系打开了便捷之门。融合酶研究可以在结构域间建立别构作用，为研究蛋白质之间的相互作用提供了一种手段。融合酶研究加深了人们对酶的认识，可以使酶成为"分子机器"，按照人们预先设计的方案进行拆装组合。

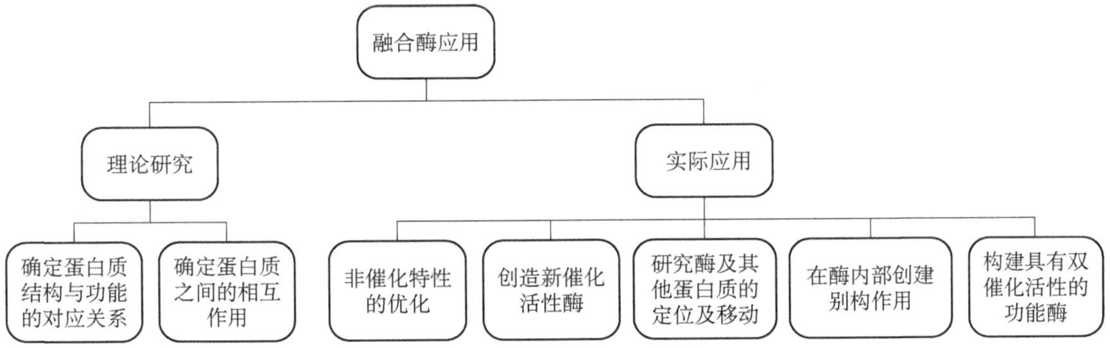

图 6.7　融合酶的应用

6.4.2.1　理论研究

1. *确定蛋白质结构与功能的对应关系*　融合酶常被用来确定相关酶蛋白之间的差异，表征那些给酶带来特殊性质的残基或结构。例如，来自乳酸杆菌的两个高度同源的蛋白酶生成的融合酶可用来确定哪个残基决定其裂解特异性，哪个残基决定其裂解 α_{s1}-酪蛋白和 β-酪蛋白的速度。该酶还可以用来表征与底物结合部位有关的其他独特的结构域。

2. *确定蛋白质之间的相互作用*　很多融合酶是由结构域侧面连接而成，这些结构域的折叠是独立的，在空间上有很大的自由度。为了达到酶蛋白的最佳化，可以在结构域之间创建别构作用。这种具有别构作用的融合酶有助于了解蛋白质之间的相互作用，这是因为多聚酶中亚基间的活性诱导是通过构象变化的传递而实现的。

6.4.2.2　实际应用

自然界中的酶在实际应用中存在不理想之处，主要由于以下几点：第一，自然选择一般对个别酶不起多大作用，生物体对环境的适应体现在各种酶所组成的代谢网络与环境的和谐上；第二，酶的体内环境与工业应用环境不相同，所以要对酶进行优化改造使其在体外条件下达到最佳性能；第三，某些酶蛋白待优化的性质与其在体内的功能无关，如对相关酶或蛋白药物进行改造以消除它们的副作用。

1. *非催化特性的优化*　提高酶的催化活力是对酶进行生物改造最重要的方面。融合酶可以将某一酶的催化性能嫁接到另一个酶上，交换的部分通常是同源区域残基或序列，而得到的融合酶的性质也是介于两者之间。研究者以弗氏柠檬酸杆菌和克雷伯菌的总 DNA 以及宏基因组为模板，克隆并表达了3个不同来源的甘油脱水酶（GDHt）基因，只有前两者（GDHtCF，GDHtKP）有活力。GDHt是由大亚基（α）、中亚基（β）和小亚（γ）基组成的同源二聚体。通过同源建模（homology modeling）构建了这3个甘油脱水酶的三维结构，并利用生物信息学软件对这3个甘油脱水酶进行亚基之间的基因改组（gene swapping）的理性设计，根据设计结果对这3种不同来源的甘油脱水酶的大、中小亚基基因分别进行了克隆，通过基因交换的方法对甘油脱水酶大、中、小亚基进行了融合，得到一系列异源亚基融合酶（GDHtCK，GDHtKC，GDHtKU）。部分融合酶的酸碱稳定性、热稳定性及V_{max}得到了明显的改善，同时基因改组使来源于宏基因组的本没有活力的甘油脱水酶（GDHtKU）具有了活力且热稳定性也得到了显著提高。有时候酶的最适pH或最适温度等特性与反应条件不一致，这时可以通过同源之间的融合来提高酶对环境的适应性，这种转移通常在高度同源的酶之间进行。例如，根癌农杆菌（*Agrobacterium tumefaciens*）β-葡萄糖苷酶（最佳活力在pH 7.2～7.4，60℃）与*Cellvibrio gilvus* β-葡萄糖苷酶（最佳活力在pH 6.2～6.4，35℃）二者融合所得的酶最佳活力在pH 6.6～7.0，45～50℃，并且对各种糖的K_m也是介于两者之间。

2. *创造新催化活性酶*　融合酶的主要优点之一就是可以构建出具有新催化活性的酶。根据向酶分子引入的部件的级别以及被引入分子的类型可以分为三个级别：调整现有酶分子的特异性或催化特性；向结合蛋白引入催化部件；向蛋白质骨架引入结合部件和催化部件。

调整现有酶分子的特异性或催化活性是构建融合酶最常用最便捷的手段，目前大多数的融合酶都是通过这种方法获得的。活性部位单一氨基酸的变化有时也能大大优化酶的性质。丙氨酸是一个比较理想的取代氨基酸。如果一个酶的识别部位与催化部位位于不同的结构域上，则可以通过结构域的互换融合来生成融合酶。如果把Ⅱ型DNA限制性内切酶FOK-1的切割结构域与果蝇Ubx的DNA结合骨架和锌指蛋白融合生成融合酶，它可以结合并切割DNA序列。

向结合蛋白引入催化部件也是较为常用的一种方法。罗贵民等将谷胱甘肽的衍生物作为半抗原进行免疫，在小鼠上得到的单克隆抗体上引入谷胱甘肽过氧化物酶（GPX）的催化基团，成功地构建出了具有GPX活性的融合酶。用不同的谷胱甘肽衍生物做半抗原得到的融合酶的活性也不相同，也就是半抗原的结构可以调节融合酶的活性。在得到的一系列融合酶中，活性最大的是野生型兔肝GPX的8.5倍。这种有GPX活性的融合酶具有重要的医药价值，有可能开发成药物用于治疗活性氧引起的一些疾病，如心血管病、白内障等。Quemeneur等在亲环蛋白的口袋上接上了丝氨酸蛋白酶的催化三联体Ser-His-Asp，生成了一种被称为cyproase1的融合酶，该酶能使肽链中Ala-Pro键迅速水解，目前自然界还没有发现能水解此类肽键的酶。cyproase1还能水解二硫键被还原的蛇类箭毒素（蛇类箭毒素由61个氨基酸组成，有5个Pro和2个二硫键）。

3. *研究酶及其他蛋白质的定位及移动*　蛋白质的标签结构域可以使蛋白质分布到机体的特定部位。所谓标签结构域是指决定多肽分布的特定结构域。由于标签结构域的折叠是独立的，对其进行操作就变得比较容易，故该结构域已成为蛋白质工程的标准工具，它与酶的融合已成为研究酶的定位与分布的常用手段。绿色荧光蛋白（green fluorescent protein，GFP）是一类存在于腔肠动物体内的生物发光蛋白。它的内源发光基团在受到紫外光蓝光激发时，可发射出绿光，且不需要底物和辅因子。GFP可与某些蛋白融合，作为一种“荧光标签”用以研究目标蛋白的定位及移动情况。Gordon等构建了糖化酶（glucoamylase，GA）-GFP融合蛋白，利用GFP作为信号蛋白在活体情况下研究黑曲霉体内GA分泌的动态过程以及GA在黑曲霉胞内及胞外的分布情况。有机磷水解酶（organophosphorus hydrolase，OPH）能够降解许多有机磷农药。把GFP的基因与OPH的基因融合，构建出GFP-OPH的融合基因，在大肠杆菌中表达后，经 IPTG 诱导，绿色荧光直接可见。该蛋白同时具有 OPH 和 GFP 的生物活性。而通过荧光的强度大小还能对 OPH 进行定量分析。

4. *在酶内部创建别构作用*　如果融合酶各部件的折叠是独立的，也就意味着它们有着充分的空间自由度。虽然各部件的功能是存在的，但活性部位的趋向是松散的，因此融合酶内部缺乏协同性，其性能也无法达到最优化。获得别构作用的方法是将其中的一个或几个结构域插入另一个结构域的合适部位。例如，将 β-内酰胺酶插入麦芽糖糊精结合蛋白 Mal.E 的第 13 位残基或第 303 位残基之后或是连接在其羧基端，所形成的融合酶既能运输麦芽糖又能水解 β-内酰胺，而且内部融合使其产生另外两个性能：对内源蛋白水解酶不敏感；麦芽糖的加入稳定了 β-内酰胺酶的活力，能抵抗脲变性，显示了结构域之间的别构作用。

对多酶复合体的研究可以操纵别构化作用。L-乳酸脱氢酶（LDH）通过定点突变可以转变为苹果酸脱氢酶（MDH）。得到的 MDH 不能结合低浓度的草氨酸（一种丙酮酸的非反应类似物）。研究者构建并纯化了既含 LDH 又含 MDH 的各种各样的融合四聚体，结果发现草氨酸能够结合到融合体的 LDH 位置而起同促别构效应，使得 MDH 的活力在草氨酸存在时得到增强。

5. *构建具有双催化活性的功能酶*　将两个酶蛋白基因的末端相连接，构建的表达载体可以产生具有双功能或多功能的融合酶。生化反应常需要多酶顺序催化来进行，称之为顺序酶反应。通过构建具有双酶活力的融合蛋白可以有效提高顺序酶反应效率。研究者将糖化酶（GA）基因的 5′ 端融合到葡萄糖氧化酶（GOD）基因的 3′ 端，通过表达得到一个融合酶。动力学分析表明该融合酶具有 GA 和 GOD 的基本催化性能，实验表明它比来自酵母的 GA 和 GOD 的简单混合物显示出更强的顺序催化性。用此融合酶制作的传感器在重现性、信号水平和线性关系上都优于用 GA 和 GOD 混合物做的传感器，这为开发其他顺序生物传感器奠定了基础。张今等利用进化酶的方法将天冬氨酸酶和 α-天冬氨酸二肽酶基因进行融合构建了具有 7%天冬氨酸酶活力和 26% α-天冬氨酸二肽酶活力的融合酶。这两个酶基因序列之间基本上没有同源性，蛋白质结构相差也很大，天冬氨酸酶是一个四亚基酶，而 α-天冬氨酸二肽酶是单体酶。此外，双催化活性或多催化活性的功能酶还可以用来简化化工或生化反应的工艺步骤，原来需要多步完成的反应用融合酶也许一步就可以完成，这会大大降低成本，也有利于降低能源消耗与增强环境保护。

融合酶技术是将 DNA 水平上的突变筛选和蛋白质水平的酶学研究相结合的一门综合技术，融合酶的出现使得传统的酶学研究从烦琐的蛋白质序列分析和菌种选育中解脱出来，为构建新型酶和改进生物工艺开辟了一条道路。随着对蛋白质分子的进一步了解以及计算机科学在融合酶的构建中合理性设计所占的比重逐渐加大，融合酶性能会不断提高，具有广阔的应用前景。

补充读物

酶分子结构的实验解析方法

酶分子结构的精确解析对深入探究其催化机制和酶学性质改良的理性设计至关重要。当前，通过实验解析酶分子结构主要依赖三种技术手段：X 射线衍射分析，核磁共振技术以及冷冻电子显微术，在相关领域中涌现出多名诺贝尔奖得主。

1. X射线衍射　X射线衍射技术作为鉴定蛋白质三维结构的经典实验手段，其特征在于能够提供精确至原子尺度的结构信息（分辨率高达1～2Å），被誉为蛋白质结构解析领域中的黄金标准。该技术基于X射线晶体学原理，依赖大体积且高度有序的蛋白质晶体，利用晶态固体的周期结构作为衍射光栅散射X射线，随后收集和分析衍射数据，精确地解析蛋白质三维结构。近年来，X射线自由电子激光（X-ray free-electron laser，XFEL）技术的崛起为蛋白质晶体学研究带来新的突破。该技术利用高强度的X射线脉冲，从单个晶体上快速获取单一方向上的衍射快照。

2. 核磁共振　核磁共振是另一种广泛应用于蛋白质及其复合物结构解析的常规方法，其构建蛋白结构的分辨率可以达到原子级别。该方法通常需要使用同位素（如 ^{15}N 或 ^{13}C）标记蛋白质样品，基于采集样品的核磁共振数据确定原子间的距离和方向等三维空间排布，计算并优化获得蛋白质结构（Hu et al.，2021）。核磁共振技术通常适用于小分子量蛋白质研究，它的独特优势如下：首先，核磁共振对蛋白质样品及其所处环境的依赖性较小，并且对化学环境中的微小变化非常敏感，因而使其成为探究细胞内或相似环境下蛋白质结构的理想选择；其次，借助固态和溶液核磁共振技术，可解析接近天然环境中的膜蛋白结构；此外，核磁共振能够提供从皮秒到秒，甚至天的时间尺度上发生的蛋白质构象和互作动力学信息，用于探究蛋白质的动态行为、柔性区域以及构象变化（Fowler and Williamson，2022），这对全面表征蛋白质构象和深入理解蛋白质结构与功能间的关系至关重要。

3. 冷冻电子显微术　冷冻电子显微术（cryo-electron microscopy, cryo-EM）的核心原理是对固定在玻璃状冰中的生物大分子进行成像，捕捉其在各个方向上的影像，再通过计算机对大量二维图像进行处理，从而重构出生物大分子的三维结构（Benjin and Ling，2020）。cryo-EM的优势在于不需要蛋白晶体，尤其适用于分析大分子蛋白质和膜蛋白及其复合物的结构，因而能够解析一些X射线衍射法难以处理的蛋白质结构。此外，该技术对样品的辐射损伤较小，能够捕获样品的功能状态和多个不同构象态。当然，cryo-EM技术也存在一定的局限性。它主要适用于大型蛋白复合物的结构解析，且对样品的均匀性要求非常高，对于柔性蛋白质的解析效果不理想。

微晶电子衍射（microcrystal electron diffraction, MicroED）是一种在低温条件下使用透射电子显微镜研究微米或纳米级晶体的新兴结构生物学技术（Nannenga，2020），可以快速高分辨率地测定生物大分子或小分子的空间结构。该技术借鉴了冷冻电子显微镜和X射线衍射技术，其样品的制备方法和所用仪器类似于冷冻电子显微镜技术，数据的收集和处理则与X射线衍射相似。MicroED展现出独特的优势有：①MicroED所需晶体只需达到飞克级，比X射线衍射所需晶体小6个数量级。②在膜蛋白结构解析领域具有巨大潜力，这是由于MicroED能够绕过蛋白质结晶困难的障碍，直接从材料粉末中获取蛋白质结构。③对目标物的纯度要求较低，可以在同一实验中确定不同化合物的结构（Danelius et al.，2023）。

思 考 题

1. 名词解释：酶基因克隆；酶定点突变；融合酶；易错PCR；DNA改组；酶分子非理性设计；酶分子理性设计；酶的从头设计。

2. 简要介绍酶基因克隆的主要操作步骤。

3. 酶基因克隆有哪些常用的方法?
4. 原核生物基因表达系统有什么特点?
5. 真核生物基因表达系统有什么特点?
6. 举例说明酶异源表达的应用。
7. 介绍酶定点突变商业化试剂盒基本原理。
8. 介绍酶定点突变常用方法。
9. 酶分子定向进化的主要方法有哪些?
10. 酶分子的定向进化有哪些方面的应用?
11. 试述 DNA 改组与交错延伸 PCR 的区别。
12. 介绍酶结构预测的常用方法。
13. 融合酶的构建有哪些策略?
14. 融合酶有哪些方面的应用?

主要参考文献

黄鹤，吴桐，王闻达，等. 2023. 蛋白质复合物结构预测：方法与进展[J]. 合成生物学，4: 507-523.

Alquraishi M. 2018. End-to-end differentiable learning of protein structure [J]. Cell Systems, 8: 292-301.

Benjin X, Ling L. 2020. Developments, applications, and prospects of cryo-electron microscopy [J]. Protein Science, 29: 872-882.

Cao L, Goreshnik I, Coventry B, et al. 2020. De novo design of picomolar SARS-CoV-2 miniprotein inhibitors [J]. Science, 370: 426-431.

Danelius E, Patel K, Gonzalez B, et al. 2023. MicroED in drug discovery [J]. Current Opinion in Structural Biology, 79: 102549.

Dröge M J, Boersma Y L, Van Pouderoyen G, et al. 2006. Directed evolution of Bacillus subtilis lipase A by use of enantiomeric phosphonate inhibitors: Crystal structures and phage display selection [J]. ChemBioChem, 7: 149-157.

Fowler N J, Williamson M P. 2022. The accuracy of protein structures in solution determined by AlphaFold and NMR [J]. Structure, 30: 925-933. e922.

Hu Y, Cheng K, He L, et al. 2021. NMR-based methods for protein analysis [J]. Analytical Chemistry, 93: 1866-1879.

Lovelock S L, Crawshaw R, Basler S, et al. 2022. The road to fully programmable protein catalysis [J]. Nature, 606: 49-58.

Meng Q, Ramirez-Palacios C, Capra N, et al. 2021. Computational redesign of an ω-transaminase from *Pseudomonas jessenii* for asymmetric synthesis of enantiopure bulky amines [J]. ACS Catalysis, 11: 10733-10747.

Nannenga B L. 2020. MicroED methodology and development [J]. Structural Dynamics, 7: 014304.

Pan X, Kortemme T. 2021. Recent advances in de novo protein design: Principles, methods, and applications [J]. Journal of Biological Chemistry, 296: 100558.

第 7 章　非水相酶催化

本章资源

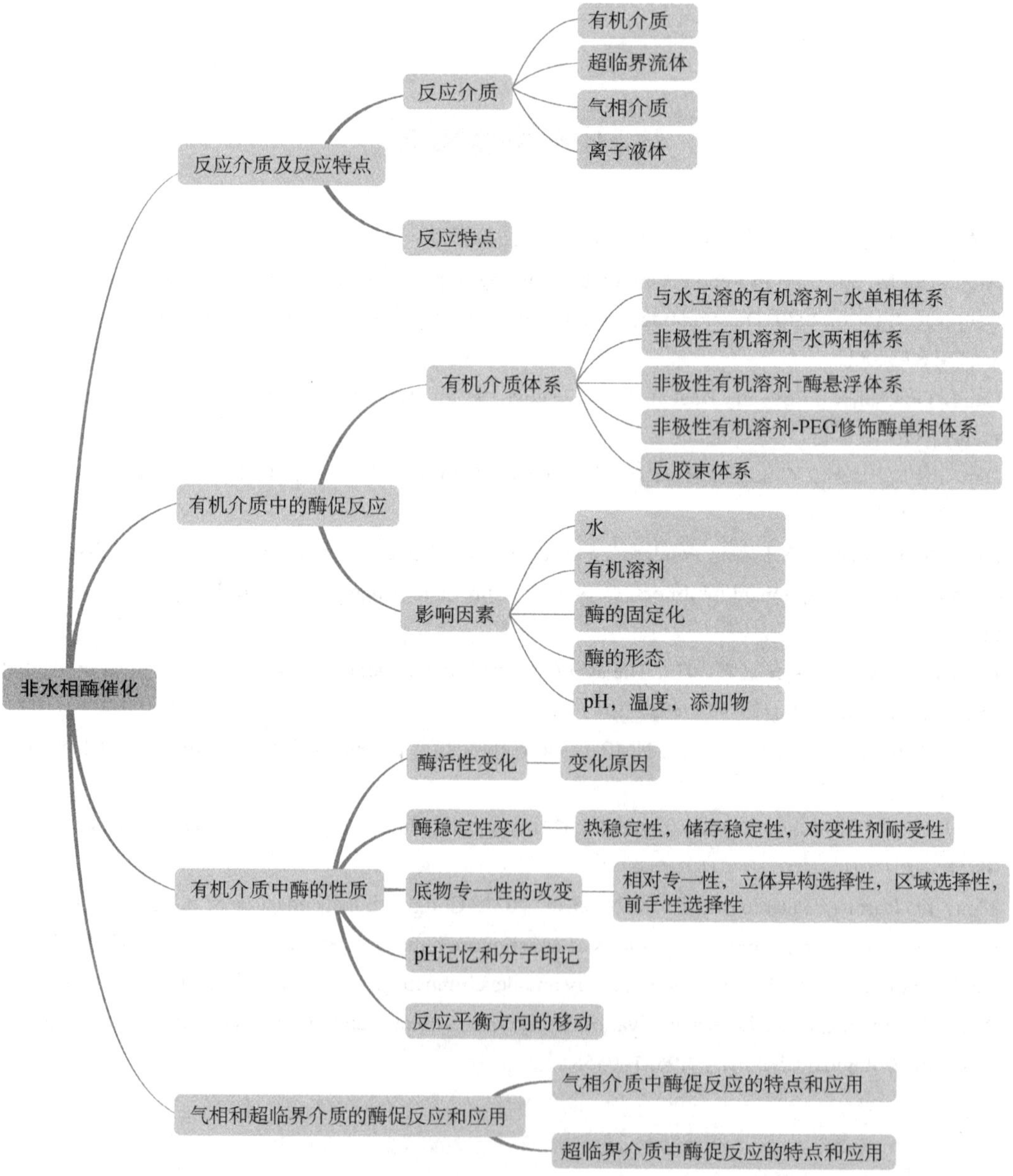

传统的观念认为酶作为生物催化剂，只有在水溶液环境中保持活性，有机溶剂会引起酶活性的严重抑制或变性失活。虽然早在 1966 年，普赖斯（Price）等发现胰凝乳蛋白酶与黄嘌呤氧化酶可在有机溶剂中保持催化活性。继而在 1977 年，克立巴诺夫（Klibanov）等利用胰凝乳蛋白酶在有机溶剂中催化乙醇与 *N*-乙酰基-L-色氨酸反应合成 *N*-乙酰基-L-色氨酸乙酯；1978 年，马蒂内克（Martinek）等发现，*α*-凝乳胰蛋白酶及过氧化物酶可以在表面活性剂 AOT［1,2-双(2-乙基己基氧羟基)-1-乙烷磺酸钠］构成的反胶束（reverse micelle）中保持活性，过氧化物酶在此系统中的活性高于水溶液体系；1980 年，库尔（Kuhl）等利用水溶液-有机溶剂的两相系统合成了肽。但由于传统观念的限制，酶在有机溶剂中催化一直未受到重视。直至 1984 年，Klibanov 在 *Science* 上发表了关于非水介质中脂肪酶催化行为和热稳定性的研究报告，引起了酶学研究领域的广泛重视，酶学领域迅速形成了一个全新的分支——非水酶学（non-aqueous enzymology）。非水介质体系中酶与反应介质互作基础理论的深入研究推进了酶在生物工程领域应用的范围（陈守文，2015；Illanes，2019）。非水相体系中酶的催化已在多肽合成、聚合物合成、药物合成以及立体异构体拆分等领域显示出蓬勃的生命力。非水酶学已成为酶工程研究的一个热点之一。

7.1　非水相酶催化反应介质及反应特点

强极性的水是酶促反应最常用的反应介质。但由于大多数有机化合物在水介质中难溶或不溶，且水的存在，往往有利于水解、消旋化、聚合和分解等副反应的发生。特别是水作为底物之一参与的反应，由于水的浓度极高，通常人们忽略了水对反应的影响。例如，对于水解酶催化的水解反应，水相体系中水的摩尔浓度几乎达到 55.5mol/L，远远超过了其 K_m 值（约 50mmol/L），由于水分子接受基团的概率远远高于其他潜在的基团受体，使得水解反应可以持续进行，这可能使得很多人们期望的反应很难在水相中进行。调控反应体系中水的含量或者在非水相体系中进行酶促反应成为非水酶学重要的研究内容。

资源 7.1

7.1.1　非水相酶催化反应介质

由于水是维持酶的结构稳定及催化活性必需的因素，因此在非水相酶促反应介质中应存在一定量的水分子。用非水介质代替酶促反应体系中的一部分水，许多酶仍然能够保持其催化活性，并显示出一些有别于水相反应体系的重要催化特征。常见的非水相催化介质主要包括以下几种。

7.1.1.1　有机介质

有机介质反应体系是指酶在含有一定量水的有机溶剂中进行催化反应的体系。适用于底物、产物两者或其中之一为疏水性物质的酶催化反应。酶在有机介质中由于能够基本保持其空间结构和活性中心的空间构象，所以能够发挥其催化功能。酶在有机介质反应体系中的催化作用是研究最多的非水催化体系。本章将以有机介质反应体系为重点进行介绍。

7.1.1.2　超临界流体

超临界流体是指温度和压力超过某物质临界点的流体。超临界流体除具有传统有机溶剂的所有优点外，还具有气体的高扩散系数、低黏度和低表面张力。利用其作为催化反应的介质，底物向酶的传质速度加快，从而使反应速度提高。超临界流体克服了有机介质酶促反应中产物残留有机溶剂的缺陷。

超临界流体作为酶的反应介质，能够改变酶的底物专一性、区域选择性和对映选择性，并能增强酶的稳定性。

7.1.1.3 气相介质

酶在气相介质中进行的催化反应适用于易挥发底物或者能够转化为气体的物质的反应。由于气体介质的密度低，扩散容易，因此酶在气相中的催化作用与在水溶液中的催化作用有明显的不同特点。

7.1.1.4 离子液体

离子液体是由有机阳离子与有机（无机）阴离子构成的在室温条件下呈液态的低熔点盐类。离子液体对热稳定、不可燃、不挥发、不氧化、低毒性，是合成反应清洁友好的反应介质。离子液体溶解范围广，对很多的无机物、有机物和多聚物有很好的溶解性，并且可以通过调节阳离子或阴离子获得不同的溶剂特性（如疏水性和亲水性等）。酶在离子液体中的催化作用具有良好的稳定性和区域选择性、立体选择性、键选择性等显著特点。

7.1.2 非水介质酶催化反应的特点

用非水介质代替水进行酶催化反应有以下优点。

1）在非水介质中，绝大多数有机化合物溶解度高，能有效提高非极性底物的溶解度。

2）非水介质的参与可以改变反应平衡，使酶可以催化在水中不能进行的反应。例如，脂肪酶在水中只能催化油脂的水解反应，即把甘油三酯水解为甘油和脂肪酸，水本身是酶促反应的底物，高浓度的水推动水解反应的不可逆进行；与之相反，在有机溶剂体系中。由于水浓度的显著降低使可逆反应的平衡点移动，将有利于合成反应的进行，如脂肪酶在有机溶剂中可以催化酯化、转酯化以及氨解等多种反应。

3）非水介质催化体系能抑制水参与的副反应。由于有机溶剂的存在，水量减少，大大降低了许多需要水参与的副反应，如酸酐的水解、氰醇的消旋化和酰基转移等。

4）非水介质催化体系使从有机溶剂中分离纯化产物较从水中更为容易，特别是从低沸点的溶剂分离纯化产物；同时，在很多情况下，非水介质催化体系可以实现游离酶的回收与再利用。

5）非水介质催化体系中酶的热稳定性和储存稳定性增加，而且可以有效减少反应过程中的微生物污染。

6）通过非水介质催化体系可以调控酶的底物特异性、区域选择性和立体选择性。

7）有机溶剂的凝固点一般远低于水，使一些对温度非常敏感的酶可以在适宜的温度下进行催化反应。

7.2 有机介质中的酶促反应

7.2.1 酶促反应的有机介质体系

资源 7.2

根据酶和水的分布特性可以将有机介质反应体系分为以下几种类型（图 7.1）：①与水互溶

的有机溶剂-水单相体系；②非极性有机溶剂-水两相体系；③近乎无水的有机溶剂体系，包括非极性有机溶剂-酶悬浮体系和非极性有机溶剂-PEG 修饰酶单相体系等；④反胶束体系。

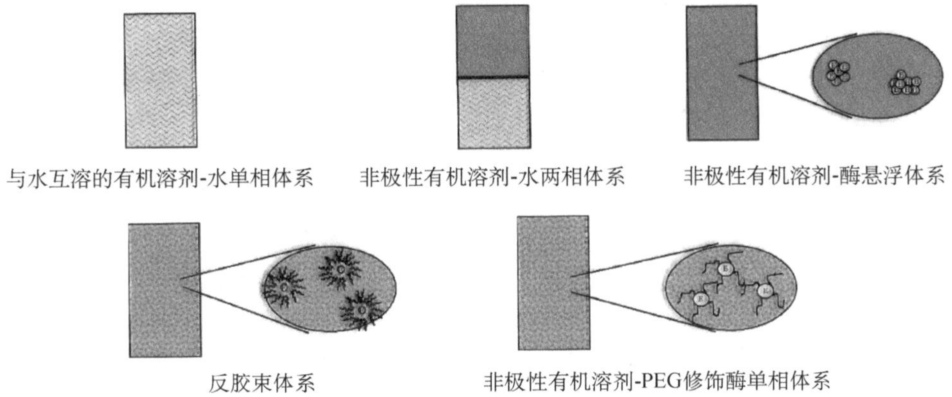

图 7.1 有机介质反应体系的几种类型

7.2.1.1 与水互溶的有机溶剂–水单相体系

有机溶剂与水形成均匀的单相溶液体系。酶、底物和产物都能溶解在这种体系中。这种反应体系主要适用于在单一水溶液中溶解度很低、反应速率也很慢的亲脂性底物的生物转化。有机溶剂的含量因酶种类的不同有很大的差异。对于特定的酶来说，特定有机溶剂的含量有特定的上限值，当该体系中有机溶剂的比例超过限值后，溶剂将会夺去酶分子表面的催化反应所必需的水，使酶失活。因此该体系只适合于少数稳定性很高、有极少量的水就能保持催化活性的酶，如枯草杆菌蛋白酶和某些脂肪酶等。另外对于需要在 0℃以下进行的酶促反应，与水互溶有机体系可以降低水溶性体系的冰点，保证酶促反应顺利进行。

7.2.1.2 非极性有机溶剂–水两相体系

由含有溶解酶的水相和一个非极性的有机溶剂相所组成的两相体系。有机溶剂与水形成宏观上的分相。反应一般发生在水相或者是两相的界面上。底物和产物在两相中的分配取决于溶剂、底物和产物的性质。一般来说产物疏水性高于底物时有利于反应平衡向产物形成的方向移动。在空间上，酶与有机溶剂的分离，可保证酶不直接与有机溶剂接触而处于适宜的水相环境中，水相中有限的有机溶剂会大大降低对酶的抑制作用。同时，反应中产物的及时转移将促进反应平衡向有利于产物生成的方向移动。由于双相系统中的酶催化反应是在水相中进行，必须保证反应底物和产物在酶与两相之间有很好的质量传递条件，因此，振荡和搅拌将是该体系中重要的参数。常见的体系有水与烷烃、醚和氯代烷烃组成的两相体系。

水-有机溶剂两相体系已成功地用于强疏水性底物（如甾体、酯类和烯烃类化合物）的生物转化。在两相体系中已成功地运用于微生物催化烯烃不对称环氧化，*Nocardia corallina* 生物转化烯烃时产生的环氧化物及时转移到有机相中，可使产物环氧化物对微生物的毒性降低到最低程度。

7.2.1.3 非极性有机溶剂–酶悬浮体系

用非极性有机溶剂取代所有的作为溶剂的大量水，使酶悬浮在有机相中。整个体系虽然含

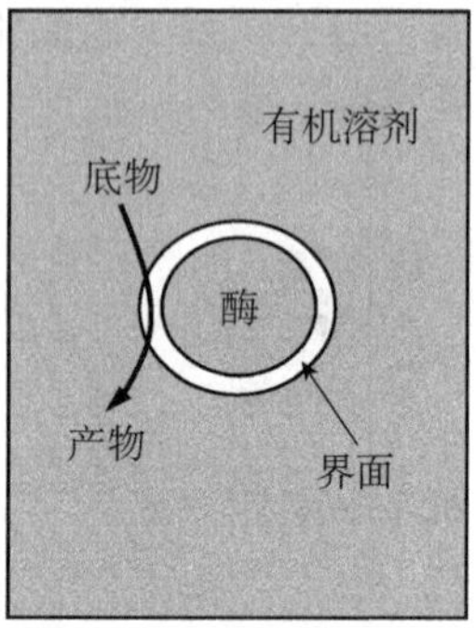

图 7.2 非极性有机溶剂-酶悬浮体系

水量很低，但是水在维持酶的催化活性上起着极为重要的作用。底物分子以扩散形式通过酶分子表面的水层进入活性中心，完成催化后再扩散进入有机相（图 7.2）。

酶的状态可以是结晶态、冻干状态、沉淀状态，或者吸附在固体载体表面上。酶在有机介质中良好的分散状态对于提高酶促反应速率具有重要意义。

7.2.1.4 非极性有机溶剂-PEG 修饰酶单相体系

聚乙二醇（PEG）具有亲水和疏水两种特性，用 PEG 修饰酶分子的赖氨酸残基，增加酶分子表面的疏水性，可使酶在有机介质中溶解性增加，使酶反应的整个体系处于一种均相状态，同时为酶分子表面创造了一个亲水的微环境。PEG 修饰的酶既能在宏观的有机环境中与疏水性底物充分接触，又能在少量水的微环境中发挥催化能力。

7.2.1.5 反胶束体系

反胶束是表面活性剂分子在非极性溶剂中自发形成的聚集体，表面活性剂分子的极性一端朝内而非极性一端朝外与有机溶剂接触。反胶束内可溶解少量水而形成微型水囊，里面容纳酶分子。这种水囊中的环境与酶在生物体内固有的环境相似，因此能较好保持酶的催化活性。同时包埋于反胶束中的酶不仅避免了与周围有机溶剂直接接触而可能导致的失活，而且高度分散的反胶束提供了巨大的相界面积，使得通过反胶束内外间的传质阻力变得很小。底物通过扩散进入反胶束内部完成催化反应，产物可以迅速扩散出反胶束而进入有机相，因此可有效地减弱产物对酶的抑制作用（图 7.3）。

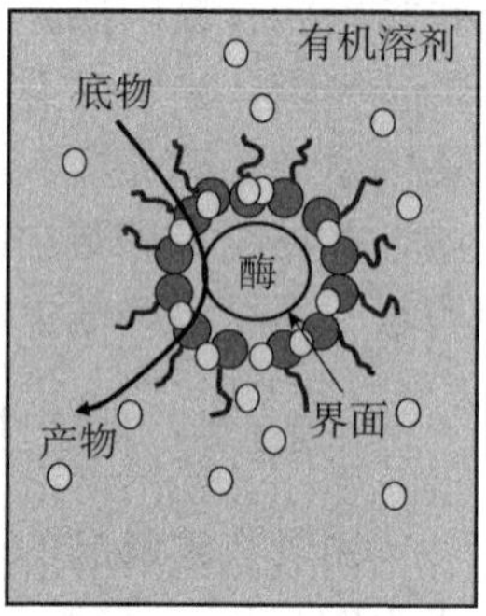

图 7.3 反胶束体系

由于反胶束体系既能为反应物和产物提供有机相，又能够较好地模拟酶的天然状态，为酶分子维持其活性提供稳定的微水环境，因此受到人们的普遍关注。其中研究最多的是蛋白酶催化的肽的合成和脂肪酶催化的酯合成及酯交换反应。

7.2.2 有机介质中酶促反应的影响因素

资源 7.3

有机介质中酶催化反应的进行，受诸如水分含量、有机溶剂的类型、pH 以及酶的形态等因素的综合影响，因此了解这些因素对于有机介质中酶催化特征的影响，对于调控有机介质中酶促反应的实践应用有重要价值。

7.2.2.1 水对有机介质中酶催化反应的影响

酶在有机介质中进行催化反应时，水是必需的组分之一。有机介质中的水含量与酶的空间构象、酶的催化活性、酶的稳定性、酶所催化反应的反应平衡等都有直接的关系。

1. 水对酶分子空间构象的影响　水在酶的催化反应中发挥着双重作用。一方面水可以作为溶剂，保持底物或者产物的溶解与扩散；另一方面水分子直接或间接地通过氢键、疏水键及范德瓦耳斯力等非共价相互作用来维持酶催化活性所必需的构象，因此在有机介质中酶分子完全失去水将导致酶构象的剧烈变化而使酶失活。大量的研究表明，只有与酶分子紧密结合的一层左右的水分子对酶的催化活性至关重要。这些对于维持酶活性所必需的最低水量被称为必需水（essential water），必需水与酶分子结合非常紧密，因此又称为结合水（bound water）；相对于必需水而言，与酶分子结合比较松散，起溶剂作用的水称为大量水（bulk water），或者称为溶剂水（solvent water）。不同酶与必需水结合的紧密程度及所需的必需水数量并不相同，这种差异主要源自酶分子结构的不同。必需水到底需要多少，目前尚不能通过理论计算来回答。以每分子酶所需的结合水分子数计，胰凝乳蛋白酶在辛烷中所需的水分子数约为 50，其他水解酶（如枯草杆菌蛋白酶、许多脂肪酶）所需的水分子数更少；而氧化还原酶所需的水分子数则要高得多，如多酚氧化酶和辣根过氧化物酶所需的水分子数的数量级达 10^7。

在水含量非常有限的低水反应体系中，宏观上是有机溶剂，微观上是水体系，酶催化反应时，底物分子首先从有机相进入水相，然后再与酶形成底物-酶复合物，继而发生反应。在绝对无水条件下，由于酶分子表面的大量带电基团和极性基团相互作用而形成僵硬的失活构象，当加入适量水时，酶分子与水分子之间形成氢键使酶的柔性增大以维持酶的活性。因此在低水催化体系中，水的控制对酶催化性能的发挥起着非常关键的作用。在低水反应体系中，结合水是影响酶促反应的关键因素，在一定范围内，酶的催化活性随着结合水量的增加而提高。

2. *水对有机介质酶催反应速率的影响*　有机介质中水的含量对酶催化反应速率有显著影响。在特定的有机介质反应体系中，催化速率达到最大时的含水量称为最适含水量。最适水含量会随着有机溶剂的类型、酶活性中心的特征、酶是否修饰、修饰剂的种类以及反应条件等的变化而有所差别。在实际应用时应当根据实际情况，通过实验确定最适含水量。在一般情况下，最适含水量随着溶剂极性的增加而增加。

在低水分含量体系中，当水含量低于最适含水量时，酶促反应的速率在一定范围内随着含水量的增加而增加；当超过最适含水量时，催化活性随含水量的增加而降低，继续增加含水量会导致反应平衡的改变甚至酶活性的丧失。可能原因是过多的水分子在酶的活性部位形成水簇，通过介电屏蔽作用降低蛋白质分子带电氨基酸和极性氨基酸之间的相互作用，导致酶催化活力的丧失或降低；另外过多的水会使酶聚集，导致疏水底物较难进入酶的活性部位，引起传质阻力。从酶分子构象变化的角度，有机溶剂中的含水量低于最适含水量时，会造成酶分子的构象刚性过强，动力学刚性的增加而使酶的催化活性下降甚至丧失；在含水量高于最适水量时，酶分子的结构柔性增加，在相对疏水的环境中，酶的构象向热力学稳定的状态变化，造成酶构象的巨变而使酶失活。因此在低水催化体系中，只有在最适含水量时酶分子结构的刚性和热力学的稳定性之间达到最佳的平衡时，酶表现出最大的活力（图 7.4）。

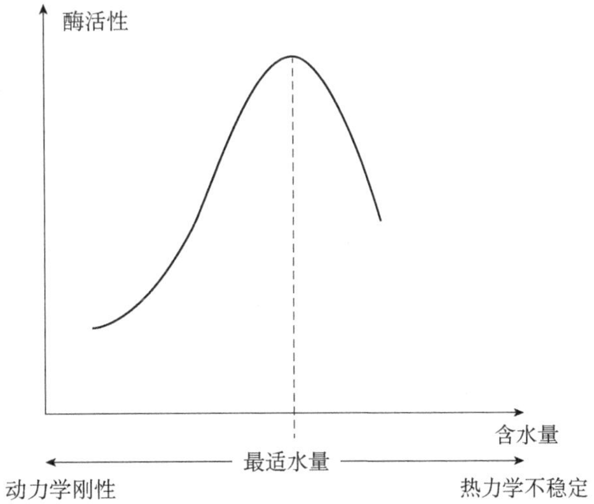

图 7.4　低水催化体系中酶活性与含水量之间的关系

在高水分含量的双相有机介质反应体系中，酶基本上处于水相之中，酶分子只是在界面上与有机介质接触，因此酶分子的催化活性几乎不会受到水量的影响；在与水互溶的有机溶剂-水单相体系中，由于一般选择极性较强的溶剂，因此水的含量对酶活性有明显的影响，在低于最适含水量条件下，酶催化特定反应的速率随着水含量的降低而降低。

对于同一种酶，反应系统的最适含水量与有机溶剂的种类、酶的纯度、固定化酶的载体性质和修饰剂的性质密切相关。同一种酶在不同有机溶剂中的最适含水量不同。为了更为客观描述酶分子的水分状态以及酶活性与水之间的关系，通常引入水活度（water activity，a_w）的概念。水活度是指在一定的温度与压力下，反应体系中水的蒸气压与同样状态下纯水蒸气压的比值。水活度是确定酶结合水的多少的一个参数，可以很好表征酶分子表面水含量的多少以及水对有机相中酶催化反应的影响。当反应体系达到平衡态时，体系中各部分的水活度值相等，可以利用相对湿度传感器在平衡气相中测定体系的水活度。当体系的含水量一定时，溶剂的亲水性越强，a_w值也越小，酶的活性越低，因此在不同的有机溶剂中比较酶的催化活性时，应在相同的水活度下来进行。

在含有不同底物的各种有机溶剂中，酶的最适 a_w 一般都在 0.55 左右，酶的最适 a_w 与溶剂的极性、底物的性质及浓度无关。

3. *水对酶催化反应平衡及立体选择性的影响*　水活度可以影响有机介质中酶催化反应的平衡，特别是在反应介质中存在多个反应时，可以通过控制水的活度改变反应的平衡点，使所期望的反应占主导地位。利用水活度能准确描述水解反应的平衡位置，只要水活度不变，反应平衡就基本保持不变。当 $a_w<1$ 时，水解反应平衡向合成方向移动；当 a_w 足够高时，水解反应平衡向水解方向移动。例如，脂肪酶在水相体系和高水活度时主要催化脂的水解，随着水活度的降低依次有利于醇解、酯交换和酯化反应。因此可以根据对产物的需求调节有机介质反应体系的水活度，调控反应的平衡点。

在低水催化体系中，水的活度可以影响酶的催化选择性。在含水量很低很窄的范围内，随着水活度的增加，酶对对映异构体的选择性增加，可能的原因是含水量微小的增加，使酶的构象的柔性增加，因而增加了酶的立体选择性。但当体系的含水量继续增加，酶的构象的柔性继续增加将会导致选择性的下降。

4. *有机介质反应体系中水含量的调控*　水分含量对于低水体系来说是非常重要的参数，通过调节反应体系的水分含量可以对酶活性进行调节。非水反应体系中水含量的控制是非水酶学走向工业化的主要障碍之一，建立科学有效的水含量控制方法对于非水酶学的应用与发展有重要意义。对于低水体系中含水量的调控一般采用以下几种方法。

1）在反应前，在有机介质反应体系中添加适量的水。该方法操作相对比较简单，很适合反应过程没有水产生的催化反应。但是对于脂肪酶、蛋白酶等，在有机介质中往往催化合成反应，反应过程生成的水往往使整个体系的含水量增加。在此种情况下，不能利用该方法进行含水量的控制。

2）将酶、底物和溶剂分别在饱和盐溶液所形成的气相环境中进行预平衡，不同盐浓度对应不同的水蒸气压，通过这种预平衡使体系达到适当的含水量，该方法也仅适用于没有水生成的催化反应，同样可以对反应引起的含水量的变化进行调节。

3）对于反应过程中有水的消耗和产生的反应，通过向反应体系通入一定含水量的惰性气体或空气的方法调节体系的含水量。该方法在实际操作上存在一定的难度，很难对体系中的水分进行精确的控制，同时有机介质以及挥发性的底物或者产物也会随气体损失，因此该方法的使用受到一定的限制。

4）通过添加干燥剂控制水分含量的方法主要适用于有水产生的催化反应体系。在反应过程中适时添加适量的干燥剂，吸收反应产生的水分，控制反应体系水含量的恒定。该方法操作虽然比较简便，但是很难实现水含量的实时调控，另外在干燥剂选择和加入量上要进行优化。

5）渗透蒸发法通过均一的非多孔膜来实现体系中水的调控。该方法可以连续除去反应过程中生成的水，适用于大规模的生产，其工作原理见图 7.5，通过调节膜周围空气或惰性气体的含水量，达到控制反应体系含水量的目的。

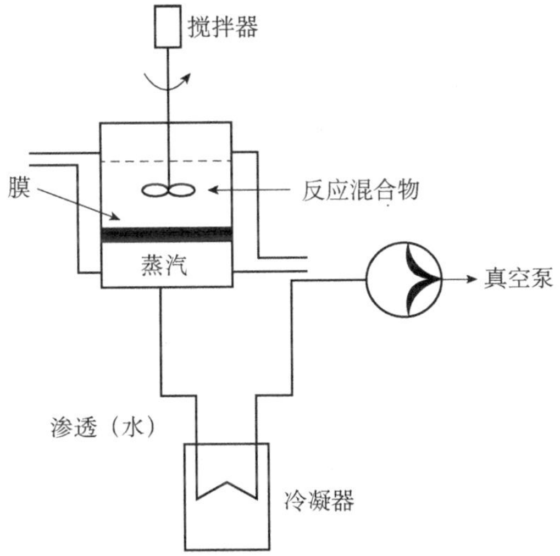

图 7.5　渗透蒸发法调控水分的原理

7.2.2.2　有机溶剂对有机介质中酶催化反应的影响

在有机介质酶促反应体系中，有机溶剂的选择处于举足轻重的地位。有机溶剂影响酶分子对必需水的结合及酶分子的空间构象，对酶的催化特性及稳定性有显著的影响。

有机溶剂主要通过三个方面来影响酶促反应。首先有机溶剂与酶分子直接发生作用，通过干扰氢键和疏水键等改变酶的构象从而导致酶的活性受到抑制或者使酶失活；其次有机溶剂直接与酶分子周围的水相互作用，造成酶分子必需水的变化和重新分布；再次是有机溶剂影响底物和产物的分配与扩散，影响反应的进行。

1. *有机溶剂对酶活性的影响*　在有机相中，酶的活力主要取决于酶的结合水与有机溶剂的相互作用。有机溶剂直接与酶分子周围的水相互作用，能造成酶分子必需水的变化和重新分布。一般认为，在非水体系中，酶在非极性有机溶剂中的催化活性要高于极性溶剂的。因为极性强的有机溶剂，容易夺去酶分子的必需水，破坏酶分子的氢键网络，降低分子表面的张力，促使蛋白质发生去折叠而变性。

有机溶剂的极性强弱可以用疏水参数 $\lg P$ 来描述，$\lg P$ 是某有机溶剂在正辛醇/水体系中分配系数 P 的对数，$\lg P$ 可以定量描述溶剂的极性，可以作为有机介质的选择标准。$\lg P$ 大小与有机溶剂的结构密切相关，同系物每增加一个亚甲基，$\lg P$ 增加 0.52，如丁醇 $\lg P$ 为 0.8，己醇的 $\lg P$ 为 1.8。

$$\lg P = \lg \frac{\text{有机溶剂在辛醇中的分配系数}}{\text{有机溶剂在水中的分配系数}}$$

一般认为有机介质的 $\lg P$ 愈大，溶剂的疏水性愈强，酶在该介质中的反应活性愈高。研究显示酶活性与 $\lg P$ 值之间的关系呈 S 形曲线（图 7.6），在 $\lg P > 4$ 的非极性介质中酶能保持高的活性与稳定性；在有机介质的 lg$P$ 为 2～4 的介质中，酶的活性比较难预测，此范围的溶剂包括经常使用的有机溶剂氯仿（lg$P$ 为 2.2）。此范围的有机溶剂的使用效果会因酶的种类以及催化反应的不同而有很大的差异；当有机溶剂的 lg$P$<2 时，溶剂极性较大，很容易脱去酶分子表面的必需水，酶易发生变性失活（韩双艳和郭勇，2024）。

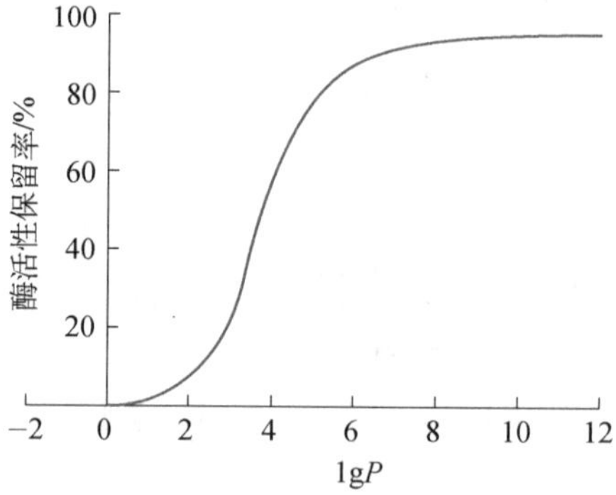

图 7.6 有机催化介质中酶活力与有机溶剂 lg$P$ 的关系

2. *有机溶剂对底物和产物分配的影响* 在有机介质反应体系中，有机溶剂不仅会影响酶的分子表面水层的结构，而且会影响底物和产物在酶分子周围的分配，从而影响酶促反应的进行。在有机介质催化的反应体系中，底物分子必须首先进入酶分子的必需水层，然后再进入到酶的活性中心完成催化过程，反应形成的产物同样需要首先进入必需水层再转移到反应介质中，如此循环使反应持续进行。

有机溶剂能改变酶分子必需水层中底物和产物的浓度。如果有机溶剂的极性过强，不仅会造成酶分子必需水层的脱去，同时会造成疏水性底物在溶剂体系的溶解度降低，使能够进入到活性中心的底物分子数量减少，使酶促反应速率降低；反之，如果有机溶剂疏水性过强，则疏水性的底物在溶剂中浓度很高，但是很难进入到酶分子的必需水层，造成进入活性中心的底物分子浓度较低，而降低反应速率。

3. *有机溶剂的结构对酶促反应的影响* 在有机介质反应体系中，有机溶剂的分子结构也可以影响酶的催化活性。例如，用脂肪酶拆分 (*R*,*S*)-1-苯乙醇，在甲苯中的催化活性明显低于 lg$P$ 值比其低的甲基叔丁基醚的。主要原因是甲苯的分子结构与苯乙醇比较接近，由于 π-π 电子的相互作用使甲苯苯环更容易吸引苯乙醇分子的苯基，使底物主要分布在溶剂体系中而很难与酶形成复合物。

4. *有机溶剂的选择* 有机溶剂是影响酶在有机介质中催化效率的关键因素之一。不同的有机溶剂由于极性不同，对酶分子的结构以及底物和产物的分配等有着不同的影响，因此有机溶剂的极性强弱是选择的重要指标。

在保证底物和产物一定溶解度的前提下，在不明显影响底物和产物分配的范围内，在含水量相等的体系中，溶剂的 lg$P$ 值越高，酶的活性越大。此时在选择有机溶剂时，尽量选择 lg$P$ 值较大的溶剂。但是 lg$P$ 值并不是选择溶剂的唯一指标，一些可以和水混溶的低 lg$P$ 有机溶剂也可以用于有机介质反应体系，在一些反应体系中，有机溶剂引起的酶活性损失可以由反应平衡的移动来补偿。例如，用葡萄糖异构酶在 80%乙醇水溶液中进行高果糖糖浆的生产，虽然酶的活力仅为水中的 10%，但是反应平衡的移动可以使果糖的含量增加 10%～50%。

此外，有机介质反应体系中的溶剂选择，还要考虑溶剂对主反应的影响以及溶剂的成本、毒性等。

7.2.2.3 酶的固定化对有机介质中酶催化的影响

固定化可以提高酶在有机介质中的催化活性。对于双相催化体系，由于酶处于水相，游离酶一般只在界面上与有机溶剂接触，其催化性能与水相体系基本相同，但是在两相界面上有机溶剂可能引起酶分子的变性失活，为了克服这一点，将酶分子固定在载体上，使酶分子一直处在水相中。在低水催化体系中，固定化载体的引入会使底物和整个体系中微量的水发生分配的变化，进而影响酶的催化活性。载体吸收水分的能力以及疏水性强弱对于微水体系中酶的催化特性有非常明显的影响。一般认为在含水量一定的催化体系中，固定化酶的催化活性随着载体吸收水分能力的增加而降低。主要原因是载体会引起水在整个体系中的重新分配，高亲水性的载体（如 Sephadex 或者 Bio-Gel）可以吸收整个体系中大量的水，使酶分子结合的水量下降甚至丧失，使酶催化活性下降甚至失活；相反固定在亲水性弱的载体上的酶分子，水的丧失相对较少，催化活性相对较高。因此在低水体系中使用固定化酶，一般采用疏水性较强的材料作为载体，这样有利于酶活性的保持，同时有利于疏水性底物在载体表面的扩散。马肝醇脱氢酶、α-胰凝乳蛋白酶的固定化研究已证明酶在疏水性载体上的催化活性要高于固定化在亲水性载体上的酶。例如，吸附在亲水性不同载体上的马肝醇脱氢酶和α-胰凝乳蛋白酶，催化活性随着载体的亲水性的增加而降低；吸附在载体上的脂肪酶随着载体疏水性的增加，催化庚酸与苯乙醇酯化的速率增加。

在有机介质中使用的游离酶通常以聚集状态存在，反应存在比较严重的传质问题，往往需要选择高速的搅拌来缓解传质障碍。通过固定化可以使酶在有机介质体系中的分散程度得到很好改善，可以减少底物或产物在两相间的扩散限制等负面效应。

固定化载体的性质也会影响非水体系中酶的催化动力学。对固定在疏水载体上的脂肪酶的催化动力学研究发现，其表观 K_m 较游离酶降低。主要是因为疏水性载体的作用，造成固定化脂肪酶周围的底物浓度高于游离脂肪酶周围的底物浓度，酶与底物的亲和力呈现表观增加。

固定化可以提高酶在有机介质中的操作稳定性。对于一些疏水性比较强的酶，可能有一部分酶分子会分散到有机相中，使一部分酶伴随产物的分离而流失，此时可以通过固定化来防止这一现象的发生。在双相体系利用α-淀粉酶和葡萄糖淀粉酶生产淀粉时，有少量的葡萄糖淀粉酶会分散到有机相中，此时可以通过固定化来减少酶的损失。

7.2.2.4 酶的形态对有机介质中酶催化的影响

酶不同的存在形态会明显影响有机介质中酶的催化活性以及操作稳定性。在非水相催化体系中，酶主要存在以下几种形式：①以固态酶粉的形式悬浮在有机介质中；②酶结合在固定化载体上悬浮于有机介质中；③修饰酶溶解在有机溶剂中；④在双相催化系统中，酶以溶解的形式处于水相；⑤酶以交联酶晶体及交联酶聚集体的形式悬浮于有机介质中。

以酶粉形式悬浮在有机介质中的酶，属于非均相体系，该体系操作简单，因此是利用较多的一种形式。但由于酶往往处于聚集态，酶与底物的接触以及产物的扩散受到限制。另外在使用高浓度酶时更容易出现聚集的倾向，因此酶的使用量不宜过大。为克服该体系的缺陷，在反应过程中通常用增加搅拌速率来降低底物和产物的扩散障碍。另外可以借助超声波提高酶在有机介质中的分散性，进而增加酶促反应的速率。

固定化对有机介质酶催化的影响在上文中已经讨论，其在一定程度上可以克服酶粉形式中酶的分散性差、底物和产物传质限制等缺点。

酶在有机溶剂中的催化反应通常是一个非均相反应体系，有较为严重的传质等问题。为了使酶能在均相体系中反应，可以对酶分子进行修饰以提高它在亲脂性有机溶剂中的溶解度，进而提高催化反应的速率。一般的做法是用 PEG 修饰酶或使酶与脂类或表面活性剂形成复合物，增加其在有机溶剂中的溶解度，修饰后的酶能保持大部分催化活性，反应结束后可以用己烷或石油醚从有机溶剂体系中回收修饰酶，并可反复使用。

在双相反应体系中，酶可以以溶解或固定化的形式处于水相，酶仅仅在两相的界面上与有机溶剂接触。产物在两相中的分配使得反应可以高效进行。

在有机溶剂催化体系中使用交联酶晶体（CLEC）是非水酶学研究的重要发展。交联酶晶体被誉为高度稳定的新型生物催化剂，其大小均一（一般为 1～100μm），在晶体小于 5μm 时，底物和产物的扩散限制小到可以忽略不计；交联酶晶体非常稳定，对有机溶剂、极端环境条件的耐受性增加。以交联酶晶体形式固定化可以显著提高酶在有机介质中的稳定性（马延和，2022）。例如，枯草杆菌蛋白酶的交联酶晶体在己烷和乙腈中的稳定性远高于冻干酶（图 7.7），交联酶晶体在己烷中的活力半衰期为 31d，而冻干酶在己烷中的活力半衰期仅为 0.35d。又如，白腐菌漆酶，其游离酶在不同浓度的各种有机溶剂中 3h 即丧失全部的活性，而该酶的交联酶晶体在保温 30h 后仍然保持一定的催化活力（表 7.1）。

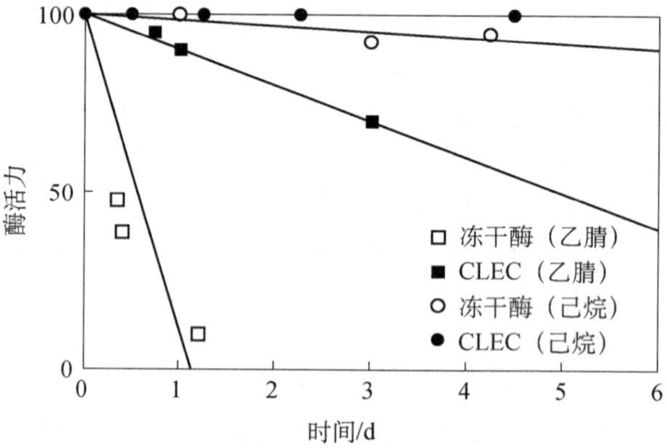

图 7.7　枯草杆菌蛋白酶的交联酶晶体与冻干酶在己烷和乙腈中的稳定性

表 7.1　白腐菌漆酶的交联酶晶体在不同浓度有机溶剂及水溶液中保温 30h 后的活力

溶剂	lg*P*	100%溶剂中的酶活力	75%溶剂中的酶活力	50%溶剂中的酶活力
正己烷	4.00	29.60	37.50	83.60
甲苯	2.73	50.00	58.00	95.00
异辛烷	4.50	42.00	83.00	90.00
环己烷	3.44	24.00	42.50	68.50
乙酸乙酯	0.73	2.30	30.00	52.60
氯仿	1.97	5.10	11.70	52.90
异丙醇	0.05	5.00	9.50	40.50
丙酮	−0.24	1.60	3.50	50.50
水	—	53.00	—	—

交联酶晶体在非极性有机溶剂及极性有机溶剂中都有很好的稳定性，卓越的性能使其非常适合有机介质体系的催化反应。交联酶晶体已经用于手性化合物、肽以及酯的合成，脂肪酶、嗜热蛋白酶、葡萄糖异构酶和青霉素酰化酶等的交联酶晶体已经有商业化的产品。

7.2.2.5　pH 对有机介质酶催化的影响

pH 是影响非水介质中酶反应的重要因素之一。pH 影响酶分子和底物分子的解离状态，影响酶的活性和底物选择性。酶分子活性中心的基团需要在特定的 pH 条件下才能获得催化反应所需的最佳解离状态，因此有机溶剂中酶催化反应的进行与在水介质中一样，强烈地依赖于酶分子周围“必需水”的 pH。在有机介质的低水体系中，由于含水量极低，体系中不存在自由移动的 H^+，所以不可能进行 pH 的直接测定和控制。大量的实验结果显示，有机溶剂中的酶能够保持其冷冻干燥前或沉淀前所在缓冲液中的 pH，这种现象称为 pH 记忆。对猪胰脂肪酶的研究显示，在含水量为 0.02%的有机溶剂中，其催化三丁酸甘油酯和庚醇之间转酯反应的速率强烈依赖于制备酶的水溶液的 pH，而且催化活力与 pH 的关系和水溶液相似，均呈钟形曲线。

一般来说，酶在有机介质中催化反应的最适 pH 与酶在水溶液中反应的最适 pH 接近或者相同，从最适 pH 水溶液中沉淀的酶在有机溶剂介质中也表现出较高的酶活性。利用酶的这种 pH 记忆特性，可以很容易通过控制缓冲液的 pH 达到控制有机介质中酶催化反应的最适 pH。

pH 记忆现象被广泛用于非水体系中酶的制备，虽然酶分子从干粉状态转到有机介质时，其 pH 状态保持不变。但是有些酶在进行冷冻干燥过程中，pH 状态却往往有所变化。例如，酵母乙醇脱氢酶在磷酸缓冲液中进行冷冻干燥的过程中，pH 会急剧下降，酶活性大量丧失；而在 Tris 缓冲液和甘氨酰甘氨酸缓冲液中进行冷冻干燥时，pH 没有明显变化，酶活力也比较稳定。这表明，缓冲液对冷冻干燥过程中 pH 和酶活力的变化有明显影响。所以在酶的冷冻干燥过程中，除了要选择好缓冲液 pH 以外，还要考虑缓冲液的类型。

在有机介质反应体系中，一些反应（如酯水解或氨解反应）的反应体系 pH 会发生变化，因此，将会影响酶分子的电离状态和酶活性。为了解决这一问题，可采用高疏水性的酸和与其对应的盐组成缓冲对或采用高疏水性的碱与其对应的盐组成缓冲对来维持反应体系的 pH，这种缓冲体系能有效地维持反应体系 pH 的稳定。

7.2.2.6　温度对有机介质中酶催化的影响

温度是影响酶催化反应的主要因素之一。与水溶液中酶的特性相似，一方面，随着温度的升高，化学反应速度加快；另一方面，过高的温度会加速酶的变性失活。酶催化的反应速率达到最大时的温度为酶的最适温度。在低水有机介质催化体系中，由于水含量低，酶的热稳定性增强，酶的最适温度一般高于其在水溶液中催化的最适温度。但是温度过高，同样会使酶的催化活性降低，甚至失活。

温度不仅影响酶的催化活性，而且还与酶的选择性有关。一般认为酶和其他催化剂一样，在较低的温度条件下酶的立体选择性较高。

7.2.2.7　添加物对有机介质中酶催化的影响

在有机介质反应体系中加入甘油、甲酰胺、多羟基化合物等可以提高酶分子在有机溶剂中的稳定性和催化活性。因为这些化合物有助于维持酶分子表面的水化层和氢键结构。其中一些有机溶剂能与酶蛋白分子在非水介质中形成氢键，并能活化有机介质中的酶，这类有机溶剂称为仿水溶剂。一般为强极性有机溶剂。用这些溶剂部分或者全部取代有机溶剂体系中的水，可以提高酶在有机介质中的催化活力。例如，用乙二醇可以显著提高脂肪酶催化 2-辛醇酯化的活力；含水量为 1%辛醇中加入 3%甲酰胺可使多酚氧化酶的活性提高 35 倍。不同的仿水溶剂完全取代反应体系中的水之后，酶所表现的催化特性会有所不同。例如，利用脂肪酶以外消旋环氧丙醇为底物进行不对称酯合成的反应中，乙腈、二甲基甲酰胺等仿水溶剂可以显著提高酶的立体选择性，但酶的催化活性大大降低；以聚乙二醇、二氧六环等作为仿水溶剂虽然可以显著提高脂肪酶的催化活性，但酶的立体选择性降低。

有机介质反应体系中添加盐类也可以改变酶的催化速率，因为盐可以改变酶蛋白表面的离子化状态。对糜蛋白酶活性研究结果显示，低浓度的盐能够增加酶在95%的乙醇介质中的反应速率。对脂肪酶的研究显示，10mmol/L LiCl 能够显著提高脂肪酶在有机溶剂中的空间选择性。

在制备有机介质催化用酶时加入一些有机物或无机物会提高酶在有机介质中的催化速率。例如，枯草杆菌蛋白酶与高浓度的氯化钾一起冷冻干燥，其在己烷中催化酯基转移反应的速率比未经 KCl 处理的酶高 20 000 倍以上。这样显著的激活作用可能是由于盐可以对酶的天然结构起到稳定化作用。另外，无机盐的存在也会使蛋白酶的活性中心极性增大，从而导致酶活性的提高。

加入冷冻保护剂也可以增加酶的催化速率，大豆过氧化物酶在含聚乙二醇的缓冲溶液中冷冻干燥后，其在丙酮中的催化活性比未经聚乙二醇处理的酶高 35 倍。

另外发现不同添加物之间有时会存在协同效应。用于大豆过氧化物酶冷冻干燥的缓冲液中分别添加聚乙二醇或反式-1,2-环己二醇，其在丙酮溶剂中的催化活性会分别提高 35 倍和 110 倍；但如果在该缓冲液中同时加入这两种添加物，则酶活性提高 800 倍。

在有机介质反应体系中添加一定浓度的变性剂可以增加酶的催化活性。在含水量为 3.8% 的甲苯-磷脂-Triton X-100 反应体系中，牛心乳酸脱氢酶的催化速率仅为 6μmol/（min • mg）[在水相体系中为 250μmol/（min • mg）]；当体系中添加浓度为 1.5～2mol/L 的盐酸胍时，酶的催化活性增加，最高催化活性可达不添加变性剂的 20 倍。

7.3 有机介质中酶的性质

资源 7.4

用有机介质代替酶催化体系中的大量水，使酶分子的结构刚性增加，酶在稳定性、催化的选择性等方面均可能发生变化；另外由于溶剂体系的改变，特别是有水参与的反应条件的巨大改变，使酶表现出与在水溶液中明显不同的催化特性。

7.3.1 有机介质体系中酶活性的变化

一般来说，酶在有机溶剂中的活性比在水溶液里要低得多。例如，α-胰凝乳蛋白酶和枯草杆菌蛋白酶在辛烷中的活性只有在水中活性的 10^{-5}～10^{-4}。这是有机介质催化体系中的一个普遍现象，而且是妨碍非水酶学工业应用的重要因素之一（Guo et al.，2020）。

造成酶在有机溶剂中活性显著下降的主要原因有以下几种。

7.3.1.1 传质障碍造成酶活性下降

用于有机溶剂的酶制剂通常是从水溶液里经冷冻干燥制备的酶粉，由于酶一般不溶于有机溶剂，酶粉以悬浮形式存在于有机相中，造成底物向酶的扩散受到限制；另外，酶分子之间互相叠合，造成一些酶分子的活性中心被周围的酶分子封闭，使底物分子难以靠近。

7.3.1.2　有机溶剂可以增加酶促反应的活化能，导致酶活性的下降

在有机介质反应体系中，酶活性随底物在有机溶剂-水两相之间分配系数的增大而下降。从热力学角度上看，底物在有机溶剂中的分配系数越高，底物的溶剂化程度越高，底物基态更为稳定，造成活化能增加，使酶促反应速率降低。

另外有机溶剂还会通过影响酶促反应的过渡态来影响反应活化能。枯草杆菌蛋白酶和其他许多水解酶所催化反应的过渡态是一个高极性的中间体，在极性高的有机溶剂里，酶活性中心的局部极性也相应较高，对带极性的反应过渡态分子起稳定作用，使酶催化反应的活化能降低；而在极性较低的有机溶剂中，该过渡态很不稳定，使得酶催化反应的活化能增加。

7.3.1.3　有机介质中酶分子活性中心刚性的增加，造成酶活性下降

根据酶催化的诱导契合学说，酶分子结合底物时活性中心构象往往要发生一定的改变，酶分子活性中心构象的相对柔性是完成催化所必需的条件。当有机溶剂取代水作为反应介质时，因缺少水的润滑作用而使得酶分子的结构刚性增加，使酶的催化活性下降。

7.3.2　酶的稳定性的变化

有机介质中酶分子的刚性增加，同时有机溶剂的引入使一些与水相关的酶蛋白不稳定因素大大降低，使得酶在有机介质中的热稳定性、储存稳定性以及对变性剂的耐受性显著提高。

7.3.2.1　热稳定性提高

在惰性有机溶剂中许多酶的热稳定性显著增加，酶的热稳定性与溶剂的含水量密切相关，一般随着含水量的增加热稳定性降低。例如，糜蛋白酶在 100℃的辛烷中活力半衰期达数小时，而在水溶液中，60℃数分钟即可使酶出现不可逆的失活。又如，猪胰脂肪酶在含水量为 0.02%的三丁酸甘油酯中 100℃的活力半衰期大于 12h，而在含水量为 0.8%的三丁酸甘油酯中 100℃的半衰期仅为 12min，如果在水溶液中，在 100℃会出现立即失活。再如，包埋在反胶束中的 ATP 酶，在 70℃的活力半衰期随着含水量的增加而降低，在 13%含水量时，半衰期为 11h；在含水量为 0.03%时，活力半衰期增加为 96h；而在 100%含水量时，半衰期不到 1min。

7.3.2.2　酶的储存稳定性

在有机溶剂中酶的储存稳定性明显提高（Wang et al.，2016）。例如，糜蛋白酶在 20℃的辛烷中储存长达半年仍保持全部活性，而在水中的活力半衰期只有几天。同一种酶在不同的有机溶剂中的储存稳定性因有机溶剂的不同而有差异。例如，α-胰凝乳蛋白酶在 30%二甲基亚砜中储存 8d 依然保持全部的活力，而在 30%二甲基甲酰胺中储存 7d 后活力丧失一半。

7.3.2.3　酶对变性剂的耐受性增加

脲、盐酸胍是酶的强变性剂，其可以破坏酶蛋白的高级结构导致酶的失活。破坏稳定蛋白质分子的次级键、增加疏水性氨基酸的溶解度是引起变性的主要原因之一。在有机介质体系中，酶对变性剂的耐受性增加，并且在不同的含水量条件下耐受程度有所不同，一般随着有机溶剂体系含水量的降低而增加。表 7.2 表明牛心乳酸脱氢酶随着反应体系含水量的降低对盐酸胍的耐受性增加。

表 7.2 甲苯-磷脂-Triton X-100 不同含水量体系对乳酸脱氢酶盐酸胍耐受性的影响

溶剂体系的水含量/%	活力降低一半时的盐酸胍浓度/（mol/L）	溶剂体系的水含量/%	活力降低一半时的盐酸胍浓度/（mol/L）
100.0	0.9	3.8	2.2
6.0	1.1	2.0	3.2

7.3.3 底物专一性的改变

底物专一性是酶的重要特征，其取决于酶分子的结构。酶在有机介质中进行催化反应，由于溶剂体系的改变，会使酶的分子结构特别是活性中心的构象发生一定的变化，同时有机介质也会改变底物与酶之间的相互作用，从而使酶的底物专一性发生变化。有机介质中底物专一性的变化主要体现在酶对底物的相对专一性、立体异构选择性、区域选择性、前手性选择性等多个方面。

7.3.3.1 酶催化的相对专一性的变化

酶催化的相对专一性是指某些酶可作用于一类化合物或一种化学键。例如，脂肪酶在水相中可以催化所有酯类化合物水解。

对于具有催化相对专一性的酶来说，在不同有机溶剂中酶催化的相对专一性可能会发生改变。一般在极性较强的溶剂中，疏水性较强的底物容易发生反应；在极性较弱的有机溶剂中，疏水性较弱的底物容易发生反应。在水溶液中 α-胰凝乳蛋白酶催化 *N*-乙酰-L-苯丙氨酸乙酯水解的效率比其催化 *N*-乙酰-L-丝氨酸甲酯水解的效率高 50 000 倍；在辛烷溶剂中，α-胰凝乳蛋白酶催化 *N*-乙酰-L-丝氨酸甲酯与丙醇间的转酯反应的活性比其催化 *N*-乙酰-L-苯丙氨酸乙酯与丙醇间转酯反应的活性高 3 倍。对枯草杆菌蛋白酶催化 *N*-乙酰-L-丝氨酸甲酯及 *N*-乙酰-L-苯丙氨酸乙酯与丙醇之间的转酯反应研究显示，在二氯甲烷和苯中，酶对丝氨酸衍生物的亲和性较高；而在吡啶或叔丁醇中，酶对苯丙氨酸衍生物的亲和性较高。

此外，在有机溶剂体系中，酶活性中心构象刚性的增强会导致一些酶所催化的底物的范围缩小。猪胰脂肪酶在水中可以利用各种大小的醇分子进行转酯反应，而在有机介质中只能催化小分子醇反应。

7.3.3.2 立体异构选择性的变化

立体异构选择性是很多参与有机合成的酶的重要特征。反应介质对酶催化的立体选择性有强烈的影响，通过优化反应介质可以改变酶的立体异构选择性，使酶的立体选择性更强。

酶的立体选择性强弱一般用对映选择系数（K_{LD}）来表示，其与酶对对映异构体的催化常数（k_{cat}）和米氏常数 K_m 有关。其公式可以表示为

$$K_{LD}=\frac{(k_{cat}/K_m)_L}{(k_{cat}/K_m)_D}$$

式中，K_{LD} 为对映选择系数；K_m 为米氏常数；k_{cat} 为酶的催化常数，指每个酶分子每秒催化底物转化的分子数；$(k_{cat}/K_m)_L$ 为酶对 L-型异构体的 k_{cat} 和 K_m 的比值；$(k_{cat}/K_m)_D$ 为酶对 D-型异构体的 k_{cat} 和 K_m 的比值。

酶在有机介质中催化，由于介质的特性的变化，往往会引起酶的立体选择性发生改变。例如，用枯草杆菌蛋白酶作催化剂，在有机溶剂中可以合成含有 D 型氨基酸的肽；而在水中，该

酶只能水解以 L 型氨基酸组成的多肽或蛋白质，而不能水解含有 D 型氨基酸的肽。

在不同的有机溶剂中，酶的立体选择性与有机溶剂的疏水性密切相关，一般随着溶剂疏水性的增加而降低。例如，枯草杆菌蛋白酶在水中催化 *N*-乙酰-DL-丙氨酸氯乙酯的水解反应时，对 L、D 异构体的对映选择系数为 10^3～10^4，而在正丙醇中进行酯交换反应时，对映选择系数 $K_{LD}<10$。又如，用碱性丝氨酸蛋白酶催化 *N*-乙酰-DL-苯丙氨酸-2-氯乙酯与正丙醇转酯反应时，在乙腈中对映选择系数为 6.6，而在甲苯中变为 0.24，催化的底物由 L 型为主转变为以 D 型为主。

有机溶剂对酶的立体选择性的影响还随底物的不同而变化。以假丝酵母脂肪酶为例，当底物为 2-氯醇酸时，其立体选择性随溶剂 lg*P* 值增加而升高。当底物为 2-氯丙酸时，情况正好相反。

7.3.3.3 区域选择性的变化

在酶促反应中，底物某一位置上的基团被酶选择性地转化而另一位置上的相同基团没有被转化，这种现象称为酶的区域选择性（regioselectivity）。酶在有机介质中进行催化时，具有区域选择性的变化。例如，用假单胞菌脂肪酶催化 1,4-二丁酰基-2-辛基苯与丁醇之间的转酯反应（图 7.8），在甲苯介质中酶优先作用于底物 C4 位上的酰基；而在乙腈介质中优先作用于底物 C1 位上的酰基，并发现酶的区域选择性与介质的 lg*P* 有关。

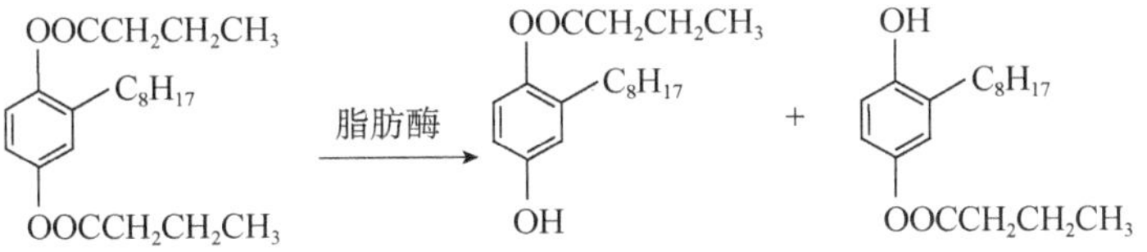

图 7.8 脂肪酶催化 1,4-二丁酰基-2-辛基苯与丁醇之间的转酯反应

7.3.3.4 前手性选择性的变化

前手性选择性是指酶催化非手性底物选择性地形成具有一定立体构型的产物，这是部分酶促反应的特点之一。改变酶促反应的溶剂系统可以有效控制酶的前手性选择性。利用假单胞菌脂肪酶在水饱和的有机溶剂中催化 *N*-萘甲酰基-2-氨基-1,3-丙二醇二丁酸酯水解，不同溶剂中酶的前手性选择性差异很大，随着溶剂非极性的增加，前手性选择性降低。推测原因是疏水性低的溶剂有利于疏水性的萘甲酰基与酶结合，酶分子上的丝氨酸羟基易于进攻底物的羰基，容易形成 *S*-构型的产物；而在疏水性强的溶剂中，萘甲酰基暴露在溶剂中，不易与酶的疏水活性中心结合，从而使酶的前手性选择性降低。

有机介质条件下，酶所处溶剂系统的改变会改变酶的催化特性。这种通过改变反应介质实现酶催化性质改变的技术称为溶剂工程。其在不改变酶蛋白一级结构的情况下改变酶的性质，是对基因工程改变酶催化特性的很好补充。

7.3.4 pH 记忆和分子记忆

pH 记忆是非水介质中酶的重要特征之一，其与酶分子在有机溶剂中的刚性结构增加有密切的关系。因此在制备有机反应体系酶制剂时一般将 pH 调至反应的最适 pH 以获得最大的酶活性。

对枯草杆菌蛋白酶的研究发现，在有机介质中，从含有竞争性抑制剂的水溶液中冻干制备的枯草杆菌蛋白酶在除去抑制剂后，其催化活性比从不含抑制剂的酶溶液中制备的酶高 100

倍，说明由竞争抑制剂导致的酶构象变化在除去抑制剂后在低水条件下仍能保持（图 7.9）。这种酶分子保持原来在水相中的一些特性的现象称为分子记忆，其同样是有机溶剂中酶分子结构刚性的一种表现。

酶的结构刚性是有机溶剂中酶的重要特性，这一特性可用来作为提高或改变有机介质中酶专一性的一种有效手段。将酶在含配体的水溶液中冻干，再将配体用有机溶剂彻底洗去，经过这样处理的酶称为配体印迹酶（ligand-imprinted enzyme）。通过对酶的配体印迹，可以改变酶的催化特异性。将胰凝乳蛋白酶及其抑制剂 *N*-乙酰-D-色氨酸溶于缓冲液中，然后加入正丙醇将酶与抑制剂沉淀出来，并用正丙醇彻底洗涤，除去抑制剂，经真空干燥后，胰凝乳蛋白酶在环己烷中可以催化合成 *N*-乙酰-D-色氨酸乙酯，未经 *N*-乙酰-D-色氨酸印迹或用 *N*-乙酰-L-色氨酸印迹的胰凝乳蛋白酶则不能合成 D-氨基酸酯。推测可能原因是 *N*-乙酰-D-色氨酸印迹后沉淀出来的胰凝乳蛋白酶的结构刚性能接受 D-构型异构体作为底物，在环己烷溶剂体系中其构象未发生变化，因而能合成含 D 构型的氨基酸酯。

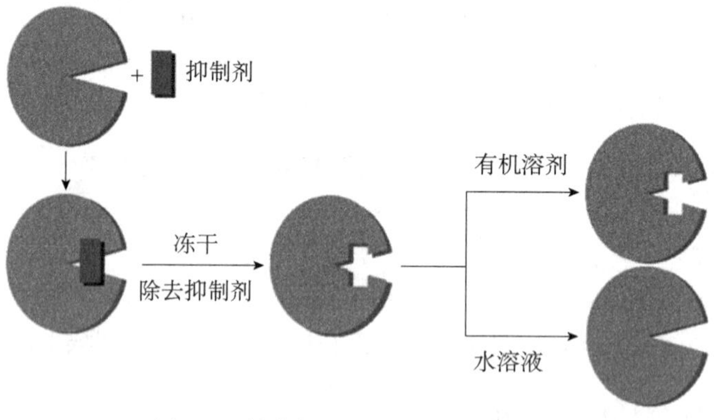

图 7.9　枯草杆菌蛋白酶的分子记忆

7.3.5　反应平衡方向的移动

在有机介质中进行酶促反应，有机溶剂可以明显改变反应的平衡，甚至可以使一些反应发生逆转。反应平衡方向的移动是非水酶学实践应用重要的基础。例如，脂肪酶在水溶液中催化酯的水解，而在有机介质中它可以催化酯（脂）的合成及改性（Kumar et al.，2016)。图 7.10 为脂肪酶在水相和有机相中催化的反应。

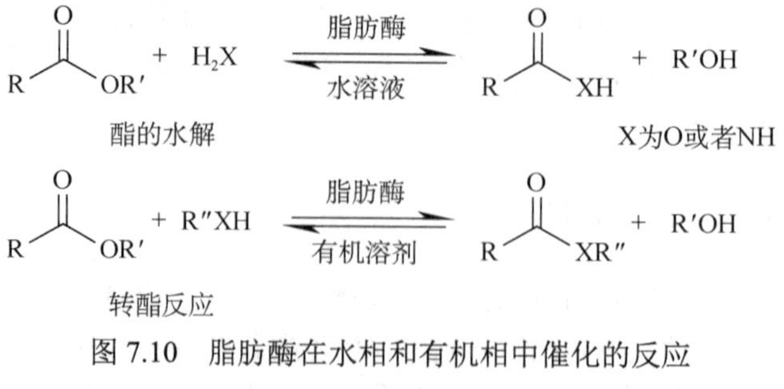

图 7.10　脂肪酶在水相和有机相中催化的反应

蛋白酶在水溶液中催化蛋白的水解反应，但在有机介质条件下，其可以催化肽键的形成而进行肽的合成。例如，利用嗜热蛋白酶进行的甜味剂阿斯巴甜的合成（Klaus and Hammer，

2022）。阿斯巴甜（*N*-L-天冬氨酰基-L-苯丙氨酸-1-甲酯）是由 L-Asp 与 L-Phe 形成的二肽的甲酯化产物。传统化学合成法首先需要将 L-Asp 的 α-氨基和 β-羧基保护起来，然后再与 L-Phe 反应，反应结束后再进行去保护，反应复杂，成本较高。根据嗜热蛋白酶在有机介质条件下可以催化合成反应，可以非常高效进行该二肽的合成，其合成工艺见图 7.11。以 DL-Phe 为底物甲酯化生成 DL-Phe 甲酯（DL-Phe-OMe），在嗜热蛋白酶的催化作用下，α-氨基受到保护的 BOC-L-Asp 的羧基与 L-Phe-OMe 的氨基形成肽键，即催化形成 BOC-L-阿斯巴甜，经氢化脱保护形成阿斯巴甜。由于生成的 BOC-L-阿斯巴甜会与 D-Phe-OMe 产生共沉淀，因此不能采用固定化的嗜热蛋白酶进行催化。另外由于嗜热蛋白酶仅可识别 L 型氨基酸参与的反应，因此可以采用 DL-Phe 进行合成，反应剩余的 D-Phe 可以采用消旋化再生成 DL-Phe。

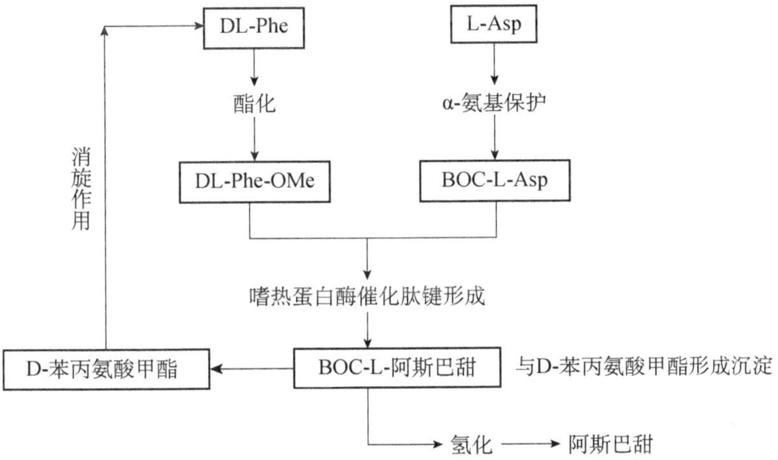

图 7.11 嗜热蛋白酶在有机介质中催化阿斯巴甜的合成

在双相催化体系中，有机相不仅可以作为在水中溶解度低的底物的储存库，而且可以通过改变产物在水相和有机相的分配平衡，或者降低产物对酶的抑制，进而促进特定反应催化效率的提高。例如，利用脂肪酶进行水溶液中有机酸的提取（图 7.12），首先脂肪酶在水相中催化有机酸与强疏水性醇生成酯，虽然脂肪酶在水相中催化合成酯的效率并不是很高，但由于该酯在有机相中有很高的分配系数，使得整个催化反应的平衡点向合成酯的方向移动。通过这种方式可以使有机酸在有机相中的表观分配系数增加 4～15 倍，有机介质中以酯化形式存在的有机酸的浓度可以达到 80%～95%。

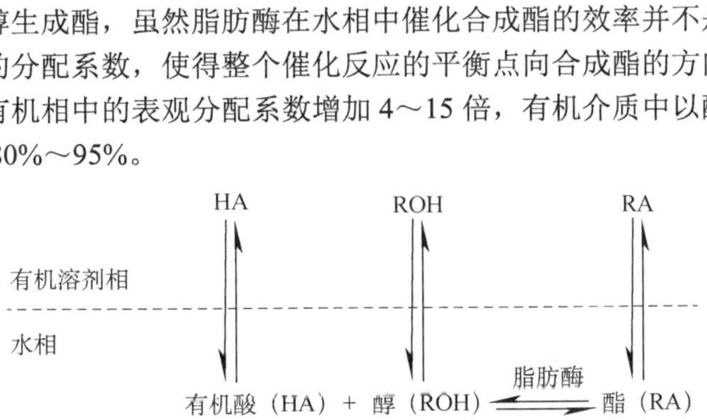

图 7.12 双相催化体系中利用脂肪酶进行有机酸的提取

脂肪酶或酯酶较为独特的有机溶剂稳定性使其成为非水酶学应用最为广泛的酶种。利用反应平衡的移动甚至逆转可以实现高价值的甘油三酯或者酯类香料如乙酸异戊酯的高效合成。

可可脂由于相对均一的甘油三酯结构使其在室温和体温之间具有明显的熔点，表现出口感顺滑、入口即化等特征。其 80%的甘油三酯在 1 和 3 位为棕榈酸或硬脂酸，而 2 位为油酸。在低水含量的己烷中，可以利用脂肪酶催化实现低价值的棕榈油或橄榄油进行酯交换反应生成具有可可脂特征的替代脂类（图 7.13）。

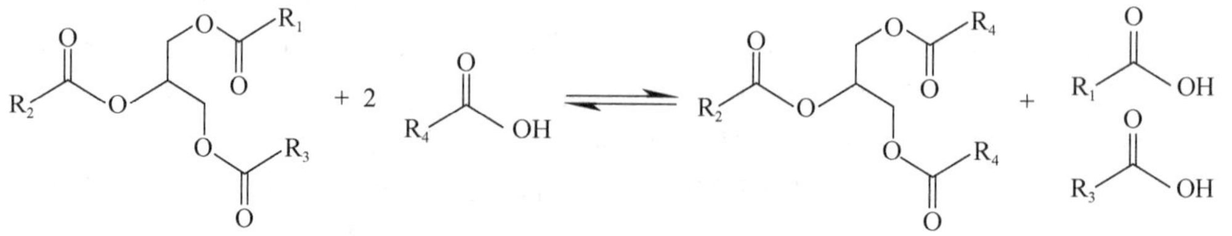

图 7.13 脂肪酶催化的酯交换反应

乙酸异戊酯是一种呈水果香气、微溶于水、溶于有机溶剂的水果型日化香精。传统的生产工艺是由异戊醇和乙酸在强酸催化下直接酯化生成。反应条件剧烈且强酸对设备的腐蚀严重，工艺产生的废水量大。传统工艺受酯化反应平衡的限制，合成得率低。以乙酸乙酯和异戊醇为原料，在液气双相的反应体系中，利用脂肪酶的转酯反应活性可以高效进行乙酸异戊酯的合成，并且通过去除乙醇（产物之一），进一步推动反应平衡向产物形成的方向移动（图 7.14）。

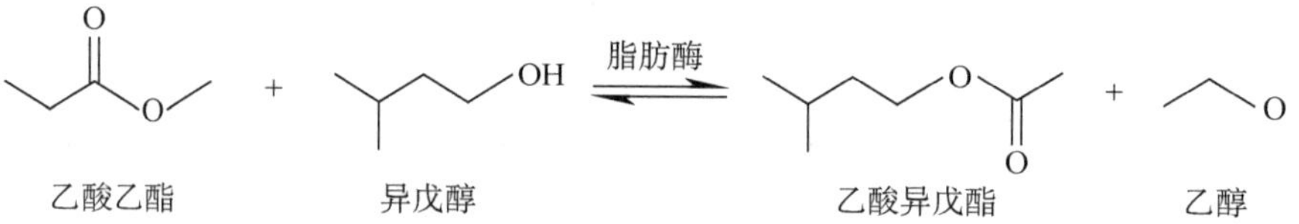

图 7.14 乙酸异戊酯的酶法合成

酶在非水介质中催化的反应符合米氏方程，底物的种类、溶剂的性质都会影响有机介质中酶促反应动力学。底物和有机溶剂的极性相似时，底物与溶剂的亲和性高，酶和有机溶剂竞争底物使酶与底物的亲和力降低，K_m 值增加；如果底物与有机溶剂的极性相差较大，此时底物与有机溶剂的亲和力低，酶与底物的亲和力相应增加，K_m 值变小。根据相似相溶的原则，极性溶剂中，非极性底物比极性底物有更低的 K_m；在非极性溶剂中则相反。

非水介质中酶的催化反应的速率一般要远低于水介质中的催化速率，最大反应速率一般较水体系中显著降低。

7.4 气相和超临界介质的酶促反应及应用

7.4.1 气相介质中酶促反应的特点和应用

酶在有机介质中进行催化反应，虽然克服了诸如疏水性底物水溶性差等限制。但是仍然存在气相底物溶解性差、很难参与反应或者反应速率很低的问题。因此人们探索在气相介质中进行酶的催化。

气体具有扩散性能好，传质效率高等优点，同时气相中的酶促反应更利于易挥发性产品的生产。在气相介质中酶进行催化反应，除了具有有机介质反应体系的一些优点外（如酶的热稳定性提高、微生物污染的可能性大大降低等），还具有其自身的一些显著特征。

在气相介质中酶以固态的形式存在，这种固-气形式的催化与固-液形式的催化体系相比较，生物催化剂的固定化变得更为简单，在气相催化系统中，不存在液相系统中存在的酶的解吸附问题，因此可以很方便使用一些简单温和的方法进行酶的固定化（如吸附等）。

气相催化系统中，大多数情况下底物是以气态形式存在，反应体系一般无液态的溶剂存在，使产物的分离相对比较容易，这是该催化系统的显著优点。但同时也会造成在整个催化系统中，底物的浓度较低，只有一些挥发的物质可以参与反应。

为了利用气相介质的优点，克服其存在的缺点，气相介质中的酶促反应往往采用较高的反应温度、连续流的操作方式。气态底物连续通过固定化酶柱，形成的气态产物，随气体流出，这种操作形式可以大大提高酶的催化效率，同时也便于自动化生产。这种连续的操作形式同时要求酶在该气相系统中具有较高的稳定性。酶在气相系统中的稳定性与酶在有机介质中有一些共同的规律。酶分子在气相介质中必须保持其必需水才能维持其催化活性，在一定范围内随着水活度的增加催化活力增加，但酶的热稳定性下降。例如，吸附在 DEAE 纤维素上的醇氧化酶在气相介质中催化乙醇的氧化，在水活度从 0.11 增加到 0.84 时，其催化活力增加 10^4 倍。

7.4.2 超临界介质中酶促反应的特点和应用

超临界流体除具有传统有机溶剂的所有优点外，还具有液体的高密度性、气体的高扩散性、低黏度和低表面张力等独特的优良特性。高效的传质性能以及较高的底物溶解性使其可以作为一种优良的酶催化介质。更为重要的是在超临界流体中，通过改变温度和压力可以改变溶质的溶解度，使在不更换溶剂的情况下实现产物的分离或纯化。另外超临界流体可以克服有机介质反应体系产物中存在有机介质残留的问题。

绝大多数的生物催化反应的温度都低于 60℃，因此适合作为酶催化的超临界流体的临界温度一般为 0～60℃，表 7.3 列举了几种已经在酶催化中应用的超临界流体。

表 7.3 常见的用于生物催化的超临界流体的临界温度、临界密度和临界压力

溶剂	临界温度/℃	临界压力/MPa	临界密度/（kg/m^3）
二氧化碳	31.1	7.3	468
乙烷	32.3	4.8	212.2
乙烯	9.3	5.0	227
三氟甲烷	25.9	4.6	525
一氧化二氮	36.5	7.0	452.5
六氟化硫	44.5	3.7	750

CO_2 具有无毒、不可燃烧、价格便宜和安全等特点，使其成为在生物催化领域应用最多的超临界流体。在超临界 CO_2 中使用的酶的种类很多（表 7.4）。其他超临界流体也有少量的应用。例如，超临界三氟甲烷中多酚氧化酶催化对甲酚和对氯苯酚的氧化；在乙烷和乙烯的超临界流体中脂肪酶催化甲基丙烯酸甲酯的转酯反应。

表 7.4 超临界 CO_2 中的酶促反应

酶	反应
碱性磷酸酶	对硝基苯磷酸的合成
多酚氧化酶	对甲酚和对氯苯酚的合成
嗜热蛋白酶	阿斯巴甜的合成
胆固醇氧化酶	胆固醇氧化
枯草杆菌蛋白酶	*N*-乙酰-L-苯丙氨酸氯乙酯和乙醇的转酯反应
脂肪酶	甘油三酯与脂肪酸的转酯反应
	甲基丙烯酸甲酯与 2-乙基己醇的转酯反应
	十二烷酸甘油三酯和肉豆蔻酸的酯交换反应
	乙酸乙酯与壬醇之间的转酯反应
	油酸与乙醇的酯化反应
	豆蔻酸与乙醇的酯化反应

超临界流体中的酶活性和稳定性受超临界流体的压力、温度、种类、含水量以及酶的种类的影响。在超临界流体中酶的稳定性一般都会提高，并且与酶分子的结构密切相关，一般含有二硫键的酶稳定性要高于没有二硫键的酶。超临界流体减压过程是引起酶失活的重要步骤。例如，青霉素酰化酶不含有二硫键，其在减压过程的失活要比含有二硫键的酶（如胰凝乳蛋白酶）明显。

同有机溶剂中的酶促反应一样，反应系统的含水量同样是影响超临界流体中酶操作稳定性的重要因素。在超临界流体含水量低于或高于最适含水量时，酶的催化活力均下降。南极假丝酵母脂肪酶B的交联酶聚集体在超临界CO_2体系中最适含水量为0.2g/L（图7.15）。

超临界流体的高扩散性可以有效减少有机介质体系中所存在的严重的传质限制，同时超临界流体可以提高底物的溶解性或者改变底物的状态使其更利于酶催化。因此，从理论角度讲，超临界可以提高酶的催化活力。例如，胆固醇氧化酶对胆固醇聚集态的催化活力高于胆固醇单体，在超临界CO_2中，随着压力的增加胆固醇具有聚集的倾向，使得在该体系中酶促反应速率提高。又如，在超临界CO_2中，用α-淀粉酶和葡萄糖淀粉酶进行玉米淀粉水解生产葡萄糖也观察到同样的现象。但是也有随着压力的增加酶活力下降的研究报道。例如，南极假丝酵母脂肪酶B的交联酶聚集体的催化活力随着压力的增加而降低（图7.15）。

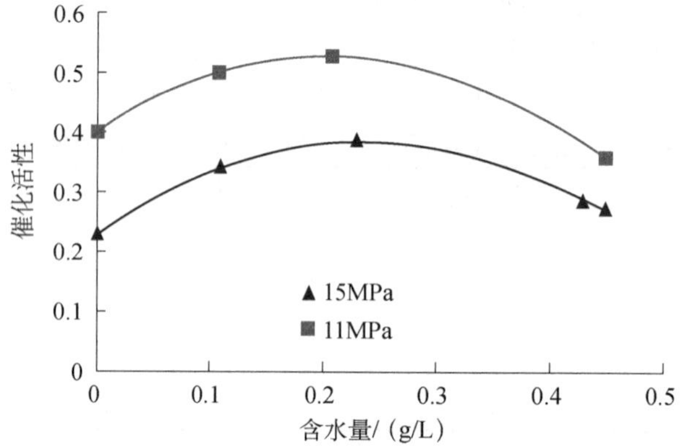

图7.15　南极假丝酵母脂肪酶B交联酶聚集体在不同压力及含水量超临界CO_2中的催化活性（40℃）

不同的超临界流体对酶催化反应影响不同。在超临界流体中催化甲基丙烯酸甲酯转酯，由于六氟化硫较其他的超临界流体有较高的临界密度，并且具有较强的疏水性，在目前使用的超临界流体中的反应效率最高。并不是所有的超临界流体适合于所有的酶促反应。对于某些酶促反应超临界CO_2并不是良好反应介质。脂肪酶催化异丁烯酸甲酯和丁醇间的转酯反应，超临界CO_2不是理想的溶剂，因为CO_2可以改变酶周围微水环境的酸度，而且还能与酶蛋白表面的氨基生成共价络合物而降低酶的活性。

超临界流体中的酶催化是一个很有前景的研究领域。但是其研究还处于初期阶段，对于超临界流体中酶催化的研究多集中于基础理论方面，要将该技术真正应用于工业化生产，还有许多问题亟须解决。例如，如何通过酶修饰提高酶在超临界流体中的活性；研究和开发新的超临界流体；如何扩大酶的应用范围等。相信随着对基础理论研究的不断深入，超临界流体中的酶催化技术将在应用化学、有机合成、食品工程、生物工程等众多领域中得到广泛的应用。

补充读物

维生素 E 琥珀酸酯的非水相合成

维生素 E 水解产物是α-生育酚。生育酚是自然界中最重要的抗氧化物之一，是可量产的天然脂溶性抗氧剂，广泛应用于乳粉、肉制品、脱水蔬菜、饮料以及冷冻食品等生产领域。但天然维生素 E 的酚羟基易被氧化而使其失去活性。作为维生素 E 的衍生物——维生素 E 琥珀酸酯具有优良的化学稳定性。另外已有研究表明维生素 E 琥珀酸酯具有将肿瘤细胞阻断在 G_1 期、抑制肿瘤细胞 DNA 合成及诱导肿瘤细胞凋亡等活性。因此通过酯化反应将维生素 E 高效转化为维生素 E 琥珀酸酯具有重要的应用价值。

维生素 E 琥珀酸酯的化学法合成以维生素 E 和琥珀酸酐为原料，丙酮为溶剂，三乙胺为催化剂。反应产物在长时间低温静置使琥珀酸酐沉淀析出、除去，再经减压蒸馏回收三乙胺和丙酮，最后用正己烷溶解纯化等工艺获得维生素 E 琥珀酸酯。

利用非水酶学的基本原理，基于维生素 E 脂溶性的特征，以二甲基亚砜（DMSO）为溶剂，以维生素 E 与丁二酸酐为底物，皱褶假丝酵母脂肪酶（*Candida rugosa* lipase, CRL）可高效催化维生素 E 琥珀酸酯的合成。反应过程结构的变化如图 7.16 所示。

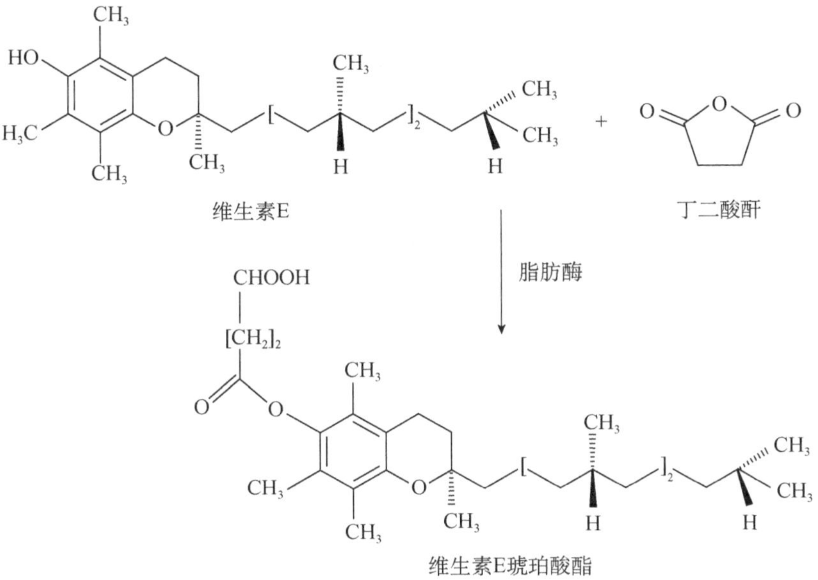

图 7.16　维生素 E 琥珀酸酯的非水相合成反应过程（Xia et al.，2021）

思考题

1. 名词解释：疏水参数 lg$P$；水活度；pH 记忆；分子记忆。
2. 简述水在非水介质酶促反应中的作用。
3. 简述非水体系中酶催化反应的优缺点。
4. 说明如何对酶在有机溶剂中的催化活性进行调节和控制。

5. 简述非水体系中酶的催化活性和稳定性与水体系中的差异。
6. 什么是超临界流体？超临界流体中酶催化有哪些特点？
7. 查阅资料分析非水介质体系中脂肪酶催化反应的两个应用实例。

主要参考文献

陈守文. 2015. 酶工程 [M]. 2 版. 北京：科学出版社.

韩双艳，郭勇. 2024. 酶工程 [M]. 5 版. 北京：科学出版社.

马延和. 2022. 高级酶工程[M]. 北京：科学出版社.

邹国林，刘德立，周海燕，等. 2021. 酶学与酶工程导论[M]. 北京：清华大学出版社.

Guo C, Biewenga L, Lubberink M, et al.2020.Tuning enzyme activity for nonaqueous solvents: engineering an enantioselective "Michaelase" for catalysis in High concentrations of ethanol [J]. Chembiochem, 21(10):1499-1504.

Illanes A.2019. Enzyme Biocatalysis: Principles and Applications [M]. Dordrecht: Springer.

Klaus C, Hammer S C. 2022.New catalytic reactions by enzyme engineering [J]. Trends in Chemistry, 4(5):363-366.

Kumar A, Dhar K, Kanwar S S, et al.2016.Lipase catalysis in organic solvents: advantages and applications [J]. Biological Procedures, 18(1):10-22.

Wang S, Meng X, Zhou H, et al. 2016.Enzyme stability and activity in non-aqueous reaction systems: A mini review [J]. Catalysts,6(2):32-48.

Xia J J, Zou B, Zhou R Y, et al. 2021.Lipase nanogel catalyzed synthesis of vitamin E succinate in non-aqueous phase [J]. Journal of the Science of Food and Agriculture, 101(8):3186-3192.

第 8 章　酶反应器与酶传感器

本章资源

- 酶反应器与酶传感器
  - 酶反应器
    - 概述
      - 定义
      - 特点
      - 分类
      - 发展趋势
    - 主要酶反应器的结构及特点
      - 搅拌釜式反应器
      - 固定床反应器
      - 流化床反应器
      - 鼓泡反应器
      - 膜式反应器
      - 喷射反应器
      - 微流控酶反应器
      - 多酶级联反应器
      - 化学-酶级联反应器
      - 光-酶级联反应器
      - 全细胞催化反应器
    - 酶反应器的选型
      - 酶的应用形式
      - 酶反应动力学性质
      - 底物或产物的理化性质
    - 酶反应器的设计
      - 类型，工艺参数及技术指标，物料平衡计算，热量平衡计算，设备材料，反应器结构，反应器数目
    - 酶反应器的操作
      - 温度，pH，底物浓度，酶浓度，反应液混合程度，物料流加速率，微生物污染
  - 酶传感器
    - 概述
      - 定义
      - 结构与工作原理
      - 特点与发展
    - 类型
      - 电化学酶传感器
      - 离子敏场效应晶体管酶传感器
      - 热敏电阻酶传感器
      - 光纤酶传感器
      - 声波酶传感器
      - 生物酶传感器

8.1 酶反应器

8.1.1 概述

资源 8.1

随着基因工程技术和蛋白质工程技术的日益发展、成熟和普及，酶蛋白的催化性能（催化活性、底物选择性、催化特异性、操作稳定性和重复利用批次等）获得极大提升，越来越多的酶蛋白实现工业化生产，生产和应用成本日益降低。利用各种新材料制备的固定化酶制剂，在催化性能和生产成本等方面，与传统的化学催化剂相比，已越来越具备市场竞争优势。可再生、可循环利用和可持续发展等绿色化学理念正逐步落实到各种有机化合物合成（或转化）工艺路线的设计之中。

以手性醇（手性胺）、β-内酰胺类抗生素、高果糖玉米糖浆和生物质能源等为代表的多种大宗化合物（产品）的生物催化合成工艺，已在现代化工业生产中得到大规模的推广应用。工业生物技术的迅猛发展，很大程度得益于酶反应器等核心工程技术提供的有力支撑。

8.1.1.1 酶反应器的基本定义

利用酶蛋白作为催化剂催化酶促反应生产各种化学品的反应装置称为酶反应器（enzyme reactor）。酶反应器的基本结构除了提供酶促反应所必需的壳体容器之外，还包括一些控制酶反应进行的附属装置，如搅拌装置、温控装置、pH 调节装置、通气装置和检测装置等。

8.1.1.2 酶反应器的特点

相较于化学反应器，酶反应器中进行的酶促反应，在低温、低压下进行，耗能和产热均较低；相较于发酵罐、动植物细胞反应器等生物反应器，它不具有自我催化作用（即细胞的连续再生性）。对酶反应器的评价参数跟其他反应器一样，都是基于反应器的产率（生产能力的大小）和专一性（产品质量的高低）来评价；此外，还包括对反应介质及底物的传质和混合性能等。

8.1.1.3 酶反应器的分类

酶反应器的种类很多，基于不同的分类标准，酶反应器可以分为不同类型。如根据酶应用形式的不同，可分为游离酶反应器和固定化酶反应器。根据操作方式的不同可分为分批式（或称间歇式）、连续式和流加式酶反应器。根据结构的不同可分为搅拌釜式反应器、固定床反应器、流化床反应器、鼓泡反应器、膜式反应器、喷射反应器和微流控酶反应器等。

8.1.1.4 酶反应器的发展趋势

随着商业化生产的工业酶蛋白种类和固定化酶制剂种类的日益丰富，酶反应器的开发迭代速度越来越快。在传统的单酶反应器基础上，开发出了系列多酶级联反应器，并表现出良好的应用前景。而氧化还原酶的广泛应用催生了辅因子（氧化还原酶辅酶）再生酶反应器，并已广泛应用于工业生物催化工艺中。针对不溶于水或微溶于水的底物，开发出了两相或多相酶反应器。近年来，以微流控酶反应器等为代表的新型酶反应器，更是展现出迅猛的发展势头。

8.1.2　主要酶反应器的结构及特点

下面简要介绍几种常见酶反应器的结构差异及其各自的特点。

8.1.2.1　搅拌釜式反应器

搅拌釜式反应器是一种带有搅拌装置的反应器，如图 8.1 所示。搅拌釜式反应器主要由反应釜、搅拌器和保温装置等组成，既可用于游离酶的催化反应，也可用于固定化酶的催化反应。搅拌釜式反应器可以采用间歇式操作，也可采用连续式操作，与之相应的称为间歇搅拌釜式反应器（batch stirred tank reactor, BSTR）和连续搅拌釜式反应器（continuous stirred tank reactor, CSTR）。间歇搅拌釜式反应器可用于游离酶和固定化酶，操作时，将游离酶或固定化酶与底物一次性加入反应器中，反应一定时间后将反应液一次性全部取出。连续搅拌釜式反应器主要适用于固定化酶的催化反应，操作时，将固定化酶先放入反应器中，底物溶液连续不断地流入反应器中，反应液连续不断地从反应器中排出，反应器中始终保持一定体积的反应液。

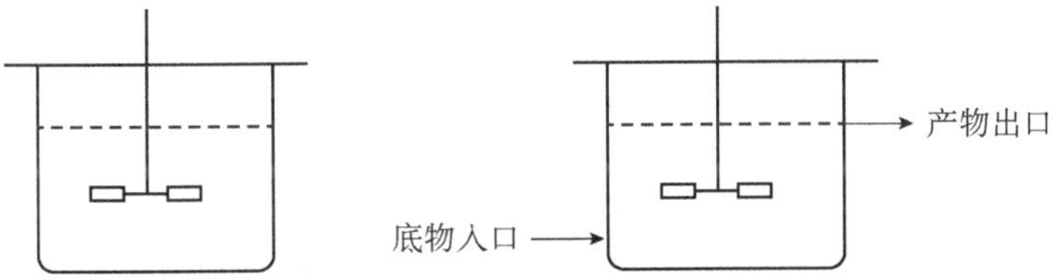

图 8.1　搅拌釜式反应器示意图

连续搅拌釜式反应器在操作时，为避免固定化酶被反应液冲走而导致固定化酶流失，一般需在反应器的出口处装上筛网或其他过滤介质，以截留固定化酶。也可以将固定化酶装在固定于搅拌轴的多孔容器中，或直接将酶固定在罐壁、挡板或搅拌轴上。有的则做成磁性固定化酶颗粒，借助磁力吸引将固定化酶滞留在反应器中。

当酶促反应存在高浓度底物抑制作用时，即高浓度底物对酶的催化活力产生抑制作用时，可采用流加间歇式操作方式来避免或尽量减少高浓度底物的抑制作用。流加间歇搅拌釜式反应器与间歇式反应器相同，操作时，先将一部分底物加到反应器中进行反应，随着反应的进行，底物浓度逐步降低，然后再连续或分次将底物缓慢加入到反应器中进行反应，待反应结束后，将反应液一次性全部取出。

搅拌釜式反应器的特点是结构简单，内容物混合充分均匀，容易控制温度和 pH，传质阻力较低，能处理胶态底物及不溶性底物，固定化酶容易更换等。但游离酶不能回收重复利用，一般通过加热等方法使酶失活以终止酶反应；而对于固定化酶，在搅拌反应过程以及采用离心或过滤方法回收固定化酶过程中，固定化酶易破损而造成酶的损失。

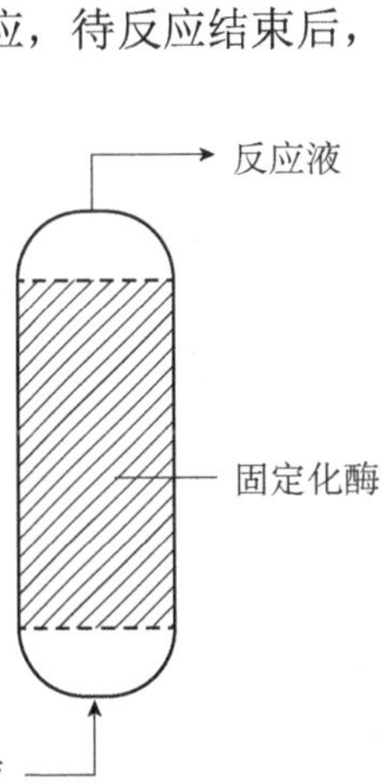

图 8.2　固定床反应器示意图

8.1.2.2　固定床反应器

将颗粒状或片状的固定化酶填充在柱形的固定床中所构成的固定化酶反应器称为固定床反应器，也称为填充床反应器（packed bed reactor, PBR），如图 8.2 所示。该反应器催化反应过程中，固定化酶在反应器中固定不动，底物溶液以一定的流速从反应器的一端通入，流经固定化酶床层时被酶催化生成相应产物，反应液从反应器的另一端流出。

固定床反应器是一种连续式反应器，反应器内的流体返混程度介于活塞流反应器（plug flow reactor, PFR）和 CSTR 之间。PFR 是一种完全没有返混的反应器，流体在其中以类似活塞运动的方式向前流动，即在其横切面上液体的流动速度完全相同，沿流动方向底物及产物的浓度逐渐变化，但同一横切面上浓度一致。直径较小或高径比较大的管式反应器接近于 PFR。CSTR 则是一种完全返混的全混流反应器。

固定床反应器的最大优点是单位体积中所含酶量较多，因而催化效率较高。另外，反应产生的产物从反应器中不断流出，产物浓度沿反应器长度方向是逐渐增高的，因此与 CSTR 相比，可减少产物的抑制作用。目前工业上固定化酶的应用多采用此类反应器。固定床反应器在实际使用过程中也存在以下局限性和缺点：①只适用于可溶性底物，胶态底物和不溶性底物则不能使用该反应器；②难以控制温度和 pH；③底物和产物会产生轴向浓度分布；④清洗和更换部分固定化酶较麻烦；⑤床内压力降较大，底层固定化酶颗粒所受压力较大易引起酶颗粒的变形或破碎。实践中可在反应器中加入托板分隔床层以减少底层固定化酶颗粒所受压力，同时也可以通过降低床内压力降来实现。

8.1.2.3 流化床反应器

流化床反应器是一种适用于较小粒径的固定化酶进行连续催化反应的反应器，如图 8.3 所示。流化床反应器的操作方式：先将颗粒状固定化酶置于反应器中，底物溶液以一定的流速从反应器的底部连续通入，颗粒状固定化酶在流体作用下，保持悬浮翻动状态并进行催化反应，反应液同时从反应器的顶（上）部连续排出。

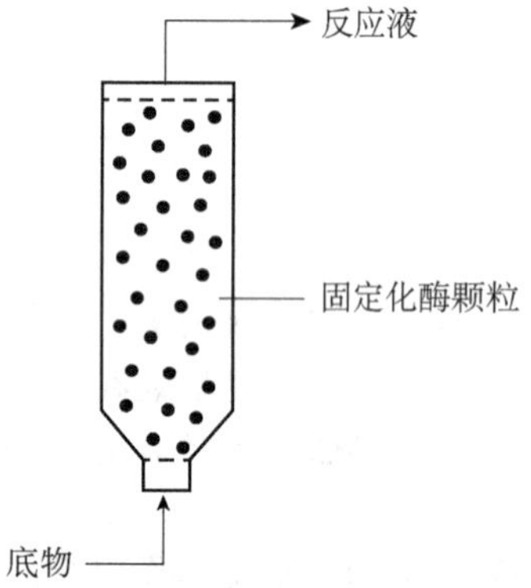

图 8.3 流化床反应器示意图

流化床反应器在操作时应控制好底物溶液和反应液的流动速度。流速过低，难以使固定化酶保持悬浮翻动状态；流速过高，则催化反应不完全，同时也会使固定化酶的结构受到损坏。

流化床反应器具有混合均匀、传质传热效果好、容易控制温度和 pH、压力降较小、不易堵塞、能处理黏度较高的反应液等优点。但固定化酶在使用过程中始终处于悬浮翻动状态易导致结构破坏。此外，反应液需保持一定的流速，动力成本高，且流体动力学参数复杂，难以实现规模化生产。

8.1.2.4 鼓泡反应器

当酶反应过程中有气体的参与或产生时，可采用鼓泡反应器，如图 8.4 所示。鼓泡反应器在操作时，先将酶置于反应器中，底物溶液和气体从反应器底部进入，气体产生大量气泡，气泡在上升过程中起到提供反应底物和混合作用，使酶和反应液在保持混合均匀的状态下进行反应。

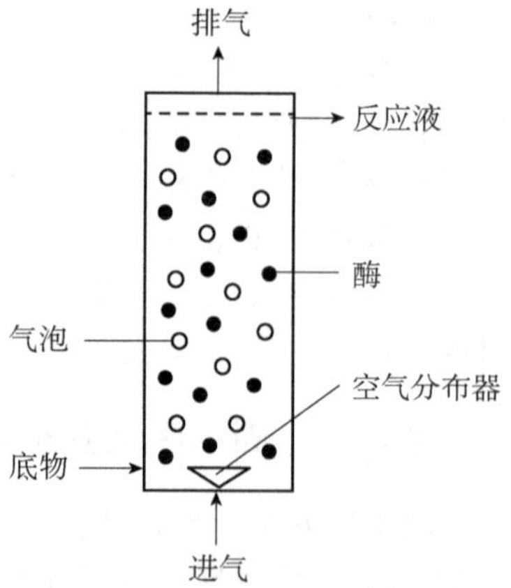

图 8.4 鼓泡反应器示意图

鼓泡反应器的最大特点在于借助气体的鼓泡作用既可达到反应体系的混合效果，也可提供酶催化反应所需的气体底物，另外还可以降低或消除挥发性产物对酶的抑制作用。此外，鼓泡反应器的结构简单，操作容易，剪切力小，传质传热效率高。

8.1.2.5　膜式反应器

膜式反应器是一种将酶的催化反应同膜的分离作用相结合的酶反应器。可以用于游离酶的催化反应，也可以用于固定化酶的催化反应。

用于固定化酶催化反应的膜式反应器可以是将平板状的固定化酶置于相应的容器中装备而成固定化酶膜，也可以是将酶直接固定在膜分离装置的各种多孔薄膜上制备而成。固定化酶膜可以制成平板型、螺旋型、管型、中空纤维型和转盘型等多种形式。平板型和转盘型膜式反应器的结构如图 8.5 所示。螺旋型、管型和中空纤维型膜式反应器的结构与膜分离装置中相应的膜组件结构相似，唯一的区别在于前者的多孔薄膜上偶联有各种不同的酶分子。

固定化酶膜式反应器具有压降小，酶的更换容易，可承受较大的压力，设备放大比较容易等优点。但反应器中单位体积内催化剂的有效面积小，制造成本相对较高。

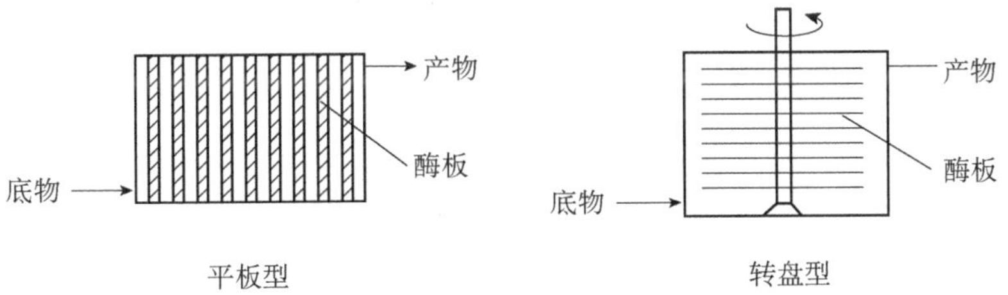

图 8.5　平板型和转盘型膜式反应器示意图

用于游离酶催化反应的膜式反应器的装置如图 8.6 所示。底物溶液连续进入搅拌反应容器中与游离酶进行催化反应，反应后，酶与反应液一起进入膜分离器进行分离。小分子的产物可透过超滤膜而排出，酶和大分子底物被截留。截留的酶可以再循环使用，截留的大分子底物则可以再进入反应容器中与酶反应转化为产物。

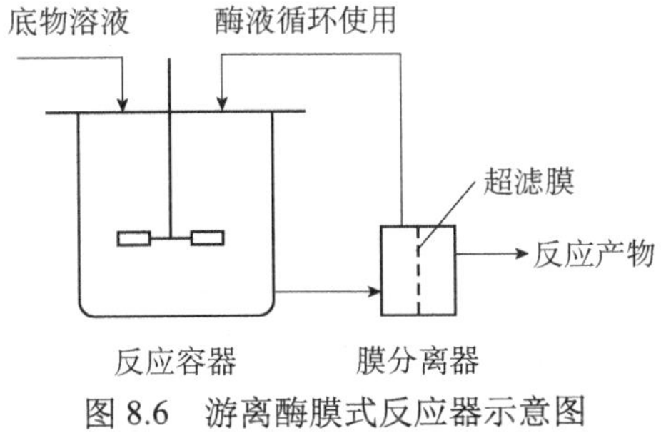

图 8.6　游离酶膜式反应器示意图

游离酶膜式反应器可以解决游离酶的回收使用问题，降低酶的使用成本，特别适用于价格较贵的酶。由于小分子产物不断被排出，因而可以减少或消除产物的抑制作用，也可以有效控制反应进行的程度，如控制水解产物的分子量等。大分子底物可以被截留后再次进入反应容器中进行反应，可提高底物的转化率。但使用时间过长，酶和其他杂质易吸附在膜上，造成酶的损失，同时影响膜的分离性能。

8.1.2.6 喷射反应器

喷射反应器是利用高压蒸汽的喷射作用实现酶与底物的混合，进行高温短时催化反应的一种反应器，如图 8.7 所示。

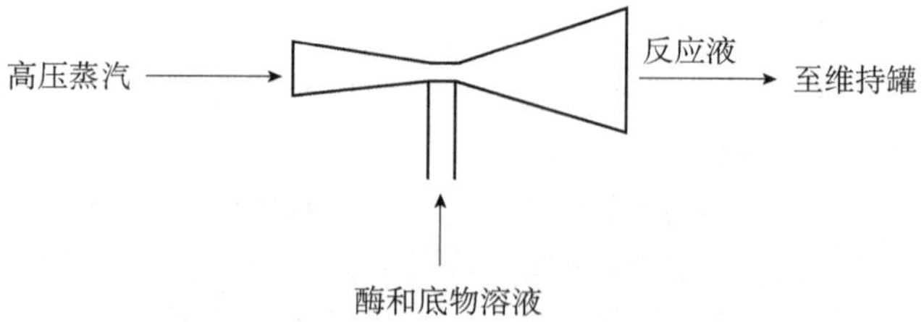

图 8.7 喷射反应器示意图

喷射反应器结构简单、体积小、物料混合效果好、温度高、催化反应速度快、催化效率高，可在短时间内完成催化反应。

喷射反应器适用于游离酶的连续催化反应，但只能用于那些耐高温酶的催化反应，酶一般不能回收利用。喷射反应器目前已在耐高温 α-淀粉酶的淀粉液化反应中得到广泛应用。

8.1.2.7 微流控酶反应器

微流控酶反应器是近年来发展起来的一种高度集成化、自动化和智能化的微型酶反应器。酶固定到毛细玻璃管内壁或其他微细管内壁上，底物流经毛细管通道时，完成催化过程。毛细管通道可以是单通道，也可以是多通道并列排列，从而提高催化效率。微流控酶反应器能有效降低反应对反应底物、酶量的需求，从而降低生产成本；同时毛细管等微细管具有较大的比表面积，既增加了固定化酶的载酶量，还能显著提高热量交换效率和传质效率，缩短反应所需时间。微流控酶反应器在新酶筛选、高附加值药物合成和筛选等方面，具有潜在的应用市场和价值。

8.1.2.8 多酶级联反应器

多酶级联反应器是指将两种或更多种酶通过一定的方式结合在一起，催化一系列化学反应来制备目标产物。前一个酶催化获得的产物，常为下一个酶催化的底物，因此，多酶级联反应器尤其适用于中间产物不稳定，或中间产物分离困难的合成工艺。此外，为解决某些氧化还原酶催化过程中辅因子再生的问题，也通常引入另外一个酶建立多酶级联反应。根据多酶级联反应器催化反应路线的不同，可以将其分为 4 个类型：线性级联反应器、平行级联反应器、正交级联反应器和循环级联反应器。可以通过定向固定化技术优化酶分子之间的空间距离、利用蛋白质工程技术改造优化其中某一个或几个酶的催化效率或最适反应条件等措施，提高多酶级联反应器的催化效率。

8.1.2.9 化学–酶级联反应器

化学-酶级联反应器是指基于化学催化反应与酶催化反应级联的一种反应器。化学催化的化学反应类型众多，但条件苛刻，选择性相对差；酶催化反应条件温和，对环境友好，具有严谨的选择性，但酶蛋白的稳定性差。建立化学-酶级联反应器，实现化学催化与酶催化的优势互补，对于设计新型反应工艺，合成高附加值产品具有重要的意义。化学-酶级联反应器的催化效率取决于如何有效解决化学催化剂与酶蛋白的不相容性问题。化学催化剂与酶蛋白自身的不相容性可通过对两种催化剂进行空间上的分隔（分区），阻断活性中心在空间上的接触来实现兼容；或通过建立两相或多相反应体系，或化学催化与酶催化进行时间隔离（如连续催化等）等措施实现其兼容。

8.1.2.10 光–酶级联反应器

基于自然界光合作用的基本原理，建立光催化剂-酶蛋白的级联反应体系，是一种人工仿生的光合作用。光催化剂吸收光能激发电子，产生氧化还原电位，将光能转化为化学能；在级联的氧化还原酶作用下，驱动辅酶再生及后续的还原反应。光催化剂主要有：有机染料、金属氧化物、氮化碳和共价有机框架等。不同光催化剂吸收可见光的波长不同，同时辅酶的再生效率也存在较大差异。影响光-酶级联反应器催化效率的关键影响因素有：电子传递和利用的效率、酶蛋白的活性与稳定性。对电子介质、辅酶和酶进行共固定化，优化其空间布局，可有效提高光-酶级联反应器的催化效率。

8.1.2.11 全细胞催化反应器

全细胞催化反应器是指将完整的细胞固定到反应平面、多孔固相载体或球体等表面作为催化剂进行化学转化，其本质是利用细胞内（膜壁）的酶进行催化。全细胞催化反应器中使用的全细胞催化剂主要有两种类型：一种是利用细胞表面展示技术，将催化剂酶蛋白锚定到细胞的表面，利用全细胞作为催化剂进行化学转化。同胞外游离酶相比较而言，减少了酶蛋白的分离纯化步骤，细胞可以多次回收利用，从而有效降低了生产成本；同时细胞作为催化剂与目的产物容易分离，进一步简化了生产过程。另一种是构建全细胞的胞内多酶级联反应体系，提高催化效率，或者反应体系中仅需添加少量或无须额外添加价格昂贵辅酶，从而有效降低生产成本。此外，利用全细胞生物催化剂，还可以有效降低高浓度底物或产物对酶蛋白的抑制作用。

8.1.3 酶反应器的选型

酶反应器多种多样，不同的反应器特点各不相同。在实际应用时，应当根据酶的应用形式和特点、底物和产物的特性以及操作条件和操作要求的不同来进行选型和设计。

资源 8.2

8.1.3.1 根据酶的应用形式选择酶反应器

酶的应用形式主要有游离酶和固定化酶两种形式。酶的应用形式不同，可以使用的酶反应器的类型也各不相同。

游离酶在进行酶催化反应时，与底物一起溶解在反应溶液中，通过相互作用进行催化反应。可以用于游离酶催化反应的酶反应器主要有搅拌釜式反应器、鼓泡反应器、膜式反应器以及喷射反应器等。

游离酶催化反应使用最多的是搅拌釜式反应器。对于那些产量有限、价格昂贵的酶，酶的回收利用显得特别重要，可采用游离酶膜式反应器。对于那些有气体参与的酶催化反应，则可以选择鼓泡反应器。对于一些耐高温酶，如耐高温 α-淀粉酶，则可选用喷射反应器。

可用于固定化酶的反应器主要有搅拌釜式反应器、固定床反应器、流化床反应器、鼓泡反应器、膜式反应器等。固定化酶反应器的选择，应根据固定化酶的形状、颗粒大小和稳定性的不同等进行选择。固定化酶的形状有颗粒状、平板状、直管状、螺旋状等。颗粒状固定化酶在选择酶反应器时则应考虑固定化酶颗粒的大小和其稳定性。搅拌釜式反应器由于搅拌桨叶剪切力较大，混合剧烈，故只能用于那些结合比较牢固、载体机械强度高的固定化酶。对于流化床反应器和鼓泡反应器，为使固定化酶颗粒保持悬浮混匀状态，固定化酶颗粒不宜太大，密度以接近液体密度为好。固定床反应器底部固定化酶所受压力较大，固定化酶应具有一定的机械强度，此外颗粒不能太小，以免流体阻力过大和堵塞反应器。平板状、直管状、螺旋状的固定化酶则主要采用膜式反应器等。

8.1.3.2 根据酶反应动力学性质选择酶反应器

酶反应动力学是酶反应器选择的重要依据。从酶反应动力学的角度选择酶反应器，主要考虑酶与底物的混合程度、底物浓度对酶催化反应速率的影响、反应产物对酶催化反应的抑制作用以及酶作用的温度条件等因素。

从酶与底物的混合程度考虑，搅拌釜式反应器、流化床反应器和鼓泡反应器具有较好的混合效果，固定床反应器和膜式反应器的混合效果较差。

底物浓度对酶反应速率具有显著影响。通常情况下，酶催化反应速率随底物浓度的增加而升高，所以在酶催化反应过程中底物浓度通常都保持在较高的水平。但是有些酶的底物浓度过高时，会对酶催化反应产生抑制作用。对于具有高浓度底物抑制作用的游离酶，可以选用分批搅拌釜式反应器，采取流加操作方式进行反应；也可以选用游离酶膜式反应器，控制底物浓度进行连续催化反应。对于具有高浓度底物抑制作用的固定化酶，可以选用连续搅拌釜式反应器、固定床反应器、流化床反应器和膜式反应器，控制一定的底物浓度进行连续催化反应。

有些酶催化反应，其反应产物对酶具有反馈抑制作用。对于具有产物抑制作用的游离酶，可以选用游离酶膜式反应器。对于具有产物抑制作用的固定化酶，可以选用固定床反应器。因为固定床反应器中产物的浓度是逐渐升高的，只在出口处产物浓度较高，而在进口处产物浓度较低，反馈抑制作用较弱。

大多数酶都在30～70℃条件下进行反应，温度一般不会成为影响酶反应速率的限制因素。但有些酶需在高温下进行反应，则最好选用喷射式反应器。

8.1.3.3 根据底物或产物的理化性质选择酶反应器

在酶催化反应过程中，底物和产物的理化性质会直接影响酶催化反应的速率。因此，底物或产物的理化性质，如分子量大小、溶解性、黏度、挥发性等，也是选择酶反应器的重要依据。

根据溶解性，可将底物分为三种类型，即可溶性底物（包括乳浊液）、不溶性底物（颗粒状底物）和胶体底物。不溶性底物和黏度较高的胶体底物，应当选择搅拌釜式反应器和流化床反应器，而不宜采用固定床反应器和膜式反应器，以免造成堵塞。

当产物分子量较小时，可选用膜式反应器，因为小分子产物可通过多孔膜，而酶或大分子底物可被截留，从而可实现产物的在线分离。

当底物为气体时，则可选用鼓泡反应器。

综上所述，在选择酶反应器时没有单一的选择依据或标准，且酶反应器在实际应用过程中各种性能指标是相互牵制的，因此，没有一个绝对理想化的酶反应器类型，只能综合考虑各方面的因素，结合实际生产要求来进行权衡和决定。

8.1.4　酶反应器的设计

酶反应器作为一种酶催化反应设备，同其他生物工程设备一样，设计的目的是使酶发挥最大的催化效率，以最低生产成本，生产出质量最高、数量最多的产品。

酶反应器设计的基本步骤一般包括：酶反应器类型的确定，生产工艺参数及技术指标的确定，物料平衡计算，热量平衡计算，设备材料的选择，反应器结构设计，反应器数目计算等。

8.1.4.1　酶反应器类型的确定

酶反应器种类较多，不同类型的酶反应器，特点也各不一样。因此，在进行酶反应器设计之前，必须先确定酶反应器的类型。依据前述，需要根据酶、底物和产物的性质，同时综合考虑其他因素来权衡和确定酶反应器类型。

8.1.4.2　生产工艺参数及技术指标的确定

工艺参数及相关技术指标是设备设计计算的依据和基础。当酶的应用形式和酶反应器类型确定之后，工艺参数可根据酶反应动力学特性进行确定，如底物浓度、酶浓度、最适温度、最适 pH、反应时间和激活剂浓度等参数。技术指标可参考同行业相同反应设备生产实践过程中的相关数据，也可以结合小试研究、中试生产的数据结果，自行确定技术指标，包括生产技术指标，如酶反应器的生产强度、底物停留时间、产物浓度、产品转化率、产物收得率等，以及最终产品的质量指标，如含水量和有效成分含量等。

8.1.4.3　物料平衡计算

物料平衡计算的目的就是要确定整个产品生产过程中原料、中间产物、最终产物及副产物的质量和体积。

物料平衡计算方法通常是以单位量（1t 或 1kg）的最终产品为基准进行计算，再根据年生产量、年实际生产天数推算出每天生产的物料量。对于分批反应器，根据生产周期和台数可推算出每批生产的物料量。对于连续式反应器，则应推算出每小时生产的物料量。

1. 酶反应底物（原料）用量计算　　酶反应所需底物的量可根据产物产量、产物转化率和产物收得率进行计算，即

$$S = \frac{P}{Y_{P/S} \cdot R}$$

式中，S 为所需底物用量（kg）；P 为反应产物的产量（kg）；$Y_{P/S}$ 为产物转化率，底物转化为产物的比率（%）；R 为产物收得率，分离得到的产物量与反应生成的产物量的比率（%）。

2. 酶反应液体积的计算　　根据所需底物用量和底物浓度，就可计算出反应液的体积，即

$$V_t = \frac{S}{[S]}$$

式中，V_t 为反应液的总体积（L）；S 为底物用量（kg）；$[S]$ 为反应前的底物浓度（kg/L）。

3. 酶用量的计算　　根据催化反应所需的酶浓度和反应液体积，就可以计算出所需的酶量，即

$$E = [E] \cdot V_t$$

式中，E 为所需的酶量（U）；$[E]$为酶浓度（U/L）；V_t为反应液的总体积（L）。

8.1.4.4 热量平衡计算

酶催化反应一般在 30～70℃的条件下进行，温度的调节控制比较容易，通常采用一定温度的热水通过夹套或列管加热或冷却的方式进行温度调节。根据酶催化反应的温度和反应液的量（kg）就可计算出反应所需的热量（kJ）。对于一些耐高温的酶，如耐高温 α-淀粉酶，可以采用喷射反应器，热量衡算可根据所使用蒸汽的热焓和用量进行计算。

8.1.4.5 设备材料的选择

由于酶反应条件比较温和，通常都是在常温、常压、pH 近乎中性的环境中进行反应，所以酶反应器的设计对材料没有什么特别要求，一般采用不锈钢材料制造酶反应器即可。

8.1.4.6 反应器结构设计

酶反应器结构设计主要是根据酶反应液的体积和质量来设计计算酶反应器的总体积、几何尺寸、壁厚及搅拌器等附属装置的相应尺寸。

从设备投资和操作的角度考虑，选择数量少、体积大的设备方案是有利的。但是，反应器体积不是越大越好，也不可能无限增大。此时应考虑反应器的结构特点，在保持反应器最佳生产性能的前提条件下，确定适宜的反应器体积。

8.1.4.7 反应器数目计算

无论是自行设计的酶反应器，还是选择的特定型号的酶反应器，当反应器的总体积确定之后，即可确定反应器的有效体积。反应器的有效体积是指单个酶反应器实际操作中可以容纳的反应液的最大体积，对于搅拌釜式反应器，一般取其总体积的 70%～80%。

对于分批操作酶反应器，可以根据每天的反应液的总体积、单个反应器的有效体积及底物在反应器内的停留时间，计算所需反应器的数目，即

$$N = \frac{V_d}{V_0} \times \frac{t}{24}$$

式中，N 为反应器的数目（个）；V_d 为每天获得的反应液总体积（L/d）；V_0 为单个反应器的有效体积（L）；t 为底物在反应器中的停留时间（h）。

对于连续式酶反应器，可以根据每天获得的反应液的总体积、单个反应器的反应液体积流率，计算所需反应器的数目，即

$$N = \frac{V_d}{F \times 24}$$

式中，N为反应器的数目（个）；V_d为每天获得的反应液总体积（L/d）；F 为反应液体积流率，单个反应器每小时获得的反应液体积（L/h）。

连续式酶反应器还可以根据其生产强度计算反应器的数目。反应器的生产强度是指反应器每小时每升反应液所能生产的产物克数，即

$$Q_P = \frac{F \times [P]}{V_0}$$

式中，Q_P 为反应器的生产强度［g/（L • h)］；V_0 为单个反应器的有效体积（L）；F 为反应液体积流率，单个反应器每小时获得的反应液体积（L/h）；[P]为产物浓度（g/L）。

连续式酶反应器的数目与反应器生产强度的关系可用下式表示：

$$N = \frac{V_d \times [P]}{24 \times Q_P \times V_0}$$

式中，N 为反应器的数目（个）；Q_P 为反应器的生产强度［g/（L • h)］；V_d 为每天获得的反应液总体积（L/d）；V_0 为单个反应器的有效体积（L）；[P]为产物浓度（g/L）。

8.1.5　酶反应器的操作

在酶催化反应过程中，为了使酶催化反应速率达到最大值，除了选用高活力的酶、采用适宜的酶应用形式、选择和设计性能良好的酶反应器之外，还必须对酶反应过程中影响酶反应速率的一些操作条件进行合理的调节控制，才能充分发挥酶的催化功能和酶反应器的生产性能，进而提高酶和酶反应器的催化效率。影响酶反应速率的操作条件或因素一般有：反应温度、pH、底物浓度、酶浓度、混合程度、物料的流速以及微生物的污染等。

8.1.5.1　反应温度的调节控制

温度对酶反应速率具有显著的影响，每种酶通常都有其最适的反应温度。因此，在酶反应器的操作过程中，必须将反应温度控制在最适的温度范围之内。酶反应器中一般通过热交换作用控制反应温度。对于喷射反应器，可通过控制蒸汽的压力来进行温度的调节控制。搅拌釜式反应器、流化床反应器以及鼓泡反应器的传质传热效果较好，可直接在反应器中进行温度的调节控制。固定床反应器和膜式反应器一般先在调料罐中将温度调节至适宜的温度，再将料液通入到反应器中，利用夹套保温维持温度。

8.1.5.2　pH 的调节控制

反应液的 pH 对酶反应速率具有明显的影响，酶反应一般都有最适 pH，pH 过高或过低都会使反应速率下降，甚至使酶变性失活。对于间歇式反应器，通常先利用稀酸或稀碱直接在反应器中将底物溶液调节到酶的最适 pH，再将酶液加入进行反应。对于连续式反应器，必须先在调料罐中将底物溶液的 pH 调节好，再连续加入到反应器中进行反应。有些酶反应，反应过程中反应液 pH 变化不大，反应过程中不需进行 pH 调节。也有一些酶，其作用底物或产物是酸性物质或碱性物质，反应前后 pH 变化较大，必须在反应过程中进行必要的调节。pH 调节一般采用稀酸或稀碱，特殊情况下可采用缓冲液。

8.1.5.3　底物浓度的调节控制

从酶反应动力学特性可以看出，底物浓度对酶反应速率具有直接的影响。底物浓度过低，反应速率慢，产物浓度低，设备利用率低下。底物浓度太高，反应速率增幅有限，反应液黏度增加，给操作带来麻烦。因此，应控制适宜的底物浓度。

对于间歇式反应器，如搅拌釜式反应器，直接在反应器中将底物溶液的浓度、pH 和温度调节好后，再加进适量的酶液进行反应。当存在高浓度底物抑制作用时，可采用逐步流加底物的方式。

对于连续式反应器，必须先在调料罐中将底物溶液的浓度、pH 等调节好，再连续加入反应器中进行反应。

8.1.5.4 酶浓度的调节控制

在底物浓度足够高的条件下，酶催化反应速率与酶浓度成正比。提高酶浓度，可以提高酶催化反应的速率。但是，酶浓度提高，必然会增加酶的用量和使用成本。必须综合考虑酶反应速率和成本，确定一个适宜的酶浓度。

游离酶大多是一次性使用，所以一般在反应之前一次性加入足够量的酶，反应过程中不再进行酶浓度调节。使用游离酶膜反应器时，酶可以回收利用一段时间。但由于酶在膜上的吸附以及剪切力作用使得酶活力会逐渐损失，因此在酶反应过程中要适当补充酶液，以保持足够的酶浓度。

固定化酶可以反复或连续使用较长时间，使用过程中酶一般不会或很少流失，所以固定化酶通常在反应前加入足量的酶，一段时间之内无须进行酶浓度的调节。但经过长时间使用之后，酶会逐渐失活，所以需要进行补充或更换，以保持一定的酶浓度。

8.1.5.5 反应液混合程度的调节控制

酶必须同底物结合才能进行催化反应，所以酶反应过程中必须保证酶与底物的混合均匀。不同类型的酶反应器，混合方式不一样，混合程度的调节方式也有所不同。

搅拌釜式反应器是靠搅拌器的搅拌作用来实现混合，通过控制搅拌器的转速即可对反应液的混合程度进行调节控制。但要控制适宜的搅拌转速，转速过慢，混合效果不好；转速过快，对酶的稳定性产生影响。

流化床反应器是靠流体的流动作用来实现混合，通过控制流体的流速和流动状态即可实现对反应液混合程度的调节控制。流速过慢，固定化酶颗粒难以保持悬浮状态，混合效果不好。流速过快，会对固定化酶的稳定性产生影响。流化床反应器中流体的流速和流动状态可以通过调节进液口的流体流速和流量以及进液管的方向和排布等方法予以调节。

鼓泡反应器是靠气体的鼓泡作用实现混合，因此通过控制气体的流量及分布即可实现对反应液混合程度的调节控制。

8.1.5.6 物料流加速率的调节控制

在连续式酶反应器中，底物溶液连续地进入反应器，同时反应液连续地排出，物料的流速直接影响底物与酶的接触，从而影响酶催化反应的效率。

流速慢，底物与酶的接触时间长，反应完全，但生产效率低下，且会对流化床反应器和膜式反应器的混合效果产生影响。流速过快，底物停留时间太短，反应不完全，转化率低，且会对固定化酶颗粒的稳定性产生影响。喷射反应器反应温度高，反应速率快，时间短，可通过蒸汽压力和喷射速度进行调节，以达到最佳的混合和催化效果。因此，在酶反应过程中，应根据反应器的特点和生产要求，控制适宜的物料流速。

8.1.5.7 微生物污染的调节控制

酶反应器与微生物发酵和动植物细胞培养所使用的反应器有所不同，不必在严格无菌的条件下进行操作。但这并不意味着酶反应器的操作过程不必防止微生物的污染。

有些酶催化反应的底物或产物本身对微生物的生长繁殖具有抑制作用，如乙醇氧化酶和青霉素酰化酶等；有些酶催化反应的温度较高，如 α-淀粉酶和 *Taq* DNA 聚合酶等；有些酶催化反应的 pH 较高或较低，如胃蛋白酶、碱性蛋白酶和酸性蛋白酶等；有些酶催化反应在有机介质中进行。这些酶催化反应过程受微生物污染的可能性较小。

有些酶催化反应的底物或产物是微生物生长繁殖的营养物质，如淀粉、蛋白质、氨基酸和葡萄糖等，如果酶催化反应条件又比较适合微生物生长繁殖，必须十分注意微生物的污染。

微生物的污染不仅会影响酶的活性和产品质量，还会消耗一部分底物或产物，产生无用甚至有害的副产物，增加分离纯化的困难。特别是在生产药用或食用产品时，酶反应器必须在较高的卫生条件下进行操作，应尽量避免微生物的污染。

8.2 酶传感器

传感器 (sensor) 是一种信息获取与处理的装置，能感受到被测量的信息，并将检测感受到的信息，按一定规律转换成电信号或其他所需形式的信息输出。传感器通常由敏感元件和转换元件组成。其中，敏感元件是指能直接感测或响应被测量的部件，转换元件是指将敏感元件感测或响应的被测量转换成可用的输出信号（通常是电信号）的部件。传感器种类繁多，应用广泛。按检测对象（被测量）划分，基本上可分为物理传感器和化学传感器两大类。物理传感器是检测热、光、磁、力等物理量的传感器，化学传感器则是能检测化学量的传感器。

资源 8.3

酶传感器是以酶为分子识别元件的敏感材料，同信号转换器结合所构成的一类特殊的化学传感器。Clark 等在 1962 年最先提出酶电极的设想；1967 年，Updike 和 Hicks 根据该设想制造出世界上第一个酶电极——葡萄糖氧化酶电极。经过几十年的发展，酶传感器已形成独立的门类，而且仍在不断飞速发展中。

8.2.1　概述

8.2.1.1　酶传感器的基本定义

以酶作为分子识别元件上的敏感材料，同各种不同的转换器结合所构成的一类生物传感器，称为酶传感器。根据信号转换器的不同，酶传感器主要有：酶电极传感器、离子敏场效应晶体管酶传感器、热敏电阻酶传感器、光纤酶传感器和声波酶传感器等。

酶电极（enzyme electrode）传感器是由固定化酶与离子选择电极、气敏电极、氧化还原电极等电化学电极组合而成的特殊化学传感器。它既具有酶的分子识别和选择催化功能，又具有电化学电极响应快、操作简便的特点，能快速测定试液中某一特定化合物的浓度，且所需样品量很少。目前，酶电极可用于糖类、醇类、有机酸、氨基酸、核苷酸、激素等成分的测定。

8.2.1.2　酶传感器的结构与工作原理

同其他传感器一样，酶传感器的结构也是由两个主要部分组成，其一是生物分子识别元件（感受器），为具有生物分子识别能力的酶蛋白；其二是信号转换器（换能器），主要有电化学电极（如电流、电位的测量）、光学检测元件、热敏电阻、离子敏场效应晶体管、压电石英晶体及表面等离子共振器件等。当被测物与酶蛋白特异结合后，所产生的复合物（或热、光等）

通过信号转换器转变为可以输出的电信号、光信号等，从而达到分析检测目的。

酶传感器的工作原理：将被测物与酶蛋白特异结合后所产生的各种信息转换成不同的信号输出，从而对被测物进行分析检测的过程。根据被测物与酶蛋白结合后所产生信息的不同，酶传感器的工作原理一般有以下几种类型。

1. 将化学变化转换为电信号　酶催化底物反应，从而使底物的量（浓度）发生变化，利用能将这种浓度变化转换为电信号的装置与固定化酶组合，就可构成酶传感器。常用的这类信号转换装置有氢离子电极、Clark 氧电极、过氧化氢电极、氨气敏电极、二氧化碳气敏电极、其他离子选择性电极、离子敏场效应晶体管等。

2. 将热变化转换为电信号　固定化的酶与相应的被测物作用时常伴有热量的变化，将这种热量变化借助热敏电阻转换为阻值的变化，然后经放大器的电桥输入到记录仪中。

3. 将光效应转换为电信号　有些酶如过氧化氢酶，能催化过氧化氢-鲁米诺体系发光。把过氧化氢酶膜固定在光纤或光敏二极管的前端，再和光电流测定装置相连，即可测定过氧化氢的含量。许多酶促反应伴随过氧化氢的产生，如葡萄糖氧化酶（GOD）在催化葡萄糖氧化时产生过氧化氢，如果把 GOD 和过氧化氢酶一起做成复合酶膜，则可用上述方法测定葡萄糖含量。

4. 直接产生电信号　这种方式可使酶促反应伴随的电子转移直接通过电子传递作用在电极表面上发生。

8.2.1.3　酶传感器的特点与发展

1. 酶传感器的优点　作为一种特殊的化学传感器，酶传感器涉及生物、化学、物理、电子技术等多门学科的相互交叉和渗透，是一项复杂的检测技术。与传统的分析检测方法相比，酶传感器具有明显的优越性。

1）测定过程简单。酶传感器是由具有严谨选择性的酶蛋白构成的分子识别元件，一般不需要对样品进行预处理；利用其严谨的选择性把样品中被测组分的分离和检测合为一体同时完成，且测定时一般不需要加入其他试剂。

2）体积小，携带方便，可以实现连续检测、在线检测、在位检测、在体检测。

3）响应快，样品用量少，且由于酶蛋白是固定化的，因此可以反复多次使用。

4）传感器连同测定仪的成本远低于大型分析仪器，便于推广使用。

2. 酶传感器存在的问题　虽然酶传感器有不少优点，但至今商品化的酶传感器种类还很有限，这是由于酶传感器目前还存在一些问题有待解决。

1）工作条件苛刻。酶蛋白需在最佳的 pH 范围内才有最大的活性，转换器的特性必须与之匹配；除了少数酶能在短时间内承受高温外，绝大多数酶蛋白的工作温度局限于 15～40℃ 的狭窄范围内；许多酶蛋白只能在短时间内保持活性。为了延长酶传感器的寿命，往往需在特殊条件（如 4℃）下储存。

2）酶传感器的长期稳定性、可靠性、一致性和批量生产工艺等问题仍有待解决。

3. 酶传感器的发展历程　酶传感器自 20 世纪 60 年代诞生至今已有 40 多年的历史，其发展历程大体经历了三个阶段。60 年代是酶传感器的摇篮期，第一代的酶传感器是由固定了酶蛋白的非活性基质膜（透析膜或反应膜）和电化学电极所组成。这一时期以酶电极的研制为其主要特征。第二代酶传感器是将酶蛋白直接吸附或共价结合到转换器的表面，而无需非活性的基质膜，测定时不必向样品中加入其他试剂。这一时期主要在 70 年代，是酶传感器的成长壮大阶段，出现了包括酶热敏电阻在内的各种衍生类型。80 年代以来是酶电子传感器时期，开发出了包括酶场效应晶体管传感器在内的系列酶传感器。第三代酶传感器是把酶蛋白直接固定在电子元件上，酶蛋白可以直接感知和放大界面物质的变化，从而把生物识别和信号的转换处理结合在一起。此外，随着非水相酶学的发展，非水相酶传感器也得到了快速发展。近年来，随着微电子与集成电路的快速发展，可穿戴智能电子设备越来越多地进入日常生活中。将酶传感器集成到可穿戴智能电子设备上，将来有望实现对自然环境、个人健康、重大疾病等相关问题的即时检测和远程诊断。

目前，酶传感器的功能已经发展到活体测定、多指标测定和联机在线测定，检测对象包括百余种常见的生化物质，在临床、发酵、食品和环保等方面显示出广阔的应用前景。酶传感器的应用使得过去认为极难进行的科学实验变得相对容易，它的研制开发也是酶工程的重要领域之一。

8.2.2　酶传感器类型

酶传感器的分类方式有多种。根据酶的固定方式可分为固定酶传感器和游离酶传感器；根据信号转换器的差异可分为电化学酶传感器、光纤酶传感器等。此外，还可以根据酶的类型、反应机制等进行分类。

8.2.2.1　电化学酶传感器

依据输出信号的不同，酶电极主要分为电位型和电流型（也称安培型）两种。

1. 电位型酶电极　　电位型酶电极是指将酶促反应所引起的物质量的变化转化为电位信号输出从而测定物质浓度的一种酶电极传感器。电位输出信号的强弱与酶催化反应底物（被测物）浓度的对数呈线性关系。所使用的信号转换器（也称基础电极）有离子选择性电极、氧化还原电极等。

离子选择性电极是对某一特定的离子（阴离子或阳离子）具有选择性响应的电极。离子选择性电极通常由电极管、内参比电极、内参比溶液和离子敏感膜四部分组成，常见结构如图 8.8 所示。离子选择性电极对离子的选择性响应基于离子敏感膜的选择性离子交换作用。离子敏感膜的材料不同，选择性交换的离子也不一样。离子选择性电极的电位响应主要来自界面上离子交换所导致的界面电荷分布和膜电位的改变。离子选择性电极在测量时，将离子选择性电极与参比电极（外参比电极）组成一个原电池，在零电流条件下测量原电池的电动势（电位），该电动势与溶液中相应离子的活度（浓度）具有定量关系。因此测定原电池的电动势，即电极电位，即可测定出溶液中相应离子的浓度。在生化检测中，常用的离子选择性电极主要有 pH 电极、氨气敏电极、二氧化碳气敏电极以及碘电极、CN^- 电极等。

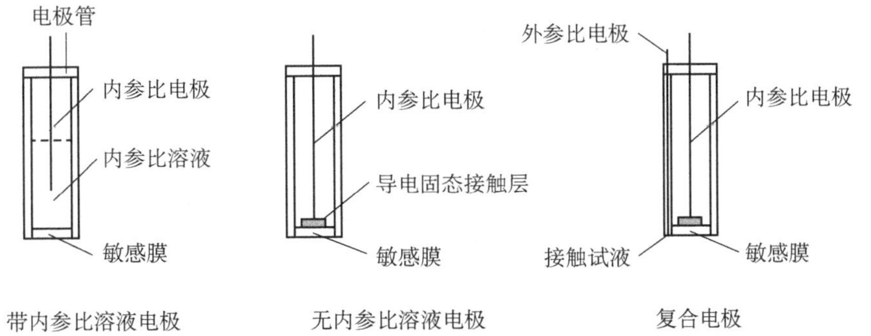

图 8.8　离子选择性电极常见结构示意图

氧化还原电极是一个惰性金属电极，它的电极电位取决于它所在溶液中氧化还原电对的种类及氧化态物质和还原态物质的活度（浓度）比。如铂电极，是将铂丝或铂片密封于玻璃管的末端（图 8.9）。测定时，将氧化还原电极与参比电极（外参比电极）一同浸入含氧化还原电对的溶液中组成一个原电池，在零电流条件下测量原电池的电动势（电位）。

2. *电流型酶电极*　电流型酶电极是指通过检测酶促反应底物或产物在电极上发生氧化或还原电解反应所产生的电流信号，从而检测物质浓度的一种分析检测装置。在一定条件下，测得的电流信号与被测物浓度呈线性关系。电流型酶电极与电位型酶电极的结构相似，也是由固定化酶膜和基础电极组合而成的，其区别仅在于所用的基础电极的类型不同。电流型酶电极一般可采用氧电极、过氧化氢电极等，也可采用近年来开发的介体修饰的石墨、铂、钯和金等基础电极。它与电位型电极相比有以下优点：电极输出直接和被测物的浓度呈线性关系，而电位型的电极输出与被测物浓度的对数呈线性关系，测量值误差相对较小，灵敏度较高。

氧电极是一种测定溶液中氧浓度的电流型电极。许多酶，如各种氧化酶和加氧酶，在催化底物进行反应时需要溶液中的氧，反应中所消耗的氧量可用氧电极来测定。反应中所消耗的氧量与酶作用底物的浓度呈正相关，测定反应中所消耗的氧量即可测定出溶液中底物的量。因此将氧电极同各种氧化酶或加氧酶结合构成酶电极，即可用来测定相应酶的底物量。

目前应用最多的是电解式的 Clark 氧电极，其结构如图 8.10 所示。它是由铂阴极、Ag-AgCl 阳极、KCl 电解液和透气膜所构成，是一个复合电极。电极前端的透气膜（聚酯膜、聚乙烯膜、聚丙烯膜、聚四氟乙烯膜、硅橡胶膜等）只允许气体透过，它可防止因溶液中的离子或分子到达阴极表面还原而干扰测定。因此当氧电极插入溶液后，溶液中的氧将扩散通过透气膜到达铂阴极表面而被还原，还原电流值与溶解氧的量有关。Clark 氧电极具有以下优点：它是一个完整的探头，可直接使用，不必另加参比电极。覆盖的透气膜提高了电极的选择性，只有能被还原的气体（O_2、Cl_2、SO_2 等）才能在电极上响应，灵敏度几乎不受搅拌的影响。

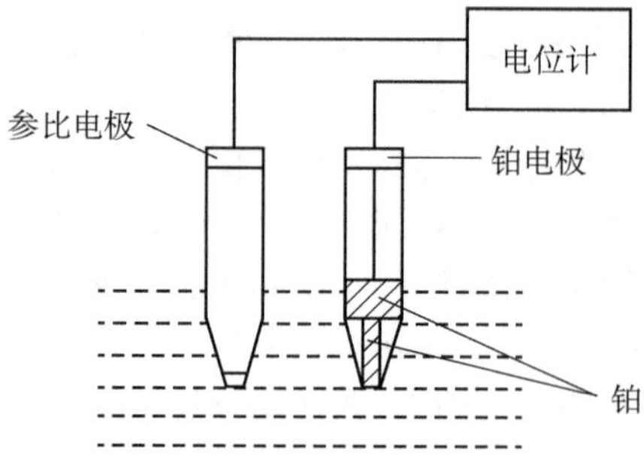

图 8.9　铂电极及其工作原理示意图

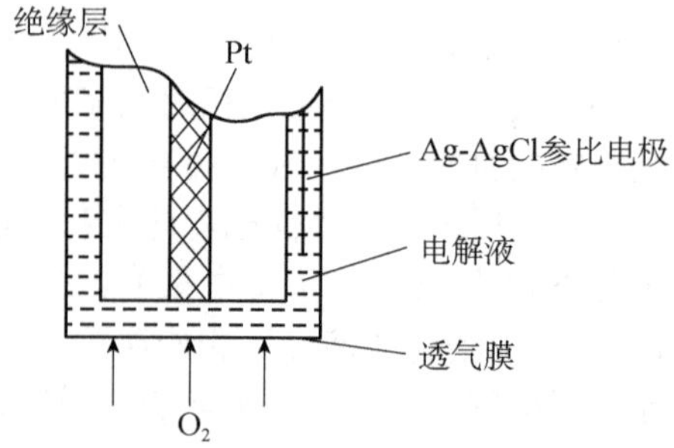

图 8.10　Clark 氧电极结构示意图

3. *举例*　葡萄糖酶电极是研究最早、发展最为成熟的酶电极。它是由葡萄糖氧化酶膜和电化学电极组成的。葡萄糖溶液与酶膜接触时，发生如下反应：

$$C_6H_{12}O_6 + H_2O + O_2 \xrightarrow{\text{葡萄糖氧化酶}} C_6H_{12}O_7 + H_2O_2$$

根据反应中消耗的 O_2、生成的葡萄糖酸和 H_2O_2 的量，可以用氧电极、pH 电极和 H_2O_2 电极来测定葡萄糖的含量。pH 电极主要用于通过测定酶促反应中生成的葡萄糖酸量来计算样品中葡萄糖的含量，灵敏度较低，最低检测限为 10^{-3}mol/L；Clark 氧电极可用于测定反应中 O_2 的消耗量，由此来计算样品中葡萄糖的含量，最低检测限为 10^{-4}mol/L；用 H_2O_2 电极测定反应中 H_2O_2 的生成量来计算样品中葡萄糖的含量。该法灵敏度最高，其最低检测限为 10^{-8}mol/L。

但它的工作电位较高，同时存在的其他还原性物质，如维生素 C、尿酸等在此电位下也能在电极上氧化，对测定有干扰。

常见的酶电极见表 8.1。

表 8.1 酶电极一览表

酶	被测物	基础电极	检测范围/（mg/L）
葡萄糖氧化酶	葡萄糖	氧电极	$1\sim5\times10^2$
葡萄糖淀粉酶	麦芽糖	铂电极	$10^{-2}\sim10^3$
半乳糖氧化酶	半乳糖	铂电极	$10\sim10^3$
葡萄糖氧化酶＋变旋酶＋转化酶	蔗糖	氧电极	$10^{-1}\sim10^2$
乙醇氧化酶	乙醇	氧电极	$5\sim10^3$
酪氨酸酶	苯酚	铂电极	$10^{-2}\sim10$
漆酶	酚（多酚）	金电极	$4.8\times10^{-11}\sim48.9$
儿茶酚氧化酶	儿茶酚	氧电极	$2\sim5\times10^3$
丙酮酸氧化酶	丙酮酸	氧电极	$10\sim10^3$
草酸脱羧酶	草酸	CO_2 电极	$<1.2\times10$
乳酸脱氢酶	乳酸	氧电极	$10^{-2}\sim10$
尿酸酶	尿酸	氧电极或 CO_2 电极	$10\sim10^3$
肌酸酶+脲酶	肌酸	氨气敏电极	$1.3\sim3.9\times10^3$
L-氨基酸氧化酶	L-氨基酸	氨气敏电极	$5\sim10^2$
D-氨基酸氧化酶	D-氨基酸	氨气敏电极	$5\sim10^3$
L-谷酰胺酶	L-谷酰胺	氨气敏电极	$10\sim10^4$
天冬酰胺酶	天冬酰胺	氨气敏电极	$5\sim10^3$
L-酪氨酸脱羧酶	L-酪氨酸	CO_2 电极	$10\sim10^4$
赖氨酸脱羧酶＋氨基酸氧化酶	L-赖氨酸	氧电极	$10^3\sim10^4$
精氨酸脱羧酶＋氨基酸氧化酶	L-精氨酸	氧电极	$10^3\sim10^4$
苯丙氨酸氨解酶	苯丙氨酸	氨气敏电极	$5\sim10^2$
L-甲硫氨酸氨解酶	L-甲硫氨酸	氨气敏电极	$1\sim10^3$
L-2-羟戊酸脱氢酶	L-2-羟戊酸	氧电极	5×10^{-3}
脲酶	尿素	氨气敏电极	$10\sim10^3$
胆固醇氧化酶	胆固醇	铂电极	$10\sim10^3$
胆固醇氧化酶+辣根过氧化物酶	胆固醇	石墨电极	$27.1\sim104.4$
葡萄糖氧化酶/乳酸/黄嘌呤氧化酶	汗液	MXene 电极	9×10^{-2} 葡萄糖，3×10^{-1} 乳酸和 2.6×10^{-1} 黄嘌呤
胆碱氧化酶	磷脂酰胆碱	氧电极	$10^2\sim10^3$
乙酰胆碱酯酶	乙酰胆碱	氨电极	$10\sim10^3$
	2,4-二氯苯氧乙酸、西维因	银电极	$10^{-4}\sim10^{-3}$
脂肪酶	二嗪农	金电极	$1\sim14.8$
单胺氧化酶	单胺类	氧电极	$10\sim10^2$
砷（Ⅲ）氧化酶	$Sb^{Ⅲ}$	玻碳电极	$9\times10^{-3}\sim9\times10^{-1}$
细胞色素 c 亚硝酸盐还原酶	氰化物	石墨烯碳电极	$5.6\times10^{-5}\sim2.9\times10^{-4}$
青霉素 β-内酰胺酶	青霉素	pH 电极	$10\sim10^3$
辣根过氧化物酶	H_2O_2	氧电极	$10\sim10^2$
硝酸还原酶＋亚硝酸还原酶	NO_3^-	氨电极	$5\sim5\times10^3$
亚硝酸还原酶	NO_3^-	氨电极	5×10^3
芳基硫酸酯酶	SO_4^{2-}	铂电极	$5\sim5\times10^3$
脲酶	Hg^{2+}	氨电极	$1\sim10^2$
葡萄糖-6-磷酸激酶	ATP	氧电极	1.2×10^3
纤维二糖脱氢酶+己糖激酶+丙酮酸激酶	ATP	石墨电极	$32.1\sim507.2$
碱性磷酸酶+腺苷脱氨酶	FAD	氨电极	$10\sim10^3$
磷酸二酯酶+AMP 脱亚胺酶	cAMP	氨电极	$5\sim10^3$

随着酶工程的迅猛发展，电化学酶传感器也呈现出多种新的发展态势。系列新酶被挖掘并应用于构建新型酶传感器；利用酶工程技术构建并筛选具有新型催化特异性的酶蛋白，进一步提高了酶传感器的灵敏性和选择性；尤其是越来越多的多酶级联催化体系广泛应用于电化学多酶传感器。不同的酶蛋白既可以催化级联反应，也可以独立催化不同化学反应，还可以催化底物循环反应。应用多酶催化体系，可以提高传感器的灵敏性、对检测底物的特异性或可检测多种底物等。此外，各种新型的固定化材料（如各类纳米材料）和固定化技术（DNA 支架调控酶蛋白在空间的定位）进一步提高了酶传感器的稳定性和检测极限。

8.2.2.2 离子敏场效应晶体管酶传感器

离子敏场效应晶体管酶传感器是一种将固定化酶与离子敏场效应晶体管结合而构成的酶传感器，即以固定化的酶膜作为分子识别元件，以离子敏场效应晶体管作为信号转换元件所构成的一种分析检测装置。

离子敏场效应晶体管（ion sensitive field effect transistor，ISFET）是半导体微电子学与离子选择性电极技术相结合所构成的一种传感装置，其结构如图 8.11 所示。

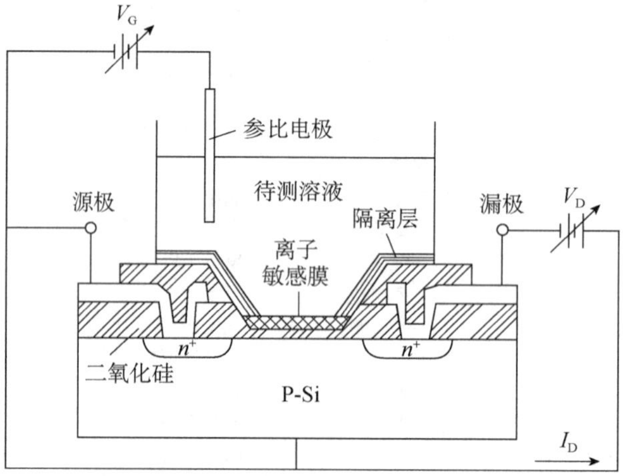

图 8.11 ISFET 结构示意图

在一高纯 P 型薄硅片上扩散两个高掺杂的 n 型区，分别作为源极（S）和漏极（D），源漏极间的硅片表面先覆盖氧化物 SiO_2 薄层（有时其上还有 Si_3N_4），再在 SiO_2 薄层上覆盖一层离子选择性电极的离子敏感膜，构成栅极。在栅极/源极间施加电压 V_G，漏极/源极间施加电压 V_D，则流过漏极/源极间的电流 I_D 是 V_G 和 V_D 的函数。当待测溶液中的离子与离子敏感膜发生离子交换作用时，会引起离子敏感膜电位的改变，从而引起 V_G 的变化，并最终引起 I_D 信号的变化。离子敏感膜电位的改变与待测溶液中离子的活度（浓度）呈正相关，因而 I_D 与待测溶液中离子的活度（浓度）具有一定的定量关系。故只要测定 I_D 的大小，即可测定待测溶液中相应离子的浓度。

离子敏场效应晶体管酶传感器就是将酶膜固定在离子敏场效应晶体管栅极的离子敏感膜上，测量时，由于酶的催化作用，使待测物反应生成相应的产物。当反应中的底物或产物含有离子敏场效应晶体管能够响应的离子时，则可利用离子敏场效应晶体管检测底物离子或产物离子的变化量，从而可检测出溶液中待测物的含量。

例如，利用 ISFET 和葡萄糖氧化酶（glucose oxidase，GOD）可构成葡萄糖酶传感器，利用葡萄糖在 GOD 作用下生成葡萄糖酸时 pH 发生变化，再利用对 H^+ 敏感的离子敏场效应晶体管检测 H^+ 浓度，即可测定出溶液中葡萄糖含量。利用半导体集成电路技术，可实现传感器的超小型化，实现体内埋藏医疗用传感器实时监测患者病情变化。

离子敏场效应晶体管酶传感器因其灵敏度高、速度快、无标记、体积小、成本低等特点而受到了广泛关注。各种新材料（如硅基纳米线、石墨烯等）、新器件（如新型延展栅）陆续应用于改造、升级离子敏场效应晶体管酶传感器，使其更稳定、更灵敏，更易集成化和微型化，同时更易量化生产。

8.2.2.3 热敏电阻酶传感器

热敏电阻酶传感器是由固定化酶和热敏电阻组合而成的一种酶传感器。具有稳定性好、灵敏度高、响应快、价格低等优点。

热敏电阻是指随温度变化其电阻值有极大变化的特殊电阻器，是由铁、镍、锰、钴、钛等金属氧化物构成的半导体，其外形随使用的感温材料和作用原理以及用途的不同而不同，有珠形、片形、棒形、厚膜形等。其基本结构一般包含 5 部分：感温材料、电极及导线、支持用的基件部分、封装构件和加热用电热器（旁热式）。在酶催化底物反应过程中，都会伴随着放热或吸热的热量变化（焓变化），尽管这一热量变化不是很显著，但足以引起热敏电阻阻值的变化，这是热敏电阻酶传感器测量的基础。酶催化反应过程中热量变化的强弱与底物浓度具有相关性，因而热敏电阻阻值的变化大小与底物浓度具有一定的定量关系。只要测定热敏电阻阻值的变化即可测定底物（被测物）的浓度。

热敏电阻酶传感器的测量装置如图 8.12 所示。

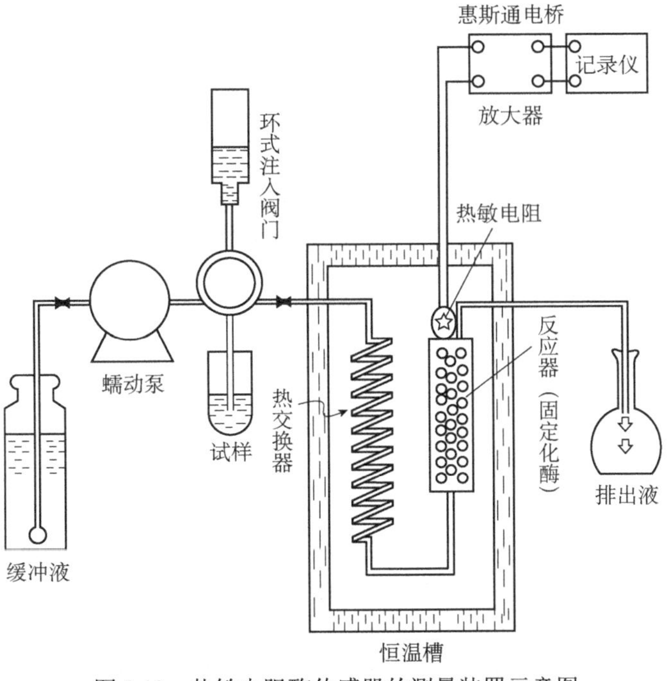

图 8.12 热敏电阻酶传感器的测量装置示意图

例如，酶热敏电阻葡萄糖传感器就是由固定化的葡萄糖氧化酶和热敏电阻构成，热敏电阻将葡萄糖氧化酶催化葡萄糖氧化反应所产生的微小热量变化（焓变化）转变成电信号，从而检测葡萄糖的浓度。Tran-Minh 等在 20 世纪 70 年代就制作并使用此种传感器测量了葡萄糖等物质的浓度。他们用 25℃时电阻为 2000Ω，温度系数为−3.9%/K 的热敏电阻，以戊二醛作交联剂固定化葡萄糖氧化酶和血清蛋白的混合物。该传感器的响应速度快，在 10s 内就能测定出结果，而且重现性好，误差在 3%以内。

8.2.2.4 光纤酶传感器

光纤酶传感器是以酶作为分子识别物，与光纤结合所构成的一种酶传感器。其基本原理就是将酶催化反应过程中的物质变化量转换为光学变化量进行输出，从而达到测定被测物含量的目的。

光纤酶传感器的核心部件是光纤探头，主要由生物敏感膜——酶膜和光纤组成。酶膜可附着在光纤的端面，也可附着在光纤的表面上。测定时将光纤探头插入待测溶液中，由于酶催化反应产生底物或产物的含量变化，引起膜层光学特性的改变，当一定波长的入射光通过光纤传至探头膜层时，就会产生各种光学信息，如紫外光、可见光及红外光的吸收和反射，荧光、磷光、化学发光和生物发光、拉曼散射等信号输出，这些光学信号输出与酶作用底物之间具有一定的定量关系，通过光学检测器检测这些光学信息即可检测出待测物的量。

光纤生物传感器（包括光纤酶传感器在内）的测量系统如图 8.13，主要由光源、单色器、光纤管、光电倍增管及检测数值显示仪或记录仪组成。

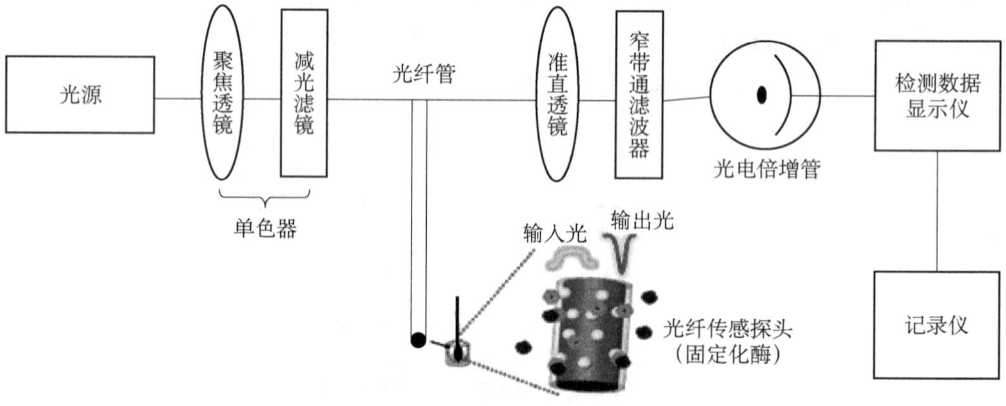

图 8.13 光纤酶传感器测量系统示意图

目前，研究和应用最多的当属检测 NADH 的光纤酶传感器，这类传感器的探头基于脱氢酶进行分子识别，例如：

$$\text{乳酸} + NAD^+ \xrightarrow{\text{乳酸脱氢酶}} \text{丙酮酸} + NADH$$

此反应是可逆的，提高溶液的 pH 有利于 NADH 的生成。在含有乳酸的试液中加入 NAD^+，当 pH 为 8.6 时，在探头中的固定化乳酸脱氢酶的催化作用下生成 NADH，可用荧光法进行检测。激发光波长为 350nm，荧光发射波长为 450nm，荧光强度与乳酸含量成比例，测定范围为 0～0.1mmol/L，检测下限为 2μmol/L。当溶液 pH 为 7.4 时，上述反应逆向进行，在含有丙酮酸的试液中加入少量 NADH，则可根据生物敏感膜层中荧光信号的降低，测定丙酮酸的含量。测定范围为 0～1.10mmol/L，检测下限为 1μmol/L。

近年来，随着蛋白质工程技术的发展，利用蛋白质工程技术，对酶蛋白进行分子修饰（含化学修饰），提高酶与底物的亲和性，进而提高光纤酶传感器的检测极限和稳定性，取得了较好的进展。系列新型酶制剂开发出来，利用光纤酶传感器检测的物质类型也越来越多（如对D/L 构型氨基酸的差异性识别或其他手性化合物的识别）。尤其是与数字技术相结合，开发出的新一代可穿戴光纤酶传感器系统，已在医疗保健领域（消化系统疾病的监测）展现出方兴未艾的发展势头。

8.2.2.5 声波酶传感器

声波酶传感器是以酶作为分子识别元件，以压电晶振作为转换器（信号转换元件）所构成的一种酶传感器。

晶体受外界机械力的作用，在其表面产生电荷的现象称为正压电效应。相反，晶体受到电场作用时，可发生正比于电场强度的机械变形，此现象称为逆压电效应，也称电致伸缩效应。正压电效应、逆压电效应的压电系数相等。具有压电效应的晶体材料称为压电晶体。

压电晶振是由一定切型的压电晶体装上激励电极所构成的一种传感元件。在交变电场激励下，压电晶体通过逆压电效应产生机械振动。当交变电场频率等于压电晶体固有振动频率时，压电晶体产生机械共振。共振时其机械共振波（或称声波）能量最高，其频谱图上表现为振幅最大。在介质内部传播的声波，称为体声波（或体波）。在介质表面传播的声波，称为表面声波（或表面波）。

压电晶振，也称压电声波传感器，按其传感机制可分为质量响应型声波传感器和非质量响应型声波传感器两大类。其中，基于电导响应的非质量响应型声波传感器可用于酶分析。

非质量响应型声波传感过程中，压电晶振感应的不是晶体表面质量的变化，而是通过电导电极响应溶液中介电性质和电导的变化（图 8.14）。电极电导的变化引起压电晶振共振频率的改变，电极电导的变化则是因为溶液中介电物质浓度的改变所导致。因此，压电晶振共振频率的改变与溶液中介电物质浓度的改变具有一定的相关性。这是非质量响应型声波传感器分析检测的基础。对于大多数的酶催化反应，伴随着产物的生成，溶液电导会发生显著改变。脲酶专一性催化脲生成 NH_4^+ 和 HCO_3^- 导致溶液电导增加。进行底物测定时，酶可以固定在传感器上，也可以直接加入到溶液中。

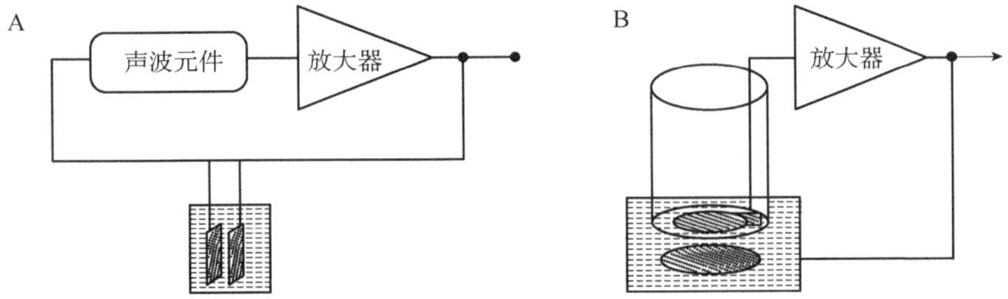

图 8.14 非质量响应型声波传感器示意图

A. 串联式；B. 单脱开

近年来，越来越多的新型纳米材料用作压电材料，提高了声波酶传感器的检测效率、特异性和灵敏性；通过对电极表面进行理化修饰，显著提高了传感器的稳定性和重复使用次数。声波酶传感器的抗干扰能力，仍存在较大的挑战。声波酶传感器与其他传感器的集成，以期实现多种生物标记物的同步检测，从而提高检测的精确性，是未来发展方向之一。

补充读物

现场即时检测

以血糖仪、验孕试纸为代表的现场即时检测（point-of-care testing，POCT），具有不受检测时间、检测地点等因素的制约，不需要昂贵的检测设备，无须专业技术人员操作，无须样品前处理等优点，可随时随地对目标物进行检测，易于在资源匮乏的地区推广；可快速得到准确的检测结果，在快检快诊、食品安全和环境监测等场景中尤为适用。

近年来，智能手机和可穿戴电子设备与POCT的深度融合，极大地促进了POCT在日常生活中的应用场景（图8.15）。智能手机配有高清摄像头、内置传感器、充足的存储空间和互联网络，不仅可以实时获取并处理图像，还可以通过开发应用程序对酶传感器产生的颜色（压强、温度、pH及电化学信号灯）变化进行识别、提取与数据分析，将获得的检测结果进一步实现远程传输、数据备份存储。

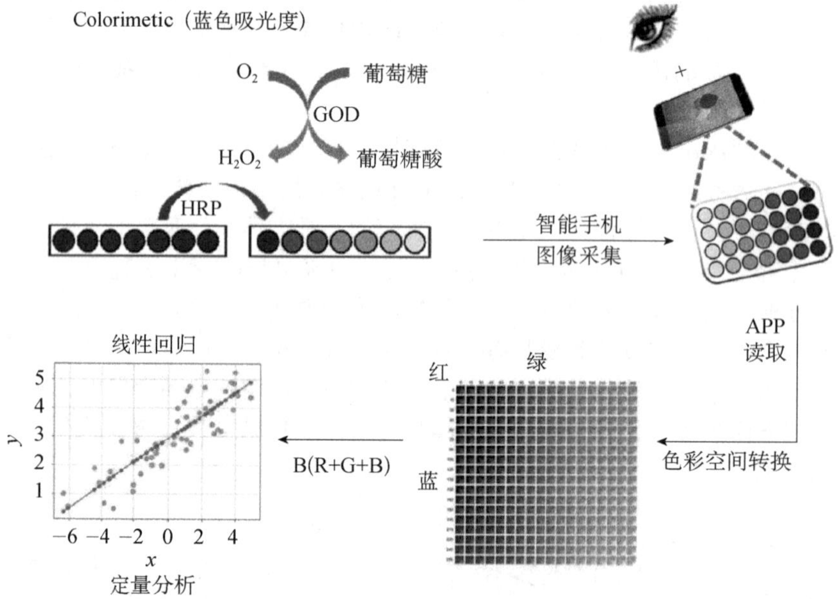

图8.15　智能手机和可穿戴电子设备与POCT的融合（Wang et al.，2020）

思考题

1. 酶反应器与化学反应器和细胞反应器有何区别？
2. 试比较各类酶反应器的特点。
3. 在酶的应用中，如何选择适宜的酶反应器？
4. 简述酶反应器设计的一般步骤。
5. 简述微流控酶反应器的特点。
6. 简述酶传感器的基本定义。

7. 酶传感器有哪些类型?

8. 电流型酶电极与电位型酶电极有哪些不同?

9. 简述各种酶传感器的基本检测原理。

主要参考文献

张玉，宋志敏，杜衍. 2023. 纳米酶传感器在现场即时检测领域的应用进展[J]. 分析化学，5: 800-810.

Benítez-Mateos A I, Padrosa D R, Paradisi F. 2022.Multistep enzyme cascades as a route towards green and sustainable pharmaceutical syntheses[J]. Nature Chemistry, 14: 489-499.

Hold C, Billerbeck S, Panke S. 2016. Forward design of a complex enzyme cascade reaction[J]. Nature Communications, 7: 12971.

Kim J, Campbell A S, de Ávila B E, et al. 2019. Wearable biosensors for healthcare monitoring[J]. Nat Biotechnol, 37(4):389-406.

Kucherenko I S, Soldatkin O O, Dzyadevych S V, et al. 2020. Electrochemical biosensors based on multienzyme systems: Main groups, advantages and limitations - A review[J]. Anal Chim Acta, 1111:114-131.

Leal-Junior A, Silva J, Macedo L, et al. 2024.The role of optical fiber sensors in the new generation of healthcare devices: a review[J]. Sensors & Diagnostics, (Doi:10.1039/D4SD00032C).

Lin B X, Tao Y. 2017. Whole-cell biocatalysts by design[J]. Microbial Cell Factories, 16: 106.

Poppe L, Vértessy B G. 2018.The fourth wave of biocatalysis emerges-the 13th international symposium on biocatalysis and biotransformations[J]. Chembiochem, 19(4):284-287.

Rosenthal K, Bornscheuer U T, Lütz S. 2022.Cascades of evolved enzymes for the synthesis of complex molecules[J]. Angewandte Chemie International Edition, 61(39):e202208358.

Rudroff F, Mihovilovic M D, Gröger H, et al. 2018.Opportunities and challenges for combining chemo- and biocatalysis[J]. Nature Catalysis, 1:12-22.

Sheldon R A, Pereira P C. 2017. Biocatalysis engineering: the big picture[J]. Chem Soc Rev, 46(10):2678-2691.

Sun M, Cui C J, Chen H S, et al. 2023. Enzymatic and non-enzymatic uric acid electrochemical biosensors: a review[J]. Chem Plus Chem, 88(9): e202300262.

Wang T T, Lio C, Huang H, et al. 2020. A feasible image-based colorimetric assay using a smartphone RGB camera for point-of-care monitoring of diabetes[J]. Talanta, 206: 120211.

Wu J, Liu H, Chen W, et al. 2023.Device integration of electrochemical biosensors[J]. Nat Rev Bioeng, 1(5):346-360.

Wu S, Snajdrova R, Moore J C, et al. 2021. Biocatalysis: enzymatic synthesis for industrial applications[J]. Angew Chem Int Ed Engl, 60(1):88-119.

Zhang H, Bai Y P, Zhu N, et al. 2021. Microfluidic reactor with immobilized enzyme-from construction to applications: a review[J]. Chinese Journal of Chemical Engineering, 30: 136-145.

Zhu Y, Chen Q, Shao L, et al. 2020. Microfluidic immobilized enzyme reactors for continuous biocatalysis[J]. Reaction Chemistry & Engineering, 5: 9-32.

Zimmerman J B, Anastas P T, Erythropel H C, et al. 2020.Designing for a green chemistry future[J]. Science, 367(6476):397-400.

第 9 章　酶及酶抑制剂的应用

本章资源

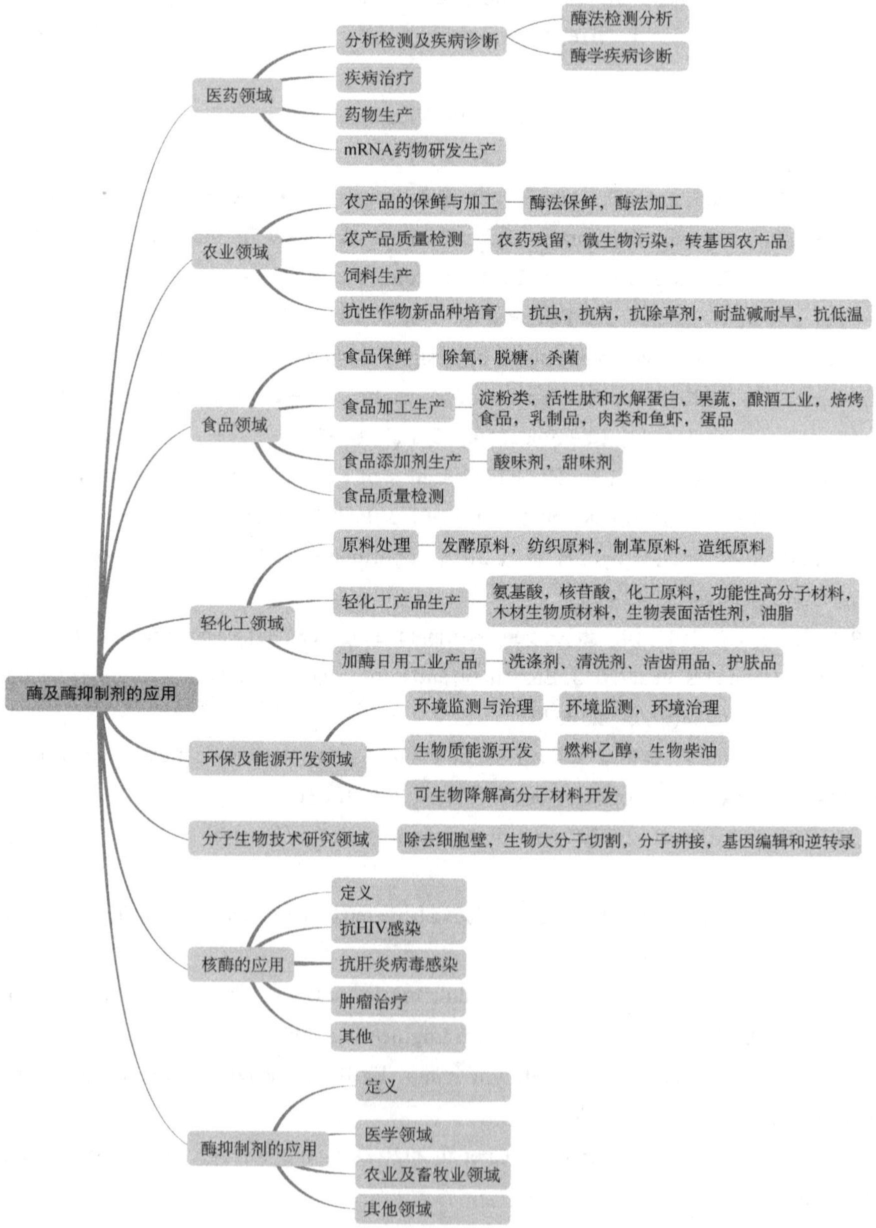

酶工程是现代生物技术的重要组成部分，而酶制剂的开发与利用是酶工程的重要内容。酶的应用就是利用酶、含酶细胞器或细胞（微生物、植物、动物）作为生物催化剂，通过酶的高效特异催化作用，获得人们生活和生产所需要的各种有用的物质或者去除某些不必要的甚至有害的物质，在人类疾病的诊断与治疗、产品质量的提高、生产成本的降低、环境污染的治理、生物质能源的开发等方面发挥着重要的作用。目前，酶制剂应用遍及医药、轻工、化工、农业、环保、能源以及生物技术等领域，在经济的可持续发展和社会的进步中起到重要作用，产生了巨大的经济和社会效益，并展示出广阔的应用前景。

9.1　酶在医药领域中的应用

生活在自然条件下的人群个体，不可避免会产生各种疾病。作为生物反应器的人体，其体内各种物质及能量代谢是相互联系的，且受到酶的严格调控，因此身体内某种酶的缺乏或活性发生变化均有可能引起机体代谢发生紊乱，进而导致疾病的发生。

资源 9.1

许多研究与临床试验证明，酶制剂具有作用明确、专一性强、疗效好等特点，可作为药物进行许多疾病的诊断与治疗。随着对疾病发生的生化及分子机制的深入研究，酶在医药领域上的应用已成为现代医学研究的一个新领域，目前医药用酶已被广泛应用于疾病的诊断、治疗、预防和药物生产。

9.1.1　在分析检测及疾病诊断方面的应用

9.1.1.1　酶法检测分析

利用酶催化作用的高度专一性，依据酶作用后反应体系物质的变化（底物的减少、产物的增加或辅酶的变化等）及其特性，采用化学检测、光学检测或气体检测等方法对物质进行分析检测称为酶法检测或酶法分析。酶法检测已成为物质尤其是药物分析检测以及疾病诊断的重要手段。根据酶反应的不同，酶法检测可以分为单酶反应检测、多酶偶联反应检测和酶标记免疫反应检测等几类。

1. *单酶反应检测*　单酶反应检测是基于单一酶与底物反应，并利用各种方法测出反应前后物质的变化情况，进而确定底物的量。单酶反应检测具有简便快速、灵敏准确等特点，是目前酶法检测中最简单的、最广泛采用的技术。单酶反应检测较为常用的酶有葡萄糖氧化酶、L-谷氨酸脱羧酶、尿酸酶、脲酶、葡萄糖氧化酶、虫萤光素酶等。例如，利用尿酸酶测定血液中的尿酸含量，可用于痛风症诊断；利用葡萄糖氧化酶能专一地氧化葡萄糖的特点，可进行血糖、发酵液葡萄糖的检测；将固定在光导纤维上的虫萤光素酶与光量计结合组成酶萤光传感器，可快捷、简便、灵敏地检测出 ATP。

2. *多酶偶联反应检测*　多酶偶联反应检测是基于两种或两种以上酶的联合作用，通过连续式或平行式的偶联反应，使底物转化为易于检测的产物，进而测定被测物质的量。该法可在一定程度上克服某些单酶反应检测时灵敏度低、精确度不够等缺陷。目前，利用多酶偶联反应检测已有不少成功的例子。例如，通过葡萄糖氧化酶与过氧化物酶的偶联作用，并与还原型邻联甲苯胺固定化制成酶试纸，已在临床中成功用于测定血液或尿液中的葡萄糖含量，从而诊断糖尿病；β-半乳糖苷酶与葡萄糖氧化酶的偶联反应、蔗糖酶与葡萄糖氧化酶的偶联反应、糖化酶与葡萄糖氧化酶的偶联反应可分别用于检测乳糖、蔗糖、淀粉含量，而且这些类型的双酶偶联可再与过氧化物酶一起组成三酶偶联反应，并与邻联甲苯胺固定化制成酶试纸，分别用于检测各自的第一种酶的底物。

3. 酶标记免疫反应检测　酶标记免疫反应检测是以待测抗原（或抗体）与酶标抗体（或酶标抗原）的专一性免疫结合反应为基础，借助标记的酶催化特定的反应，通过测定酶-抗体-抗原结合复合物中酶的含量来确定欲测定的抗原（或抗体）含量的一类分析方法。在酶标免疫测定中，最常用的标记酶是碱性磷酸酯酶、过氧化氢酶、β-半乳糖苷酶、葡萄糖氧化酶等。目前，酶标记免疫分析已广泛应用于天然毒素、农药残留、兽药残留、致病微生物、转基因成分和激素等的检测。另外，酶标记免疫检测技术已开始应用于某些具有亲和力的生物分子对之间的测定，即所谓的酶标亲和检测，其原理与酶标免疫测定相类似，但不是抗体和抗原间的免疫结合，如酶标记抗胰岛素蛋白测定胰岛素的含量。

9.1.1.2　酶学疾病诊断

通常健康人体内的一些酶的量（或活性）以及某些物质的量恒定在某一范围内，但在患某种疾病的情况下，与疾病相关的酶量以及相关代谢物质的量会发生明显变化。因此，检测这些酶量（或活性）或代谢物质量的变化，即可有效地对疾病进行诊断。

目前，疾病的酶学临床诊断方法主要有以下两种：一是根据体内与疾病有关的酶活性变化来诊断某些疾病；二是利用酶测定体内与疾病有关的某些物质含量的变化来对疾病进行诊断。

1. 基于体内酶活性的变化诊断疾病　一般情况下，健康人体内的某种或某些酶的量或活性恒定在一定范围内，但人体患上某种疾病时，由于体内的组织、器官、细胞受到损伤或代谢异常均有可能引起体内的某种或某些酶活性发生相应的变化。因此，可根据体内这些酶活性的测定结果，进行相关疾病的诊断。目前，已开发的诊断用酶或酶试剂盒有百余种，已被广泛用于人体多种疾病的诊断（表 9.1）。

表 9.1　根据酶与疾病的关系对疾病进行诊断

酶	疾病	酶活性变化
淀粉酶	胰脏与肾脏疾病	活性升高
	肝病	活性下降
胆碱酯酶	肝病、肝硬化、有机磷中毒、风湿病	活性下降
酸性磷酸酯酶	前列腺癌、肝炎、红细胞等病变	活性升高
碱性磷酸酯酶	佝偻病、软骨化病、骨瘤、甲状旁腺机能亢进	活性升高
	软骨发育不全	活性下降
谷丙转氨酶	肝炎、心肌梗死	活性升高
谷草转氨酶	肝病、心肌梗死	活性升高
γ-谷氨酰转肽酶	原发及继发性肝癌、阻塞性黄疸、肝硬化、胆道癌	活性升高
精氨酰琥珀酸裂解酶	急、慢性肝炎	活性升高
胃蛋白酶	胃癌	活性升高
	十二指肠溃疡	活性下降
磷酸葡萄糖变位酶	肝炎、癌症	活性下降
醛缩酶	癌症、肝病、心肌梗死	活性升高
β-葡萄糖醛缩酶	肾癌、膀胱癌	活性升高
单胺氧化酶	肝脏纤维化、糖尿病、甲状腺功能亢进	活性升高
碳酸酐酶	坏血病、贫血等	活性升高
乳酸脱氢酶	癌症、肝病、心肌梗死	活性升高
α-羟基丁酸脱氢酶	心肌梗死、心肌炎	活性升高

续表

酶	疾病	酶活性变化
山梨醇脱氢酶	急性肝炎	活性升高
5′-核苷酸酶	阻塞性黄疸、肝癌	活性升高
腺苷脱氨酶	急性肝炎、肝硬化、肝细胞癌等	活性升高
脂肪酶	急性胰腺炎、胰腺癌、胆管炎	活性升高
肌酸磷酸激酶	心肌梗死、肌炎、肌肉创伤	活性升高
磷酸己糖异构酶	急性肝炎、心肌梗死、急性肾炎、脑出血	活性升高
亮氨酸氨肽酶	肝癌、阴道癌、阻塞性黄疸	活性升高
鸟氨酸氨基甲酰转移酶	急性肝炎、肝癌	活性升高
乳酸脱氢酶同工酶	心肌梗死、恶性贫血	LDH_1 增高
	白血病、肌肉萎缩	LDH_2 增高
	白血病、淋巴肉瘤、肺癌	LDH_3 增高
	转移性肝癌、结肠癌	LDH_4 增高
	肝炎、原发性肝癌、脂肪肝、心肌梗死、骨折等	LDH_5 增高

2. 基于酶测定的体内某些物质含量变化诊断疾病　一般情况下，健康人体内的某种或某些代谢物质的量维持在某一恒定范围内，但某种疾病的发生可能会引起体内的某种或某些代谢物质的量发生相应的变化，使得这些物质的量超出恒定范围。因此，可利用酶来测定体内某种或某些代谢物质的含量，进而诊断疾病。目前，葡萄糖氧化酶、尿素酶、尿酸酶、谷氨酰胺酶、胆固醇氧化酶、胆固醇酯酶、碱性磷酸酯酶、过氧化氢酶等已广泛用于测定体内某些物质含量的变化进行疾病诊断（表 9.2）。

表 9.2　用酶测定某些物质的量的变化进行疾病诊断

酶	测定的物质	诊断的疾病
葡萄糖氧化酶	葡萄糖	诊断糖尿病
葡萄糖氧化酶与过氧化物酶的偶联作用	葡萄糖	诊断糖尿病
尿素酶	尿素	诊断肝脏、肾脏病变
尿酸酶	尿酸	诊断痛风病
谷氨酰胺酶	谷氨酰胺	诊断肝昏迷、肝硬化
胆固醇氧化酶或胆固醇酯酶	胆固醇	诊断心血管疾病或高脂血症
DNA 聚合酶	基因	诊断基因变异、检测癌基因
碱性磷酸酯酶、过氧化氢酶等标记酶	抗体或抗原	诊断肠虫、毛线虫、血吸虫等寄生虫病，以及疟疾、麻疹、疱疹、乙型肝炎等疾病

9.1.2　在疾病治疗方面的应用

由于酶制剂具有作用机理明确、专一性强、用量少、疗效显著、副作用少等特点，可作为药物治疗（即所谓的药用酶）多种疾病，已被广泛应用于助消化、抗炎、促凝、促纤溶、解毒以及抗肿瘤等方面的治疗，取得了显著效果。目前，在疾病治疗中常用的酶有各类蛋白酶、淀粉酶、脂肪酶、溶菌酶、纤维素酶、青霉素酶、链激酶、尿激酶、凝血酶、胶原酶、纤溶酶、尿酸酶、胆碱酯酶、L-天冬酰胺酶、L-精氨酸酶、L-组氨酸酶、L-甲硫氨酸酶、谷氨酰胺酶、透明质酸酶、激肽释放酶、α-半乳糖苷酶、右旋糖苷酶、超氧化物歧化酶、核糖核酸酶、核酶、抗体酶等（表 9.3）。

表 9.3 主要的药用酶及其用途

酶	用 途
淀粉酶，脂肪酶，纤维素酶	助消化
蛋白酶	助消化、消炎消肿、去除坏死组织、促进创伤愈合，降低血压
溶菌酶	治疗各种细菌性和病毒性疾病
青霉素酶	治疗青霉素引起的过敏反应
链激酶	治疗血栓性静脉炎、血肿、皮下出血、骨折等
尿激酶	治疗心肌梗死、结膜下出血
凝血酶	治疗各种出血
胶原酶	分解胶原、消炎、化脓、脱痂、治疗溃疡
纤溶酶	治疗血栓性疾病
降纤酶	溶血栓
尿酸酶	治疗痛风
胆碱酯酶	治疗皮肤病、支气管炎、气喘等
L-天冬酰胺酶，L-精氨酸酶，谷氨酰胺酶，L-组氨酸酶，L-甲硫氨酸酶	抗癌
透明质酸酶	局部麻醉、增强剂
激肽释放酶	降压、降血脂
α-半乳糖苷酶	治疗遗传缺陷病（弗勃莱症）
右旋糖苷酶	预防龋齿
超氧化物歧化酶	抗辐射，治疗红斑狼疮、结肠炎等
核糖核酸酶	抗感染，祛痰，治肝癌
核酶	基因治疗、治疗病毒性疾病
抗体酶	消除各种致病性抗原

9.1.3 在药物生产方面的应用

利用酶高效专一的催化特性可将某些前体物质转变为有价值的药物，这就是酶在药物制造方面的应用。目前，蛋白酶、脂肪酶、酰化氨基酸水解酶、青霉素酰化酶、α-甘露糖苷酶、5′-磷酸二酯酶、9-β-羟化酶、L-酪氨酸转氨酶、β-D-葡萄糖苷酶、β-酪氨酸酶、核苷磷酸化酶、多核苷酸磷酸化酶等已在许多药物的酶法生产中得到广泛应用，其中有许多酶（如青霉素酰化酶、9-β-羟化酶、多核苷酸磷酸化酶、β-酪氨酸酶、5′-磷酸二酯酶）已采用固定化技术用于药物生产（表 9.4）。

表 9.4 酶在药物生产方面的应用

酶	用 途
无色杆菌蛋白酶	将猪胰岛素转变成人胰岛素
酰化氨基酸水解酶	生产 L-氨基酸
青霉素酰化酶	制造半合成青霉素和头孢菌素
β-D-葡萄糖苷酶	生产人参皂苷-Rh_2
β-酪氨酸酶	制造多巴
L-酪氨酸转氨酶	制造多巴
9-β-羟化酶	生产氢化可的松
α-甘露糖苷酶	制造高效链霉素
5′-磷酸二酯酶	生产各种核苷酸
核苷磷酸化酶	生产阿拉伯糖腺嘌呤核苷
多核苷酸磷酸化酶	生产聚肌胞苷酸、聚肌苷酸

9.1.4　在 mRNA 药物研发生产方面的应用

mRNA 药物是基于靶点或抗原的选择而对 mRNA 进行编码，并通过特定递送系统［如脂质纳米颗粒（lipid nanoparticle）］进入细胞质内，在细胞内产生特定的蛋白（在细胞内或分泌到细胞外后），进而刺激免疫系统而使人体产生免疫反应。与传统化学药物或蛋白药物相比，mRNA 药物具有转录时不依赖细胞、研发周期短、成本低、安全性较好、可规模生产以及容易优化调整等优势，具有广泛的应用前景。近几年，体外转录技术的发展迅速，可为 mRNA 药物（尤其是疫苗）的研发生产提供有效支撑。目前，mRNA 药物的发展主要集中于免疫治疗（肿瘤免疫、预防性疫苗、过敏免疫等）、蛋白质替代治疗、再生医学治疗等领域，其中肿瘤免疫和预防性疫苗的应用是研发热点。

自新型冠状病毒感染在全球范围暴发和蔓延以来，mRNA 疫苗研发生产技术得到极大关注和快速发展。mRNA 药物生产可分为 3 个阶段：编码目标抗原的 DNA 模板生产、mRNA 原液制备和药物制剂成品，其中 mRNA 原液制备，即由 DNA 体外转录 mRNA，是整个 mRNA 疫苗生产工艺流程中的核心步骤，需要一系列酶的参与，主要包括 T3/T7 或 SP6 RNA 聚合酶（RNA polymerase）、无机焦磷酸酶（PPase）、poly(A)聚合酶（即加尾酶）、DNA 酶（DNase）和加帽酶（常用牛痘病毒加帽酶或痘苗 2′-*O*-甲基转移酶）等。

9.2　酶在农业领域中的应用

酶在农业领域应用较广，主要用于农产品的保鲜与加工、农产品质量的检测、新型高效饲料的生产以及抗性农作物新品种的培育等诸多方面。

资源 9.2

9.2.1　在农产品保鲜与加工方面的应用

农产品的保鲜、加工是农业生产的延续，可有效提高农产品的质量，增加农民收入。酶法保鲜与加工以其安全、高效、稳定的独特优点已广泛应用于各种农产品的保鲜与加工。

9.2.1.1　农产品的酶法保鲜

农产品的保鲜方法多种多样，其中采用酶法保鲜就是利用酶的催化作用，防止或消除外界因素对农产品的不良影响，进而达到保持农产品新鲜度的目的，它具有无毒、无味、保鲜效果好、不损害产品本身价值、易于控制等优点，是一种安全、高效、稳定的保鲜方法。目前，溶菌酶、葡萄糖氧化酶、谷氨酰胺转氨酶、脂肪酶等已广泛应用于各种农产品保鲜。例如，利用葡萄糖氧化酶使脱水蔬菜中的葡萄糖氧化，起到除葡萄糖剂的作用，防止贮藏过程中因葡萄糖引起的褐变反应。

9.2.1.2　农产品的酶法加工

许多农产品可通过加工成为高附加值的食品、保健品、药品以及工业产品等，而酶的催化作用在许多农产品的加工中发挥着重要作用。目前，淀粉酶、果胶酶、纤维素酶、半纤维素酶、蛋白酶等已在各种农产品的加工中得到广泛使用。例如，在面包粉中添加 α-淀粉酶，可水解部分淀粉，生成糊精和糖，从而降低面团黏度，提高面包膨胀率；同时，由于生成的少量糖在焙烤过程中发生了美拉德反应，使面包上色更好和香气更浓。又如，在果汁生产中，通常会添加果胶酶、纤维素酶或半纤维素酶制剂，用于水解果肉组织细胞壁中的果胶或纤维素，降低果汁黏度，提高果汁的出汁率和澄清度。

9.2.2 在农产品质量检测方面的应用

农产品是生产各种食品、药品的主要原料，其质量的好坏不仅影响所生产的食品及药品的品质，而且还关系到人们的身体健康。农产品质量检测内容很多，其中微生物检测、重金属检测、农药残留检测、转基因产品检测等显得尤为重要。目前，许多酶制剂已广泛应用于农产品的质量检测。

9.2.2.1 农药残留物的酶法检测

在农业生产过程中，为了防止农作物的病虫害，往往大量使用各种农药，这可使蔬菜、水果、水产品等受到不同程度的农药污染。为了保证农产品的质量和安全，人们已研究并采用多种酶法对农产品的农药污染进行检测，其中灵敏、快速的胆碱酯酶检测法的使用较为普遍，目前胆碱酯酶、固定化胆碱酯酶、胆碱酯酶生物传感器已广泛应用于检测农产品是否受到有机磷和氨基甲酸酯类农药残留物的污染。

9.2.2.2 微生物污染的酶法检测

β-半乳糖苷酶、血浆凝固酶、热稳定核酸酶、酸性磷酸酶、过氧化物酶等在农产品是否受微生物污染的检测中得到一定的应用。

大肠菌群具有产生 β-半乳糖苷酶的特性，当其在含有 4-甲基伞形酮-β-D-半乳糖苷的选择性培养基时，可产生荧光或显色，据此可检测农产品中是否有大肠菌群。目前该方法已用于检测新鲜蔬菜、水产品（如海参、带鱼、黄鱼、目鱼、螃蟹、河虾等）、肉类（如猪肉、牛肉、鸡肉等）、牛乳、豆腐、糖果、矿泉水等是否含有大肠菌群。

金黄色葡萄球菌是重要的食源性及医源性致病菌，广泛存在于自然界，在各类食品中均可存活，而且在合适条件下还可产生大量肠毒素。由金葡菌肠毒素引起的食物中毒是最常见的食物中毒类型。我国对大多数食品及食品原料均要求进行金黄色葡萄球菌及其肠毒素检测。目前，血浆凝固酶及热稳定核酸酶等试验以及酶标记免疫反应技术（以酸性磷酸酶或过氧化物酶等为标记酶）已广泛应用于检测食品原料中的金黄色葡萄球菌及其肠毒素。

单核细胞增生李斯特菌在自然界分布较广，是一种人畜共患食源性强致病菌。在许多农产品及其加工后的食品均有不同程度的李斯特菌污染，已对食品卫生构成严重的威胁。目前，以碱性磷酸酶或过氧化物酶等为标记酶的酶联免疫吸附法（ELISA）和酶联荧光分析法（ELFA）已应用于检测许多农产品（如蔬菜、水产品等）中的李斯特菌。

9.2.2.3 转基因农产品的酶法检测

以利用基因工程技术所获得的转基因生物（包括动物、植物、微生物）为原料生产的食品和食品添加剂称为转基因食品。迄今为止，转基因大豆、玉米、番茄等在国内外均已获得成功并已投放到食品市场。为保证消费者的知情权，从 2001 年开始世界各国相继要求对转基因食品及其加工产品出具认定报告。因此，为了满足转基因食品标记的需要，检测转基因食品中外源基因或其基因产物的有无显得尤其重要。

针对转基因食品中特定蛋白质的酶标抗体，可采用 ELISA 方法对转基因食品进行定性或定量检测。转基因大豆是较早商业化生产的转基因作物之一，其中转来自农杆菌的 5-烯酮丙酮酸莽草酸-3-磷酸基因（*aroA*）的耐草甘膦大豆（roundup ready soybean，RR 大豆）种植最多。Rogan 等利用 ELISA 方法可检测出传统大豆加工产品中混有 2% RR 大豆中的 EPSPS 蛋白；美国 Prime 公司已研制出快速简便检测 RR 大豆中的 EPSPS 蛋白的 Soya RUR 试剂盒。

聚合酶链式反应（PCR）的高效性与酶联免疫吸附分析（ELISA）的高特异性结合在一起的检测方法即 PCR-ELISA 技术，是利用生物素标记的特异探针与待测样品 PCR 扩增产物杂交，进而再用酶标抗体辣根过氧化物酶或碱性磷酸酯酶进行 ELISA 反应，具有快速简捷、灵敏度高、可避免有毒物质溴乙锭（EB）污染、适合大批量自动检测等优点，目前已应用于未加工或初加工食品中的转基因蛋白产物的定量测定，如 PCR-ELISA 技术可检测出 0.1ng 大豆粉的转基因成分。

9.2.3　在饲料生产方面的应用

酶在动物体内的营养物质的消化、吸收等代谢过程中起着非常重要的作用。动物体内能分泌到消化道内的酶主要属于蛋白酶、脂肪酶和淀粉酶类，在这些消化酶的作用下，蛋白质、脂肪、多糖等大分子物质可降解为易被吸收的小分子物质（如寡肽、氨基酸、脂肪酸、葡萄糖等）。此外，饲料中存在大量纤维素、半纤维素、果胶等非消化性物质以及抑制动物肠道营养吸收的植酸之类抗营养因子等，动物尤其是非反刍动物体内不能合成与分泌且需要在饲料中添加的木聚糖酶、果胶酶、甘露聚糖酶、β-葡聚糖酶、纤维素酶、植酸酶等属于非消化酶。因此，饲用酶制剂一般可分为消化酶和非消化酶两大类。

饲用酶制剂是一类重要的饲料添加剂，至今已开发的饲用酶有 20 多种，并在猪饲料、家禽饲料、反刍动物饲料、水产饲料等生产中已得到了广泛应用；我国作为世界第一大饲料生产国，饲用酶作为高效、无毒性的绿色饲料添加剂在实现畜牧业可持续发展中有着极为广泛的应用前景。

9.2.3.1　饲用酶对动物养殖的影响

目前，各种饲料在畜牧业生产过程中大量使用，广泛用于家禽、家畜、水产等养殖业。许多研究与实践证明，饲用酶制剂能补充内源消化酶的不足，促进消化机能的改善与养分的吸收利用，提高饲料利用率，增进畜禽的生长发育及生产性能；能破坏植物细胞壁，消除饲料抗营养因子的有害作用，降低食糜黏稠度，促进营养物质的消化与吸收；能减少有机物、氮、磷的排放，减轻畜牧生产对环境的污染，进而达到保护生态环境的目的。

9.2.3.2　饲用酶制剂的种类、特性和作用

饲用酶制剂一般属于水解酶类，可根据饲用酶制剂中所含酶种类的多少分为饲用单酶制剂和饲用复合酶制剂两大类，其中复合酶制剂较为常用。

1\. 单酶制剂　　作为饲用的单酶制剂，其效果不如复合酶制剂，而且使用得相对较少，主要的单酶制剂有淀粉酶、蛋白酶、植酸酶、纤维素酶、木聚糖酶、β-葡聚糖酶和果胶酶等。

2\. 复合酶制剂　　复合酶是由 2 种或 2 种以上单酶制剂混合而成的，可根据不同动物及不同生长阶段的特点来确定复合酶主体成分，并配以其他辅助酶制剂，其效果优于单酶制剂。

常用的复合酶制剂主要有以下几类。

1）以蛋白酶和淀粉酶为主的饲用复合酶，主要用于补充动物内源消化酶的不足，尤其适用于幼小、年老畜禽以及断乳、疾病感染、应激状态下的畜禽。

2）以 β-葡聚糖酶为主的饲用复合酶，可有效消除大麦、黑麦型日粮的黏性抗营养因子，主要用于以大麦为主的饲料。

3）以木聚糖酶、果胶酶和甘露聚糖酶为主的饲用复合酶，可消除玉米、小麦等豆粕类型口粮的黏性抗营养因子。

4）以蛋白酶、淀粉酶、木聚糖酶、果胶酶和纤维素酶等为主的饲用复合酶，为通用型饲用酶制剂，具有多酶系的协同作用效应，可有效降低动物肠道内容物的黏度，有利于营养的吸收。

5）以 β-葡聚糖酶、蛋白酶、纤维素酶和木聚糖酶为主的饲用复合酶，不仅可强化对非淀粉多糖的消化吸收及有效提高对半纤维素的分解利用，而且可改善畜禽消化道功能、降低食糜黏度和抗营养性、提高饲料利用率，主要用于以麦类为主的饲料。

9.2.3.3 饲用酶制剂的合理使用

由于不同类型饲料所含的抗营养因子的种类和比例不同，以及不同动物种类和生长阶段所需要的营养成分的种类和比例也有所不同，这就需要饲料中所添加的饲用酶制剂的种类和比例也不同。因此，在饲料工业和养殖业中如何正确合理地应用饲用酶制剂则显得非常重要。

1. 依据不同动物种类和生长阶段合理选择使用饲用酶　不同动物种类的相同生长阶段以及同一种类动物的不同生长阶段所需要的营养成分的种类和比例以及消化能力均有所不同。例如，对于在幼龄动物消化酶发育不完善、年老动物消化酶分泌能力降低、受到应激或疾病感染后的动物消化酶分泌紊乱以及不合理饲养管理条件下出现内源消化酶分泌不足等情况下的畜禽，应选用适当的外源消化酶，可有效弥补内源消化酶的不足，提高畜禽生产力和改善饲料利用效率。肉仔鸡的食量远大于蛋用雏鸡，但两者胰腺消化酶的分泌近似，在同样的消化酶水平下要处理更多的食糜，在肉仔鸡日粮中添加外源性消化酶饲喂效果比蛋用雏鸡显著。因此，应根据不同动物种类和生长阶段，合理选择使用不同类型的饲用酶。

酸碱度是影响酶催化作用的主要因素之一，不同种类动物肠道的酸碱度有所差异；不同来源的同一类酶有不同的环境适应性。因此，在选择饲用酶时应注意不同动物种类以及酶的来源。

2. 依据不同饲料原料合理选用酶制剂种类　由于酶的催化作用具有高度的专一性，而且不同饲料原料的组成和化学结构也有所不同。因此，为了增加饲用酶制剂的使用效果，在应用时必须考虑饲料原料的成分及特性，如用于玉米、小麦等豆粕类型饲料的主要是以木聚糖酶、果胶酶、甘露聚糖酶为主的饲用复合酶，而用于大麦、黑麦型饲料则主要是以 β-葡聚糖酶为主的饲用复合酶。

3. 依据目标底物含量确定酶制剂的适宜用量　为了提高饲料中依靠畜禽自身内源消化酶所不能消化物质的利用率或消除其抗营养因子的有害作用，在饲料中往往添加一些非消化酶类，但所添加的酶制剂用量与其所作用的目标底物的含量之间应有适宜的比例关系，否则会影响酶制剂使用效果。因此，应根据酶制剂所作用的目标底物的含量，确定添加酶制剂的适宜用量。

4. 依据酶制剂的营养当量进行日粮配方优化，降低饲料成本　通常情况下，可在根据经典的饲料营养参数设计的日粮中直接添加酶制剂，该方式简单易行，并可提高畜禽生产性能，但存在饲料成本增加问题。因此，为了在保证动物生产性能不下降的前提下，有效降低饲料成本，有必要对日粮配方进行优化。而日粮配方的有效优化，需对日粮的营养平衡进行全面考虑，并根据酶制剂提高畜禽生产性能和改善饲料利用的程度，开展酶制剂营养当量的确定，进而通过适当降低根据经典饲料营养参数设计的日粮营养水平或利用廉价饲料原料配制日粮，以达到日粮配方的有效优化和饲料成本的显著降低。

9.2.4　在抗性作物新品种培育中的应用

随着基因工程技术的迅速发展，利用转基因技术将编码植物体内代谢调控关键性酶的基因导入到有经济价值的农作物中，已为抗性作物新品种的培育开辟了新的途径。目前，酶基因在抗性作物新品种的培育中得到了广泛应用，并取得了可喜进展。

9.2.4.1　抗虫作物新品种的培育

几丁质酶基因、过氧化物酶基因、色氨酸脱羧酶基因等被成功地转入到不同植物体内，并获得了对特定种类昆虫具有灭杀或抑制作用的转基因植株。

9.2.4.2　抗病作物新品种的培育

病害是导致农作物减产的主要原因之一。采用常规的喷施杀菌剂不仅容易诱导病原菌发生突变产生抗性而失效，更严重的是污染环境。目前酶基因在抗病毒农作物新品种的培育中取得了一定进展。例如，利用几丁质酶基因分别转化苹果和核桃，可显著提高转基因苹果和核桃的抗疮痂病能力；几丁质酶基因和 β-1,3-葡聚糖酶基因分别导入到烟草和番茄，获得了抗立枯病、赤星病、疫病的烟草和抗镰刀菌的番茄。转葡萄糖氧化酶基因的马铃薯，具有较强的抗晚疫病、软腐病以及由真菌 *Verticillum dahliae* 引起的根部病害的能力；将植保素合成关键酶基因、抗毒素的乙酰转移酶基因、苯丙氨酸裂解酶基因、溶菌酶基因、黄酮合成酶基因分别导入到烟草，可提高转基因烟草的抗病能力；应用角质酶基因、几丁质酶基因、草酸氧化酶基因分别转化杨树，可提高转基因杨树的抗病能力。

9.2.4.3　抗除草剂作物新品种的培育

杂草是农业生产的大敌，使用除草剂控制杂草是现代农业不可缺少的一部分。所有除草剂都是通过干扰与抑制植物生长发育过程中的代谢作用（如光合作用，细胞分裂，以及氨基酸、蛋白质、脂肪酸、叶绿素、激素等物质合成）而造成杂草死亡，而且这些代谢过程都是由不同的酶系统诱导，并通过靶酶的抑制，最终干扰植物代谢作用而发生除草效应。将抗除草剂基因转入栽培作物，可有效地使用除草剂除治田间杂草，同时保护作物免除药害。目前已研究的抗除草剂酶基因有溴苯腈水解酶基因（*bxn*）、乙酰辅酶 A 转移酶基因（*bar*）、抗草甘膦的还原酶基因（*gox*）、2,4-D 单氧化酶基因（*tfDA*）、编码 5-烯醇丙酮苯草酸-3-磷酸酯合酶（EPSPS）的突变基因（*aroA*）、谷胱甘肽还原酶基因（*GS1* 和 *GS2*）、阿特拉津氯水解酶基因（*atzA*）等；已获得抗除草剂转基因植物的种类主要有抗草丁膦、抗草甘膦、抗阿特拉津、抗溴苯腈、抗 2,4-D 类等的大豆、棉花、小麦、水稻、玉米、烟草、马铃薯、番茄和矮牵牛等品种。例如，抗草丁膦的乙酰辅酶 A 转移酶基因（*bar*）已成功导入大麦、小麦、水稻、油菜等 20 多种植物中，其中抗草丁膦转基因油菜已在加拿大等国家大量种植；抗草甘膦的谷胱甘肽还原酶基因（*GS1* 和 *GS2*）以及抗阿特拉津的阿特拉津氯水解酶基因（*atzA*）已分别转入水稻，使转基因水稻的抗除草剂能力得到明显提高；抗草甘膦的草甘膦氧化还原酶基因（*gox*）和编码 5-烯醇丙酮苯草酸-3-磷酸酯合酶的突变基因（*aroA*）已分别在油菜、大豆、玉米、棉花等作物中得到成功表达。

9.2.4.4 耐盐碱耐旱作物新品种的培育

应用于植物基因工程的耐盐碱基因主要有甜菜碱脱氢酶基因（*BADH*）、1-磷酸甘露醇脱氢酶基因（*mtlD*）、磷酸山梨醇脱氢酶基因（*gutD*）、脯氨酸合成酶 A 基因（*proA*）、胆碱脱氢酶 A 基因（*betA*）和胆碱氧化酶 A 基因（*codA*）等，目前已有烟草、小麦、水稻、玉米、草莓、番茄、杨树等数十种植物被转化并获得了不同程度的耐盐碱转基因植株。

许多研究结果表明，干旱应答基因有两类：一类是与植物细胞内特定渗透调节物质合成有关的基因（如甜菜碱脱氢酶基因、果聚糖蔗糖酶基因、醛糖还原酶基因、甘油醛-3-磷酸脱氢酶基因等），这些基因在干旱胁迫下表达增强，可使渗透调节物质如脯氨酸、甜菜碱、山梨醇、果聚糖等的生物合成增加，从而增加植物抗旱能力；另一类为编码与自由基清除有关的酶（如超氧化物歧化酶、谷胱甘肽还原酶、抗坏血酸过氧化物酶等），这些酶可以清除由于干旱胁迫产生的有害物质自由基，进而使植物耐旱性增加。目前，编码酶基因已在抗旱作物新品种的培育中得到一定应用，如将编码枯草杆菌果聚糖蔗糖酶基因（*sacB*）导入烟草，可使转基因植株耐旱性明显增强；大肠杆菌胆碱脱氢酶基因（*bet*）和海藻糖合成酶基因（*tps*）已分别转入烟草，获得了抗旱能力明显提高转基因烟草；转化表达大肠杆菌 *bet* 基因或燕麦精氨酸脱羧酶基因的水稻，其抗旱能力均得到明显提高。

9.2.4.5 抗低温作物新品种的培育

植物抗低温基因工程始于 20 世纪 80 年代末，目前应用于植物抗低温遗传转化的编码酶基因主要有编码超氧化物歧化酶（SOD）基因和脂肪酸去饱和代谢关键酶基因等，被转化的有水稻、玉米、小麦、番茄、烟草、苜蓿、油菜、马铃薯、拟南芥等植物。

9.3 酶在食品领域中的应用

资源 9.3

通过合理开发和应用酶制剂及相关酶工程技术可有效提高食品原料的深加工程度、改进食品的加工工艺，以及改善食品的风味和提高品质，进而提高产品得率和质量，降低生产成本。目前，酶制剂已广泛应用于食品行业的各个领域，如食品保鲜、制糖工业、酿造工业、焙烤工业、乳制品工业、水果蔬菜加工、肉类及鱼虾类加工、蛋品加工、天然食品添加剂的生产以及改善食品的品质和风味等诸多方面。表 9.5 列举了 20 余种常用酶制剂在食品工业的应用状况。

表 9.5 应用于食品方面的酶制剂的种类及应用范围

酶	应用范围
α-淀粉酶	葡萄糖浆生产、酿酒工业、水果加工、焙烤等
β-淀粉酶	制造饴糖、麦芽糖、啤酒酿造
异淀粉酶	制造直链淀粉、麦芽三糖

续表

酶	应用范围
糖化酶	淀粉糖化、酿酒工业、葡萄糖生产
纤维素酶	果汁加工、酿酒工业
葡萄糖氧化酶	蛋白加工、食品保鲜
葡萄糖异构酶	果葡糖及果糖生产
葡聚糖酶	酿造、小麦加工
阿洛酮糖差向异构酶	阿洛酮糖生产
乳糖酶	乳制品加工
柚苷酶	水果加工、柑橘汁脱苦
橙皮苷酶	防止柑橘类罐头及橘汁出现浑浊
花青素酶	果汁脱色
凝乳酶	干酪加工
脂肪酶	酶改性乳酪、脂肪改性、乳化剂合成
脂氧化酶	焙烤中的漂白剂
氨基酰化酶	L-氨基酸生产
果胶酶	果酒、果汁澄清
磷脂酶 A_2	蛋黄酱、乳化剂及食用油生产
磷酸二酯酶	降解 RNA、单核苷酸生产
蛋白酶	焙烤、酿造、蛋白质加工
木聚糖酶	小麦加工、焙烤
溶菌酶	食品杀菌保鲜

9.3.1　在食品保鲜方面的应用

酶法保鲜技术就是利用酶的高效专一的催化作用，防止、降低或消除各种外界因素对食品产生的不良影响，达到保持食品的优良品质和风味特色以及延长食品保藏期的技术。目前，葡萄糖氧化酶、溶菌酶等已应用于罐装果汁、果酒、水果罐头、脱水蔬菜、肉类及禽类食品、糕点、水产品、啤酒、清酒、鲜乳、乳粉、奶油、干酪、生面条等各种食品的防腐保鲜，并取得了较大进展。

9.3.1.1　酶法除氧保鲜

在食品的除氧保鲜中，较为常用的酶有葡萄糖氧化酶和过氧化物酶。例如，将葡萄糖氧化酶和葡萄糖混合后，包装于不透水、但可透空气的保鲜薄膜袋中，封闭后置于装有需保鲜食品的密闭容器中，通过葡萄糖氧化酶催化葡萄糖氧化反应，消耗氧，可达到食品除氧保鲜的目的；葡萄糖氧化酶还可直接加到罐装果汁、果酒、水果罐头、色拉调料等食品中，通过氧化葡萄糖达到防止食品氧化变质的效果。另外，葡萄糖氧化酶和过氧化物酶混合后添加到果蔬中密封保藏，可有效去除氧气而延长果蔬贮藏期。

9.3.1.2　酶法脱糖保鲜

目前较多使用葡萄糖氧化酶进行脱糖保鲜的食品是蛋类制品，可将适量的葡萄糖氧化酶加到蛋白液或全蛋液中，并通入适量的氧气，使蛋品中残留的葡萄糖完全氧化，从而有效保持蛋类制品的色泽和溶解性。目前，葡萄糖氧化酶还应用于脱水蔬菜、肉类及虾类食品的脱糖保鲜。

9.3.1.3 酶法杀菌保鲜

由微生物污染而引起食品的变质腐败，历来是人们关注的问题。溶菌酶是一种专一性催化细菌细胞壁中的肽聚糖水解的酶，它作为无毒无害的蛋白质，具有杀菌、抗病毒和抗肿瘤细胞的作用，是一种安全高效的食品杀菌剂。用溶菌酶处理食品，可有效地防止和杀灭食品中的细菌，对食品的污染，起到有效的防腐保鲜作用。目前，溶菌酶已在香肠、糕点、饮料、水产品、啤酒、清酒、低度酒、鲜乳、乳粉、奶油、干酪、生面条等生产及防腐保鲜中得到应用。

9.3.2 在食品加工与生产方面的应用

酶在食品工业中的最大用途是食品原料的加工与食品生产。目前，酶在淀粉类食品、蛋白质类食品、果蔬类食品、酒类饮品、焙烤食品、乳制品等加工中已得到广泛应用。

9.3.2.1 在淀粉类食品加工中的应用

淀粉在各种淀粉酶的催化作用下，用于生产葡萄糖、果糖、饴糖、麦芽糖、麦芽糖浆、麦芽糖醇、低聚糖、麦芽糊精、糊精等；或者进一步经过葡萄糖异构酶、环状糊精葡萄糖苷转移酶等作用生成果葡糖浆、环状糊精等产物。

1. *葡萄糖酶法生产* 玉米、高粱、小麦、大米、马铃薯等淀粉质原料，在 α-淀粉酶作用下使其液化成糊精，再经糖化酶催化作用生成葡萄糖。目前国内外均采用这种 α-淀粉酶和糖化酶双酶法进行规模化生产液体葡萄糖，具有工艺流程简单、生产周期短、原料成本低等优点。为了提高葡萄糖收得率，酶法生产过程中常添加普鲁兰酶或异淀粉酶。

2. *果葡糖浆酶法生产* 果葡糖浆是一种重要的甜味剂，具有甜度高、热量低、风味好、营养保健等优点。酶法生产果葡糖浆可以淀粉为原料，先经 α-淀粉酶和糖化酶作用得到葡萄糖后，再由葡萄糖异构酶催化葡萄糖异构生成一种含有果糖与葡萄糖的混合糖液；最后经脱色、精制、浓缩至固形物含量达 71%左右，即为果葡糖浆。

9.3.2.2 在蛋白质加工中的应用

天然存在的食品加工蛋白质包括植物蛋白、乳蛋白、畜禽蛋白及水产品蛋白。以天然大分子蛋白质存在时往往不具有生物活性或加工性能较差，当这些蛋白质经过某种蛋白酶水解后，可形成某种生物活性的物质或提高加工性能，进而使其经济价值明显增加。

1. *水解蛋白的酶法生产* 动物、植物及微生物的蛋白质在蛋白酶的作用下，可水解生成蛋白胨、多肽、寡肽、氨基酸等产物。这些产物在食品、医药、饲料、细胞培养等方面具有广泛的用途。例如，利用明胶、干酪素、鱼粉等这些动物产品加工的副产品，经蛋白酶水解，通过灭酶、脱色杀菌、浓缩干燥等处理后可制成水解动物蛋白粉，具有良好的保水性、乳化性、抗氧化性、表面活性、溶解性、润滑性，且极易被人体吸收利用，已作为添加剂广泛应用在火腿和香肠等肉制品、果乳饮料、味精、保健食品、乳品等食品中。

2. *活性肽的酶法生产* 利用酶的催化作用可将廉价蛋白及营养蛋白加工生产成生物活性肽，提高其经济价值。近年来发现，酶水解生成的肽类中，有不少小肽具有特殊重要的生理功能。由蛋白质水解物所制备的活性肽类食品，具有易消化吸收、抗疲劳、增强体力、抗过敏、有利于治疗低血压、降低胆固醇等多种特点和生理功能。为了避免因蛋白质水解度的提高以及苦味肽的产生而出现苦味，以及能获得较理想的氨基酸、二肽、三肽比例，在活性肽的制备过程中，通常采用专一性强的胰蛋白酶（只水解赖氨酸或精氨酸残基的肽键）和胰凝乳蛋白酶（仅水解酪氨酸、苯丙氨酸、色氨酸残基的肽键）的混合酶。目前，植物活性肽制品（如玉米肽、大豆肽、豌豆肽、小麦肽、大米肽、花生肽等）、乳源生物活性肽制品（主要为牛乳肽制品，如阿片活性肽、阿片拮抗肽、降压肽、免疫活性肽、酪蛋白磷酸肽、抗菌肽、抗血栓肽等）、动物活性肽制品（如胶原肽、牛肉肽、蛋清肽、畜血肽等）、海洋生物活性肽等多种生物活性肽类食品或保健品都采用酶法生产，并已加工上市。

3. 天然调味品的酶法生产　以鱼肉、鸡肉等动物蛋白质以及大豆等植物蛋白质为原料，利用蛋白酶深度水解可得到天然调味品，和传统酿造相比，具有蛋白质利用率高和生产周期短等特点。例如，利用蛋白酶催化大豆蛋白质水解，可生产出无盐酱油或豆酱；利用胰蛋白酶和风味蛋白酶等水解全鸡生产鸡精。

9.3.2.3　在果蔬类食品加工中的应用

1. 果蔬汁饮料的酶法生产　果蔬中含有大量果胶、纤维素、淀粉和蛋白质等，在果蔬汁和果酒生产过程中会造成压榨、过滤和澄清困难，出汁率低，果汁浑浊等不良影响。果胶酶是催化果胶质分解的一类酶的总称，主要包括果胶酯酶、聚半乳糖醛酸酶、聚甲基半乳糖醛酸酶、聚半乳糖醛酸裂解酶和聚甲基半乳糖醛酸裂解酶等，其中果胶酯酶和聚半乳糖醛酸酶最为常用。在果蔬汁和果酒的生产过程中，通过果胶酶处理，有利于压榨，提高出汁率和果蔬汁澄清效果，便于沉淀分离，且防止存放过程中产生浑浊现象。同时，为了有效降解植物细胞壁，使细胞内的液体比较容易地释放出来，进而增加果蔬的出汁率、简化果蔬汁的加工压榨工艺，在生产中多采用果胶酶、纤维素酶、半纤维素酶和蛋白酶等组成的混合酶。

2. 柑橘类水果制品苦味的酶法去除　柑橘类水果制品，如柑橘罐头、橘子汁、橘子酱等，由于柑橘果实中含有柚皮苷和柠檬苦素而具有一定苦味。目前，在柑橘类水果制品的加工生产中，常利用固定化柚苷酶将柚皮苷水解成无苦味的柚皮素，同时释放出鼠李糖和葡萄糖，以降低柑橘类果汁中的柚皮苷含量至其感官阈值以下，去除苦味。通过柠檬苷素脱氢酶的作用，将柠檬苦素氧化成没有苦味的柠檬苦素环内酯；或利用固定化细胞的柠碱酶处理，将柠檬苦素转化为其他不具苦味的物质，从而达到消除苦味的目的。

3. 柑橘类罐头白色浑浊的酶法消除　肉橘中含有橙皮苷，其溶解度小，在糖液中易结晶析出，使柑橘类罐头的汁液出现白色浑浊而影响产品质量。采用黑曲霉橙皮苷酶处理，可使橙皮苷水解脱去糖基部分，生成溶解度较大的橙皮素，从而有效防止柑橘类罐头制品白色浑浊的出现。

4. 果蔬制品的酶法脱色　花青苷是一种水溶性色素，其分子结构包括花青素（配基）和葡萄糖（糖基）两部分，是果蔬着色的主要成分，在光照或高温下可变为褐色，而与金属离子作用则呈灰紫色，这在一定程度上会影响果蔬制品的外观质量。花青素酶是一种β-D-葡萄糖苷酶，可催化花青苷水解脱去葡萄糖基，所生成的花青素极不稳定，遇热易开环或易氧化而失去颜色。因此，在实际应用过程中，可采用一定浓度的花青素酶处理水果和蔬菜，可使花青素水解，以防止变色，从而保证产品质量；或在果蔬制品加入适当浓度的花青素酶，并经 40℃条件下保温处理后即可达到脱色效果。目前，花青素酶已在桃酱、葡萄汁等果蔬制品的脱色中得到应用。

5. 橘瓣囊衣的酶法脱除　加工橘子砂囊，以往多使用酸碱处理脱去囊衣，产生大量废水，可造成环境的严重污染。目前，从黑曲霉中筛选出来的果胶酶、纤维素酶、半纤维素酶等可代替耗水量大、费工费时的酸碱处理法，已广泛应用于橘瓣去除囊衣。

9.3.2.4 在酿酒工业中的应用

1. 啤酒的酿造　传统啤酒的酿造工艺采用麦芽和酒花经糖化发酵而成，其本质是利用麦芽中的多种内源酶水解麦芽生成可供酵母发酵的糖、糊精、氨基酸和肽等。为了节省麦芽、降低生产成本，啤酒行业多采用提高大麦、大米、玉米等辅料比例和外加酶制剂代替内源酶相结合的新型啤酒酿造技术，以达到降低生产成本、提高产量和稳定品质的目的。

啤酒酿造的常用外加酶制剂主要是 α-淀粉酶、蛋白酶、糖化酶、β-淀粉酶和 β-葡聚糖酶等，这些酶制剂在提高辅料比、生产代用麦汁、提高麦汁质量、提高啤酒品质等方面起着重要作用，主要体现在以下几个方面。①糖化过程中外加淀粉水解酶类和复合酶，能够促进辅料中淀粉、蛋白质等物质的充分水解，获得合理的麦汁组成，有助于提高辅料比，降低生产成本。②添加木瓜蛋白酶、菠萝蛋白酶或霉菌酸性蛋白酶，降解可使啤酒浑浊的蛋白质等物质，以达到提高啤酒的非生物稳定性而延长啤酒保存期的目的；而中性蛋白酶的加入有助于原料中蛋白质降解，以增加麦汁中可供酵母利用的营养物质而促进酵母发酵。③使用 β-葡聚糖酶和半纤维素酶，可降解谷物原料中的胚乳细胞壁，有助于改善麦汁过滤性能和啤酒酿造。④制备麦汁时添加糖化酶、α-淀粉酶、真菌淀粉酶以及啤酒复合酶等，可有效提高发酵度，并缩短发酵时间。⑤啤酒生产中合理使用葡萄糖氧化酶，可起到除氧和抑菌的作用，从而有效防止啤酒的老化、变质，保持啤酒特有的风味。⑥外加乙酰乳酸脱羧酶，可催化乙酰乳酸，直接生成乙偶姻和 CO_2，有效抑制了乙酰乳酸经酶促或非酶促反应生成双乙酰的量，从而降低了啤酒中高浓度双乙酰所带来的黄油味甚至馊饭味，保证啤酒的风味质量。

2. 白酒及果酒的酿造　在白酒生产过程中，常以外加糖化酶代替麸曲，可达到提高出酒率、节约粮食、简化设备、降低生产成本等目的。在各种果酒的生产中，添加果胶酶、纤维素酶和半纤维素酶等混合酶制剂，不仅可以提高果汁出汁率，增加色素和风味物质的浸出，而且有助于提高果汁澄清度，促进发酵过程酯类物质的合成，提升果酒香气品质。在干白葡萄酒生产中，有时还会添加糖苷水解酶制剂（多种糖苷水解酶的混合物），以促进葡萄来源的糖苷态香气物质水解，释放出挥发性香气，提升酒的香气品质；有时，也会添加酸性蛋白酶，水解酒中存在的蛋白质，防止瓶储过程中出现蛋白浑浊，保持酒体清澈透明。

9.3.2.5 在焙烤食品加工中的应用

酶制剂可以改良面粉质量、延缓淀粉陈化、改善面团性质以及增强面粉发酵能力等，进而提高焙烤制品的品质。目前，蛋白酶、脂肪氧化酶、葡萄糖氧化酶、淀粉酶、脂肪酶、乳糖酶等广泛应用于世界各国的食品焙烤行业。

1. 蛋白酶的应用　添加适量蛋白酶，可使部分蛋白质水解成氨基酸，不仅可促进酵母的生长和二氧化碳的产生，而且可促进面筋软化、增强延伸性，进而缩短面团发酵时间，改善焙烤食品的品质，防止面包老化，延长保鲜期。但过量添加会降低面团持气能力。

2. 淀粉酶的应用　焙烤生产中常用的淀粉酶有α-淀粉酶、β-淀粉酶等。在面团中添加适量的 α-淀粉酶，可催化部分淀粉水解生成麦芽糖和葡萄糖，有助于酵母的生长和二氧化碳的产生，达到有效缩短面团发酵时间、增加焙烤食品体积、减缓淀粉及焙烤食品老化、改善焙烤食品色泽及风味的效果。添加适量的 β-淀粉酶，催化淀粉水解成麦芽糖，可改善面包风味，防止面包和糕点老化。

3. 葡萄糖氧化酶的应用　添加适量的葡萄糖氧化酶，葡萄糖氧化过程产生自由基，自由基促进了蛋白质的交联和氧化，也促进阿拉伯木聚糖的交联，使面筋网络结构更完善，显著改善面粉的粉质特性、拉伸特性和糊化特性，增强面筋强度、增大抗拉伸阻力以及提高黏度。

4. *脂肪氧化酶的应用*　脂肪氧化酶的适量添加，可使面粉中存在的不饱和脂肪酸氧化分解，生成具有芳香风味的羰基化合物而增加面包风味，并可同面粉中天然存在的胡萝卜素等发生共轭氧化作用而使面粉漂白。

5. *脂肪酶的应用*　脂肪酶对面团有强筋作用，能够提高面团的入炉急胀，增大面包体积，且对面包心有增白作用。但脂肪酶添加过量则会导致面团过于僵硬强壮，从而使焙烤食品体积增幅变小。最近研究发现，在添加黄油或奶油的面包制造过程中，加入适量脂肪酶可使乳脂分解而生成有香味的δ-内酯或甲酮等物质，进而增加焙烤面包的香味。

6. *半纤维素酶的应用*　添加适量半纤维素酶可将造成焙烤食品体积减小的不溶性戊聚糖分解为有助于焙烤食品体积增加的可溶性戊聚糖，同时有助于改善面团的机械性能和入炉膨胀性能，进而可获得具有较大体积、较强柔软性以及较长货架期的焙烤食品。但使用半纤维素酶有时会出现面团发黏现象。

9.3.2.6　在乳制品工业中的应用

1. *凝乳酶的应用*　凝乳酶是酸性蛋白酶，可促进乳蛋白的凝固，应用于干酪的制造。目前动物凝乳酶是干酪生产中应用最早的一类酶，其中含凝乳酶较高的小牛皱胃酶的应用较为普遍，利用其所生产的干酪在风味、质地和产量等方面均优于其他酶类。无花果、木瓜等植物蛋白酶使用时存在凝乳质地松软、产量较低、易产生苦味等缺点，使得这些酶在干酪生产中还无法得到广泛使用。微生物蛋白酶对 pH 的敏感性小于小牛皱胃酶，且具有酸化速率快、凝乳时间短等特点，但存在酶蛋白水解特性差、干酪产量低、易产生苦味等问题。

2. *乳糖酶的应用*　乳品（尤其是牛乳）含有溶解度较低的、不能直接被小肠吸收的乳糖，某些人群体内乳糖酶活力较低或缺乏乳糖酶，致使饮乳后常出现腹胀、腹泻等症状。乳糖酶可将乳品中的乳糖水解成易被小肠吸收的半乳糖和葡萄糖，进而有效地提高乳品的可消化性，防止因消化不良而引起的乳糖不耐受症，已广泛应用于低乳糖乳生产。

3. *脂肪酶的应用*　在干酪生产中应用较广的脂肪酶主要是乳脂肪酶类，其使用可改善干酪的风味和品质，并可缩短干酪成熟时间。另外，为了获得不同风味特征的干酪，在干酪生产中可通过使用不同特性脂肪酶而得到不同的脂肪酸组成，其中短链脂肪酸对干酪风味形成影响最大。

9.3.2.7　在肉类和鱼虾类加工中的应用

酶制剂可改善组织、嫩化肉类以及转化废弃蛋白质使其成为人类食用或作为饲料的蛋白浓缩液。目前，蛋白酶已广泛应用于肉类和鱼类的加工。

1. *肉类的嫩化与加工*　牛肉及其他质地较差的肉类往往含有较多的胶原蛋白；胶原蛋白是纤维蛋白，具有很强的机械强度，烹饪时难以软化，进而造成肉质粗糙、难以烹调、口感差。利用蛋白酶可水解肌肉结缔组织的胶原蛋白，促进肉类的嫩化和组织的改善，使其便于加工，如利用木瓜蛋白酶水解作用可制成嫩滑可口的嫩肉粉。目前对胶原高度专一、安全的胶原酶已广泛应用于肉类嫩化加工。工业化嫩化肉类的方法主要有酶液涂抹肉的表面或用酶液浸泡肉、动物宰杀前用酶液进行肌内注射两种。

2. *废弃蛋白质的加工利用*　杂鱼、动物血、碎肉等废弃物可用蛋白酶水解处理，提取其蛋白质以供食用或作为饲料，其中以杂鱼及鱼厂废弃物的利用最为成功。据报道，采用蛋白酶水解废弃蛋白质，经浓缩干燥后制成含氮量高且富含各种水溶性维生素的产品，可添加到面包、面条或作为饲料。另外，利用微生物酸性蛋白酶处理碎肉，抽提后可得到可溶性胶原蛋白，由于这种胶原蛋白遇盐时会析出，可制人造肠衣。

3. 肉类及鱼虾类冷藏制品的保鲜　葡萄糖氧化酶已在肉类、鱼虾类等冷藏制品的保鲜中得到应用，一方面是利用其氧化葡萄糖产生的葡萄糖酸，降低鱼制品表面的 pH，进而抑制细菌生长；另一方面是利用其去除氧，以降低脂氧合酶和多酚氧化酶活性而达到保鲜的目的。另外，溶菌酶也在肉制品、鱼虾等水产品的保藏中得到广泛应用。

4. 保健肉制品加工改性　谷氨酰胺转氨酶可明显改善蛋白质的乳化性、热稳定性、凝胶性和起泡性，已在肉类制品（如火腿、香肠、肉丸、肉糕、鱼糕、烧卖等）的加工生产中得到广泛应用。例如，利用谷氨酰胺转氨酶处理香肠，可增强制品保水性，避免脱水收缩现象的发生；使用谷氨酰胺转氨酶，可有效改善肉糕、鱼糕、乳化香肠等制品的质构；将碎肉、淀粉、调味料与谷氨酰胺转氨酶混合成型后可制成风味口感良好的肉丸、烧卖等，而且可提高肉的利用率。

9.3.2.8　在蛋品加工中的应用

蛋品加工的关键是去除禽蛋中残留的葡萄糖，应用葡萄糖氧化酶处理，具有除糖效率高、周期短并有助于产品质量的提高及环境卫生的改善等优点。使用固定化脂肪酶去除禽蛋中残留的卵黄和脂肪，可有效提高蛋白质的发泡力和泡膜稳定性。蛋黄粉经酶改性处理后可制成耐热“蛋黄”或耐热蛋黄酱，有效提高了灭菌温度，已在热加工食品（如汉堡包）中得到使用；而利用磷脂酶水解卵磷脂，可提高蛋黄酱的乳化性能。

9.3.3　在食品添加剂生产方面的应用

食品添加剂是指为改善食品的品质和风味，以及为防腐和加工工艺需要而加入食品中的少量化学合成或天然物质。按照添加剂的功能不同，可以分为酸味剂、增味剂、甜味剂、乳化剂、增稠剂、强化剂、香味剂、护色剂、防腐剂、漂白剂、抗氧化剂等 20 余类。随着酶工程技术的迅速发展，作为高效、安全的生物催化剂，酶已在食品添加剂的生产中得到较为广泛应用。

9.3.3.1　酸味剂的酶法生产

在食品中添加一定量的酸味剂，可起到增加食欲的效果，有利于钙的吸收，并具有一定的防止微生物污染的作用。目前广泛采用酶法生产的酸味剂主要有 L-苹果酸。L-苹果酸的酶法生产可采用延胡索酸酶催化反丁烯二酸水合而成，目前固定化技术已应用于 L-苹果酸的生产。

9.3.3.2　甜味剂的酶法生产

食品甜味剂能够改进食品的可口性和其他使用性质，已在食品生产中得到广泛应用。目前，天苯肽、异麦芽酮糖、单葡糖醛酸基甘草皂苷、阿洛酮糖等较为常用的食品甜味剂，均可通过酶法生产而得到。

天苯肽是一种常用的甜味剂，其性质接近蔗糖，且具有甜味纯正、甜度高、热量低、稳定性好等特点，已在食品、饮料加工等方面广泛应用。可利用嗜热菌蛋白酶在有机介质中催化 L-天冬氨酸和 L-苯丙氨酸甲酯缩合反应生成天苯肽。

作为蔗糖的一种异构体的异麦芽酮糖，是一种低热值甜味剂，其甜味与蔗糖近似，但甜度较低，可通过葡萄糖基转移酶催化蔗糖转化而得到。

作为甘草的主要有效成分的甘草皂苷，不仅具有免疫调节和抗病毒等功能，而且还具有高甜度、低热值的特点，可作为甜味剂，并可用作乳制品、蛋制品以及羊肉除膻增香等香味增强剂。而利用 β-葡糖醛酸糖苷酶而生产的单葡糖醛酸基甘草皂苷，其甜度比甘草皂苷提高了 5～6 倍，被认为是一种高甜度、低热值的新型甜味剂。

阿洛酮糖是 D-果糖 C3 位差向异构体，其热量几乎为零、甜度为蔗糖 70%，有助于降低血糖，是一种性能优良的新型甜味剂。目前阿洛酮糖主要是通过阿洛酮糖差向异构酶催化果糖转化而得到。

9.3.4 在食品质量检测方面的应用

食品质量的酶法检验就是利用酶来测定某些食品成分的含量或测定食品中某些特殊酶的活性或含量。酶法检验已广泛应用于检测食品中残留有机农药、微生物污染以及转基因食品成分，不仅可在一定程度上克服常规的物理、化学、仪器等检测方法的局限性，而且具有高效、准确、灵敏等优点。

随着生物技术的发展与应用，目前酶技术在食品质量检测方面得到了广泛应用，主要用于以下几个方面。①食品有效成分的检测，如利用碱性磷酸酶和辣根过氧化物酶作为酶原，可对橙汁中的柠檬苦素进行定量免疫测定；利用固定化葡萄糖氧化酶与辣根过氧化物酶组成的复合酶作为酶原，可高速、灵敏地定量检测果蔬汁中葡萄糖的含量。②食品品质的分析，如可通过检测溶酶体酶、α-葡萄糖苷酶、β-*N*-乙酰葡萄糖胺酶或 β-羟酰辅酶 A 脱氢酶的活力来区分冻鲜鱼和冻鱼。③食品中有害化学污染物的检测，如酶联免疫法、酶传感器、酶免疫传感器等技术已开始应用于动物性食品（如肉类、鸡肝及肾、蛋、牛乳等）中残留氯霉素的检测。④食品中微生物指标检测，如根据大肠菌群具有产生 β-半乳糖苷酶的特性，以含有 4-甲基伞形酮-β-D-半乳糖苷等底物为选择性培养基，并结合产生荧光或显色，可检测农产品中是否有大肠菌群；以碱性磷酸酶或过氧化物酶等为标记酶的酶联免疫吸附法（ELISA）和酶联荧光分析法（ELFA）已应用于检测食品（如肉、乳、蛋制品，糖果，果脯、糕点等）中的金黄色葡萄球菌、单增李斯特菌。⑤转基因食品的酶法检测，如针对转基因食品中特定蛋白质的酶标抗体，可采用 ELISA 法对转基因食品进行定性或定量检测。

9.4 酶在轻化工领域中的应用

酶在轻化工领域有着广泛的用途，主要涉及用酶进行原料处理、生产各种工业产品、改善产品性能等方面。许多实践证实，酶制剂在改进加工工艺、降低原料消耗、节约能耗、减轻劳动强度、减少环境污染、提高产品质量、增加附加值和开发新型原料等方面都具有独特的优势，已在轻化工领域显示出明显的经济效益、生态效益和社会效益。

资源 9.4

9.4.1 在轻化工原料处理方面的应用

许多工业原料在应用或加工之前都需要进行适当处理，酶具有催化效率高、专一性强以及作用条件温和等特点，已在发酵、纺织、制革、造纸等工业原料处理中得到广泛使用。许多实践证实，利用酶制剂进行工业原料的处理和加工，具有可有效缩短原料处理时间、增强处理效果、提高产品质量、提高原料利用率等优点。目前，在工业原料的处理及加工中使用较广泛的酶制剂主要有纤维素酶、半纤维素酶、蛋白酶、淀粉酶、果胶酶、脂肪酶、过氧化氢酶、漆酶、葡萄糖氧化酶、木聚糖酶等。

9.4.1.1 发酵原料的处理

目前，淀粉、纤维资源等是发酵工业主要原料，但许多微生物由于本身缺乏淀粉酶系和纤维素酶系而无法直接利用淀粉或纤维素进行发酵。因此，发酵原料必须先经过酶法原料处理而转化成微生物可利用的小分子物质。例如，淀粉通常可采用α-淀粉酶和糖化酶进行处理，将淀粉转化为可供发酵利用的葡萄糖；可用纤维素酶处理含纤维素的发酵原料，使其水解为可发酵的葡萄糖；而含戊聚糖（如木聚糖、阿拉伯聚糖等）的植物原料可用各种戊聚糖酶处理，将其水解为各种戊糖后用于发酵。

9.4.1.2 纺织原料的处理及加工

目前，在纺织原料的处理及加工中使用较广泛的酶制剂主要有淀粉酶、纤维素酶、蛋白酶、果胶酶、脂肪酶、过氧化氢酶、漆酶、葡萄糖氧化酶等。

在纺织工业中，常采用先行上浆的方法来增强纤维的强度和光滑性而便于纺织，可将淀粉用α-淀粉酶处理一段时间，使黏度达到一定程度方可用作上浆的浆料。纺织品在漂白、印染之前，需将附着在其上的浆料除去（称为退浆），对于淀粉浆料可利用 α-淀粉酶水解进行退浆，为了提高退浆效率，目前多采用高温 α-淀粉酶处理，可有效去除混合浆料中聚醋酸乙烯酯（PVA）等化学浆料，减少污水排放；而对于以动物胶作为浆料的纺织品可采用蛋白酶处理。

纤维素酶可作用于天然或再生纤维素纤维，包括棉纤维、麻纤维、竹纤维、黏胶纤维、铜氨纤维和 Lyocell 纤维等。为了使纤维原料表面柔和、光滑、有光泽，以提高纺织制品质量，可采用纤维素酶水解除去纤维原料表面所附着的一些短小纤维；采用纤维素酶抛光整理，可有效去除织物表面绒毛，使织物光洁、柔软、膨松，并可减少打光起球现象；另外，纤维素酶进行仿旧整理是纤维素酶最成功的应用，通过纤维素酶对织物纤维表面的剥蚀作用，以便达到磨损织物表面、剥离染料，产生水洗石磨外观效果，并可有效解决浮石水洗整理中存在的问题，进而提高加工质量及生产效率，减少环境污染以及对织物（缝线、边角和标记）的损伤，并使织物具有柔软性和悬垂性，尤其适合于较轻薄织物的加工。

在棉织物、棉麻织物等纺织原料的加工过程中，通常采用碱性果胶酶精炼处理来去除棉纤维中的蜡质、果胶和蛋白质，并对次生层进行改性，以达到有效去除纤维表面的杂质和有色物质、获得均匀染色、提高亲水性和柔软性等织物服用性能。

脂肪酶可用于绢纺原料的脱脂处理；可用作羊毛洗毛的助洗剂，能去除羊毛附生的杂质及脂蜡，使羊毛获得可纺性；对棉织物进行精炼处理，能有效去除棉的脂蜡。

漆酶是一种氧化还原酶，已应用于牛仔服装仿旧整理，可得到古朴柔和、光洁平整的织物。利用葡萄糖氧化酶对织物进行漂白整理，有利于过氧化氢的产生，无须再添加过氧化氢稳定剂，并可使处理后的织物具有良好的手感。为了提高纺织品染色的性能和质量，纺织品在染色前，可采用过氧化氢酶去除织物漂白后残留在纺织原料中的漂白剂过氧化氢。

天然蚕丝的主要成分是不溶于水的有光泽的丝蛋白，其表面有一层丝胶包裹着，在丝绸制作过程中，必须进行脱胶处理，即将表面的丝胶除去，以提高丝的质量。采用胰蛋白酶、木瓜蛋白酶或微生物蛋白酶处理，可在比较温和的条件下催化丝胶蛋白水解，进行生丝脱胶，从而使生丝的质量得到显著提高，并可使成品柔和润滑、光泽鲜艳。

羊毛表面常有由蛋白质堆积而成的鳞垢，为了提高羊毛着色效果，在染色之前，羊毛表面的蛋白质必须除去。目前，在毛纺织业中，多采用枯草杆菌蛋白酶或其他适宜的蛋白酶处理羊毛，不但可有效去除羊毛表面的鳞垢， 而且可使毛料具有可机洗、抗起球起毛、防缩水等优点，并可降低染色温度，进而有效提高了羊毛的着色率和毛制品的质量。

9.4.1.3 制革原料的处理及加工

猪、牛、羊等动物的皮需经过脱毛、软化等处理后方可进一步鞣制成革。传统的脱毛方法多采用石灰和硫酸钠溶液浸渍，不仅时间长、工序多、劳动强度大、成革质量差，而且对环境污染较为严重。目前普遍采用微生物源碱性或中性蛋白酶进行酶法脱毛处理，不仅可有效水解除去皮内的白蛋白、球蛋白和多糖等，降低纤维的黏结性，促进水的渗透，缩短浸水过程，提高脱毛效率；而且有利于胶原纤维的松散，增强成革的柔软度和丰满度。国内制革企业常采用胰酶和中性蛋白酶软化原料皮，以除去原料皮上黏附的油脂和污垢等，并使成革具有柔软、富有弹性、粒面光滑等特点，从而提高皮革制品的质量。

9.4.1.4 造纸原料的处理及制浆

造纸原料的纤维中含有大量木质素，若不除去则易引起纸变成黄褐色，降低强度，严重影响纸制品的质量。传统方法多采用碱法制浆除去木质素，易造成严重的环境污染；而使用木质素酶处理不仅可有效除去木质素，而且可提高纸的质量、减轻环境污染程度。

传统的纸浆漂白或回收废纸脱墨多采用化学漂白剂（氯或氯化物等），不但费用较高，而且废液含有大量的有毒的、致癌的氯化有机物（如三氯甲烷、各种氯代酚、二噁英等），并会对人类环境造成极大威胁。采用木聚糖酶、半纤维素酶、木质素过氧化物酶、脂肪酶、漆酶等进行漂白和脱污，不仅可降低生产成本、减轻环境污染程度，而且可使纸的强度和光洁度得到明显改善。另外，酶在去除腐浆、树脂、树皮、纤维束浆块，以及改善纤维性质等方面也得到一定应用。

9.4.2 在轻化工产品生产方面的应用

利用酶的催化作用可将原料转变为人类生活或生产所需的工业产品，也可利用酶的催化作用除去某些不需要的物质而得到所需的产品。

9.4.2.1 L-氨基酸的酶法生产

L-氨基酸在医药、食品以及其他工农业领域的应用日趋广泛。利用酶或固定化酶的催化作用，可以将底物转化为 L-氨基酸，或将 DL-氨基酸光学拆分而生产 L-氨基酸。

目前已有多种酶用于 L-氨基酸的工业生产，其中有些已采用固定化酶进行工业化连续生产。例如，固定化氨基酰化酶已广泛应用于连续拆分 *N*-酰基-DL-甲硫氨酸生产 L-甲硫氨酸；利用固定化大肠杆菌菌体的天冬氨酸酶可将延胡索酸氨基化而连续生产 L-天冬氨酸；以及利用固定化假单胞菌菌体的天冬氨酸脱羧酶可将 L-天冬氨酸的 4-位羧基脱去而连续生产 L-丙氨酸。

9.4.2.2 核苷酸的酶法生产

核苷酸在食品和医药等方面具有重要的用途，可利用多种酶进行生产。目前，可利用来自橘青霉或产黄青霉等微生物的5′-磷酸二酯酶水解RNA而生产各种5′-核苷酸；通过腺苷酸脱氨酶水解AMP生成肌苷酸；利用核苷酸磷酸化酶催化AMP生成ADP和ATP；利用核苷磷酸化酶催化肌苷或鸟苷而分别生成5′-肌苷酸和5′-鸟苷酸。

9.4.2.3 化工原料的酶法生产

以往许多化工原料的生产多采用化学合成法，需要在高温高压的条件下进行，存在着设备要求高、投资大、费用高、工艺复杂、环境污染严重等缺点。根据酶作用条件温和等显著特点，可利用酶催化技术在常温常压条件下生产化工原料，简化工艺、降低设备投资及生产成本、提高转化效率及产品纯度、减少环境污染。目前，酶催化技术已广泛应用于许多化工原料的生产，如利用腈水合酶催化腈类化合物加水合成丙烯酰胺、烟酰胺、5-腈基苯戊胺等重要化工原料。

9.4.2.4 功能性高分子材料的酶法生产

功能性高分子材料是指对物质、能量和信息具有传输、转换或贮存作用的高分子及其复合材料。例如，利用酪氨酸氧化酶直接在玻璃基板上聚合多巴胺，可得到具有导电性能的聚吡咯薄膜，可用于生物传感器的制作；利用辣根过氧化物酶可催化酚类及芳香胺类聚合物的合成，可代替酚醛树脂以消除甲醛对环境造成的污染，或制备成具有导电性能的纳米材料；利用酶法合成的聚对苯基苯胺，可用于制作发光二极管。

9.4.2.5 木材生物质材料的酶法加工

随着生物技术迅速发展，酶应用于木材生物质材料的研究也引起人们的极大关注，并在环保型生物质纤维木板、生物胶黏剂等方面的研究取得了一定进展。例如，德国、丹麦和我国已采用漆酶处理木纤维，开展酶活化木材生产人造板，得到静曲强度和尺寸稳定性优良的板材料，其性能达到欧洲标准；利用漆酶、过氧化物酶和过氧化氢处理褐腐木素可制成木材生物胶黏剂。另外，果胶酶、半纤维素酶处理木材可提高木材渗透性能。

9.4.2.6 生物表面活性剂的酶法生产

许多糖脂类、氨基酸类、蛋白质类表面活性剂已在日化、食品、药物、石油等工业领域得到了广泛应用。目前，酶法合成技术已广泛应用于甘油单酯类、糖脂类、氨基酸类、磷脂类等生物表面活性剂的生产。例如，利用1,3-特异性脂肪酶催化动植物油类或脂肪的甘油解、水解或醇解反应可得到具有良好乳化性能的甘油单酯类生物表面活性剂，利用脂肪酶催化合成单酰化糖脂，采用糖苷酶催化合成烷基糖苷类生物表面活性剂等。

9.4.2.7 油脂的酶法生产

脂肪酶具有酶促油脂水解、酯交换、酯化、转酯化等作用，目前已广泛应用于油脂产品（如类可可脂、人造奶油、功能性油脂、高质量食用油、精细化工产品等）的生产。脂肪酶可催化天然油脂水解生成脂肪酸、甘油和甘油单酯，利用此反应特性可将廉价的油脂改造成具有食用、医用和工业用途的特殊油脂。例如，通过脂肪酶催化棕榈油中间分提物、乌桕脂或茶子油与硬脂酸或软脂酸的酯交换反应可制造具有特殊风味的类可可脂，可替代可可脂作为巧克力配方的重要成分；利用脂肪酶催化棕榈硬脂酸或动物脂肪与植物油（向日葵油、大豆油、米糠油、可可油）之间的酯交换反应可生产人造奶油；利用对不饱和脂肪酸无作用的脂肪酶水解鱼油可得到富含高营养价值的二十二碳六烯酸（DHA）及二十碳五烯酸（EPA）的鱼油；通过脂肪酶水解食用油可得到富含中链脂肪酸的油脂，该产品可为人体提供平衡的油脂；利用脂肪酶催化甘油三酯水解生产甘油单酯，甘油单酯是一种广泛应用的食品乳化剂；通过酶促菜籽油选择性水解制取可作为重要精细化工原料的芥酸。另外，应用纤维素酶、半纤维素酶、果胶酶等提取植物油，可提高出油率。

9.4.3　在加酶日用工业产品方面的应用

在某些轻工产品中添加一定量的酶，可显著增强产品的使用效果。目前，许多酶已广泛应用于洗涤剂、清洗剂、洁齿用品、护肤品等日用轻化工产品中。

9.4.3.1　加酶洗涤剂

洗涤剂是工业用酶最大的应用领域。通过在洗涤剂中添加适当的酶而形成的加酶洗涤剂，具有去污能力强、对洗涤品损伤轻、可降低洗涤温度以及减少用水量等特点，进而大幅缩短洗涤时间、节约能耗、提高洗涤效果，深受广大使用者的青睐。现已商品化的洗涤剂用酶有碱性蛋白酶、碱性 α-淀粉酶、碱性脂肪酶、碱性纤维素酶等，其中最广泛最大量使用的是碱性蛋白酶；新近开发的洗涤剂用酶如甘露聚糖酶、过氧化物酶、漆酶等也已得到应用。

9.4.3.2　加酶工业清洗剂

工业过滤器出现堵塞问题严重影响正常工业生产。由酶和去污剂组成的加酶工业清洗剂可有效解决工业过滤器堵塞问题，目前许多酶已广泛应用于工业过滤器堵塞的清除。例如，添加胰蛋白酶和木瓜蛋白酶的清洗剂可用于清除乳品过滤器的堵塞；而添加 α-淀粉酶和 β-淀粉酶的清洗剂可用于酵母和谷物过滤器堵塞的清除；添加鼠李糖苷酶、半乳聚糖酶、阿拉伯聚糖酶、半乳甘露聚糖酶、α-淀粉酶或果胶酶的清洗剂可有效清除果汁滤器的堵塞，减少膜清洗时间，增加超滤膜的使用寿命，提高产量，节省能源。此外，加酶工业清洗剂目前在管道及下水道、热交换器以及储罐内外的固形物或膜状覆盖物的清洁中也得到应用。

9.4.3.3　加酶牙膏、牙粉或漱口水

许多研究表明，利用酶的催化作用，将适当的酶添加到牙膏、牙粉或漱口水中，可增加洁齿效果，减少牙垢以及防止龋齿发生。目前，蛋白酶、α-淀粉酶、脂肪酶、右旋糖酐酶和溶菌酶等已添加到牙膏、牙粉及漱口水等洁齿用品中，其中右旋糖酐酶对预防龋齿有显著功效。

9.4.3.4　加酶护肤品

在各种护肤品及化妆品中添加超氧化物歧化酶（SOD）、溶菌酶、弹性蛋白酶、胶原酶、谷胱甘肽过氧化物酶等，可有效地提高护肤效果。其中超氧化物歧化酶具有抗氧化、抗衰老、抗辐射等功效，添加 SOD 的护肤品，可防护紫外线对人体的伤害，消除自由基的影响，减少色素沉积；添加溶菌酶的护肤品，可消除皮肤表面黏附的细菌而达到杀菌消炎的作用；加到护肤品中的弹性蛋白酶，可水解皮肤表面老化或死亡细胞的蛋白质，以增加皮肤表面光洁和弹性效果。

9.5 酶在环保及能源开发领域中的应用

资源 9.5

人类的日常生产和高质量生活与自然环境密切相关，而环境正日益受到来自生产及生活废弃物的严重污染，并呈现出日益恶化的趋势。人们的生产和生活都离不开能源，随着工业化生产的迅速发展和人口的不断增加，势必引起能源的大量消耗，而目前作为主要能源的石油和煤炭属于不可再生资源，大规模开采利用终将会造成其枯竭。为此，环境和能源问题已成为当今举世瞩目的国际重大问题。如何保护和提高环境质量，以及寻找开发新的可再生能源，是人类面临的重大课题。

9.5.1 在环境监测与治理方面的应用

面对日益严峻的全球化环境污染问题，酶与酶工程技术的开发与应用已成为环境生物技术中重要的部分，而酶工程技术与环境工程技术的有机结合，成为环境监测及治理的全新技术手段。

9.5.1.1 在环境监测方面的应用

环境监测是了解环境状况和掌握环境质量变化，可为环境治理提供科学依据，已成为环境保护的一个重要的必不可少的手段或环节。目前，酶已广泛应用于农药污染监测、重金属污染监测、微生物污染监测等方面。

有机磷农药是胆碱酯酶的抑制剂，通过检测胆碱酯酶的活性变化，可判定对象是否受到有机磷农药的污染。20 世纪 50 年代末，Weiss 等已通过检测鱼脑乙酰胆碱酯酶活力受抑制程度来检测水中极低浓度的有机磷农药。目前，胆碱酯酶的活力检测已成为监测有机磷农药污染的一种有效方法。

蛋白磷酸酶活力的变化可用来检测微囊藻毒素含量，最低检出限量可达 0.01mg/L，灵敏度极高，目前已应用于监测水体的富营养化。另外，亚硝酸还原酶可催化亚硝酸还原生成一氧化氮，可利用亚硝酸还原酶检测水中亚硝酸盐浓度。

9.5.1.2 在环境治理方面的应用

1. *废水净化*　生活污水、工业废水、垃圾渗滤液等所造成的水污染问题是目前人类最关心的环境问题。实践证明，酶对这些废水的处理及净化具有高效、快速、成本低、操作安全简便等优点。因此，酶制剂及酶工程技术在废水的处理及净化领域具有广阔的应用前景。

固定化酶、固定化细胞已成功地应用于含有淀粉、蛋白质、脂肪、染料等各种有机物质的生活废水、印染废水、造纸废水的处理。例如，采用固定化酚氧化酶和纳米氧化硅固定化辣根过氧化物酶成功地处理冶金工业产生的含酚废水；采用固定化硝酸还原酶、亚硝酸还原酶和一氧化氮还原酶对含有硝酸盐、亚硝酸盐的地下水或废水进行处理。

农药废水是极难降解的工业废水，因其毒性大、浓度高、组分复杂，已成为现代工业废水治理的难题之一。采用共价结合法将降解对硫磷等 9 种农药的酶，固定在多孔玻璃珠上，所制成的多酶柱可有效处理含有对硫磷的农药废水（去除率可达到 90%以上），且具有处理连续性、成本低廉、能够处理多种农药废水等特点。

2. *石油和工业废油的治理* 石油开采、炼制及运输过程中产生的油泄漏，油脂加工过程中产生的含脂废物，均会对环境造成极大的污染与破坏。

人们常利用假单胞菌、分枝杆菌和分节孢子菌等微生物来降解引起污染的石油，但由于这些微生物在低温海水中繁殖能力低，对污染的石油的降解效果不太理想。利用含有酶及其他成分的复合制剂处理泄漏在海中的石油，可将石油降解成适合微生物的营养成分，促进分解石油的细菌迅速繁殖，可达到有效快速降解石油的目的。

微生物脂肪酶已广泛应用于油脂加工过程中产生的含脂废物以及饮食业产生的废食用油等处理。

3. *臭氧污染的治理* 在臭氧污染治理方面，生物酶可作为臭氧净化剂的成分。例如，新型 FS 复合生物酶，以天然植物提取物的植物酶活力物质为主要成分，复合植物体内多种抗氧化成分，经先进植物提纯和复合技术制作而成。臭氧与它结合时生成 O_2，而臭氧净化剂自身则被氧化成可供植物吸收的成分，且净化剂中的生物酶成分，能催化加速反应，极大提高了臭氧去除效率，同时还具备无色无味、无毒无害、不产生二次污染等优点，广泛适用于城市大气治理、工业园区及周边臭氧超标以及封闭环境中的臭氧污染治理。

9.5.2 在生物质能源开发领域中的应用

9.5.2.1 在燃料乙醇生产中的应用

燃料乙醇是指作为燃料添加到汽油中的乙醇，可部分代替石油，缓解石油资源短缺。以淀粉为原料应用发酵法生产乙醇时，原料淀粉需经 α-淀粉酶和糖化酶水解为单糖，才可被酿酒酵母利用生成乙醇。

目前，乙醇生产的主要原料包括：甘蔗、甜菜、甜高粱等糖料作物和木薯、小麦、马铃薯、玉米等淀粉作物。鉴于这些物质也是人类生活的食物来源以及饲料用粮，因此开发利用纤维素、半纤维素资源等新的乙醇生产原料成为燃料乙醇生产的重要方向。应用纤维素酶和半纤维素酶可将一些含有纤维的农产品废弃物、垃圾或工业低价值副产品（如秸秆、蔗渣、木材加工废物、废弃报纸等）转化为葡萄糖和戊糖，并通过酿酒酵母或运动发酵单胞菌发酵生产乙醇。

9.5.2.2 在生物柴油加工方面的应用

生物柴油是指由动植物油脂与小分子醇类（甲醇或乙醇） 经过酯交换反应而得到的脂肪酸单烷基酯类物质。与石油柴油相比，生物柴油不含芳香烃且含硫量很低，可减少主要污染物的排放；且具有再生性、燃烧充分、润滑性能好、运输与使用安全等优点。由此可见，生物柴油是一种清洁可再生的新型生物能源，具有极大的发展前景。

酶法合成生物柴油就是利用脂肪酶催化动植物油脂与低碳醇间的酯交换反应而生成相应的脂肪酸酯，该法和传统化学催化相比，具有提取纯化工艺简单、设备投资少、反应条件温和、醇用量小、甘油易回收、耗能低、污染小（无废物产生）、对油脂原料要求低等优点，已引起人们的极大关注。可用于催化合成生物柴油的脂肪酶主要有酵母脂肪酶、根霉脂肪酶、毛霉脂肪酶、猪胰脂肪酶等，直接使用游离脂肪酶进行生物柴油生产，存在着分散性差、催化效率低、对短链醇耐受性差、酶使用寿命短、生产成本高等问题。脂肪酶固定化技术因其稳定性高、可重复使用、可有效保留酶活性、易从产品中分离等特点，在生物柴油工业规模生产中取得了可喜进展。例如，利用来源于南极假丝酵母的已固定化的脂肪酶 Novozym435 在无溶剂媒介中成功催化棉籽油醇解，并建立了固定化脂肪酶分步醇解废弃食用油的反应系统；利用大孔树脂和阴离子交换树脂固定化脂肪酶，可催化黄连木籽油转化为生物柴油，产率高达 94%。采用脂肪酶的膜固定化技术，不仅具有其他载体不可比拟的优点，而且膜还可作为酶催化反应的反应界面、接触界面和分离界面；另外，固定有脂肪酶的膜可构成多相酶膜反应器，有利于集酶催化反应、产物分离以及催化剂的回收于一体，进而提高生产效率，在生物柴油的生产中有着广泛的应用前景。

9.5.3 在可生物降解高分子材料开发方面的应用

目前应用于工业、农业、林业、纺织业、包装业、医疗等领域的高分子材料，绝大多数是生物不可降解或不可完全降解的材料，虽可给人们生活和生产带来便利，但使用后可成为固体废弃物，对环境造成严重的影响，已引起人们的普遍关注。因此，研发可生物降解的高分子功能材料，已经成为国内外的重要课题。

可生物降解高分子材料是指在一定条件下可被生物体侵蚀或代谢而降解的材料。基于非水酶学原理酶法合成可生物降解高分子材料兼有化学法和微生物法的优点，既可克服微生物法代谢产物复杂、产物分离困难的缺点，又能弥补传统化学方法的缺陷，且具有高效率、高选择性以及反应条件温和等特点，已逐渐成为开发可生物降解高分子材料的重要途径。目前，酶法合成技术已成功应用在聚酯类、聚糖酯类、聚酰胺类等可生物降解高分子材料的生产中，如利用脂肪酶的催化作用合成聚酯类物质、聚糖酯类物质（如聚糖酯胶）；利用蛋白酶或脂肪酶合成多肽类或聚酰胺类物质等。

9.6 酶在分子生物技术研究领域中的应用

资源 9.6

生物技术是以生物体及其代谢产物为主要研究对象，主要包括基因工程、蛋白质工程、代谢工程、细胞工程、酶工程和发酵工程等方面内容；而作为生物催化剂的酶在生物体及其代谢过程中是必不可少的。其中，酶在分子生物技术研究中起着关键性作用，主要包括酶在除去细胞壁、生物大分子切割、分子拼接、基因编辑和逆转录等方面的应用。

9.6.1 在去除细胞壁方面的应用

由于微生物及植物的细胞表层都含有坚韧的细胞壁，无论在制备 DNA、RNA、蛋白质还是原生质体或提取胞内某些稳定性较差的活性物质时，都需要事先去除细胞壁。通常情况下，可根据不同细胞结构以及不同细胞壁组分，选择合适的酶去除细胞壁。

9.6.1.1 细菌细胞壁的去除

细菌细胞壁主要成分是肽聚糖，溶菌酶可催化绝大多数革兰氏阳性细菌细胞壁的分解，而对于还含有一层脂多糖的革兰氏阴性菌则需由溶菌酶和 EDTA 共同作用方可有效除去细胞壁。

9.6.1.2 霉菌细胞壁的去除

不同种属的霉菌，其细胞壁结构和组分差异较大。毛霉、根霉等霉菌的细胞壁主要由几丁质和壳多糖等多种物质组成，破壁时主要采用放线菌或细菌产生的壳多糖酶、几丁质酶及蛋白质酶等多种酶的混合物；而对于细胞壁的主要成分为几丁质和β-葡聚糖等的米曲霉、黑曲霉和青霉等霉菌，其细胞壁的破除主要采用β-1,3-葡聚糖酶和几丁质酶的混合物。

9.6.1.3 酵母细胞壁的去除

酵母的细胞壁分为两层，外层由磷酸甘露糖和蛋白质组成，内层由β-葡聚糖构成细胞壁的骨架。因此，为了使酵母细胞壁的内外两层同时被除去，一般采用β-葡聚糖酶与磷酸甘露糖酶及蛋白酶的联合作用。

9.6.1.4 植物细胞壁的去除

植物细胞壁主要由纤维素、半纤维素、木质素和果胶等组成，因此用于破除植物细胞壁的酶主要由纤维素酶、半纤维素酶和果胶酶等组成。

9.6.2 在大分子切割方面的应用

基因工程操作时，常涉及DNA、RNA等生物大分子。在许多情况下，为了一些研究目的，往往需要借助于具有专一性的各种相关水解酶在特定的位点上将大分子切割成较小的分子或片段。目前，用于DNA、RNA等生物大分子定点水解的酶很多，其中限制性核酸内切酶、DNA外切核酸酶、碱性磷酸酶、自我剪接酶、RNA剪切酶等已是基因工程中大分子切割必不可少的工具酶。

9.6.2.1 限制性核酸内切酶

限制性核酸内切酶是一类主要来源于原核生物、具有高度专一性、能够识别DNA的特异序列并在识别位点或周围切割双链DNA的一类内切酶。目前已找到的限制性内切酶有数千种，许多酶广泛应用于各种DNA分子的体外重组、限制酶谱的绘制、基因的亚克隆分析、基因和染色体结构的分析、基因的体外突变等研究，已成为基因工程最重要的工具酶。

9.6.2.2 DNA外切核酸酶

DNA外切核酸酶是一类从DNA分子末端开始逐个去除末端核苷酸的酶，在基因工程中主要用于载体或基因片段的切割加工。

9.6.2.3 碱性磷酸酶

碱性磷酸酶具有除去DNA或RNA链中的5′-磷酸的功能。在基因工程操作中，为了防止质粒DNA的自我环化或便于使用 ^{32}P 对DNA或RNA进行5′端标记，常使用该酶来除去5′-磷酸。

9.6.2.4 核酸酶S1

核酸酶S1作用于单链DNA或RNA。在基因工程中，该酶主要用于去除具有单链末端的DNA分子中单链部分，便于形成平整末端的双链DNA；或去除以mRNA为模板合成互补DNA（cDNA）时所形成的“发夹环”。

9.6.2.5 新型核酸内切酶

目前最常用的基因修饰技术有 ZFN、TALEN 和 CRISPR/Cas9。锌指核酸酶（zinc finger nuclease，ZFN）由一系列锌指蛋白和 *Fok* I 核酸内切酶构成，两个 ZFN 分别结合到靶序列后，激活 *Fok* I 使 DNA 特定位点产生双链断裂。转录激活因子样效应物核酸酶（transcription activator-like effector nuclease，TALEN）由 TALE 蛋白和 *Fok* I 核酸内切酶组成，利用转录激活因子样效应物（transcription activator-like effector，TALE）的序列模块，可组装成特异结合任意 DNA 序列的模块化组合蛋白，从而达到识别内源性基因的目的。CRISPR/Cas9 是由成簇规律间隔短回文重复（clustered regulatory interspaced short palindromic repeat，CRISPR）序列和 Cas9（CRISPR-associated protein 9）组成，Cas9 为 RNA 引导核酸内切酶，在导向 RNA 的指引下，在完整基因组上的特定位点完成切割反应，同时 CRISPR/Cas9 的切割也依赖于导向 RNA 和基因组特定位点 5′端的前间区序列邻近基序（protospacer adjacent motif，PAM）结构。

9.6.3 在分子拼接方面的应用

在基因扩增、DNA 体外重组、DNA 损伤修复、DNA 标记检测、RNA 加工成熟等研究过程中，往往需要使用一些具有分子拼接能力的酶，其中 DNA 连接酶、DNA 聚合酶、逆转录酶、自我剪接酶等已成为 RNA 或 DNA 分子拼接的主要工具酶。

9.6.3.1 DNA 连接酶

DNA 连接酶是一类能催化 DNA 片段的 5′-磷酸基与另一 DNA 片段的 3′-OH 生成磷酸二酯键，进而使双链 DNA 的缺口封闭的酶。在基因工程中较为常用的是 T4 DNA 连接酶。

9.6.3.2 DNA 聚合酶

DNA 聚合酶是一类在 DNA 的复制及损伤修复中发挥重要作用的酶。在基因工程操作中，DNA 聚合酶主要用于通过聚合酶链反应技术而进行基因扩增。

9.6.3.3 末端脱氧核苷酸转移酶

末端脱氧核苷酸转移酶主要作用是向 DNA 的 3′-OH 端转移脱氧核苷酸。在基因工程中，可利用该酶催化 DNA 片段加上一段同聚体而形成附加末端；或对脱氧核苷酸的 3′端进行 ^{32}P 或荧光标记，以便于 DNA 的分离检测。

9.6.4 在基因编辑和逆转录方面的应用

9.6.4.1 基因编辑

基因编辑是一种对生物体基因组特定位点进行修饰或改变的有效技术。真核生物中的基因编辑技术所涉及的可编程核酸内切酶大体可分为三类：Cas 核酸酶、锌指核酸酶（ZFN）和转录激活因子样效应物核酸酶（TALEN），其中 Cas 核酸酶是 RNA 引导的核酸内切酶，由 CRISPR 位点转录而来的引导 RNA 和 *cas* 基因所表达的蛋白组成，其靶点识别特异依赖于 RNA 与 DNA/RNA 中的碱基互补配对，具有稳定高效的特点。目前较为常用的 Cas 核酸酶主要包括 Cas9、Cas12、Cas13 和 Cas14 等。

CRISPR/Cas 系统是原核生物抵御病毒感染或噬菌体入侵产生的一种适应性免疫系统，具有引导 RNA 的可编程特性和 Cas 核酸内切酶在多种细胞和组织中的明显活性，广泛应用于各种基因编辑研究。CRISPR/Cas 系统主要包括 3 种类型（Ⅰ型、Ⅱ型和Ⅲ型）。2012 年首次建立了属于Ⅱ型的 CRISPR/Cas9 基因编辑技术，可利用单链向导 RNA（single-guide RNA，sgRNA）序列和 Cas9 核酸内切酶进行基因编辑，是一种基于 RNA 引导核酸内切酶的新型基因组编辑技术，被认为是 21 世纪最重要的生物学技术发现之一，随后 CRISPR/Cas 系统不断得到优化升级，目前已成为分子生物学领域重要的基因编辑工具，在生命科学、生物医学和农业以及工业微生物改造等领域展现出巨大的应用前景，尤其值得一提的是该系统可为恶性肿瘤筛查和潜在治疗靶点发现以及临床治疗提供有效而全新的策略。

目前，基于 CRISPR/Cas 系统的一些衍生技术，包括基因转录调控工具、碱基编辑器、Prime 编辑器以及 CRISPR 相关转座系统（CAST）也显示出一定的应用潜力。

9.6.4.2　逆转录

逆转录是以 mRNA 为模板，利用逆转录酶在体外人工条件下实现 DNA 生物合成的一种特殊技术。目前常用的逆转录酶有 AMV 逆转录酶和 MMLV 逆转录酶。

为了研究 RNA 的功能，通常需要通过逆转录过程将 RNA 转化为更稳定的互补 DNA（cDNA），逆转录广泛应用于目的基因分子克隆、功能基因表达检测（如 RT-PCR 和 qRT-PCR）和测序分析等领域。因此，逆转录过程是许多 RNA 研究流程的关键步骤。

9.7　核酶的应用

核酶是具有生物催化功能的核酸，包括酶性 RNA（核酶，ribozyme）和酶性 DNA（脱氧核酶，deoxyribozyme），它的化学本质是核酸，但同时具有酶的特异性催化作用。核酶可以特异结合靶 RNA 或靶 DNA，对遗传信息分子 DNA 和 RNA 具有封闭和切割双重作用，因而有“基因剪刀”之称。治疗性核酶通过利用核酶对关键靶 mRNA 的封闭、切割或其他作用而达到基因治疗目的。

核酶作为一种遗传信息药物，在肿瘤基因治疗中必将日益受到重视。核酶可以通过化学合成，也可以通过载体在体内持久或瞬时转染后表达。因此，它极有可能发展为基因治疗的药物或者研究基因功能的有力的工具，用于抑制细胞内遗传缺陷基因及肿瘤基因等不良基因的表达，为基因治疗提供一条可行的途径，具有美好的前景。

9.7.1　抗 HIV 感染

人类免疫缺陷病毒（human immunodeficiency virus，HIV）是引起获得性免疫缺陷综合征（acquired immunodeficiency syndrome，AIDS）的致病因子，是一种逆转录病毒，由单股 RNA 链组成，包括 HIV-1 和 HIV-2 两种类型，其中 HIV-1 是引起艾滋病的主要病原。HIV 基因组含 *gag*、*pol* 和 *env* 3 个结构基因，以及至少 6 个调控基因（*tat*、*rev*、*nef*、*vif*、*vpu* 和 *vpr*），并在其 5′端和 3′端各含有长末端重复序列（long terminal repeat，LTR），特别是 5′端引导序列对各种类型 HIV 的 RNA 转录和翻译都有着重要作用，通过竞争结合高度保守的引物结合序列 PBS

位点可以抑制 HIV 的复制和转录。

20 世纪 90 年代初，人们发现核酶能够有效抑制 HIV-1 在培养细胞中的繁殖。核酶可以特异性结合 HIV 病毒靶分子，并作用于多个靶 mRNA 分子，使其裂解，而又不影响宿主细胞的 RNA。

人 CCR5 蛋白质是 HIV-1 病毒进入细胞的主要通道，而只要利用核酶将其 CCR5 蛋白质的 mRNA（CCR5 mRNA 和 CCR5 pre-mRNA）进行切割，就能干预 HIV-1 病毒与宿主细胞的识别；若病毒基因组 RNA 能够进入靶细胞，核酶也可在其进行逆转录时对其进行切割；也可用核酶在病毒 mRNA 翻译成病毒蛋白之前及翻译阶段或在病毒基因组 RNA 包装过程对其进行切割。因此 HIV-1 病毒不管处在识别、转录、翻译及包装中哪个阶段，都可利用核酶对其进行切割。

经过设计的外导序列分子通过诱导核酶 P（RNase P）在体外切割 HIV 的 RNA 序列，还可以在感染 HIV 的细胞内抑制 HIV 病毒的复制。Zeng 等报道了利用 RNase P 的突变体 V38-TAT 对 HIV-1 进行切割时，发现其在体外切割 HIV-1 的 *tat* 的 RNA 序列的活性比野生型核酶高 20 倍，而在表达该核酶突变体的细胞中，也能有效降低 HIV-1 核心蛋白 p24 的表达量和病毒 RNA 水平。HIV-1 病毒的 *tat* 基因是一种反式激活基因，对 HIV 的复制起着至关重要的作用。Konopka 等针对 *tat* 基因的编码区设计出了可以有效抑制 HIV-1 mRNA 复制的锤头状核酶 Rz2。

核酶还曾被用来切割过 HIV-1 的其他一些功能片段，包括 RNA 编码区的基因片段和非编码区的信号序列以及 5′和 3′长末端重复区等。HIV 的长末端重复序列参与病毒蛋白生成的调节。当 HIV 病毒感染人体细胞后，需要一些特定的激活因子作用于 HIV 前病毒 LTR 区，HIV 病毒蛋白表达才能被启动。因此，利用特异性核酶在细胞内攻击 HIV-1 病毒 LTR 的 mRNA，可以明显降低细胞内 HIV-1 病毒蛋白的表达水平，从而抑制病毒的复制。Koizumi 等设计了 3 种核酶，分别导入 CEM 细胞系中，特异性地切割 HIV-1 病毒 LTR 区 RNA 的 U5 区，结果显示此 3 种核酶具有抗 HIV-1 mRNA 的作用。短发夹 RNA（short hairpin RNA，shRNA）可通过 RNA 干扰（RNA interference, RNAi）机制诱导基因沉默。Herrera-Carrillo 等设计出了具有抗 HIV 活性的 AgoshRNA，在其转录的 3′端插入了丁型肝炎病毒（HDV）核酶，能显著提高抗病毒活性。

9.7.2 抗肝炎病毒感染

乙型肝炎的致病因子 HBV 属嗜肝性 DNA 病毒，其基因组大小为 3.2kb，是一种部分双链的环状 DNA。目前已确定 HBV 的基因组 DNA 有 4 个主要的开放阅读框，分别负责编码核心抗原（preC/C）、核酸聚合酶（P）、表面抗原（preS/S）和 X 蛋白（X）。HBV 基因组 DNA 的复制过程是首先以自身为模板转录成前基因组 RNA（pgRNA），然后再以 pgRNA 为模板逆转录成 DNA。

核酶对 HBV 的特异性作用主要是抑制 HBV 的复制，从而达到防治乙型肝炎的目的。Birikh 等研究发现，可以用从同一 DNA 模板转录得到的 3 条核酶同时对 HBV 的 RNA 进行介导切割。这种多核酶的表达将有助于对抗病毒目标序列的高变异。Aoki 等针对 HBVayw 株 P 基因 5′端 2360 位点设计合成了核酶 RCP，RCP 的作用底物为 P 基因的翻译起始区（2140～2422 区段）。研究结果证明，针对 P 基因 5′端的核酶 RCP 对 HbsAg 和 HbeAg 的表达有一定程度的抑制作用。针对 HBV 的 3 个靶点（S、X 和 C 的基因），Dai 等利用重组 HDV 核酶对其进行靶定，HBsAg RNA 的表达大大降低，说明其对 HBV 治疗的有效性，为靶向抗病毒基因治疗提供了基础。

据世卫组织估计，2022 年全球 5000 万人患有丙型肝炎。丙型肝炎病毒 HCV 的 *NS3* 基因能编码 HCV 复制所需的解旋酶和蛋白酶，Ryoo 等发现利用细胞穿透肽修饰的氧化铁纳米粒子与脱氧核酶结合，在不引起免疫反应和细胞毒性的基础上，能够对 *NS3* 基因进行有效的敲除，在丙型肝炎治疗中起到辅助作用。

9.7.3 肿瘤治疗

核酶能特异性识别并催化切割肿瘤细胞的 mRNA，从而调控或阻断肿瘤基因的表达，进而抑制肿瘤细胞恶性增殖并诱导其分化和凋亡。脱氧核酶在抑制肿瘤相关基因表达方面显示出巨大潜力。目前，脱氧核酶介导的肿瘤治疗的靶基因主要有肿瘤相关激酶基因、血管生长相关因子、细胞凋亡和转移因子等。

10-23 型脱氧核酶是基因治疗中常用的脱氧核酶类型，既具有催化 RNA 底物裂解的能力，又兼具设计的灵活性。c-Jun 的高表达与肿瘤增生以及组织血管过度生成有着直接的联系，是一个具有潜力的治疗靶点。为降低 c-Jun 的表达，研究人员针对 c-Jun mRNA 的序列，设计出脱氧核酶 Dz13，其能够切割 c-Jun mRNA，从而下调 c-Jun 的表达，能有效诱导肿瘤细胞凋亡。

核酶不但可以对肿瘤细胞本身起作用，还可以影响肿瘤细胞的转移。目前认为，肿瘤的转移依赖于新血管的生成，一种血管内皮生长因子（VEGF）是肿瘤相关性新血管形成的重要诱发因子之一。因此，用抗 VEGF 的核酶来抑制 VEGF 的表达，可以抑制肿瘤细胞的生长和转移。此外，也可以通过用核酶攻击 VEGF 受体的 mRNA 来阻碍 VEGF 与其受体结合，以抑制 VEGF 功能的发挥，进而抑制体内实质性肿瘤的生长和转移。Morino 等将抗 VEGF 的核酶转入肝癌细胞，发现抗 VEGF 核酶可抑制 VEGF 蛋白的表达。Ciafre 等针对 VEGF mRNA 设计的锤头状核酶，导入肿瘤细胞，发现 VEGF 的表达下降了 56%左右。基质金属蛋白酶（matrix metalloproteinase，MMP）属于锌蛋白酶超家族成员，参与细胞外基质（ECM）降解等多种生物学过程，其中 MMP-9 被认为是一种潜在的生物标志物，其过表达可见于多种肿瘤，包括非小细胞肺癌（NSCLC）和结直肠癌、宫颈癌和乳腺癌等。Yang 等合成了 MMP-9 DNAzyme 并转染到 NSCLC 细胞系（A549）中，能下调 MMP-9 的表达，从而抑制细胞增殖、黏附和转移。Zhang 等利用 DRz1 处理肝癌细胞系（SMMC-7721）后，胰岛素样生长因子Ⅱ（IFG-Ⅱ）表达量下调，而 IFG-Ⅱ水平与许多类型的癌症有关，同时也下调 VEGF 和 MMP-9 的表达，从而抑制了癌细胞的侵袭和运动能力。早期生长应答因子-1（early growth response-1，Egr-1）与血管形成有关，Egr-1-ED5 DNAzyme 能通过阻断血管生成抑制人乳腺癌细胞 MCF-7 生长。Egr-1-DzF 则是另一种 DNAzyme，在体内对乳腺癌实体瘤的生长具有显著的序列特异性抑制作用。Egr-1 DNAzyme 抑制血管生成的能力表明了小分子基因靶向药剂作为癌症治疗药物的可行性。

在白血病的治疗中，核酶也有着广泛的应用空间。*bcr-abl* 融合基因可以编码一种具有异常蛋白酪氨酸激酶活性的 p210 蛋白，这是导致慢性髓细胞性白血病（chronic myelogenous leukemia，CML）发生的主要原因。Daley 等在 *bcr-abl* 融合基因 cDNA 序列的融合位点的上游第−296bp、−1bp 及下游 15bp 处分别设计 3 个相邻的锤头状核酶基因及侧翼序列。研究结果显示，针对 *bcr-abl* 融合基因不同位点的这三个核酶都可以特异性结合到融合基因 mRNA 相应位点。经过多步基因重组后，3 个单核酶可以按相应顺序定向克隆到 pDES 载体中，成功构建了单核酶重组载体 pDES-RZ1，双核酶载体 pDES-RZ12 以及三核酶切割载体 pDES-RZ123。这三种核酶的联合作用显著提高了核酶切割效率，从而抑制融合蛋白的激酶活性。

端粒酶（telomerase）是一种核蛋白逆转录酶，由 RNA 和蛋白质组成，可以延长缩短的端粒，从而增强体外细胞的增殖能力，一般在人类大多数肿瘤细胞中都有表达，而在体细胞中未见表达。因此，端粒与端粒酶的异常有可能与肿瘤的发生密切相关；抑制端粒酶活性可以作为一种抗肿瘤治疗的新方法。人类的端粒酶主要由人端粒酶 RNA（human telomerase RNA，hTR）亚单位、人端粒酶逆转录酶（human telomerase reverse transcriptase，hTERT）亚单位、端粒酶相关蛋白 1（telomerase-associated protein 1，TEP1）亚单位组成。人类的端粒酶主要以 hTR 和 hTERT 为底物合成端粒系列，使之维持一定长度，从而使细胞永生。Zhao 等制备针对 hTR 的锤头状核酶，并将此核酶导入鼻咽癌细胞，显示转染核酶的细胞增殖指数明显低于对照组，进一步实验发现该核酶可以诱导细胞凋亡的发生。日本科学家分别针对 hTR 区域和 hTERT mRNA 5′ 端下游的 13 个核苷酸设计了 36-Rz 和 13-Rz，并转染到子宫内膜癌细胞系，发现能够明显抑制端粒酶的活性。核酶转入肿瘤细胞后，由于端粒酶亚单位（hTR 和 hTERT）被特异切割，使端粒酶活性明显降低，肿瘤细胞增殖变慢，肿瘤细胞倍增时间延长。Won 等和 Kim 等报道了反式剪接核酶选择性地在 hTERT 阳性但 miR-181a 表达阴性的癌细胞系中诱导细胞毒性，导致在肝癌源脾内癌变的小鼠中 hTERT 阳性的肝脏肿瘤细胞的减少。靶向 hTERT 的反式剪接核酶的腺病毒递送目前已在国外进行 I 期临床试验，因此针对端粒酶亚单位的核酶成为一种很有潜力的端粒酶抑制剂，并在肿瘤生长的抑制中发挥作用。

9.7.4 其他

对于临床上经常遇到的同种异型骨髓移植的移植排斥反应，核酶也有着应用空间。啮齿类动物模型中的穿孔素（perforin）和 Fas 配体（Fas ligand，FasL）诱导了移植排斥反应。Du 等构建了两种锤头状核酶，可以在 CTLL-2 细胞中高效切割靶标穿孔素和 FasL 的 RNA，使穿孔素和 FasL 的表达明显降低。

核酶在生物传感技术方面的应用前景也非常广阔。Wang 等报道了检测 N^6-甲基腺苷去甲基化酶（m^6A demethylase）活性的无标记脱氧核酶生物传感器。当一个重要的 m^6A 去甲基化酶——脂肪量和肥胖相关蛋白（fat mass and obesity-associated protein）存在时，m^6A 基团被特异性去甲基化，DNAzyme 的裂解活性得以恢复，使得裂解产物能与硫磺素 T（thioflavin T，ThT）结合产生荧光信号，从而为抑制剂筛选提供了便捷的途径。Zhao 等设计了一种基于酶辅助多重扩增和脱氧核酶驱动 DNA walker 的新型电化学发光生物传感器，实现对癌胚抗原的高灵敏度检测。El-Deeb 等利用 10-23 脱氧核酶开发了 SARS-CoV-2 的家用检测系统。Kirichenko 等报道了基于 10-23 脱氧核酶的生物传感器，在 37℃、pH 7.5、Mg^{2+}存在条件下，对人畜共患的 RNA 病毒——尼帕病毒（Nipah virus）实现最低限 10nmol/L 的检测。Reed 等报道了对病毒 RNA 基于核酸序列扩增（nucleic acid sequence-based amplification，NASBA）方法，通过脱氧核酶级联反应组成可视化的脱氧核酶探针监测寨卡病毒（Zika virus）的试验系统，可选择性区分寨卡病毒和与其密切相关的登革病毒及西尼罗病毒。Carter 等设计了一种反式剪接核酶，以登革病毒（dengue virus，DENV）共有的高度保守 5′→3′环化序列（cyclization sequence，CS）区的第 143 位尿苷为靶点，在 DENV 感染时，该酶能反式剪接所有 DENV 血清型的 5′CS 区，诱导细胞凋亡。

人体内的 Cu^{2+}究竟是代谢的必需元素还是器官分泌的毒素，取决于微量水平上的细微浓度差异。Dou 等报道了一种整合了 DNAzyme 和单粒子等离子体的 Cu^{2+}特异性生物传感器能实现 0.082nmol/L 的检出限。Li 等利用纳米金-脱氧核酶探针在细胞内检测 Cu^{2+}和 Zn^{2+}。Wen 等利用氧化石墨烯对单双链 DNA 的吸附能力不同，设计了一种 DNAzyme 荧光探针，用于 Pb^{2+}检测。

Yousefi 等研发了将大肠杆菌特异性的荧光 RNA 切割型脱氧核酶探针（RFD-EC1）微阵列共价连接到食品包装的环烯烃聚合物膜上，可以在肉类和苹果汁中检测浓度低至 10^3CFU/mL 的大肠杆菌，同时这种传感器在检测细菌时，仍然附着在食品包装上，无须破坏样品，可以实现实时病原体检测。Wang 等开发了一种基于搅拌棒富集和 DNAzyme 的超灵敏微流控免疫传感器，能实现对金黄色葡萄球菌的即时检测。

GTP 在细胞的许多生物过程起着重要作用，而细胞内的 GTP 水平也与特定的病理状态密切相关。Hu 等报道了一个名为 DK2 的脱氧核酶，并建立了基于 DK2 的自磷酸化和 λ 核酸外切酶特异性水解机制的新型无标记荧光检测方法，可以简单准确灵敏地检测 GTP。Du 等以血红素-G 四聚体复合物为传感元件，与磁性纳米颗粒（magnetic nanoparticle，MNP）相结合，报道了一种在 3,3,5,5-四甲基联苯胺硫酸盐（TMB）-H_2O_2 反应体系中检测可卡因的简单灵敏的基于 DNAzyme 的比色传感器。

脱氧核酶生物传感器对温度变化的敏感度较低，易于使用且成本低廉，具有较高的目标序列选择性和催化活性。基于 DNAzyme 的生物传感器在致病菌检测、真菌毒素检测、重金属检测和农药检测等方面的应用已经有许多报道，有望实现商业化。

9.8　酶抑制剂的应用

凡是能作用于酶，并可引起酶催化反应速率降低的物质称为酶的抑制剂。酶抑制剂主要来源于植物、微生物和化学合成。从 20 世纪 60 年代初至今，已设计开发 100 多种有重要应用价值的酶抑制剂，并在人类疾病的治疗、蛋白质及多肽类药物口服制剂的研制、新药的筛选与开发、抗病虫植物新品种的培育、肥料及饲料的添加剂、食品的加工生产等各个方面得到了广泛应用，取得了重大进展。目前，酶抑制剂是药物研发的重点。

9.8.1　在医学领域中的应用

生物体内的新陈代谢是完整统一的体系，涉及众多复杂而有规律的酶促反应，酶是细胞代谢最关键的调节元件，而每一种酶都有一些特定的抑制剂。酶抑制剂在医学领域中应用的代表就是作为疾病治疗的药物以及利用酶标药物设计技术进行新药开发。

9.8.1.1　在疾病治疗方面的应用

许多科学研究和实践证明，酶的抑制剂可抑制人体内与某种疾病有关的专一酶活性，使得相关代谢途径受到阻断，导致代谢中间产物含量的变化，从而达到有效减缓一些病态发生或治疗疾病的目的。例如，胆固醇合成途径关键性调控酶（β-羟基-β-甲基戊二酰辅酶 A 还原酶）受到抑制后即可降低血液中的胆固醇浓度，从而减缓高胆固醇症发生。由此可见，酶抑制剂可有效作为治疗疾病的药物。目前，如阿糖胞苷、氧肟酸类化合物、氧青霉烷类、别嘌呤醇、γ-乙烯代氨基丁酸、巯甲丙脯酸、乙酰水杨酸等多种酶抑制剂已作为药物广泛应用于疾病治疗（表 9.6）。

表 9.6　酶抑制剂在疾病治疗方面的应用

抑制剂	靶标酶	作用机制	用途
氧肟酸类化合物	脲酶	竞争性抑制	防止或减少肾结石
阿糖胞苷	DNA 聚合酶	竞争性抑制	抗病毒、治疗急性非淋巴白血病
利福平	RNA 聚合酶	竞争性抑制	抗结核病
氟尿嘧啶	胸苷酸合成酶	竞争性抑制	抗肿瘤
非那雄胺	5a-还原酶	竞争性抑制	治疗前列腺增生
康帕丁类及洛伐他汀类化合物	3-羟甲基-3-甲基戊二酰基辅酶 A 还原酶	竞争性抑制	降血脂、防治心血管病
巯甲丙脯酸	血管紧张素转化酶	竞争性抑制	治疗高血压
5-氟脱氧尿苷酸	胸苷酸合成酶	竞争性抑制	抗肿瘤
重组水蛭素	凝血酶	竞争性抑制	治疗血栓
兰美抒	羊毛醇合成酶	竞争性抑制	治疗皮肤癣
氧青霉烷类	β-内酰胺酶	不可逆抑制	抗菌
碘乙酰叶酸衍生物	二氢叶酸还原酶	不可逆抑制	抗菌消炎
乙酰水杨酸	环氧合酶	不可逆抑制	抗菌消炎
沙奎那韦、帕利那韦	HIV 蛋白酶	自杀性抑制	治疗艾滋病
核苷类、非核苷类	逆转录酶	自杀性抑制	抗病毒
别嘌呤醇	黄嘌呤氧化酶	自杀性抑制	治疗痛风病
β-, γ-丙炔基叔胺类	单胺氧化酶	自杀性抑制	治疗高血压
γ-乙烯代氨基丁酸	γ-氨基丁酸转氨酶	自杀性抑制	抗癫痫
奎那唑林类化合物	酪氨酸激酶	自杀性抑制	治疗乳腺癌、卵巢癌等
β-氟代-D-丙氨酸	丙氨酸消旋酶	自杀性抑制	抗菌消炎
反义核苷酸	端粒酶	自杀性抑制	抗肿瘤
去羟肌苷	逆转录酶	自杀性抑制	抗艾滋病
α-二氟甲基多巴	芳香氨基酸脱羧酶	自杀性抑制	治疗帕金森病

9.8.1.2　在蛋白质及多肽类药物口服制剂研制中的应用

随着基因工程技术的迅速发展，利用生物技术生产的蛋白质和多肽类药物不断涌现，但此类药物口服时因胃肠道蛋白酶的作用而造成生物利用度极低且半衰期较短，对慢性疾病的治疗必须长期频繁注射，给患者带来不便。为此，克服胃肠道蛋白酶的作用是解决蛋白质和多肽类药物口服给药的关键。目前，有关蛋白质和多肽类药物非注射途径给药的研究取得了一定进展，并已开发出许多蛋白酶抑制剂。例如，非氨基酸类蛋白酶抑制剂（如甘氨胆酸钠盐、卡莫司他甲磺酸盐等）具有低毒性、可提高胰岛素在胃肠道中的吸收及生物利用度；氨基酸及其衍生物类蛋白酶抑制剂（如硼酸亮氨酸、硼酸丙氨酸、硼酸缬氨酸、*N*-乙酰半胱氨酸等）是氨肽酶的可逆强抑制剂，已进入临床试验；多肽类蛋白酶抑制剂（如卵类黏蛋白及鸡卵白抑制剂、植物源胰蛋白酶抑制剂、人工合成胰蛋白酶抑制剂、抑肽酶等），具有毒性低、抑制活性高、可提高药物的生物利用度等优点，已被广泛用作蛋白质和多肽类口服药物的助剂；修饰化肽类蛋白酶抑制剂（次磷酸盐化的二肽抑制剂、嘌呤霉素、胃抑素、亮肽素、抑糜蛋白酶素、类胰蛋白酶抑制剂）对胃肠道中的蛋白酶（如胰蛋白酶、胰凝乳蛋白酶等）具有较强的抑制效应，其中次磷酸盐化的二肽抑制剂是一种过渡态抑制剂，对氨肽酶具有较强的抑制作用，目前已用作亮氨酸脑啡肽鼻腔给药的稳定剂。

9.8.1.3　在新药的筛选与开发中的应用

传统上人们多以某些化合物对某种疾病有一定治疗作用作为药物设计的依据，大量合成出其类似物，从中进行筛选，存在筛选及测试所需的工作量大、效率低等缺点；而当今人们可根据药物在生物体内可能的作用目标（如酶、受体等）来设计药物，并已成为新药设计的最有效方法之一，已成功应用于酶抑制剂药物的开发，成功事例有：常用降血压药物血管紧张素转化酶抑制剂（巯甲丙脯酸）、治疗 HIV 病毒感染的药物 HIV 蛋白酶抑制剂（沙奎那韦），以及抗菌药物新型青霉素（青霉素酰胺酶抑制剂）等。

9.8.2　在农业及畜牧业领域中的应用

酶抑制剂除了在人类疾病治疗、蛋白质及多肽类药物口服制剂的研制、新药的研发中有着突出的表现外，在农业、畜牧业及食品工业中也得到广泛应用。

9.8.2.1　在农业生产中的应用

1. *脲酶抑制剂可作为肥料添加剂*　脲酶抑制剂可控制脲酶活性，提高尿素利用率。尿素是农业生产中的主要氮肥，但施入土壤后的分解吸收受土壤条件影响较大，一般利用率仅有 30%～40%；而肥料中添加脲酶抑制剂可防止尿素分解损失，延长肥效期，提高氮肥使用效果。许多研究表明，脲酶抑制剂能使尿素利用率提高 10%～20%，使肥效期延长 30～50d。目前，脲酶抑制剂已被我国农业部和科技部列为重点推广项目，且广泛应用于棉花、甘蔗、蔬菜和水稻等农作物。

2. *植物蛋白酶抑制剂的抗病抗虫作用*　蛋白酶抑制剂是一种抑制蛋白酶活性的蛋白质，对许多昆虫的生长发育有明显的抑制作用。许多研究发现，一些存在于植物体内的专一性蛋白酶抑制剂与植物的抗病虫的能力密切相关。为此，人们已尝试利用一些植物蛋白酶抑制剂基因对有价值的农作物和林木的抗病虫能力进行分子遗传改良，并取得了较大进展。自从 1987 年 Hider 等首次将豇豆胰蛋白酶抑制剂基因（*CpTI*）转化到烟草植株中并获得抗虫转基因植物以来，到目前为止，已从大豆、豇豆、水稻、南瓜、玉米、芥菜、马铃薯、番茄、海芋、杨树等多种植物中克隆得到不同蛋白酶抑制剂基因（如胰蛋白酶抑制剂基因、丝氨酸蛋白酶抑制剂基因、巯基蛋白酶抑制剂基因等），并成功地导入到烟草、拟南芥、马铃薯、甘薯、白薯、花椰菜、白菜、油菜、番茄、太阳花、水稻、棉花、苹果、杨树等不同植物中，其中大部分均获得对昆虫具有明显抗性的转基因植株。另外，许多研究表明，植物凝集素是一类糖结合蛋白，实际上是一种α-淀粉酶抑制剂，目前已克隆得到菜豆凝集素（PHA）的基因、雪花莲凝集素（GNA）的基因、豌豆凝集素（P-Lec）的基因、麦胚凝集素（WGA）的基因、半夏凝集素（PTA）的基因，其中 GNA 的基因成功地导入到烟草、番茄、马铃薯等植物中。

3. *酶抑制剂可作为新型农药*　传统的农药如有机磷、氨基甲酸酯类、除虫菊酯类杀虫剂等，对农业生产发挥了重要作用，但对环境也造成严重的污染，而且长期使用还会产生抗药性。因此，基于酶的抑制作用机制开发新型高效低毒绿色农药已日益受到人们的关注。到目前为止，已设计开发出的酶抑制剂类新型农药有：天冬酰胺合成酶抑制剂类除草剂（环庚草醚）、原卟啉原氧化酶抑制剂类除草剂（如 *N*-苯基酞酰亚胺类、嘧啶类、吡唑类、二苯醚类、噁二唑酮类、噁唑啉二酮类、噻二唑类、芳基三唑酮类等）、乙酰胆碱酯酶抑制剂类杀虫剂（三氟甲基酮）以及海藻糖水解酶抑制剂类杀虫杀菌剂（如有效霉素、trehazolin 衍生物等），这些农药已广泛应用于农业生产中。

9.8.2.2 在畜牧业生产中的应用

尿素是反刍动物能够利用的最廉价的氮源，但尿素降解率过高，易引起氨中毒。大量实验结果表明，在反刍动物饲料中添加脲酶抑制剂，不仅可提高饲料利用率和瘤胃内粗饲料的消化速度，节约蛋白质饲料以及降低成本，而且还可避免氨中毒或氨应激，促进动物生理平衡的保持和健康生长，进而提高动物的肉、乳产量；同时添加脲酶抑制剂可减少粪尿中氨的含量，减轻对环境的污染。目前，脲酶抑制剂作为一类特殊的饲料添加剂已在畜牧业发达的美国、以色列、加拿大等国家得到广泛应用，而我国于 20 世纪 90 年代才开始进行脲酶抑制剂在畜牧业方面的应用性研究。

另外，有研究表明，肉仔鸡肠道内的细菌脲酶能水解非蛋白氮而导致肠道氨浓度的提高，进而加快黏膜的更新速度和增大耗氧量，最终发生腹水症而死亡；而饲喂脲酶抑制剂可降低肉鸡腹水症的发病率和死亡率。

9.8.2.3 在食品加工生产中的应用

酶抑制剂不仅可作为一种有力手段，用于控制害虫、治疗疾病以及作为肥料和饲料的添加剂，而且可以利用酶抑制剂抑制食品加工生产中不受欢迎的酶催化反应，以去除某些影响食品营养和品质的物质。目前，酶抑制剂已开始应用在一些食品（如果蔬制品、水产品等）的加工生产中。

1. *在果蔬制品加工生产中的应用* 由于多酚氧化酶的存在，常导致果蔬制品褐变现象的发生，严重影响果蔬制品的营养品质和外观品质。因此，如何有效抑制褐变已成为果蔬制品加工生产过程中必须解决的问题。许多研究表明，半胱氨酸、抗坏血酸、柠檬酸等可食性抑制剂能有效抑制褐变现象的发生，目前已开始应用于一些果蔬汁（如香蕉汁、苹果汁等）的加工生产，如苹果汁中加入 1%抗坏血酸能完全防止褐变。

另外，有些果蔬汁（如柑橘汁、胡萝卜汁）的色泽和风味主要依赖于汁中的浑浊成分，即悬浮于果汁中的各种不溶的微小粒子（主要由果胶、蛋白质、脂肪等构成）；而新鲜的果汁中往往含有果胶酯酶，可使果胶转化成低甲氧基果胶和果胶酸，与果汁中的高价阳离子作用而生成不溶性的果胶酸盐，进而导致浑浊粒子沉降。因此，要生产稳定的浑浊果蔬汁，就必须在加工生产时对果胶酯酶活性进行控制。

2. *在水产品加工生产中的应用* 由组织蛋白酶的存在而引起的鱼、贝、甲壳类等水产品死后发生的肌肉软化，以及甲壳类黑点的形成，已是海产品贮藏加工过程中的严重问题。许多研究发现，在鱼糜制品中加入蛋白酶抑制剂可有效防止肌蛋白的内源蛋白酶所引起的胶凝能力下降的问题，近年来，从马铃薯、牛血浆及鸡蛋清中制得的蛋白酶抑制剂已开始被应用到鱼糜制品的加工生产中。

3. *在纯生啤酒的酿造中的应用* 纯生啤酒因未经巴氏灭菌而残留一些酶类，其中具有活性的酵母蛋白酶 A 及非活性的酵母蛋白酶 A 前体的存在会直接或间接地降解纯生啤酒的泡沫活性蛋白，进而使纯生啤酒的泡沫稳定性下降。许多研究发现，在纯生啤酒中添加适量的蛋白酶 A 抑制剂可明显提高纯生啤酒的泡沫稳定性。

4. *在降糖保健食品中的应用* 截至 2021 年，全球约有 5.37 亿的糖尿病患者，中国患者人数达 1.41 亿人，其中 2 型糖尿病患者占 90%以上。传统治疗采用服用降糖药物和注射胰岛素，降糖药物作为α-淀粉酶抑制剂，阻断淀粉水解，调控血糖水平。然而药物治疗具有副作用大、价格昂贵、患者依从性差等缺点，因而，研究人员寻找来自天然产物、安全有效的α-淀粉酶抑制剂，将绿豆蛋白分级制备蛋白肽，鉴定出 17 个具有较强 α-淀粉酶抑制效果的蛋白肽，有望应用于降血糖的功能性食品中。

桑叶是公认的一种具有调节血糖功能的天然食材，其主效成分为 1-脱氧野尻霉素。1-脱氧野尻霉素是一种生物碱，是强效 α-葡萄糖苷酶抑制剂。通过分子育种和发酵工艺优化，可以提高芽孢杆菌发酵食品的 1-脱氧野尻霉素含量，该技术可用于降糖保健食品。

5. 在肉品保鲜中的应用 肉品质量受到消费者和肉类生产商的高度关注。研究表明，线粒体可以在死后肌肉中维持其功能和活力一段时间，并且对耗氧量、能量代谢和细胞凋亡过程均有影响，进而影响肌红蛋白水平、氧化应激、肉嫩度、脂肪氧化和蛋白质氧化。ADP 核糖基化是翻译后修饰的一种，可调节基因稳定、细胞凋亡和线粒体损伤，该反应主要由聚腺苷二磷酸核糖聚合酶家族（PARPs）催化进行。采用 PARP1 抑制剂卢卡帕利（rucaparib）对宰后牛肉进行处理，发现肌细胞中活性氧水平显著降低、线粒体膜电位升高，在肉品上表现为肌原纤维小片化指数降低、剪切力值变大，负责连接单个肌原纤维的肌间线蛋白降解变慢，可应用于肉品保鲜中。

9.8.2.4 在果蔬有机农药残留物检测中的应用

利用有机磷和氨基甲酸酯类农药对生物体内乙酰胆碱酯酶具有抑制作用的原理，在乙酰胆碱酯酶及其底物（乙酰胆碱）的共存体系中加入农产品样品提取液，根据所检测乙酰胆碱酯酶活性的抑制程度不同，可以计算样品中农药残留量。

9.8.3 在其他领域中的应用

皮肤的颜色与皮肤中存在的色素的种类和数量有关，黑色素对皮肤颜色影响最大。酪氨酸酶是人体黑素细胞生成黑色素的关键性调控酶，为此，酪氨酸酶抑制剂成为化妆品领域研究的热点。目前，α-人参烯、β-人参烯、熊果苷、曲酸、壬二酸、L-抗坏血酸、鞣花酸、氨甲环酸等物质，作为靶向酪氨酸酶的抑制剂，已在面霜、洗面奶或美白乳液中得到广泛应用。

在生物学研究中，酶抑制剂也扮演着重要角色。通过研究酶的抑制剂和抑制作用，可为酶的结构与功能、酶的催化机制以及阐明代谢调控与解析疾病发生生化机制等研究提供有力的生物分析工具。

可利用酶抑制剂改善工业生产工艺过程。例如，通过添加酶抑制剂来控制发酵过程，可得到高质量产物。此外，在一些化学反应中，使用酶抑制剂可有效降低副反应的发生，提高目标产物的产率。

在环境治理中，酶的抑制剂也发挥着重要作用。例如，在废水处理中，通过使用酶的抑制剂，可降低酶的活性，抑制有害物质降解，从而提高废水处理的效果；另外，酶的抑制剂可用于环境中有毒物质检测与去除。

补充读物

酶使葡萄酒变得更迷人

葡萄酒是大自然和人类智慧的杰作，它的发酵具有独特的工艺和文化内涵，如何获得结构

图 9.1 添加果胶酶可使红葡萄酒的色泽和风味更佳

丰满、口感柔顺、色泽稳定的葡萄酒，是各国酿酒师孜孜求解的“永远的课题”。在葡萄酒现代酿造工艺中，酶是不可或缺的助手！

目前红葡萄酒生产中应用最广泛的酶当属果胶酶，它通常是多聚半乳糖醛酸酶、果胶酯酶和果胶裂解酶的复合制剂。传统的工艺是通过长时间的浸渍以及频繁采用泵循环和喷淋等来获得足够的酒体。现代酿酒技术在发酵过程中添加果胶酶，可以大幅缩短和降低物理手段处理的时间和强度，并在较短时间内提高色素和风味物质的抽提率，起到增色增香的作用（图 9.1）。但近年研究者和酿酒师也注意到，果胶酶使用降低了酒中多糖的含量，对红葡萄酒颜色稳定和涩感软化有一定影响；对于果皮较厚的葡萄品种，果胶酶会导致甲酯化果胶的水解，增加了葡萄酒中甲醇含量，因此，建议针对不同原料，选用合适的果胶酶制剂。

与红葡萄酒酿造工艺不同，白葡萄酒是取汁发酵的，纯净、新鲜、果香和多面性的香气是现代高品质白葡萄酒的典型特征，在酿造过程中添加果胶酶可以使取汁更容易，降低单宁的浸出率，提高葡萄汁澄清度，使酒的风味更佳。

果香是葡萄酒的灵魂，不同的葡萄品种，因其典型的果香成分各有不同，酿成的葡萄酒果香各异，从而构成了葡萄酒的典型性。但葡萄中的香气物质多以葡萄糖苷的结合态形式存在，不呈芳香气味，需要通过酸解或酶解作用将糖苷配基释放，产生游离态的风味物质。尽管成熟的葡萄本身含有这类风味酶，但含量非常少，水解速率低，限制了葡萄酒风味的呈现和改善。因此，葡萄酒风味酶应运而生。风味酶实质上是催化这些风味前体物形成某种风味的复合酶系，在葡萄酒酿造中所用的风味酶包括：β-D-葡萄糖苷酶、α-L-鼠李糖苷酶、α-L-呋喃阿拉伯糖苷酶和 β-D-芹菜糖苷酶，这些酶主要通过生物方法获得。

相对于红葡萄酒，白葡萄酒中由于单宁含量很低而含有较多的蛋白质，容易出现冷浑浊，严重影响了酒体的感官质量。在葡萄酒酿造工艺中，常采用皂土吸附法去除引起浑浊的蛋白质，但皂土不仅吸附蛋白，而且还可吸附香气和风味物质，从而导致感官特征的损失。采用源自黑曲霉的酸性蛋白酶分解葡萄酒中的不稳定蛋白，使之变成小分子的肽或氨基酸，可减少皂土用量，保留葡萄酒独有的香气。可见蛋白酶对高档优质白葡萄酒的生产有重要价值。

思 考 题

1. 名词解释：ZFN；TALEN；CRISPR；Cas9；核酶；酶抑制剂。
2. 酶在医药领域的应用主要有哪些？
3. 酶法保鲜有何优点？
4. 举例说明酶在工业生产方面的应用。
5. 酶在生物技术研究领域有何应用？
6. 简述酶技术在生物质能源中的应用前景。
7. 简述我国酶制剂的应用现状及存在的问题。
8. 简要介绍核酶的应用。
9. 简述酶制剂在医学领域中的应用前景。

主要参考文献

伏棋画，李亚蕾，罗瑞明，等. 2024. 蛋白质 ADP 核糖基化对秦川牛肉品质的影响[J]. 食品科学: 45(1): 58-64.

李永富，王雅茹，黄金荣，等. 2024. 绿豆蛋白 α-淀粉酶抑制肽的制备与鉴定[J]. 食品科学，45(1): 8-14.

Cai D, Liu M , Wei X, et al. 2017, Use of *B. amyloliquefaciens* HZ-12 for high-level production of the blood glucose lowering compound, 1-deoxynojirimycin (DNJ), and nutraceutical enriched soybeans via fermentation[J]. Appl. Biochem. Biotechnol, 181:1108-1122.

Carter J R, Keith J H, Fraser T S, et al. 2014. Effective suppression of Dengue virus using a novel group-I intron that induces apoptotic cell death upon infection through conditional expression of the Bax C-terminal domain [J]. Virol J, 11:111.

Dou Z, Zhang W J, Du Q, et al. 2021. An *in-situ* plasmonic spectroscopy based biosensor for detection of copper (Ⅱ) ions highlighting analytical specifications [J]. Sensors and Actuators B: Chemical, 329: 129103.

El-Deeb A A, Zablotskaya S S, Rubel M S, et al. 2022. Toward a home test for COVID-19 diagnosis: DNA machine for amplification-free SARS-CoV-2 detection in clinical samples [J]. Chem Med Chem, 17: e202200382.

Herrera-Carrillo E, Gao Z, Berkhout B. 2019. Influence of a 3′ terminal ribozyme on AgoshRNA biogenesis and activity [J]. Molecular Therapy - Nucleic Acids, 16: 452-462.

Hu C Z, Jiang K M, Shao Z H, et al. 2020. A DNAzyme-based label-free fluorescent probe for guanosine-5′-triphosphate detection [J]. Analyst, 145(21): 6948-6954.

Ikeda M, Habu Y, Miyano-Kurosaki N, et al. 2006. Suppression of HIV-1 replication by a combination of endonucleolytic ribozymes (RNase P and tRNnase ZL) [J]. Nucleosides Nucleotides Nucleic Acids, 25(4-6): 427-437.

Kirichenko A, Bryushkova E, Dedkov V, et al. 2023. A novel DNAzyme-based fluorescent biosensor for detection of RNA-containing nipah henipavirus [J]. Biosensors, 13(2): 252.

Lee C H, Han S R, Lee S W. 2018. Therapeutic applications of group Ⅰ intron-based trans-splicing ribozymes [J]. Wiley Interdisciplinary Reviews-RNA, 9(3): e1466.

Li L, Feng J, Fan Y, et al. 2015. Simultaneous imaging of Zn^{2+} and Cu^{2+} in living cells based on DNAzyme modified gold nanoparticle [J]. Analytical Chemistry, 87(9): 4829-4835.

Reed A J, Connelly R P, Williams A, et al. 2019. Label-free pathogen detection by a deoxyri-bozyme cascade with visual signal readout [J]. Sensors and Actuators B: Chemical, 282: 945-951.

Wang X, Yu S, He Y, et al. 2024. A label-free deoxyribozyme sensor for m^6A demethylase activity detection [J]. Chinese Journal of Chemisrty, 42(9): 951-956.

Wang J, Tan L, Bi W, et al. 2022. Ultrasensitive microfluidic immunosensor with stir bar enrichment for point-of-care test of staphylococcus aureus in foods triggered by DNAzyme-assisted click reaction [J]. Food Chemistry, 378: 132093.

Won Y S, Jeong J S, Kim S J, et al. 2015. Targeted anticancer effect through microRNA-181a regulated tumor-specific hTERT replacement [J]. Cancer Letters, 356(2 Part B): 918-928.

Yousefi H, Ali M M, Su H M, et al. 2018. Sentinel wraps: Real-time monitoring of food contamination by printing DNAzyme probes on food packaging [J]. ACS Nano, 12(4): 3287-3294.

Zhao Y, Tan L, Jie G. 2021. Ultrasensitive electrochemiluminescence biosensor for the detection of carcinoembryonic antigen based on multiple amplification and a DNA walker [J]. Sensors and Actuators B: Chemical, 333: 129586.